全国钢木建筑行业优秀工法精选

中国建筑业协会钢木建筑分会
河 南 省 钢 结 构 协 会 主编

中国建筑工业出版社

图书在版编目（CIP）数据

全国钢木建筑行业优秀工法精选/中国建筑业协会钢木建筑分会，河南省钢结构协会主编．--北京：中国建筑工业出版社，2024.6.--ISBN 978-7-112-30054-9

Ⅰ.TU758.11；TU759.1

中国国家版本馆CIP数据核字第2024PT0140号

责任编辑：季　帆　张　磊　万　李

责任校对：赵　力

全国钢木建筑行业优秀工法精选

中国建筑业协会钢木建筑分会
河　南　省　钢　结　构　协　会　主编

*

中国建筑工业出版社出版、发行（北京海淀三里河路9号）

各地新华书店、建筑书店经销

北京龙达新润科技有限公司制版

建工社（河北）印刷有限公司印刷

*

开本：880毫米×1230毫米　1/16　印张：21　字数：650千字

2024年6月第一版　2024年6月第一次印刷

定价：**65.00**元

ISBN 978-7-112-30054-9

（43025）

主编单位：中国建筑业协会钢木建筑分会
河南省钢结构协会

参编单位：（排名不分先后）
山西二建集团有限公司
中建三局第一建设工程有限责任公司
中国建筑第八工程局有限公司
中建八局新型建造工程有限公司
中建三局集团有限公司
中建八局第二建设有限公司
中建钢构武汉有限公司
中建钢构江苏有限公司
河南省第二建设集团有限公司
河南二建集团钢结构有限公司
安徽省工业设备安装有限公司
中建八局第一建设有限公司
中国建筑土木建设有限公司
太原理工大学
中建安装集团有限公司
九冶建设有限公司
河南九冶建设有限公司
广西莲城建设集团有限公司
邯郸市泓泰钢结构有限公司
中铁四局集团有限公司
中铁四局集团钢结构建筑有限公司
北京建工集团有限责任公司
山西四建集团有限公司

山西建工集团有限公司

河南省力博桥梁安装工程有限公司

中铁三局集团第五工程有限公司

中铁城市发展投资集团有限公司

中建三局第二建设工程有限责任公司

中建七局安装工程有限公司

北京城建集团有限责任公司

编 写 委 员 会

序

工法作为建筑施工中的关键技术，不仅是工程质量和施工效率的保证，更是推动建筑业技术进步的重要手段。优秀工法通过规范施工流程、优化资源配置、提升施工效率和工程质量，从而实现经济效益和社会效益的共赢。

推动低碳经济的发展，钢木结构建筑的广泛应用是建筑业发展的必然的要求，它体现了现代建筑业追求绿色、节能和环保的理念。

为了推动建筑业的技术进步和高质量发展，建设行政主管部门积极推广和支持优秀工法的应用。通过制定相关政策、举办技术交流和评选活动，鼓励建筑企业和技术人员创新工法、提升施工技术水平。这些政策的实施，不仅促进了新技术的应用和普及，也推动了行业整体技术水平的提高，进而为建筑业的可持续发展奠定了坚实基础。

中国建筑业协会钢木建筑分会与河南省钢结构协会共同主编的《全国钢木建筑行业优秀工法精选》，就是为了总结和推广近年来我国钢木结构建筑领域的优秀工法，分享先进的设计理念和施工技术。书中的每一个工法，都经过了实际工程的检验，凝聚了众多工程、技术人员和实操人员的智慧与心血。希望通过本书的出版，能够为广大建筑从业者提供宝贵的经验参考和借鉴，不断推动我国钢木结构建筑行业的发展。

愿这本书能够成为建筑行业同仁们的良师益友，共同分享成果经验，也祝读者们在探索与实践的道路上取得更多的成就和突破！

中国建筑业协会会长

2024 年 6 月 18 日

前　言

工法是体现企业施工技术创新水平和能力的重要标志。建筑业企业通过编写工法，有利于提升施工技术管理和质量安全水平，有利于企业产、学、研体系的结合，促进科技成果转化为生产力，同时有利于企业的技术积累、开拓经营。科学的施工工法有助于提高施工质量，确保工程达到预期的设计和使用寿命，减少资源浪费和材料消耗，从而降低工程成本，加快工程进度，缩短工期。通过严格的工法管理和使用控制，可以减少施工中的安全事故，保护施工人员的生命安全，可以降低施工过程对环境的影响，促进资源的可持续利用，符合绿色、低碳发展的理念。

随着我国工程建设项目规模加大和复杂度的增加，标准化和规范化的工法逐渐得到推广，以保证工程质量和安全。环保理念和可持续发展的要求促使绿色建筑技术和节能工法的广泛应用。新材料（如高强度钢材、新型混凝土）和新技术（如预制装配式建筑、3D打印）不断涌现，推动工法的可持续发展。现代信息技术如BIM、物联网和大数据在工程建设中的应用，使得施工过程更加透明、智能和高效。

为深入贯彻习近平总书记关于科技创新的重要思想和全国住房城乡建设工作会议精神，推动钢木建筑行业技术创新，提升企业施工技术水平，助力建筑业转型升级、低碳发展，加快培育、发展建筑业新质生产力。中国建筑业协会钢木建筑分会与河南省钢结构协会共同主编了《全国钢木建筑行业优秀工法精选》，旨在进一步提升钢木建筑行业施工技术和科技创新水平，及时总结和提炼最新成果和先进实用的技术，该书精选、汇编了近年钢木建筑施工企业、设计研究单位、大学院校等最新、最优的工法成果，以期为大家在今后工作及实践中提供借鉴和帮助。

在此，对积极投稿的专家、工程技术人员，参与审稿的专家，以及为本书出版给予积极支持和帮助的单位和个人，一并表示感谢，同时希望参与工法整理、收集以及参与本书编写的专家、工程技术人员，能一如既往地扎实开展钢木建筑行业施工的技术创新，全面系统地发掘、推广行业先进工法，共同推动建筑业高质量发展。

目　录

大型体育场开口式密排刚性管桁架屋盖结构施工工法

中国建筑第八工程局有限公司

田云生　张伟强　段福利　刘楚明　侯新明

1　前言

随着我国经济发展和社会进步，大型体育场馆类基础设施建设日益增多。为更好地满足大跨度建筑造型和功能需要，多数体育场馆屋盖选择采用了自重轻、强度高、抗震性能好的平面管桁架结构。

洛阳市奥林匹克中心体育场屋盖造型奇特，南北向约为 291.5m，东西向约为 284.6m。屋盖罩棚采用 74 组悬挑平面钢管桁架结构，桁架间距约 9m，悬挑部分设置三道环向桁架，东西向最大悬挑长度为 48.1m，南侧悬挑长度为 21.8m，总重量约为 9000t。

中国建筑第八工程局有限公司对此新颖的构造做法，开展创新研究，开发了“大型体育场开口式密排刚性管桁架屋盖结构施工工法”。该技术通过技术查新，结论为“国内未见相同文献报道”。通过推广应用，总结形成《大型体育场开口式密排刚性管桁架屋盖结构施工工法》。

该工法成功解决了复杂结构的空间定位测量放线和单向弯曲构件加工难题，实现悬挑平面管桁架高空分段安装，有效提高了施工效率和工程质量，大大节约了工期进度，经济、社会效益显著，为今后类似工程施工提供借鉴，具有广泛的推广价值。

2　工法特点

（1）通过单向弯曲构件加工技术，保证了构件整体加工精度，确保了屋盖整体外观效果。

（2）通过合理布置支撑胎架，采取可靠的连接措施，保证了屋盖安装施工安全。

（3）采用地面组合拼装技术，提高了屋盖安装效率，有效控制焊接质量。

（4）通过高空分段安装技术，合理组织施工顺序，保证了结构受力安全和加快了工期进度。

（5）通过 Tekla 建模及空间定位测量技术，解决了复杂结构的空间测量放线难题。

3　适用范围

本工法适用于大型体育场开口式密排刚性管桁架屋盖结构施工。

4　工艺原理

通过采用单向弯曲构件加工技术、支撑胎架施工技术、地面组合拼装技术、高空分段吊装技术、空间定位测量技术，成功解决大型体育场开口式密排刚性管桁架屋盖结构的施工难题。

5　工艺流程及操作要点

体育场屋盖顶棚采用 74 组悬挑平面钢管桁架结构，悬挑部分设置三道环向桁架（内外两道三角形立体桁架，中间一道平面桁架），减少桁架下弦计算长度的同时提高屋盖结构整体性。在看台顶部混凝土结构之上设置 67 个支座，为顶棚提供内圈支承。74 个平面桁架延伸至立面，支承于 7m 平台处，作为顶棚的外圈支承。内圈支承由于建筑功能局部抽柱，导致悬挑桁架传力不直接，此处利用看台柱上方的环向立体转换桁架，使次桁架力有效传至主桁架。为提高整个屋盖结构刚度，悬挑区均匀设置多组交叉拉杆，并延伸至立面桁架柱角，并在立面区域增设适量交叉拉杆，有效改善结构抗扭刚度（图 1）。

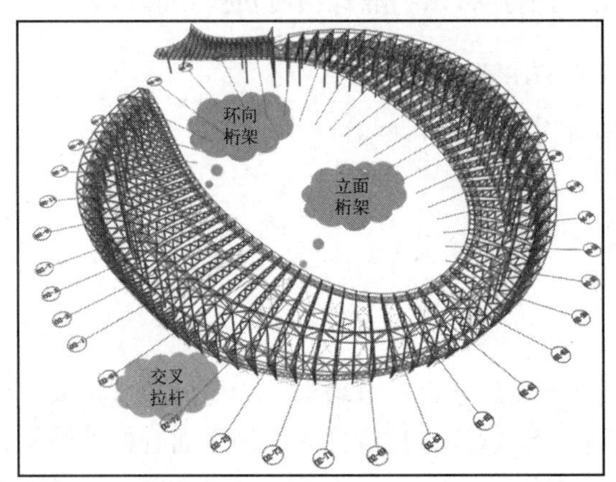

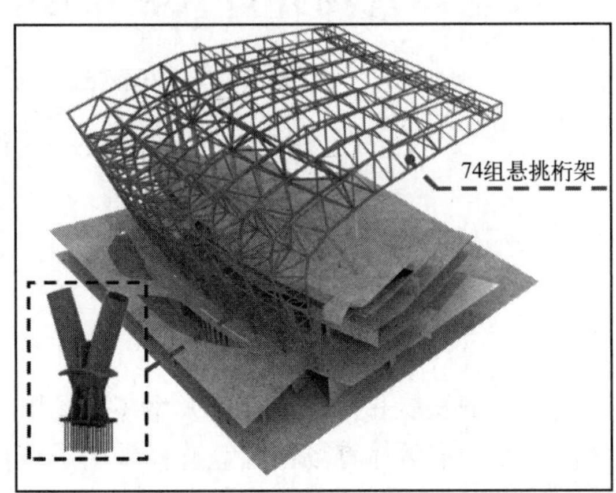

图 1　体育场屋盖罩棚结构体系

根据屋盖钢结构布置特点及现场场地条件，以 02-55、02-04、02-43 轴线为界，划分成 4 个施工区域；每个施工区域又以 02-G 轴为界，划分成场内、场外两个安装半区。施工 1、3 区钢结构从南向北方向顺时针施工，施工 2、4 区钢结构从南向北方向逆时针施工，场内、场外同步施工。根据钢结构布置特点，沿施工区域划分位置设置 3 条合拢缝（图 2）。

根据体育场钢结构布置特点及现场场地条件，结合类似体育场馆施工经验，最终确定采用“支撑胎架承载定位、地面拼装、大型履带起重机场内、场外高空分段吊装”的工艺流程。先安装内圈径向桁架，然后安装外围立面桁架，接着安装桁架之间的连接杆件，最后安装内圈环向桁架、马道系统。体育场主要采用 500t 履带起重机进行吊装，180t 履带起重机进行补档安装（图 3）。

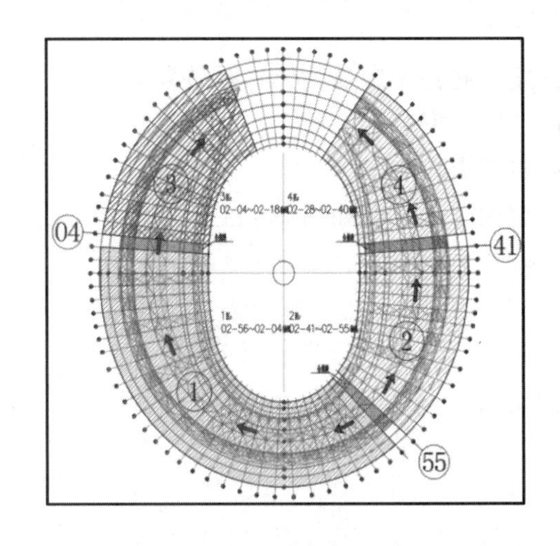

图 2　体育场屋盖施工分区图

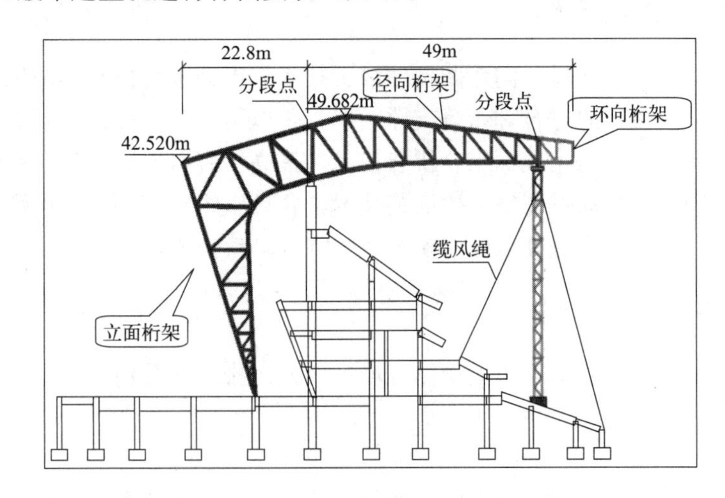

图 3　单榀桁架施工顺序图

5.1　工艺流程

体育场屋盖施工按照 1→2→3→4 区的顺序施工。

施工流程：支撑胎架安装→球铰支座安装→径向桁架安装→立面桁架安装→次桁架、系杆安装→内圈环向桁架安装→拉杆安装→马道系统安装。具体流程见图 4、表 1。

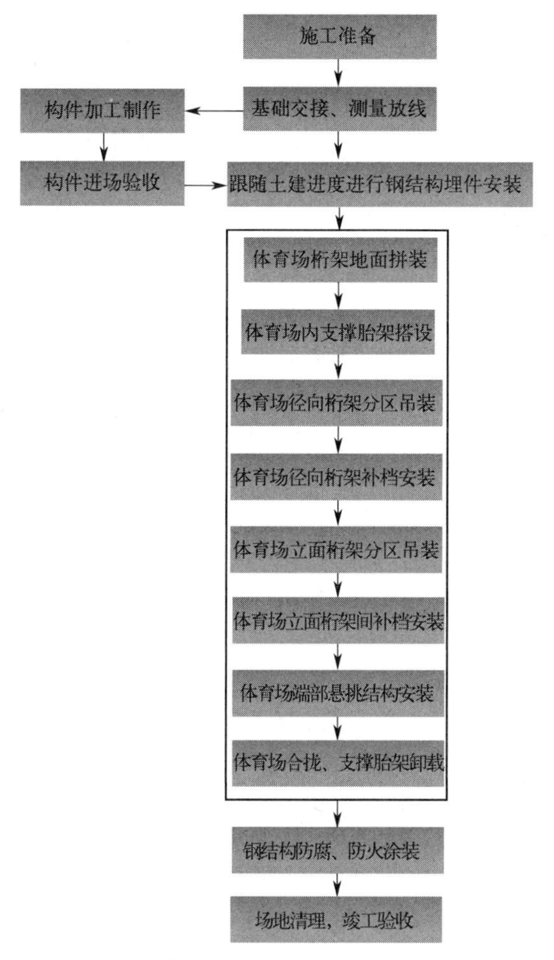

图 4　体育场屋盖施工工艺流程图

体育场屋盖钢结构施工流程　　表 1

1. 场内：支撑胎架安装，底部设置胎座，胎座与一层看台植筋埋件焊接，胎架与胎架间设置环向连接	2. 场内：500t 履带起重机进行径向桁架安装，两侧拉设缆风绳固定，待径向桁架与柱顶球铰支座焊接后，再松钩

3. 场内：500t 履带起重机进行第二榀径向桁架安装，同时拉设缆风绳固定。 场外：500t 履带起重机同时进行第一榀立面桁架安装，拉设缆风绳固定	4. 场内：500t 履带起重机安装第三榀径向桁架，180t 履带起重机安装第一、二榀径向桁架之间的补档杆件。 场外：500t 履带起重机安装第二榀立面桁架

续表

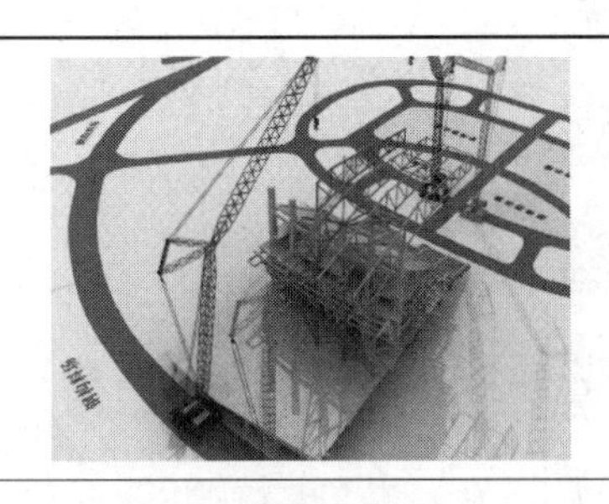	
5. 场内:500t 履带起重机安装第四榀径向桁架,180t 履带起重机安装第二、三榀径向桁架之间补档杆件。 场外:500t 履带起重机安装第三榀立面桁架,180t 履带起重机安装第一、二榀立面桁架间补档杆件	6. 场内:500t 履带起重机安装第六榀径向桁架,180t 履带起重机安装四、五榀径向桁架间补档杆件,另一台 180t 履带起重机安装内圈环向桁架 1。 场外:500t 履带起重机安装第五榀立面桁架,180t 履带起重机安装第三、四榀立面桁架间补档杆件

7. 场内:180t 履带起重机安装第五、六榀径向桁架之间补档杆件,另外一台 180t 履带起重机安装内圈环向桁架 2。 场外:500t 履带起重机安装第六榀立面桁架,180t 履带起重机安装第四、五榀立面桁架间补档杆件	8. 场内:500t 履带起重机安装后续径向桁架,180t 履带起重机安装内圈环向桁架补档。 场外:500t 履带起重机安装后续立面桁架,180t 履带起重机安装第五、六榀立面桁架间补档杆件
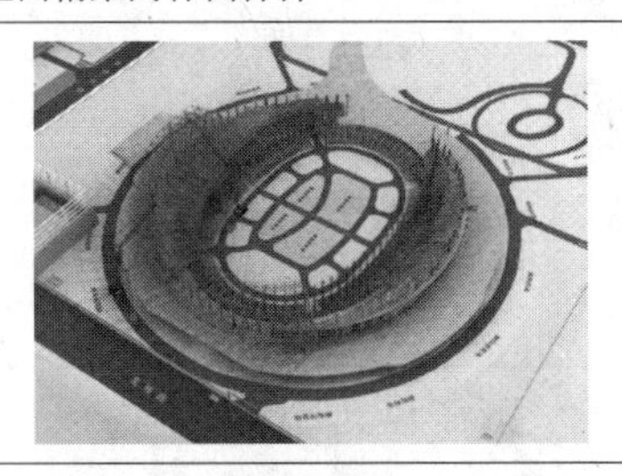	
9. 依次进行 1 区内外场径向、立面桁架安装及环向杆件补档	10. 内场 500t、180t 履带起重机依次进行二、三区径向桁架安装及补档;外场 2 台 500t、2 台 180t 履带起重机同步进行二、三区立面桁架安装及补档
	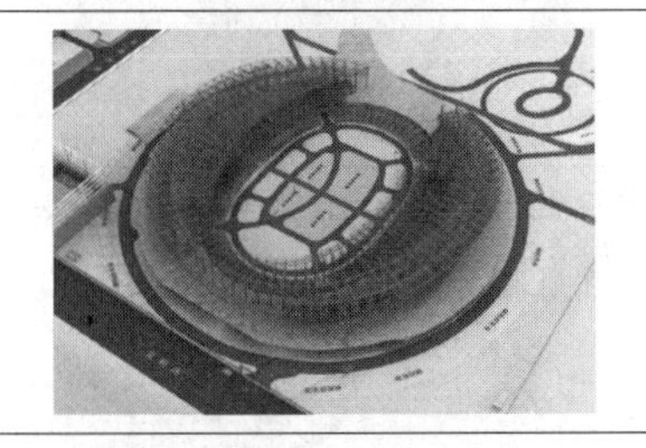
11. 进行 4 区桁架安装	12. 合拢缝杆件进行安装,整体焊接完后卸载

5.2 操作要点

5.2.1 单向弯曲构件加工技术

体育场屋盖桁架下弦、环向桁架等构件为单向弯曲构件,构件加工成型和整体加工精度控制为重点。

(1) 对于弯曲半径 $R \geqslant 20D$ 的弯曲钢管(D 为钢管直径),采用机械冷弯加工。

根据微积分的理念,将不规则的空间曲线等分成若干份的曲线,为达到圆弧段平滑过渡,深化设计长度 1.5m 左右设置曲线加工控制点示意,在实际制作中通过各个控制点来控制钢管的加工精度。冷弯弯管是对一定跨度内的钢管局部采用液压油缸施加集中力，分阶段、分批次逐渐使钢管弯曲到需要的状态。弯曲构件分段模拟图如图5所示。

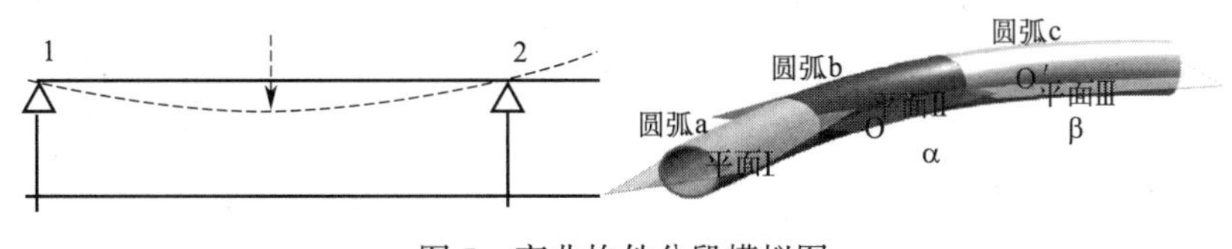

图5 弯曲构件分段模拟图

（2）实体与虚拟相结合预拼装方式检验构件加工精度。

弯管前先按钢管的截面尺寸制作专用靠模和压模，靠模和压模采用厚板制作，压模与油压机传力装置焊接连接，靠模与固定装置焊接连接；靠模和压模的开档尺寸根据试验数据确定。操作时将钢管放置于靠模上，油压机移动压模将钢管抱紧；然后油压机通过传动装置传力给钢管，将钢管顶弯。顶压机传动装置后撤，钢管就可移动自如，作业非常方便，既控制了变形保证了质量，又提高了工效（图6）。

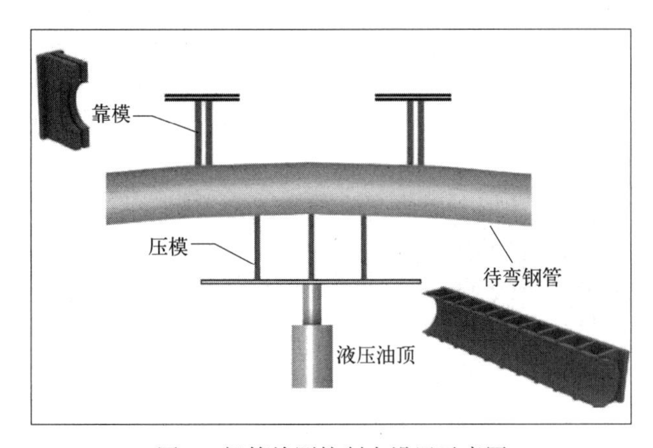

图6 钢管检测控制点设置示意图

建立钢管的三维弯曲模型，根据三维模型确定弧形管件各摵弯控制点在弯管上的弧长，L_1、L_2、L_3……为各控制点之间的弧长，根据以上弧长数据将各摵弯控制点在直管上放样标出，直管总长度与弯管总弧长相等（图7）。

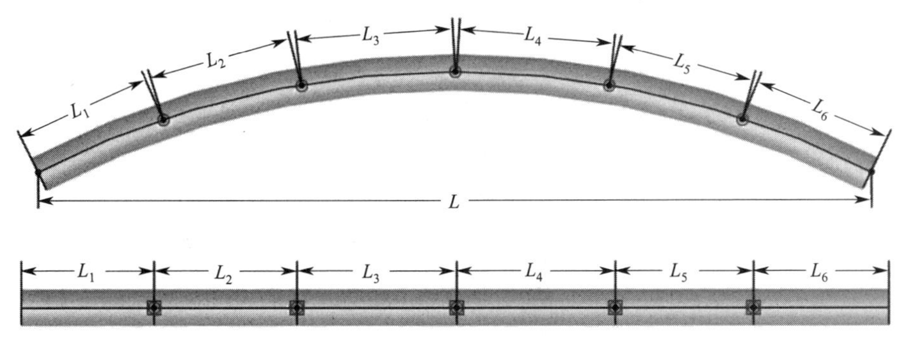

图7 钢管检测控制点设置示意图

5.2.2 支撑胎架施工

（1）支撑胎架布置

体育场钢结构吊装施工时先安装径向桁架，后吊装立面桁架；径向桁架长度25～48m，只有一个支承点，支承于02-G轴混凝土柱顶，悬挑过长，因此径向桁架下部需设置临时支撑胎架。胎架位置放置在径向桁架下弦节点处。径向桁架共需设置73组支撑胎架，由于02-83轴、02-72轴、02-55轴、02-

43 轴、02-31 轴、02-18 轴、02-13 轴无混凝土柱，因此也需设置临时支撑胎架。

（2）支撑胎架设计

体育场径向桁架下方设置支撑胎架，即场内设置支撑胎架，支撑胎架高度为 30～36m。支撑胎架由 2.2m、3m 的标准支撑装置和调整段胎架组成。现场支撑胎架组合方式根据径向桁架距离地面高度进行组合，缀条与主肢之间、上下标准节均通过大六角高强度螺栓连接。调整段胎架现场制作，高度不超过 3m。调整段胎架顶部设置转换梁及顶撑段，用于支撑径向桁架（图 8）。

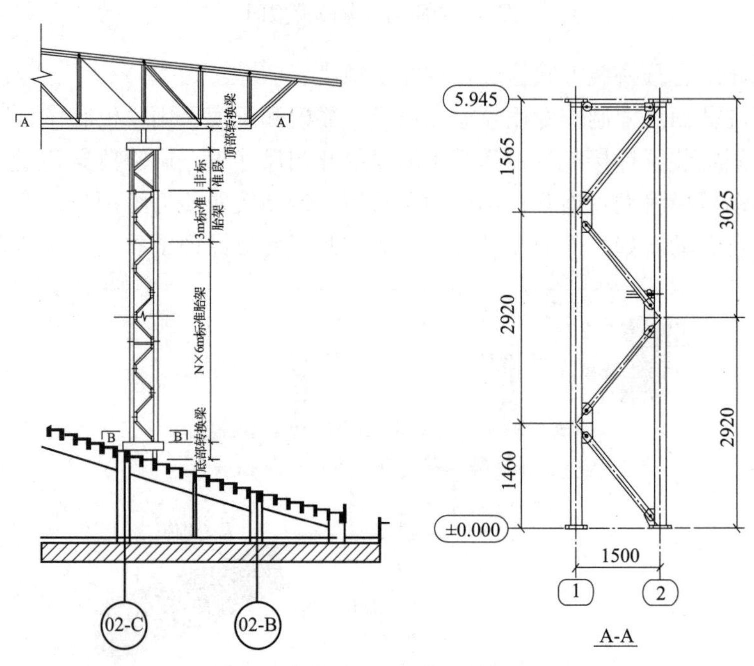

图 8　支撑胎架示意图及剖面图

①支撑胎架构造

支撑胎架主要由支撑架、底部支座、顶部胎帽组成。临时支撑架为已制作的成品格构件，成品支撑架规格为 1.5m×1.5m，高 3m，立杆为 ϕ159×8，直腹杆为 ϕ60×5，斜腹杆为 ϕ89×5；材质均为 Q235B（图 9）。

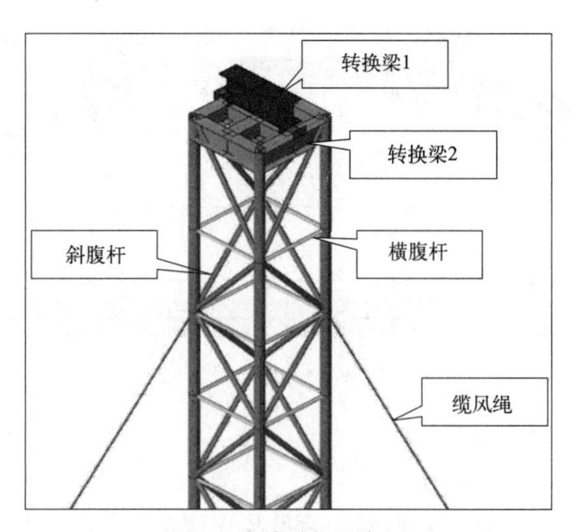

图 9　支撑胎架示意图

②顶部胎帽设计

胎帽主要由 H 型钢焊接而成，胎帽上方后期根据现场实际需要设置钢板以用来调整桁架的就位高度，钢板两侧设置角钢一方面对桁架管进行限位，另一方面为桁架管提供侧向支撑（图 10、图 11）。

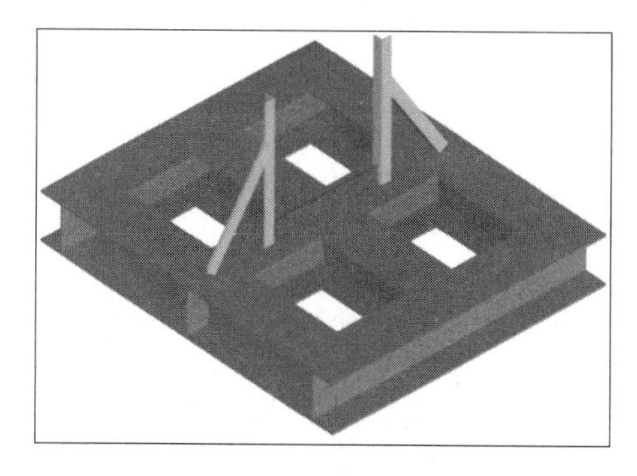

图 10　顶部胎帽模型图

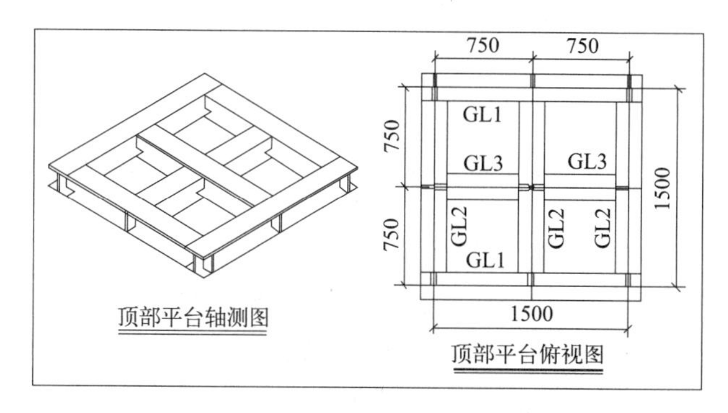

图 11　顶部胎帽轴测图及俯视图

③底部支座设计

胎架底部支座由 H 型钢焊接而成，安装过程中布置在看台梁上部，与预埋板焊接连接。标准节胎架安装过程中与胎架底部支座采用大六角螺栓连接（图 12）。

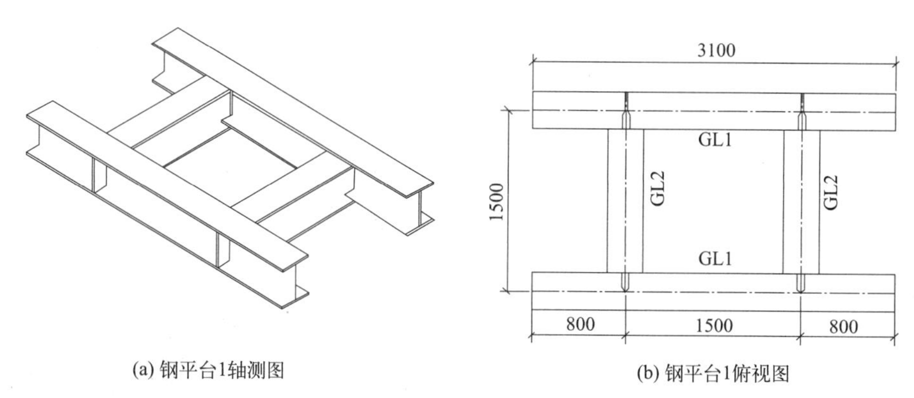

图 12　底部支座轴测图及俯视图

（3）支撑胎架的连接

①底座与看台连接

采用后锚固方式固定胎架主肢。化学植筋：采用 ϕ20 螺纹钢筋；排列为（环形布置）：2 行、行间距 150mm；2 列、列间距 150mm；锚板选用：PL20 _ Q235B；锚板尺寸：$L\times B=250\text{mm}\times 250\text{mm}$，$t=20\text{mm}$；化学植筋深度为 200mm；待螺纹钢筋完成抗拉拔试验后，锚板与螺纹钢筋穿孔塞焊（图 13）。钢筋与锚板基材混凝土：C30；基材厚度：500mm。

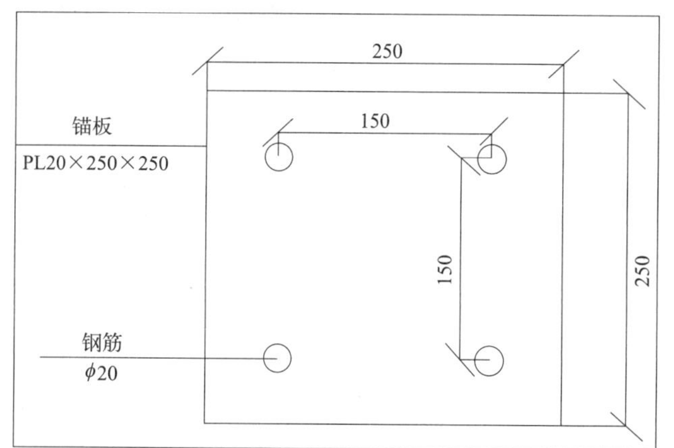

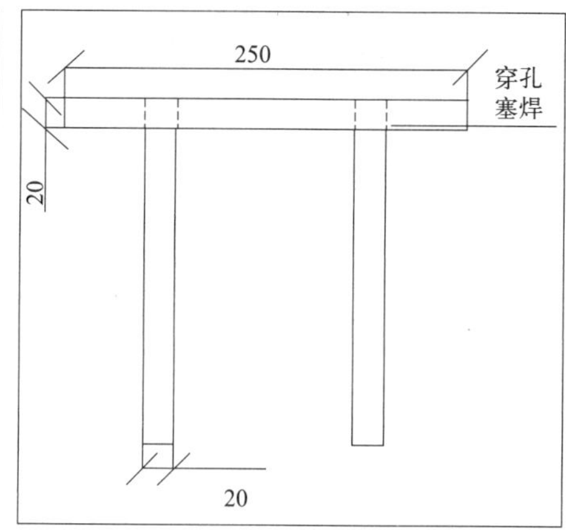

图 13　锚板结构形式

②胎架间连接

胎架安装完成后四周拉设稳定缆风绳，环向胎架之间设置方钢管，使环向胎架形成一个整体，提高抗倾覆能力。

(4) 支撑胎架底部高低差处理

支撑胎架下部落于看台梁上，由于看台梁高差原因，在胎架底部需做临时支撑（图 14、图 15）。

图 14　胎架下部与埋件连接示意图

图 15　临时支撑胎架牛腿

(5) 支撑胎架底部连接方式

屋盖施工时下部采用临时胎架支撑，胎架下部（法兰盘）通过螺栓与下部底座连接（图 16、图 17）。

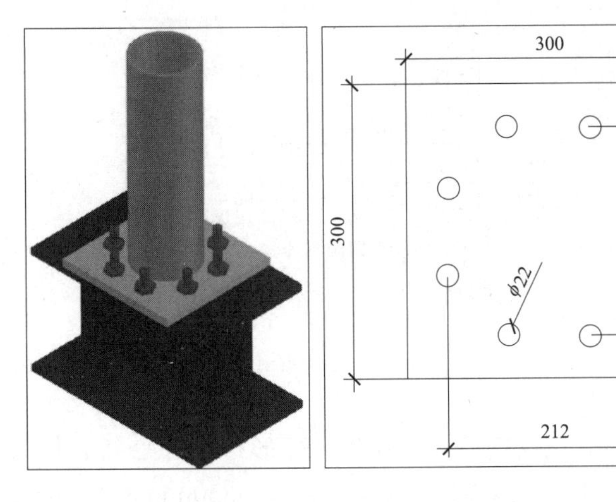

图 16　螺栓连接示意图

图 17　支撑胎架底部连接图

(6) 支撑胎架径向连接

支撑胎架径向与二层看台连接，在二层看台上后植钢筋，安装埋板，用 H100 型钢连接支撑胎架与埋件，采取焊接。每隔 5 部胎架连接一组（图 18）。

(7) 支撑胎架安装

支撑胎架采用 180t 履带起重机进行安装，支撑胎架的安装高度约为 36m，支撑胎架上部节点在地面进行焊接组装，与上部的标准支撑胎架一起吊装就位，就位后再拉缆风绳加强固定，每榀桁架下设一个支撑胎架，等次桁架就位后即可拆除缆风绳（图 19）。

5.2.3　地面组合拼装技术

(1) 拼装思路

立面桁架拼装与径向桁架拼装顺序基本一致，拼装顺序为：①确定关键控制点三维坐标；②制作并安装预拼装胎架；③根据定位点地面投影点对桁架上下弦杆装配并固定；④根据定位点地面投影点对焊接球装配并固定；⑤装配腹杆。

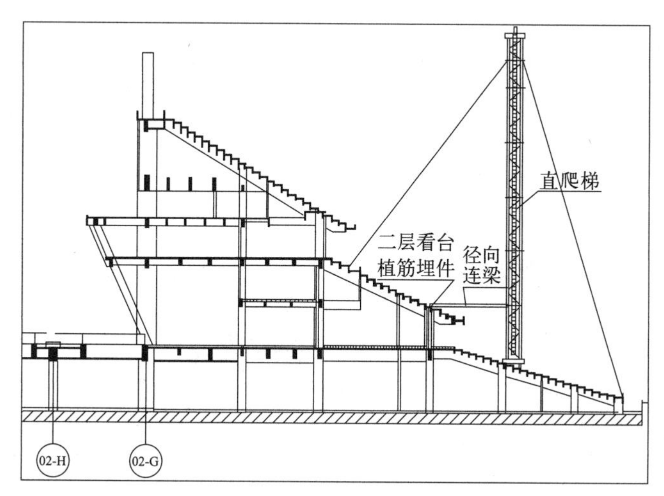

图 18　支撑胎架径向连接图

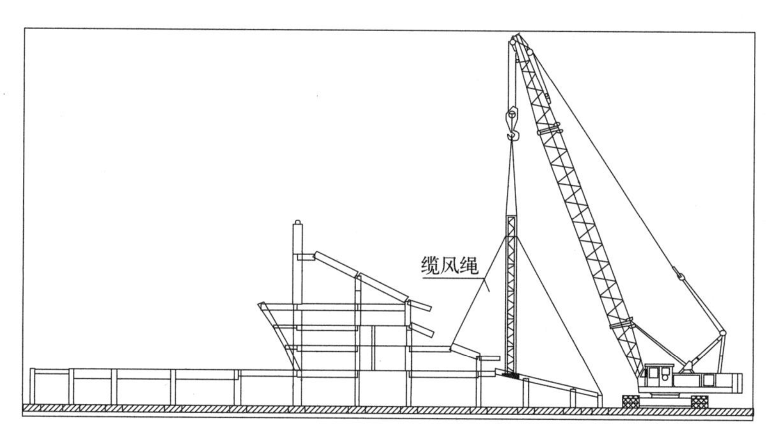

图 19　支撑胎架安装示意图

环向桁架拼装顺序为：①确定关键控制点三维坐标；②制作并安装预拼装胎架；③根据定位点地面投影点对桁架上下弦杆装配并固定；④装配腹杆；⑤根据现场实际情况将多片环向桁架组装成一个吊装单元进行安装（图 20）。

（2）拼装过程控制点

确定关键控制点坐标：本工程构件在拼装过程中，通过“地样＋空间坐标”双控的方法进行定位。将对应的构件的 Tekla 模型导入 CAD 中，调整关键点模型空间位置，并重新定义局部坐标系，确定桁架在拼装时构件杆件及拼装胎架的关键控制点后，由测量人员利用全站仪进行放点。

（3）拼装胎架安装

利用全站仪在精确测定胎架位置，并用记号笔做好标记。胎架搭设完毕后，用水平尺校正胎架上部调整段顶面高度，确保同一水平构件下部所有胎架顶平；随后利用水准仪确定拼装胎架的标高，根据理论数据对胎架进行调整，使误差在微调范围内。

（4）桁架拼装

根据地样将上下弦杆分段进行装配并固定于胎架，其次将焊接空心球进行装配并固定于胎架。上线弦杆和焊接空心球调整固定后，根据拼装构件上的点位标记及地面投影点，使用钢卷尺、线坠进行检测，用点焊固定并将检测数据记录保存，与理论值比较分析，如构件不符合要求，则进行调整，调整到位后，安装桁架腹杆。待符合要求后，按照合理的焊接工序进行焊接。

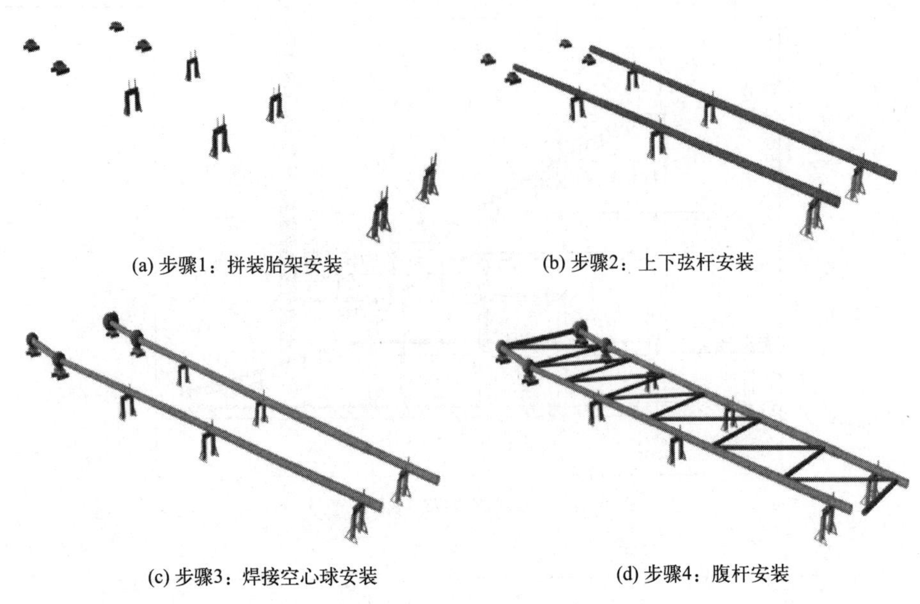

图 20　桁架拼装示意图

5.2.4　高空分段吊装技术

(1) 吊点布置与吊索选择

①径向桁架吊点设置

径向桁架采用两吊点方式进行吊装，吊点设置在桁架上弦与腹杆的节点处，钢丝绳双向捆绑吊装。桁架整榀吊装，单榀构件最重约 38.56t。用一根钢丝绳斜角吊装。为减小桁架端部变形，增加两组辅助钢丝绳（图 21、图 22）。

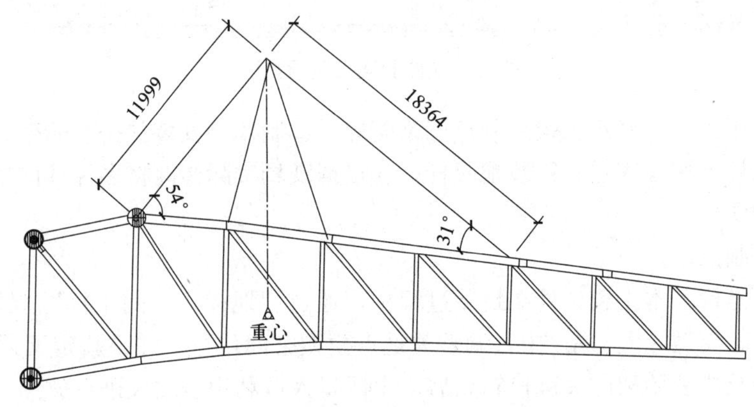

图 21　径向桁架吊点示意图

②立面桁架吊点设置

立面桁架采用两吊点方式进行吊装，吊点设置在桁架上弦与腹杆的节点处，每个吊点采用一根钢丝绳捆绑吊装。考虑其吊装就位状态，其中一根钢丝绳一端设置捯链，用以调节安装角度（图 23、图 24）。

(2) 单片桁架翻身

立面桁架吊装时上弦采用一台 500t 履带起重机进行吊装，使用 6 根可调节长度的吊索六点绑扎桁架上弦，并随着翻身时角度的变化，调节吊索长度使桁架结构保持稳定，且在 0°时需附加一根吊索，对桁架上弦端部进行额外固定以减少结构竖向变形，在翻身至 30°时可以去除额外吊索；桁架结构中部靠下位置采用一台 180t 履带起重机对桁架进行辅助起吊及翻身，吊索两点绑扎桁架。

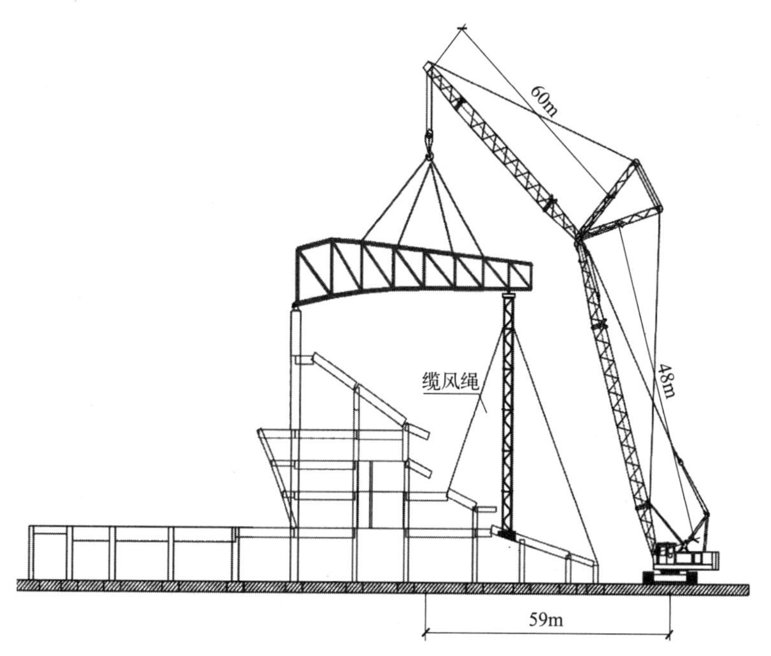

图 22　径向桁架吊机站位

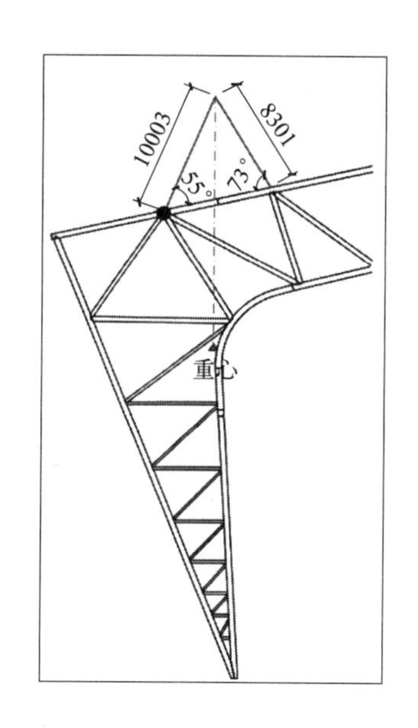

图 23　立面桁架吊装示意图

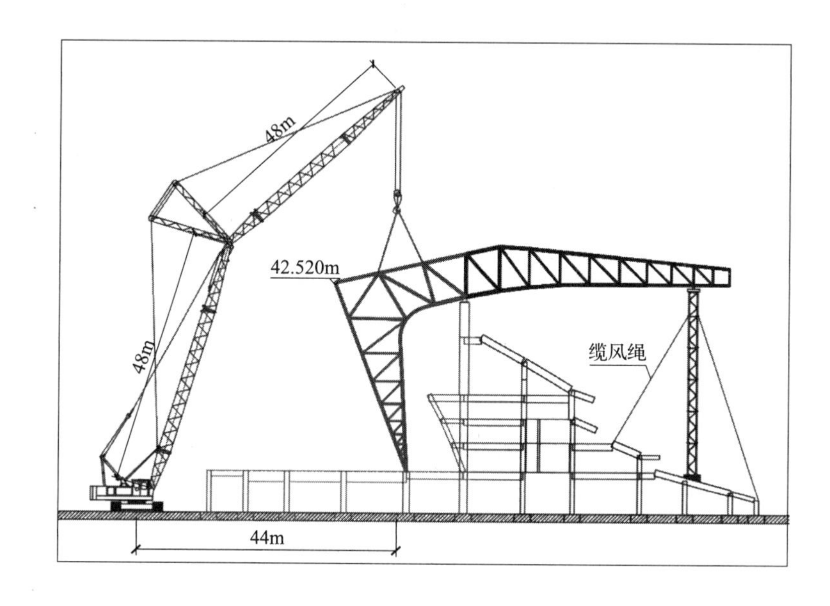

图 24　立面桁架吊机站位

径向桁架吊装时上弦采用一台 500t 起重机进行吊装，采用 4 根吊索四点绑扎桁架上弦跨中及端部；桁架下弦采用一台 180t 履带起重机辅助对桁架进行起吊及翻身，使用 2 根可调节长度的吊索两点绑扎桁架下弦跨中位置，并随着翻身时角度的变化，调节吊索长度使桁架结构保持稳定（图 25）。

（3）单片桁架就位、固定

径向桁架截面最大规格为 A630×35，构件最长 48.1m，最重约 48.05t，采用 500t 履带起重机整榀吊装，单片桁架分两段吊装，首先吊装径向桁架，共有 2 个支撑点，1 个为 02-G 轴混凝土柱顶，1 个为临时支撑胎架，径向桁架的落位、固定是关键。

施工前进行吊装及落位工况下施工验算，吊装时找准重心，落位时下方球铰支座上设置三个方向的限位挡板，立面桁架安装时两侧拉设缆风绳进行临时固定，径向缆风绳拉设在看台柱子上，环向缆风绳拉设在后植埋件上；全过程对立面桁架安装空间坐标进行测量校核，确保安装精度（图 26）。

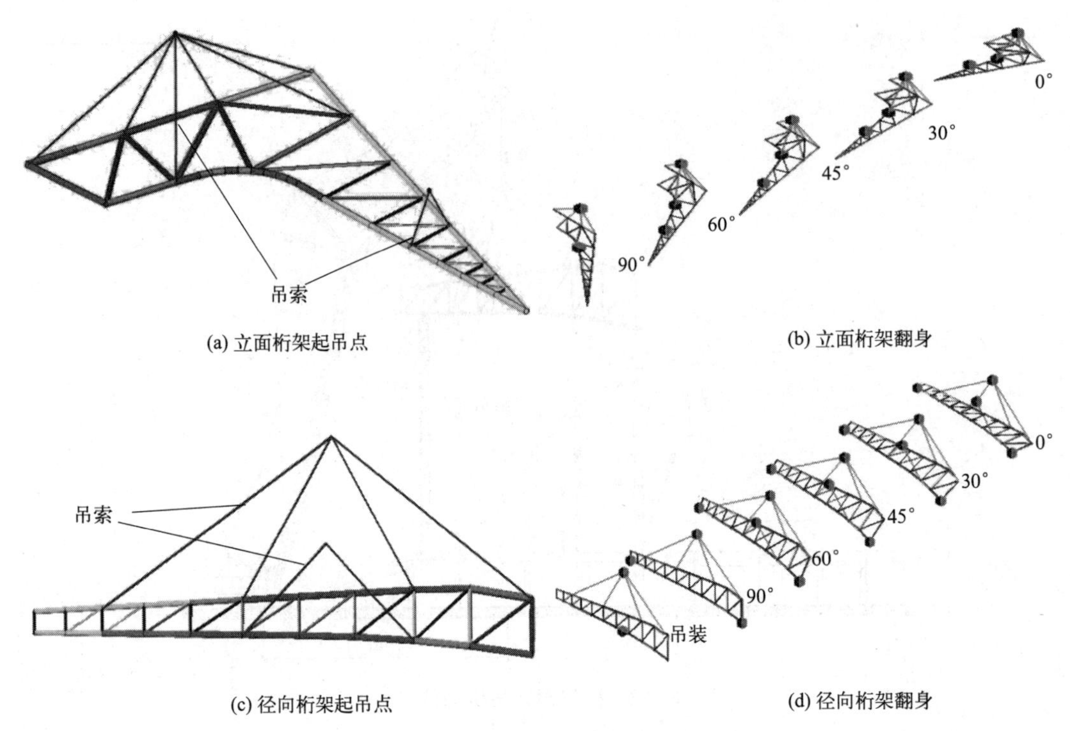

图 25　单片桁架翻身示意图

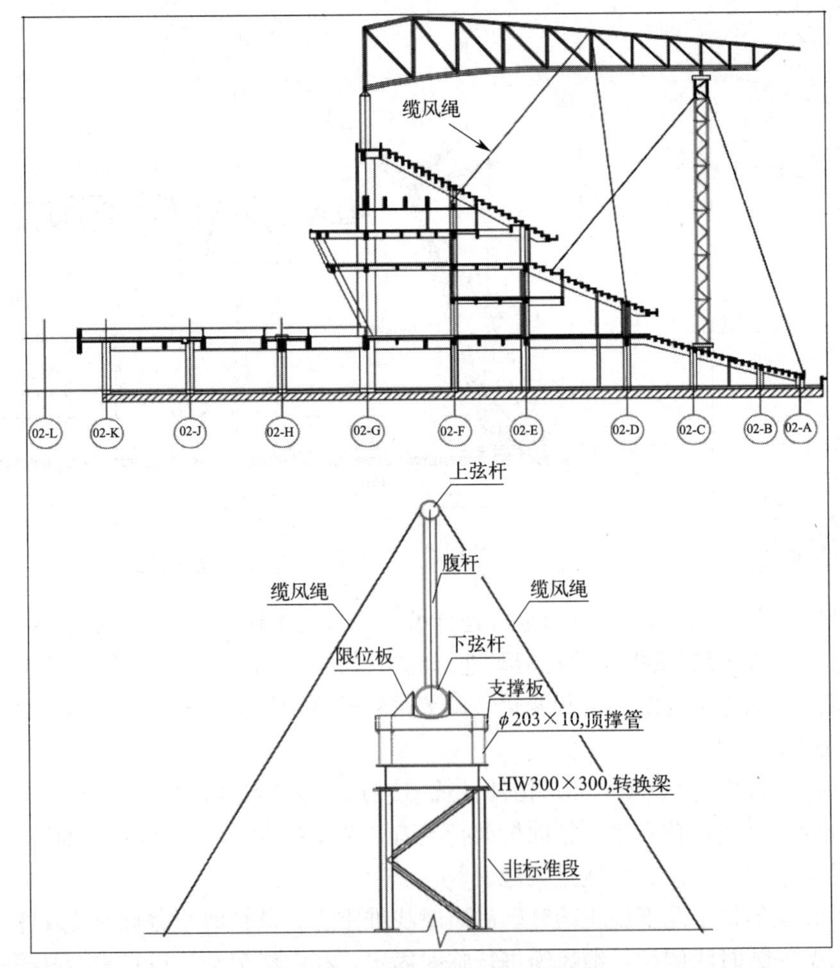

图 26　径向桁架就位、固定示意图

5.2.5 空间定位测量技术

(1) 桁架的拼装测量

①在内业获得该榀拼装桁架单元的三维坐标，并填写在预先设计好的表格上。

②根据轴线坐标关系先用全站仪将上下弦位置放样在拼装胎架上。

③用水准仪将标高引测到拼装胎架固定的适当部位。

④根据图纸尺寸划线，进行腹杆杆件的安装。

⑤桁架拼装完后，用全站仪再对桁架进行的复测，比较实测坐标（三维）与设计坐标的差值，根据 X、Y 坐标的差值调桁架的平面位置，根据 Z 坐标的差值调整屋架的标高位置，反复进行测量、比较、调整工作，直至将桁架调整到设计位置（图 27）。

(2) 桁架的就位测量

将纵横轴线引测至成品固定支座顶面，并在桁架支座部钢板上划十字中心线来控制桁架就位（图 28）。

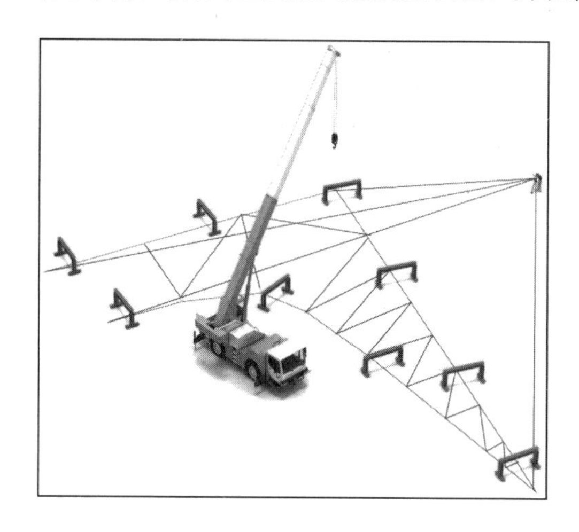

图 27 桁架拼装测量示意图

图 28 桁架就位测量示意图

(3) 桁架变形测量

桁架吊装垂直度的控制采用吊线坠和仪器相结合的方法检查。每个桁架单元拼装、吊装完毕并及时用支撑杆件连接好后，应当在确定的每天的同一时间测量测设点的屋盖桁架控制节点变形数据作为控制数据的依据，必要时应作适当修整，具体操作方法如下：

以一个典型单元的桁架的变形观测为例。设置竖向位移观测点，每跨桁架上设置六个观测点，其中下弦中央设置一点，下弦中央两边的两个六等分点各设置两点，支座的中点位置设置一点。

6 质量控制标准

6.1 焊缝质量检测

焊接质量检查包括外观和无损检测。一级焊缝 100%检验，二级焊缝抽检 20%，并且在焊后 24h 检测。对 UT 检测有疑问，在有条件的地方辅以 RT 检测。

6.2 焊缝缺陷处理

(1) 焊缝表面的气孔、夹渣用碳刨清除后重新焊接。

(2) 母材上若产生弧斑，用砂轮机打磨后，必要时进行磁粉检查。

(3) 焊缝内部的缺陷，根据 UT 对缺陷的定位，用碳刨清除。对裂纹，碳刨区域要向外延伸至焊缝两端各 50mm 的范围。

(4) 厚板焊接返修时必须按原有工艺进行预热处理，预热温度应在前面基础上提高 20℃。

(5) 焊缝同一部位的返修不宜超过两次。如若超过两次，则要制定专门的返修工艺并报请监理工程师批准。

6.3 焊接操作注意事项

（1）防风措施：焊接作业区风速：手工电弧焊时不得超过 8m/s，CO_2 气体保护焊不得超过 2m/s，风速超过规范规定值时应采取防风措施。在焊接位置搭设焊接操作平台，将平台做成基本封闭状态，可以有效防止大风对焊接的影响。

（2）防雨措施：施工现场焊接量比较大，下雨天气必将影响现场焊接施工，焊接时采取专门防雨措施。在焊接区上方搭设防雨棚，再围绕防雨棚上方钢柱四周采用防水材料堵住，防止雨水流淌到焊接区域。

（3）其他注意事项：①严禁在焊缝以外的母材上引弧。②定位焊必须由持焊工合格证的工人施焊，且应与正式焊缝一样要求。③如装有引弧和收弧板，则应在引弧板和引出板上进行引弧和收弧。焊接完成后，应用气割切除引弧板和引出板，留有 5mm 宽，用砂轮机修磨平整。严禁用锤击落。

7 应用实例

（1）洛阳市奥林匹克中心项目，总建筑面积 18.3 万 m^2，建筑高度 52.4m。其中体育场屋盖钢结构南北向约为 291.5m，东西向约为 284.6m。屋盖罩棚采用 74 组悬挑平面钢管桁架结构，桁架间距约 9m，东西向最大悬挑长度为 48.1m，南侧悬挑长度为 21.8m，总重量约为 9000t。屋盖钢结构造型奇特，本工法在屋盖钢结构施工中成功应用，施工便捷、技术先进、质量优良，具有广泛的推广价值。

（2）郑州市奥林匹克体育中心项目，总建筑面积 57.5 万 m^2，建筑高度 54.4m。其中体育场屋盖近似为圆形，南北向约 291.5m，东西向约为 311.6m，看台罩棚东西向悬挑长度为 54.1m，南北向悬挑长度为 30.8m。根据建筑造型、空间使用功能和视觉美观要求，结合结构受力特点，屋盖钢结构采用大开口车辐式索承网格结构。该工法在郑州市奥林匹克中心项目得到成功推广和应用，有效保证了钢结构施工质量，大大提高了施工效率，节约了钢结构施工工期。

8 应用照片（图 29）

(a) 支撑胎架布置

(b) 支撑胎架底座

(c) 立面桁架翻身起吊

(d) 立面桁架吊装

图 29 应用照片

(e) 交叉拉杆安装　(f) 环向桁架吊装

(g) 高空分段吊装　(h) 北立面完成效果图

图 29　应用照片（续）

超大截面复杂弯扭钢结构绿色制造工法

中建钢构武汉有限公司

刘欢云　李卫华　邓凌云　叶晓东　郭继亮

1　前言

经过近十几年的研究和工程实践，得益于钢材质量均匀的特点，陆续发展了多种复杂曲面建筑造型，螺旋体、抛物形、飘带、波浪形等造型应用尤为广泛，它能够将建筑艺术、结构艺术和社会需求有机结合起来，以自身独特的建筑造型、深厚的文化底蕴、良好的视觉效果等优点广泛应用于文化设施、会展中心、城市雕塑等大型空间钢结构建筑。随着高强材料的研究和材料性能的提高、设计理论分析的进一步完善、施工工艺的创新和探索，造型变化丰富、多重复杂曲面的钢结构建筑将展现出更加广阔的发展前景。

多重复杂曲面结构体系，深化设计时模型搭建、构件定型定位难度极大；同时丰富的造型给工厂制作也带来了严峻的挑战。中建钢构武汉有限公司成立了课题研究组，开展超大截面复杂弯扭钢结构高效建造关键技术研究与应用，形成成套超大截面复杂弯扭钢结构制作工法，并获得自主知识产权，效益显著。

2　工法特点

2.1　非线性复杂弯扭钢结构智能建模技术

根据空间弯扭构件的几何特征，加工与安装的特殊要求来设计软件的组织架构与功能需求，在Rhinoceros的Grasshopper平台上放样出弯扭构件轮廓线结合Tekla Structures的开发平台以C#语言为工具研发了中建钢构弯扭构件智能建模软件，建模效率和图纸质量大幅度提高。

2.2　超大截面箱形弯扭构件快速冷成型技术

提出超大截面复杂曲面配重压膜成型技术，极大提高了大尺寸曲面钢构件的加工效率和成型质量。

2.3　大坡度箱形弯扭构件复合焊接技术

研制适合大曲率弯扭构件焊接的埋弧焊设备及焊接技术，可实现大厚板大坡度弯扭构件埋弧自动焊。

3　适用范围

本工法适用于超大截面箱形双曲钢结构制作，对其他复杂曲面钢结构制作也有一定的借鉴意义。

4　工艺原理

复杂弯扭构件智能建模软件采用利用Rhinoceros Grasshopper输出端输出的三维模型的几何数据信息，直接输入Tekla软件中，在Tekla软件中用线条模拟出弯扭构件各板件的轮廓边线，实现智能建模和出图。弯扭构件快速冷成型技术根据曲面结构特点，采用配重块在拼装胎架上，对钢板进行弯曲成型。弯扭构件复合焊接技术，采用改进的埋弧焊设备，即埋弧焊前端加装磁力小车。焊接过程中，磁力小车和埋弧焊小车移动速度保持一致，调整埋弧焊小车焊接参数进行施焊。

5 施工工艺流程及操作要点

5.1 施工工艺流程

构件建模与出图→临时支撑胎架胎架设置→板零件放样、下料、拼接→箱体翼、腹板弯扭成型→纵横加筋板焊接→上翼板弯扭成型→主体焊缝焊接。

5.2 施工工艺操作要点

5.2.1 Rhinoceros Grasshopper 模拟弯扭轮廓边线

根据弯扭的类型分成不同的 Grasshopper 模块：

（1）空间任意曲面沿指定曲面弯扭：此类常见于设计图为空间曲线，以及给出弯扭构件中心线条曲线，此模块可根据杆件中心线的曲线，生成组成截面的各个板件的边线的曲线的几何信息，并输出其几何信息。

（2）平面任意曲线向曲面投影形成弯扭构件：此类常见于设计图中的平面线条为平面任意曲线，同样根据节点 3D 坐标模拟出空间曲面，利用此模块向该曲面做投影，并得到截面板件的几何信息。

（3）空间任意曲线腹板垂直与大地形成弯扭：常见的旋转楼梯一般采取此种放样方法。根据螺栓线（杆件中心线），利用此模块生成垂直于大地的腹板轮廓及垂直于腹板的翼缘板的轮廓线，并输出其几何信息。

以上三个模块均可在犀牛模型中由单根线条及弯扭附属面批量生成包含自定义截面信息的轮廓线条。通过 Grasshopper 插件左端（输入端）输入原始线条及曲面，生成右侧（输出端）各个弯扭板件边线的几何信息。

5.2.2 犀牛数据与 Tekla 模型一键导入

利用 Rhinoceros Grasshopper 输出端输出的三维模型的几何数据信息，基于 Tekla 软件平台，开发了中建钢构弯扭构件智能建模软件，此软件可以将以上数据信息，直接输入 Tekla 软件中。在 Tekla 软件中用线条模拟出弯扭构件各板件的轮廓边线。

弯扭构件工艺隔板和端部封板也可一并创建，从而实现在 Tekla 软件中弯扭构件的批量化实体建模。

5.2.3 弯扭构件智能出图

传统的弯扭构件深化出图过程非常繁杂，由于构件外观不规则，需要表达的定位信息多，从而导致单根构件深化图纸量非常大。若使用常规软件深化设计表达出图，则效率非常低，此外图纸表达精度也得不到保证，且不能解决弯扭板件的展开放样等问题。利用此软件的图纸生成版块，可轻松完成弯扭构件出图，主要分为下面两个大步骤：

（1）定义坐标系，生成数据

①为了方便工厂加工制作，需根据低势能原理把构件放平，然后利用中建钢构弯扭构件智能建模软件生成构件材料表、三维坐标、胎架坐标、展开图坐标等数据信息。

②软件将调用原始几何信息数据，进行各项分析计算，将模型三维数据，转换成展开二维数据和各个板件平放后空间坐标数据，并自动绘制图纸。计算顺序为：三维坐标（原始数据）→胎架坐标→展开坐标→展开面材料→成型坐标。

（2）读取数据，创建图纸

在上一步生成数据的基础上，继续利用此软件出图板块，软件自动根据上一步数据创建板件展开图，成型图形，并生成对应的坐标表和构件材料表以及胎架坐标表。

5.2.4 临时支撑胎架胎架设置

（1）根据分段总装控制点坐标，通过经纬仪在钢平台上确定支承点平面布置，以支承基准平面为依

据定出各控制点的 z 轴坐标值（图 1）。

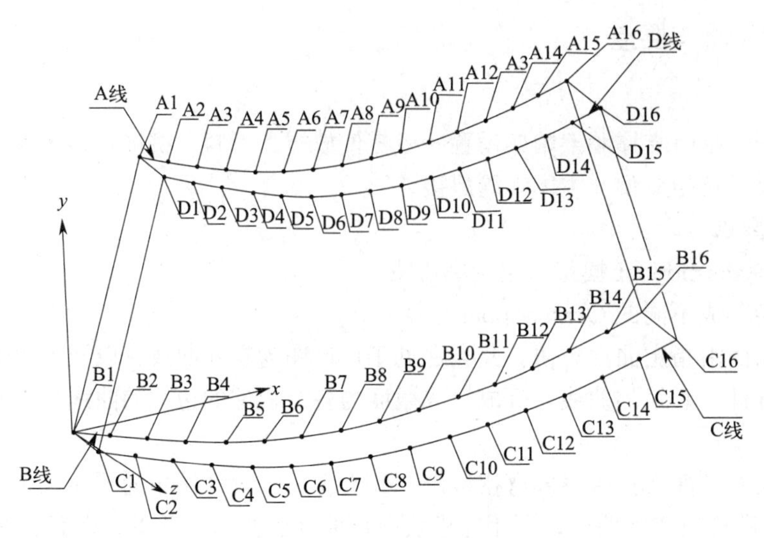

图 1　分段总装控制点坐标示意

（2）临时支撑胎架制作工艺如下：

①采用 50～60mm 厚的钢板铺设钢平台，支承两条纵边采用 H 型钢做竖向支撑，确保钢平台和胎架的稳定性。

②在钢板平台上划出曲面箱体 A、B、C、D 4 条纵边各控制点的地样线和两端 50mm 切割余量线，并在相应位置敲上样冲点并标记三维坐标值和坐标编号。

③支承 A、B 线对应的各控制点采用（16～20)mm×(200～250)mm 板条连接，每档模板中间设置 2～3 档竖向支撑，以避免箱梁总装时整体下挠影响构件尺寸。

④胎架搭设完后呈空间扭曲状态，对 A、B 线各控制点三维坐标值采用卷尺和经纬仪检测，三维尺寸误差控制在±2mm 以内。

5.2.5　板零件放样、下料、拼接

（1）在零件纵、横方向预先加设一定的焊接收缩量和切割余量。

（2）弯扭异形零件全部采用等离子数控切割下料，确保下料精度，零件坡口全部采用半自动切割开设。翼腹板零件下料后在 4 个角点标记上对应坐标编号，以便装配时区分方向。

（3）零件采用直线小角度坡口对接焊，施焊过程中需控制好翼腹板边长和对角线尺寸。

5.2.6　箱体翼、腹板快速弯扭成型

（1）下翼板吊至总装临时支承上呈自由状态放置，通过对 16mm 翼板的韧性分析，对宽翼板在总装胎架上采用配重压模成型工艺进行定位装配。

（2）翼板在胎架上配重压模成型过程中，两纵边控制点需采用吊线坠的方式边压模边检验边点焊定位，控制纵边的线坠吊点与地样投影点重合。

（3）翼板下表面与胎架模板整体点焊固（图 2）。

（4）腹板采用 16mm 厚钢板，韧性偏小，采用锁链＋千斤顶辅助的方式使腹板沿翼板边曲线进行拟合位移装配，腹板下边与翼板边用角尺检验装配（图 3）。

（5）腹板上边用角尺＋线坠吊地样的方式检验上边各控制点与地样投影点重合，并用钢条将腹板上边与支撑点焊连接固定。

5.2.7　纵横加筋板焊接及其变形控制

（1）焊接顺序：由于纵横隔板数量较多，制定了先焊横隔板后焊纵向加筋板、先立焊后平焊的焊接顺序。

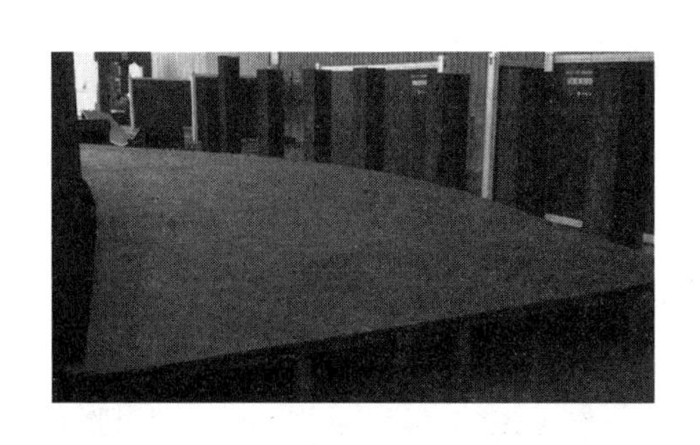

图 2　翼板下表面与支承模板定位点焊

图 3　腹板拟合定位

(2) 焊接方式：纵横隔板双面角焊缝采用分段跳焊的方法采用 CO_2 实芯焊丝小电流多层多道分中焊接来控制翼腹板的焊接变形。

5.2.8　上翼板快速装配成型

(1) 采用配重压模成型装配定位上翼板；翼板定位装配时需控制好上翼边与两侧腹板的曲线拟合度，上翼板 CD 边用角尺靠模边检验边边用千斤顶调整翼腹板的相对位置（图 4）。

(2) 箱体端头采用三角板焊接固定，以保证箱体端口的对角线尺寸；箱体端口中间加 3～4 道竖向支撑以保证上下翼板的开口尺寸。

(3) 在临时支承上焊接横隔板与上翼板的角焊缝；箱体四条纵边的衬垫坡口焊缝用药芯 CO_2 焊丝打底焊接，焊缝高度略低于母材表面。

图 4　上翼板配重成型

(4) 上翼面由于控制其光顺度的隔板数量较少，部分位面呈凹凸状；通过试验采用分段翻身装焊上翼板内部纵向加筋控制上翼板光顺度。

5.2.9　主体焊缝复合焊接技术

(1) 焊接整体顺序按照内隔板焊接→箱形组立→主焊缝打底→下胎→主焊缝填充、盖面→牛腿组装→牛腿焊接。

①主焊缝打底、填充焊接要求：箱形构件拼装完成后，在胎架上进行打底焊，然后下胎采用气保焊进行填充，填充高度至与坡口表面齐平或低于坡口面 1mm 以内。打底焊采用药芯焊丝气体保护焊，填充焊采用实心焊丝气体保护焊。焊接参数如表 1 所示。

大截面厚板弯扭构件打底、填充焊接参数　　**表 1**

层道	焊接方法	焊丝型号	直径(mm)	保护气体	焊接电流(A)	焊接电压(V)	焊接速度(cm/min)
打底	FCAW	E501T-1	1.2	CO_2	180～220	22～26	20～30
填充	GMAW	ER50-6	1.2	CO_2	200～240	22～26	22～32

②主焊缝盖面焊接要求：盖面焊接过程中需确保焊接坡度在 8°以内，中间平缓部分采用常规埋弧小车加导向轮施焊，两端坡度较陡处需采用马凳支撑，然后采用下坡埋弧焊焊接，采用改进的埋弧焊设备，即埋弧焊前端加装磁力小车。焊接过程中，磁力小车和埋弧焊小车移动速度保持一致，调整埋弧焊小车焊接参数进行施焊。其原理为通过磁力小车的磁吸力控制埋弧焊焊接速度，避免速度过快的现象（图 5、图 6）。

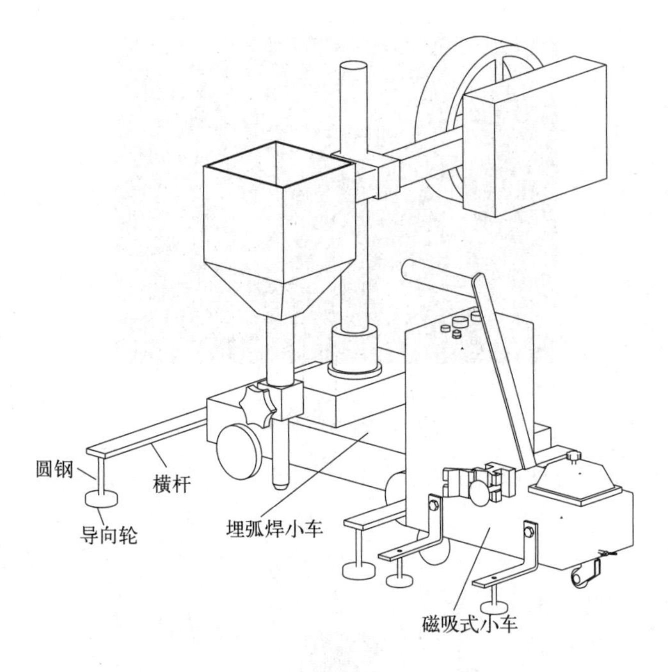

图 5 下坡埋弧焊焊接设备

图 6 下坡埋弧焊焊接过程

（2）焊接参数如表 2 所示。

大截面厚板弯扭构件盖面焊接参数 **表 2**

焊接方法	焊丝型号	直径(mm)	焊剂型号	焊接电流(A)	焊接电压(V)	焊接速度(cm/min)	坡度(°)
SAW	H10Mn2	5.0	SJ101	580～620	30～32	20～25	4～8
SAW	H10Mn2	5.0	SJ101	580～620	30～32	20～25	0～4

6 质量控制

气割及机械剪切的所有尺寸偏差允许±1mm，构件装焊成型后，成品的所有尺寸允许偏差±2mm，弯曲、扭曲等偏差严格按照规范执行。下料切割的允许偏差见表 3；箱形允许偏差见表 4。

下料切割的允许偏差 **表 3**

检验项目		允许偏差(mm)	检验方法	备注
外观要求		不得有氧化铁、毛刺；坡口应打磨出金属光泽	目测	—
切割面裂纹、夹渣、分层和大于 1mm 的缺棱		不允许	观察、测量	—
零件宽、长度		规定公差或±3.0	钢尺、卷尺	—
对角线差		2.0	钢尺、卷尺	—
条料侧弯		$\leqslant L/2000$ 且$\leqslant 10$	拉线、钢尺	—
切割面平面度		$\leqslant 0.05t$ 且$\leqslant 1.5$	钢尺、塞尺	—
割纹深度		0.3	观察、测量	—
局部缺口深度		1.0	观察、测量	修整圆滑过渡
气割面表面粗糙度		200μm	观察、对照	—
切割面垂直度	$t\leqslant 20$	1.0	钢尺、塞尺	—
	$t>20$	$0.05t$ 且$\leqslant 1.5$	钢尺、塞尺	—
不规则件形状差		$\leqslant 2.0$	样板	—

续表

<table>
<tr><th colspan="2">检验项目</th><th>允许偏差(mm)</th><th>检验方法</th><th>备注</th></tr>
<tr><td rowspan="2">钢板局部平面度</td><td>$t<14$</td><td>1.5</td><td>钢尺</td><td>—</td></tr>
<tr><td>$t\geqslant14$</td><td>1.0</td><td>钢尺</td><td>—</td></tr>
<tr><td colspan="2">接板焊缝外观</td><td>参见焊接通用规定</td><td>焊缝量规</td><td>—</td></tr>
<tr><td colspan="2">接板焊缝 UT 探伤</td><td>一级</td><td>UT 探伤</td><td>—</td></tr>
</table>

注：L 为弦长；t 为厚度。

箱形允许偏差 **表 4**

<table>
<tr><th>项目</th><th colspan="3">允许偏差(mm)</th></tr>
<tr><td>内隔板拼装间隙偏差</td><td colspan="2">0.5</td><td>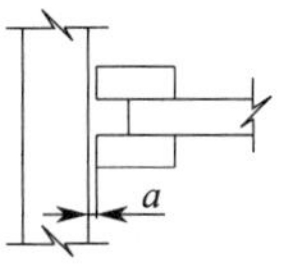</td></tr>
<tr><td>焊接组装构件端部偏差</td><td colspan="2">3.0</td><td>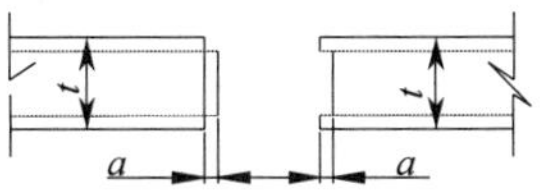</td></tr>
<tr><td>加劲板或隔板倾斜偏差</td><td colspan="2">1.0</td><td>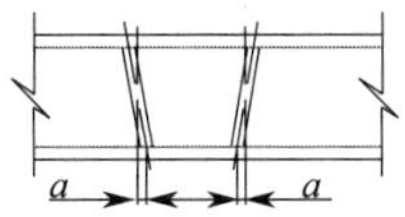</td></tr>
<tr><td>隔板、劲板间距或位置偏差</td><td colspan="2">0.5</td><td>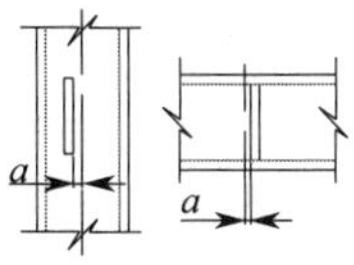</td></tr>
<tr><td rowspan="3">翼缘板倾斜度</td><td>$b\leqslant400$</td><td>1.5</td><td rowspan="3">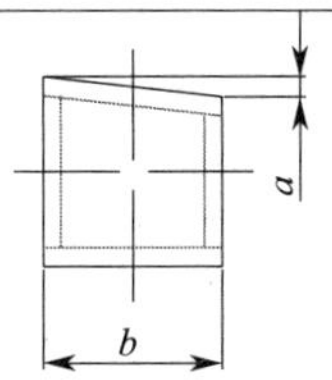</td></tr>
<tr><td>$b>400$</td><td>3.0</td></tr>
<tr><td>连接部位</td><td>1.0</td></tr>
<tr><td rowspan="3">截面尺寸偏差(Δb)</td><td>$h\leqslant400$</td><td>±2.0</td><td rowspan="3">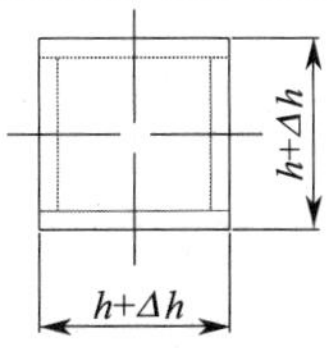</td></tr>
<tr><td>$400<h<800$</td><td>$\pm h/200$</td></tr>
<tr><td>$h\geqslant800$</td><td>±4.0</td></tr>
<tr><td>扭曲</td><td colspan="2">3.0</td><td>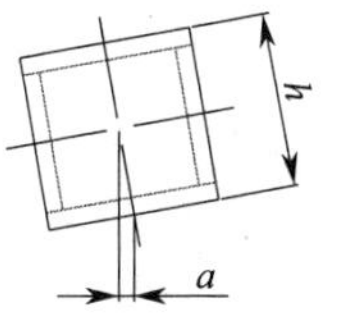</td></tr>
<tr><td>箱形截面连接处对角线差</td><td colspan="2">2.0</td><td>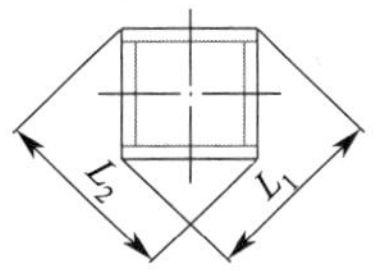</td></tr>
</table>

续表

项目	允许偏差(mm)	
垂直度	2.0	
焊缝装配间隙	角焊缝翼板与腹板之间的装配间隙 Δ≤0.75mm； 熔透焊和部分熔透焊的翼板与腹板之间的装配间隙 Δ≤2mm	

注：h 为截面高度；t 为厚度；b 为宽度；a 为间距；L_1，L_2 为长度；Δ 为变量。

7 应用实例

7.1 河南驻马店会展中心

河南驻马店会展中心工程平面呈边长 390m 的正三角形，建筑总高度 32m，建筑面积约为 15.1 万 m^2；中心设有环形景观和商业区。地上建筑包括 4 个大展厅（2、3、5、6 区）、2 个中展厅（1、4 区）、1 个常年展厅（7 区）、1 个宴会厅（9 区）和 1 个剧场（8 区）。主体采用钢结构框架＋屋顶钢桁架结构，最大跨度 72m，总用钢量约 2.8 万 t，材质为：Q345B、Q235B，主要加工构件截面形式为 H 形、箱形、圆管及管桁架构件。具有空间造型定位精度控制等制作难点。

7.2 河南科技馆

河南省科技馆建设项目位于郑州市郑东新区郑开大道北侧。建设用地面积 54447.73m^2。本项目主要包含主场馆为高层建筑，建筑高度 43.0m，独立车库及人防为纯地下室，红线外圭表塔建筑高度 100m。本工程钢结构主要分布于球幕影院、屋顶幕墙、中庭连廊等。幕墙钢支撑钢结构为折面网壳结构，最大结构标高 42.6m，钢结构体系主要包括：单层空间球壳、折面网壳＋空间桁架、网架及钢框架，钢结构材料主要为 Q235B、Q345B、Q390B。该项目的难题在于控制构件精度难、复杂节点装焊难、厚板焊接难（图 7）。

7.3 武汉光谷星河雕塑

武汉光谷星河雕塑高度约 40m，直径约 100m，为全国最大体量的金属结构公共艺术品。雕塑设计为飘带造型，包含 7 组环形飘带，直径约 100m，飘带最高处高度约 40m，飘带内部空间设置箱形截面钢结构，形成高低起伏的环带式连续梁结构。飘带结构为不规则箱形弯扭钢构件，结构复杂，无法通过平立面图进行制作安装，如何在制作、安装过程中控制精度为重难点（图 8）。

图 7 河南省科技馆

图 8 光谷雕塑效果

8 应用照片

见图 9～图 12。

图 9 巨型弯扭构件下翼板配重成型

图 10 巨型弯扭构件筋板焊接

图 11 巨型弯扭构件纵缝焊接

图 12 巨型弯扭构件现场安装

大跨度宽幅高低差系杆拱桥结构整体顶推施工工法

中建八局新型建造工程有限公司

史　伟　高　鹏　赵　阳　王得明　衡成禹

1　前言

大跨度宽幅高低差线形系杆拱桥结构，上部由三片拱肋及系梁组成，之间采用横梁连接，拱顶设置横撑，外侧设置悬挑人行托架。全桥通过57根钢吊索，连接拱肋及系梁，桥梁两侧各3个盆式支座固定于混凝土桥台上。主要构件形式为拱脚、系梁、端横梁、中横梁、桥面板、拱肋及拱肋横撑梁（图1）。

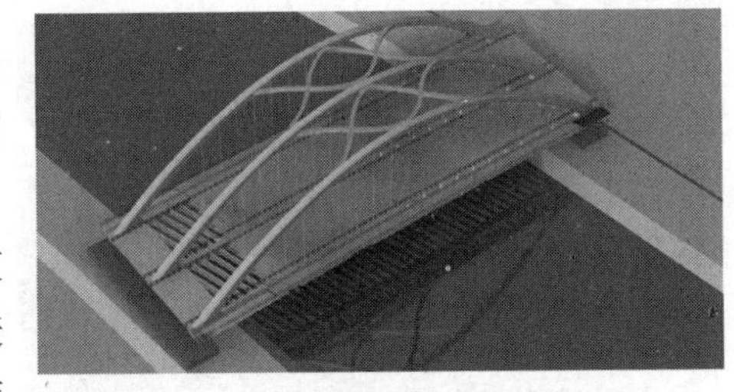

图1　大跨度宽幅高低差线形系杆拱桥结构示意图

对此，项目部成立科研攻关小组对于其中的重难点进行攻关研究，通过调查研究、工程类比、模拟试验、优化创新，进一步提炼形成本工法。本工法应用钢管桩反压技术；综合顶推施工技术（钢管及分配梁顶推临时墩＋多向多点同步步履式千斤顶＋导梁及刚性斜撑＋新型顶推限位措施＋顶推防滑防倾措施＋钢拱调节块＋落梁拆撑）；综合施工技术（BIM技术＋全过程进行施工模拟＋三维扫描复核＋全过程施工监控）；三维激光扫描复核技术；“异位拼装＋整体顶推”综合施工等多项技术有效地解决了大跨度宽幅高低差线形系杆拱桥结构在施工中的进度、质量、安全、场地、环保、通航等难点。

2　工法特点

（1）不受桥梁安装位置自然条件限制，可远离桥址在适合桥梁拼装的场地施工，具有一定的机动性和自由性。

（2）钢梁拼装可与桥台混凝土施工同步进行，缩短现场施工工期，不受河道汛期影响，桥梁安装顺序不受桥台施工的限制，拼装作业不影响通航。

（3）整体顶推施工设备和顶推抄垫垫块可一次组拼，重复使用，减少投入，同类工程可通用，具有节约材料的特点；定型式垫块具有在工厂提前预制的优点。

（4）顶推作业施工顺序明确，可组织进行流水施工作业，降低施工难度，施工方便、高效，劳动投入低，成本投入低，施工控制有保障。

3　适用范围

本工法适用于大跨度、大体量、高低差拱形、桥面较宽等设计特点的系杆拱桥结构、钢箱梁结构、大跨度整体屋盖等结构。特别适用于工期进度快、安装精度高、安全性高、施工稳定性强，施工场地窄小、受限，梁体架设困难，横跨公路、铁路运输繁忙，有通航要求等的桥梁施工。

4 工艺原理

（1）有限元分析软件进行顶推全过程施工模拟工况，确定顶推施工最不利工况（变形、应力）预警值和临时墩最大支反力，实现临时墩的承载力、稳定性、入土深度计算。在顶推钢管桩旁侧布置反向预压桩，安装反顶梁配合反向千斤顶实现钢管桩的承载力检查与预压验收。

（2）静力水准仪各测点安装在拱桥下部顶推系梁上，利用静力水准仪系统中各测点的垂直相对位移（又叫基准点）变化，多个应变计安装在拱桥主要受力杆件上，可实现构件内应力变化值，通过无线数据采集传输模块，可实现各测点的动态实时测量，保证全过程实时监测钢箱梁线形、应力、临时墩沉降、应力，比照计算软件分析结果，及时调整顶推安全状态，保证钢箱梁线形。通过数据收集、整理和分析，有助于顶推施工问题判断和施工决策。

（3）系梁局部顶推位置焊接加劲板，通过局部抗压承载力计算分析可以保证受力符合要求，结构不被破坏。拱桥结构在整个顶推过程受力变化复杂多变，拱肋和系梁间通过销轴连接刚性斜撑，可以保证拱桥结构的稳定性、减少顶推过程的变形。通过安装前后导梁结构，可减少主梁结构在临时墩间距较大的情况下的悬挑长度，减少临时墩受力及主梁结构应力、变形。

（4）沿系杆拱结构的水平移动方向布置的多个顶推临时墩，临时墩的顶部安装具有水平和竖直两个方向上移动的步履式千斤顶，利用多台步履式顶推器配合可调整高度多组叠加的临时垫块组实现拱桥的整体顶升、顶推、调整等动作，实现桥梁的顶推跨河施工。在顶推前进过程中通过调整各临时墩上方各垫块组的高度，可拟合桥梁拱形的高低差线形，实现拱桥的平移顶推前进（图 2）。

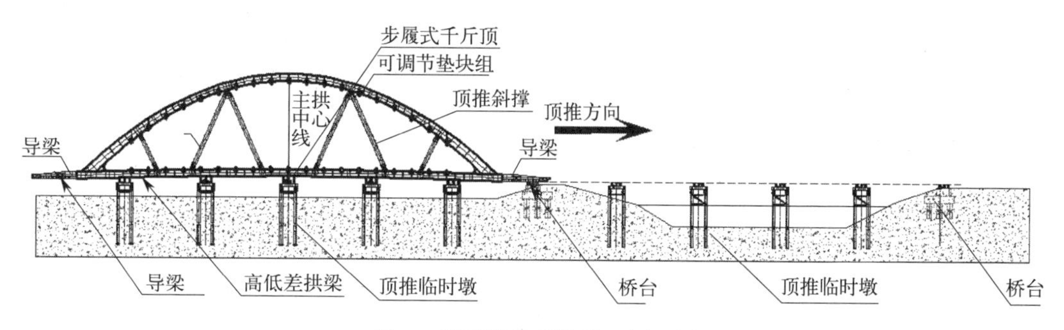

图 2　拱桥整体顶推施工原理图

步履式千斤顶的工作原理是竖向千斤顶顶起钢梁，水平千斤顶完成向前顶推，落梁后搁置于垫块上，千斤顶回油完成一个行程的顶推工作，顶推过程中，根据桥梁纵向坡度通过采用超垫的方式使箱梁在顶推过程中能始终与步履式千斤顶、垫块紧密接触。

5 施工工艺流程及操作要点

5.1 施工工艺流程

顶推临时墩施工→拱桥异位整体拼装→顶推导梁及斜撑安装→顶推设备及垫块组布置安装→施工顶推→支座安装、落梁体系转换→柔性系杆吊索张拉→顶推临时墩拆除。

5.2 操作要点

5.2.1　临时墩施工

（1）临时墩布置及施工

根据拱桥长度及河道宽度，通过施工模拟计算合适的顶推墩跨度，横桥向间距满足钢箱梁宽度并布置于主受力系梁下方。主纵向跨间距根据计算结果，按照结构应力、变形值最小原则布置。

临时墩采用“钢管桩＋H 型钢分配梁”基础结构，每组临时墩采用 4 根钢管桩，分节采用 80t 履带起重机（地面）/100t浮吊（水中）起吊APE200-6全液压振动锤打入土后接高钢管桩，直至设计标高；钢管桩插打以桩端标高控制为主，贯入度控制为辅。钢管桩内部之间通过圆管焊接成组，钢管桩上顶部设置环形加劲板加固，钢管桩顶部设置两层“井”形H型钢作为分配梁，传递均布上部拱桥及顶推受力；横向临时墩间通过圆管桁架连接成整体结构。拱桥两端桥台也作为顶推临时墩。

在拱桥异位拼装场地，临时墩间焊接通长沿桥纵向H型梁连接，便于拱桥在拼装平台上节段对接安装，其中拼装场地顶推临时墩兼作拼装支撑墩（图3）。

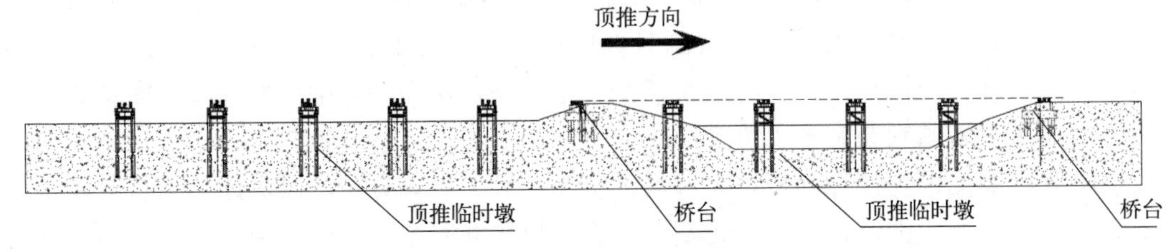

图3 顶推临时墩纵向布置示意图

（2）临时墩预压

采用钢管桩反预压装置，通过上部横梁与加载千斤顶120%最大支反力，对钢管桩进行预压验收（图4）。

5.2.2 拱桥异位整体拼装

（1）拱桥加工

利用BIM技术建立拱桥结构模型，生成深化图纸后指导厂内加工，利用BIM模型进行加工交底，在加工制作节段进行预拼装，利用三维激光扫描技术对加工构件进行精度检查，相关探伤检查符合要求后按施工顺序发运至现场。

（2）整体拼装

结合BIM技术在拼装平台纵梁上按照钢箱梁实际横坡度、纵坡度、预拱度来布置拼装胎架，测量验收合格后投入使用。采用履带起重机及汽车起重机由两侧向中心依次安装预制构件节段，使用全站仪结合三维坐标进行现场定位安装。桥面结构安装完成后，根据拱肋分段节点位置合理设置格构柱支撑及操作平台，由两侧向中心依次进行上部结构安装。安装完成后进行相关探伤工作，利用三维激光扫描技术对整体结构精度进行检查。

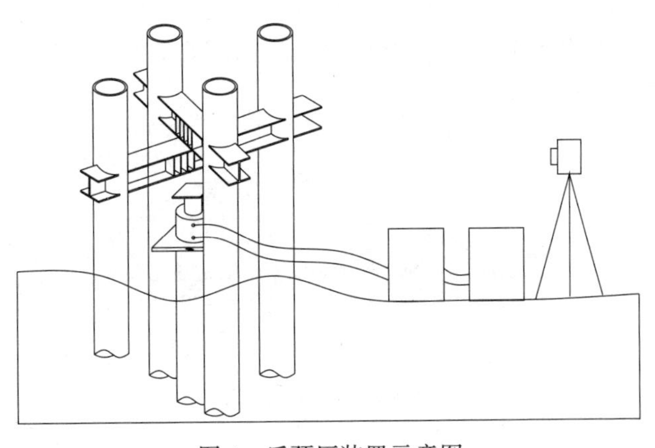

图4 反预压装置示意图

（3）监测设备布置

构件安装前，将高精度应变计固定在节段上顶板、下底板，以监测施工状态构件应力变化。进行第三方监测的危大工程监测方案的主要内容应当包括工程概况、监测依据、监测内容、监测方法、人员及设备、测点布置与保护、监测频次、预警标准及监测成果报送等。

5.2.3 顶推导梁及斜撑安装

（1）斜撑安装

采用有限元分析软件Midas进行结构体系转换全过程施工模拟。对比“从两边向中心”和“从中心向两边”边拆支撑边安装斜撑的施工顺序完成整体结构的计算分析，得到施工变形和应力的控制数据，确保结构构件在施工过程中应力、变形与稳定性满足设计要求。最终选取采用“从两边向中心”精度控制为主的安装斜撑方法，斜撑两端头通过销轴与系梁和拱肋铰接连接，保证顶推过程中不均匀受力的传递。

（2）导梁安装

为减少拱桥跨墩时悬臂长度、临时墩受力及主梁结构应力，顶推前将工厂预制好前后导梁结构与箱梁端部之间进行焊接，安装时需保证中心向与系梁中心线保持一致。

5.2.4　顶推设备及垫块组布置

（1）顶推设备布置

根据计算结果，顶推施工时中最大支反力 421t，每个顶推临时墩上布置 2 台 250t 智能步履式顶推设备进行施工。顶推设备具有纵向顶推（50cm）、竖向抬升（20cm）、水平纠偏（15cm）能力（图 5～图 8）。

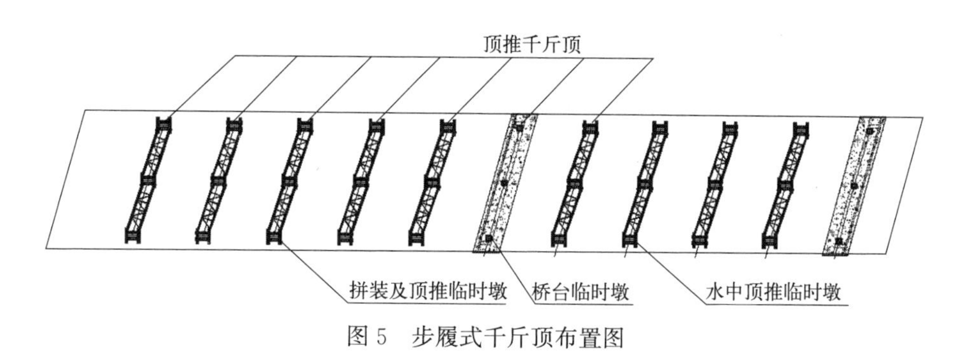

图 5　步履式千斤顶布置图

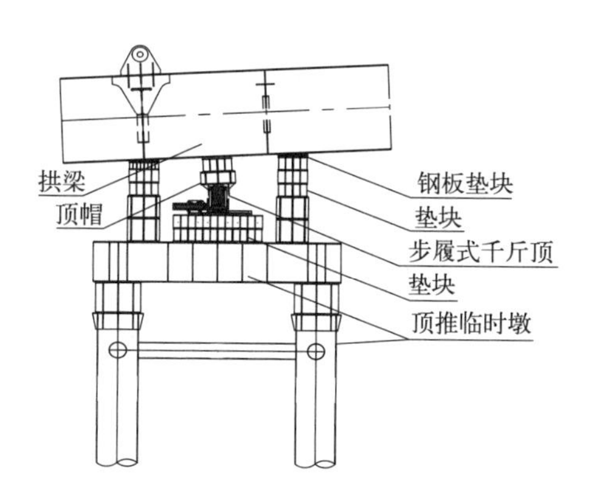

图 6　千斤顶及垫块安装布置构造图

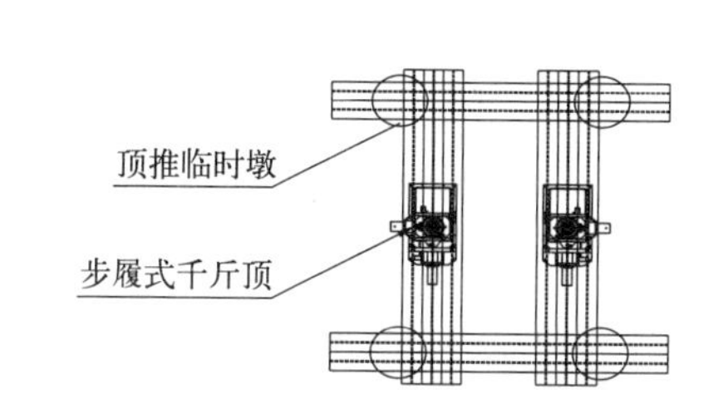

图 7　千斤顶与临时墩安装相对位置图

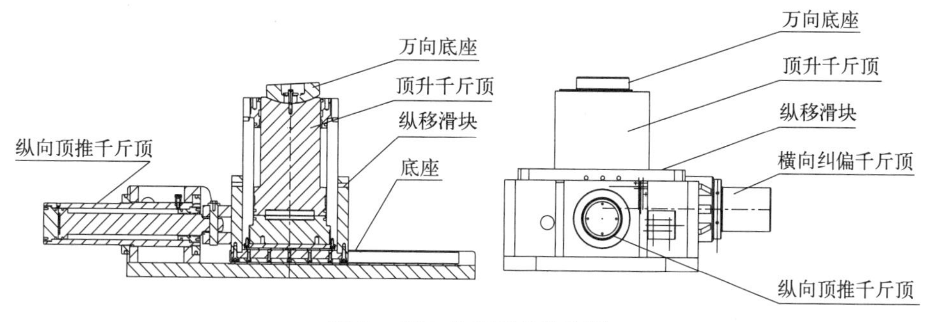

图 8　步履式千斤顶构造图

（2）千斤顶及垫块布置安装

在拼装胎架未拆除前，根据系梁与临时墩间距，在临时墩前后安装不同截面高度（型钢制作 100mm、200mm、300mm、400mm 等）的定型式标准垫块，局部高度采用钢板进行抄垫，坡度夹角采用不同板厚的钢板条（100mm 宽、4～20mm 厚）按照阶梯状进行排布拟合坡度进行贴合，系梁与垫块之间安装硬质橡胶垫防止垫块与梁底的刚性接触。

在临时墩中间安装步履式千斤顶，由于设备高度限制无法满足系梁与临时墩间距要求，在千斤顶下方安装定型式标准垫块以抬高千斤顶设备并满足设备顶推过程的稳定性。千斤顶安装的前进方向与桥梁前进方向一致，千斤顶中心与桥梁腹板中心一致。

（3）液压泵站布置

步履式顶推系统主要包括机械系统、液压系统、电控系统三大部分。通过计算机控制和液压驱动来实现组合和顺序动作，以满足施工要求。一泵站可连接六台千斤顶设备，主控台控制 48 台千斤顶同步进行，拱桥顶推通过千斤顶位置，可将顶推设备倒运至待顶推点，循环使用。

（4）步履式顶推设备

步履式顶推设备包含顶升支撑油缸、顶推纵移油缸、横向调整油缸、纵移滑块、横移滑块、底座等结构，每个千斤顶都装有位移信号器，通过控制系统控制各个油缸位移。滑块的底部固定一块 MGE 板，与底座上固定的 3mm 厚的不锈钢板构成滑移面。MGE 板上开口储油槽，在移动摩擦面可藏硅油，以降低滑移面的摩擦阻力。

（5）系梁加劲加固

顶推施工前需对系梁局部进行抗压承载力计算分析，以保证受力符合要求，结构局部不被破坏，通过在通长系梁的腹板和底板之间安装一定间距的加劲板，可对被顶推位置进行加强处理，满足施工要求。

5.2.5　桥梁整体顶推施工

（1）顶推设备调试

顶推设备安装完成后，连接好系统的油路及电路，进行调试以保证在手动、自动模式运行下，执行元件按设定的运动方式运行。联机调试时，启动泵站，选择手动运行模式，在主控台操作面板上控制执行元件伸缸或缩缸动作，检查其进行的动作是否正确，调节行程检测装置的检测元件，使检测装置的接触及检测正常。

系统手动试机完成后，选择自动模式系统，检查系统各千斤顶的动作协调性及同步性。如不满足设计要求，应认真查找原因，排除故障，待系统的动作完全协调后方表明系统调试正常合格。

（2）多点同步顶推控制方式

①顶升同步控制方式

竖向顶升同步控制，当竖向顶升千斤顶活塞伸出时将箱梁顶起，此过程主控台除了控制集群顶升千斤顶的统一动作之外，还要通过安装在箱梁和垫梁之间的位移传感器检测顶升的高度，保证顶升千斤顶的同步。具体步骤如下：步骤一：控制台发出指令，A、B、C……多台竖向顶 5MPa 压力顶升，此时所有竖向顶均以 5MPa 竖向压力与梁底接触，但未将梁体顶升脱离临时支点。步骤二：控制台将位移传感器位移信号归零，保证初始位移一致，控制台发出指令，A、B、C……多台竖向顶按照设定同步位移参数顶升，此时所有竖向顶将梁体顶升脱离临时支点，步骤二中所有千斤顶顶升高度一致，误差可控制在±5mm 以内（精度可调）。

②顶推同步控制方式

在顶推过程中可通过千斤顶的同步来保证位移的一致，减小结构偏转的不利情况的发生。位移同步控制策略为：同一桥墩上的水平顶推千斤顶中以 A 顶（图 9）为主动点，以一定速度伸缸，其余水平顶为随动点并与 A 顶比较，每台顶与 A 顶的位移量差控制在设定值以内，若哪台顶伸缸较快，则减小相应的比例阀的流量，反之，则增大相应比例阀的流量。

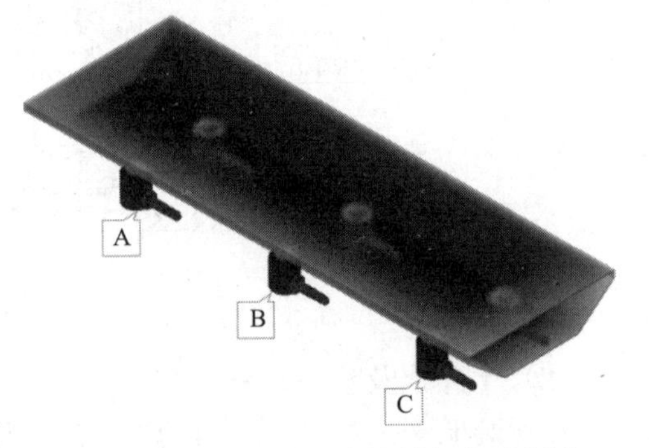

图 9　顶升及顶推同步控制方式示意图

③顶推施工纠偏控制方式

在多次顶推施工后由于各种原因钢箱梁横向位置不可避免地需要进行调整，控制方式如下两点：

顶推时钢箱梁底部明显位置做好顶推线性方向±5cm，标记线性控制点为粗控制点，不能精确反映钢箱梁顶推偏位，当顶推钢箱梁标记未偏出线性方向±5cm时，可不进行偏位调整；当顶推钢箱梁标记偏出线性方向±5cm时，用全站仪进行测量钢箱梁精确偏位，然后用设备纠偏功能对设备纠偏。

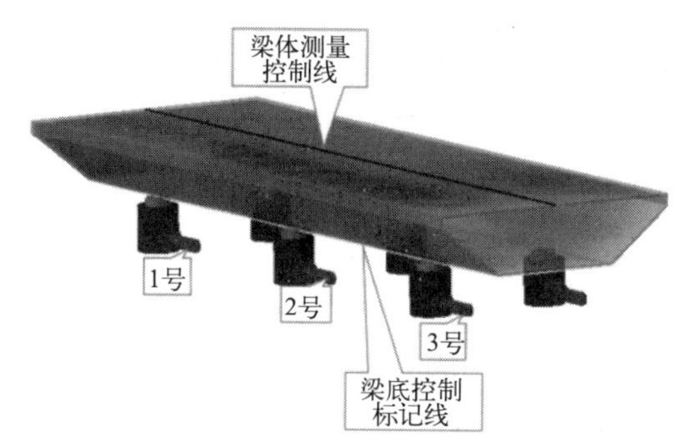

图10　顶推施工纠偏控制方式示意图

具体纠偏方法：1号顶为梁体前端，3号顶为梁体后端，根据全站仪测量结果，打开控制系统，设定1号、2号、3号纠偏顶线性纠偏值即可完成纠偏（图10）。再次用全站仪进行测量钢箱梁精确偏位，如有偏差，继续微调。

（3）试顶推

为了观察和考核整个顶推施工系统的工作状态，在正式顶推之前，按下列程序进行试顶推和试下放。

①试顶推前的准备与检查

在试顶推前，进行顶推设备检查、主体结构检查和各种应急措施检查是否符合要求。

②试顶推加载

解除主体结构与临时墩等结构之间的连接；

首先分级加载直至结构全部顶升，然后再进行结构整体顶推前进；每次加载，须按下列程序进行，并做好记录；

操作：按要求进行分级加载，使油缸受力和位移达到规定值；

观察：各个临时墩顶推点应及时反映设备及结构情况，结构焊缝是否正常；

监测：各个监测点应认真做好数据观察工作，及时反映测量情况；

复核：数据汇交现场施工设计组，比较实测数据与理论数据的差异；

分析：若有数据偏差，有关各方应认真分析；

决策：认可当前工作状态，并决策下一步操作。

试顶推加载过程中顶推设备的检查：检查各传感器工作是否正常；检查油缸、液压泵站和计算机控制柜工作是否正常。

③试顶推

在试顶推过程中，对各点的位置与负载等参数进行监控，观察系统的同步控制状况；根据同步情况，对控制参数进行必要的修改与调整；试顶升高度约15cm，再进行顶推前进。

④空中滞留

桥梁脱离垫块后，空中停滞12h；悬停期间，要定时组织人员做全面检查；有关各方也要密切合作，为下一步做出科学的决策提供依据。

⑤试顶推总结

试顶推完成后，需对试顶推进行总结，总结内容如下：

顶推设备工作状况，总结顶推设备工作是否正常；顶推过程中的同步控制状况，总结顶推控制策略是否正确，各种参数设定是否恰当；组织配合状况，总结顶推指挥系统是否顺畅、操作与实施人员是否工作配合是否熟练；顶推结构的受力、变形等是否满足设计要求；在试顶推过程中，对于出现的问题，要及时整改。

（4）正式顶推

①顶推前检查

各种备件、通信工具是否完备；检查传感器信号是否到位；检查控制信号是否到位；检查顶推设备油缸、液压泵站和控制系统是否正常等。

②正式顶推

正式顶推过程中，记录各点压力和高度；

操作：按要求进行分级加载，使油缸受力和位移达到规定值；

观察：各个临时墩顶推点应及时反映设备及结构情况，结构焊缝是否正常；

监测：各个监测点应认真做好数据观察工作，及时反映测量情况；

复核：数据汇交现场施工设计组，比较实测数据与理论数据的差异；

分析：若有数据偏差，有关各方应认真分析；

决策：认可当前工作状态，并决策下一步操作。

③顶推注意事项

应考虑突发灾害天气的应急措施；顶推关系到主体结构的安全，各方要密切配合；每道程序应签字确认。每一个支承墩承载力计算与实际比对要基本一致才能进行顶推作业，以防止顶推过程中不均匀沉降对桥梁结构及顶推稳定性的影响。

④千斤顶及垫块抄垫

大跨度宽幅高低差线形系杆拱桥结构存在双向坡度，中间比两边高（1～2m），顶推施工过程中必须保证桥梁的水平移动，利用抄垫使各支点与桥梁纵坡线形一致，保证各支点受力均匀。顶推过程中不得产生整体侧斜和前低后高或前高后低的结构状态，否则会发生倾覆安全隐患。

具体抄垫方法为：各千斤顶每次顶升使桥梁下底板与垫块组脱离 50mm，顶推前进一个行程，桥梁下落前通过安、拆垫块保证桥梁下落距离为 50mm，下落桥梁至垫块组上，回缸完成一个行程，并进行下个行程。

(5) 顶推过程的监控

利用静力水准仪、高精度应变计、全站仪等仪器设备，通过无线传输模块将现场数据实时采集传输至监控中心，严密监测桥梁建设过程中的受力、沉降、变形、位移等关键节点数据，反映桥梁的状况，确保顶推施工过程安全、可控。

5.2.6 落梁、支座灌装体系转换

(1) 落梁

桥梁顶推就位后，利用监测设备动态测量原理进行桥梁线形微调，保证线形满足设计要求，利用步履式千斤顶顶升油缸配合垫块组通过倒顶方式进行同步落梁至桥梁设计标高。

(2) 支座灌浆

将临时固定的支座通过机械千斤顶反顶的方式固定并点焊至桥梁拱脚底部，保证其水平度，再灌注支座砂浆，待达到设计强度后，完成拱桥与桥台千斤顶的受力体系转换。

5.2.7 吊索张拉

在水中支承墩及千斤顶不卸载的情况下，根据施工模拟计算分析，由中心向两边采用“边拆支撑边张拉吊索”方法进行斜撑与吊索体系转换，根据设计要求及监控指令，同步分级均衡缓慢加载至张拉力值，张拉过程严格控制张拉千斤顶油表读数与张拉力值大小，实时监测拱肋位移及桥面线形，待全部张拉完成后，千斤顶同步、均匀回油卸载，完成支撑墩与吊索力值体系转换后，利用索力计进行各吊索测量，保证每根吊索力值偏差不大于 5%。

5.2.8 顶推临时墩拆除

(1) 准备工作

平台拆除前先组织检查，对安全隐患先处理后再上机械人员进行拆除作业。把所需吊机、振动锤等设备和氧气、丙烷等材料运至施工现场。

（2）分配梁及连接系拆除

利用割枪逐次割除分配梁间、连接系与钢管桩之间的连接，通过吊机逐次起吊分配梁及连接系至指定地点存放。

（3）钢管桩拔除

采用履带起重机、浮吊配合全液压振动锤拔除，先用振动锤振动 1～2min，待桩周围土体液化，再开始往上拔桩，台后拼装场地钢管桩全部拔除，回收率 100%，水中钢管桩在河床以下 500～1000mm 范围水下切割，河床以上回收，回收率 40%。

6 质量控制

（1）加强对工作人员的岗位培训，布置合理的施工组织及人员管理。

（2）拱桥构件严格按照设计要求拼装，过程中用全站仪进行测量定位，拼装精度必须满足规范要求，合格后方可焊接。

（3）上道工序自检合格后报监理验收，合格后方可进入下一道工序。

（4）做好顶推施工前的准备、检查、验收工作，做好现场监督检查工作。

（5）顶推系统使用前应按照操作流程进行调试与试验。

（6）顶推过程中，梁前后端设全站仪观测点，并控制在允许范围以内；如出现偏差，则需要立即调整。

（7）顶推过程实时对比分析油压表与计算工况的支墩反力值相验证。

（8）全过程实时对构件应力、梁体线形、位移变化、钢管桩沉降、应力进行观测，一旦超过设计计算允许值则立即停止，重新调整各千斤顶顶推力。

（9）各步履式千斤顶顶推过程保持同步，根据同步控制措施和位移传感器进行反馈，注意设备的维修与保养，进场前进行全部检查。

（10）顶推过程中若发现顶推力骤升，应及时停止并检查原因。

（11）顶推时，应派专人检查导梁及箱梁，如果导梁构件有变形、螺栓松动、导梁与钢箱梁联结处有变形或箱梁局部变形等情况发生时，应立即停止顶推，进行分析处理。

（12）顶推到最后梁段时要特别注意梁段是否到达设计位置，须在温度稳定的夜间顶推到最终位置，并根据温度仔细计算测定梁长。

（13）最后一次顶推时应采用小行程点动，以便纠偏及纵移到位。

（14）落梁过程必须保持同步下落，支座位置灌浆料达到设计强度后方可进行受力体系转换。

（15）吊索张拉过程严格按照监控指令执行。

7 应用实例

7.1 应用工程概况

工程名称：南部新城冶修二路桥项目。

实物工程量：桥梁全桥长 128.6m，总宽度 45m，为单跨钢箱梁系杆拱桥，水中不设下部结构。冶修二路桥与线路斜交，角度为 74.476°。桥梁半幅组成为 3m（人行道）＋3.5m（非机动车道）＋1m（花箱）＋10.5m（机动车道）＋4.5m（中央分隔带）。

主桥采用单跨系杆拱结构，上部结构由三片拱肋及系梁组成，之间采用横梁连接，拱顶设置横撑，外侧设置悬挑人行托架。全桥通过 57 根钢吊索，连接拱肋及系梁，桥梁两侧各 3 个盆式支座固定于混凝土桥台上，桥梁钢结构跨度为 121.7m，桥梁支座间距为 117m，最低点标高 12.4m，最高点标高为 43m，钢箱拱最大高度 28.75m。主要构件形式为拱脚钢箱梁、系梁钢箱梁、端横梁钢箱梁、中横梁 T 形梁、U 肋桥面板、拱肋及拱肋横撑箱形梁。

7.2 应用内容

南部新城冶修二路桥在施工过程中，综合考虑了河道汛期、通航、地铁5号线盾构等工期因素，结合整桥的特征、外形尺寸、运输条件、顶推跨距、施工成本、安全质量管理等各方面因素，采用了“工厂预制＋异位拼装＋整体顶推＋吊索张拉”施工方法；采用多软件平台对节点进行钢结构深化，进行全过程施工模拟分析，第三方监控全过程施工监测，顶推过程合理组织流水施工，保证了施工过程的质量、进度及安全。

7.3 应用效果

极大地提高了临时垫块及顶推设备的重复利用率，减少了材料的浪费，钢梁拼装可与桥台混凝土施工同步进行，缩短了现场施工工期，减少了桥梁施工对河道通航的占用时间。顶推作业施工顺序明确，流水施工作业降低了施工难度，减少了劳动投入，保证了节点工期的顺利完成，安全生产无事故，工程质量达到优质结构工程标准，取得了较好的经济效益和社会效益。

8 应用照片

现场应用见图11～图14。

图11 临时墩施工

图12 钢构件加工制作及三维扫描复核

图13 支撑体系施工

图14 钢吊索张拉完成

空间双曲异形超大截面管桁架施工工法

中建三局第一建设工程有限责任公司

邢继斌　李忠友　金昭成　方仕维　赵　震

1　前言

乐山市奥林匹克中心建设项目体育场屋盖空间双曲异形超大截面管桁架结构，体育场屋盖上部外环受压管桁架最大截面规格为1700mm×60mm，构件最大板厚120mm；结构南北跨度244m，东西跨度235m，外环受压桁架分为42榀吊装单元，单榀桁架最大吊装重量138t，最大断面约48m^2，投影面积约144m^2；材质为Q390B，由于结构跨度大，整个屋盖为空间双曲异形结构，构件截面规格大，板厚度大；应选择合理的安装顺序、焊接卸载顺序和卸载顺序，确保焊接质量和施工精度，保障结构应力应变在可控范围之内，保证结构的安全性及下挠引起的结构变形程度是施工的难点（图1）。

图1　工程效果图

中建三局第一建设工程有限责任公司在乐山市奥林匹克中心建设项目体育场屋盖桁架的吊装施工及卸载技术上进行技术攻关，在保证结构质量和安全施工方面效果明显，取得了良好的经济效益和社会效益，克服了空间双曲异形超大截面管桁架结构的施工技术难题，并总结形成了“空间双曲异形超大截面管桁架施工工法”。

2　工法特点

2.1　Midas Gen、Ansys有限元分析选择合理的施工方式

应用Midas Gen、Ansys有限元软件进行施工阶段受力计算，选择合理的施工方式，减少施工顺序对结构的影响，形成了施工顺序相关性控制技术，保障结构的施工安全及结构安全性。

2.2　全过程施工采用BIM 4D可视化施工模拟技术

全过程施工采用BIM 4D可视化施工模拟技术，对桁架的安装制定合理的施工方案，确保桁架施工的安全性、高效性和高质量；大大降低施工成本，缩短施工工期。

2.3　Sysweld焊接施工模拟技术对桁架的安装焊接进行模拟

应用Sysweld焊接施工模拟技术提前对桁架的安装焊接进行模拟，制定合理的焊接顺序，减少焊接变形量，确保桁架的焊接质量，并且缩短焊接时间，减少高空作业时间。

2.4　应用Midas Gen、Ansys有限元软件进行卸载施工模拟验算

应用Midas Gen、Ansys有限元软件进行卸载施工模拟验算，制定合理的卸载顺序，控制卸载变形量，提前计算出预起拱值，保证下挠幅度在规范要求范围之内，保证卸载施工的安全性和结构的安全性。

2.5　使用CAD对三维实体放样

使用CAD对三维实体模型进行分段单元拆分及三维数据提取，施工吊装过程中采用三维坐标控制技术，保证构件拼装及安装施工质量。

3 适用范围

本工法适用于空间大跨度管桁架吊装施工，以及部分分级卸载的结构施工。

4 工艺原理

本工法工艺原理总结为：采用有限元对支撑系统进行工况分析及受力验算，选择合理的安装顺序及卸载顺序；主桁架地面分段拼装完成后吊装；使用线模型对拼装单元进行拼装测量数据提取；应用全站仪在地面自由建立拼装构件模型相对坐标系，快速进行地面放样；采用 Sysweld 焊接施工模拟技术，制定合理的焊接方案，确保桁架焊接高效、高质量；使用 BIM 4D 可视化施工模拟技术对桁架的安装进行施工模拟，理论与实际相结合，加快施工进度和确保工程质量，节省施工材料。

5 施工工艺流程及操作要点

5.1 施工工艺流程

施工准备阶段→采用有限元软件对支撑系统工况分析及设计→BIM 4D 施工模拟技术→Sysweld 焊接模拟施工技术→胎架的制作→胎架的安装→管桁架拼装→管桁架高空原位吊装→管桁架焊接→采用有限元软件对管桁架卸载施工模拟验算。

5.2 操作要点

5.2.1 施工准备阶段

（1）熟悉结构图纸，根据施工现场情况确定吊装机械设备选型、数量和钢结构分节分段方案。

（2）根据施工进度计划，编制劳动力及材料需用计划。

（3）钢结构深化设计。

（4）钢桁架构件加工制作、运输。

（5）检查材料进场材质证明文件、产品合格证等。

5.2.2 采用有限元软件对支撑系统工况分析

（1）支撑系统均采用线单元模拟，采用平面单元传递支撑平台表面均布荷载与风荷载。管桁架与支撑系统连接简化成对支撑系统节点的集中荷载。胎架结构分析采用有限元分析程序 Midas Gen 进行。竖向荷载按恒载考虑，分项系数取 1.1，胎架高度和胎架节间合理取值，采用节点荷载传递恒载及施工活载。

（2）通过对屋盖钢结构安装、卸载分析模拟可知胎架需要承担竖向荷载（设计值，并根据自重的20%考虑施工荷载），胎架结构形式，根据受力计算，分为三类，均为格构式支撑胎架。

（3）采取三类胎架，分区域进行分析模拟，结果表明三类支撑胎架在满载阶段，支撑最大位移、应力、柱肢柱底最大反力、变形均在可控范围内，满足要求。

支撑胎架的布置图见图 2，现场实际临时支撑系统安装见图 3。

5.2.3 胎架设计及制作安装

支撑系统由支撑胎架架体（立柱、横梁、斜撑）、顶部支座、底座组成。

根据施工图纸，在施工现场加工制作每榀桁架的支撑胎架，在现场进行定位放样。支撑胎架的节点焊缝要符合设计和规范要求，制作质量保证适用、坚固、稳定、安全、节约的原则。

（1）支撑胎架安装

为满足结构安全及施工安全，根据 Midas Gen 有限元分析计算，支撑胎架底部结构形式分为三种，第一种支撑底部通过导荷梁落在 6.950m 标高原有结构混凝土主梁上，并且增大支撑胎架位置原有结构混凝土主梁的配筋，支撑胎架底部示意图见图 4；第二种支撑胎架底部落在 27.643m 标高混凝土主梁上方，存在一边立柱悬挑出结构边缘，通过设置悬挑斜撑，与主体结构相连。支撑胎架底部示意图见图 5。第三种支撑胎架底部两根立柱通过导荷梁及转换措施落在看台梁上，两根立柱落在 20.450m 标高结

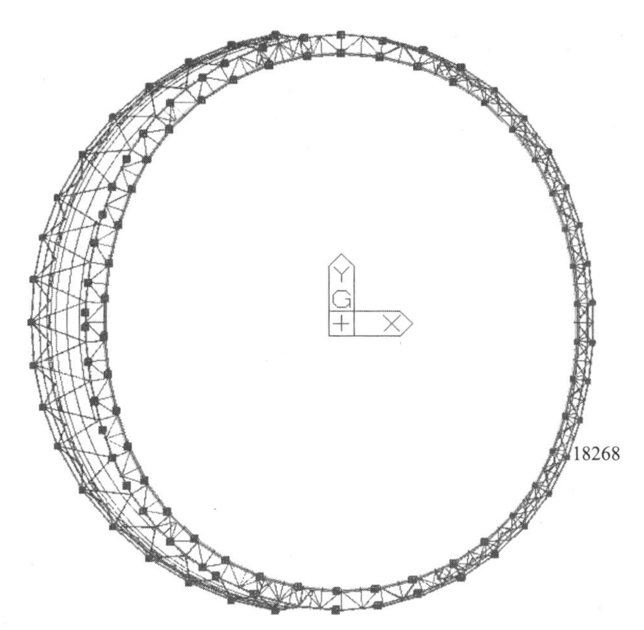

图 2　支撑胎架布置图

图 3　现场实际临时支撑系统安装示意图

构板上，下方进行回顶，将力传递到 15.900m 标高结构混凝土主梁上，支撑胎架底部示意图见图 6。

图 4　支撑胎架底部第一种连接示意图

图 5　支撑胎架底部第二种连接示意图

各胎架顶端距离节点两米处均设置 2.5m×2.5m 的胎架顶部操作平台，平台设置定位校正装置，在胎架卸载阶段平台上设置工装支撑。支撑胎架顶部操作平台示意见图 7。

图 6　支撑胎架底部第三种连接示意图

(2) 拼装胎架设计

根据线模型放样出构件拼装时最佳拼装姿态，将拼装胎架事前设计，最大限度节省拼装胎架材料。现场拼装工作量大，大量吊装单元需要在地面进行拼装。拼装胎架由底座、立柱、横梁及可调节支托组成。

图 7　支撑胎架顶部操作平台示意图

(3) 拼装胎架的制作及安装

根据 BIM 4D 技术对管桁架的拼装进行施工模拟，确定拼装胎架形式，对拼装胎架、桁架进行定位放样，胎架所在位置的地面应平整以防止在桁架制作过程中因荷载变化胎架发生偏移。拼装胎架安装定位放样步骤：将每个连接节点和自行设定的胎架支撑点的坐标在预定的施工现场进行地样测量；在三维模型中，选定拼装场地，确定每榀桁架在拼装场地的相对坐标，在施工现场将构件中的两个点之间相对距离标记在拼装场地上，可采用全站仪中的自由设站模式，将仪器进行设站，将其他各个连接节点进行放样，放样点放出来后，将相对点之间连线，最终得到预定模型的摆放大样，按照圆管半径将线统一往一个方向偏移，方便在拼装过程中调整校核使用。地样放线完成后，将拼装胎架顺着地样边摆设，控制出构件的外轮廓胎架支撑点，定位拼装构件的安装形状。拼装胎架制作见图 8，拼装胎架定位见图 9。

图 8　拼装胎架制作

图 9　拼装胎架定位

5.2.4　施工模拟技术

使用 CAD 软件建立整个钢屋盖的三维模型，根据桁架的外形尺寸和分段的运输条件，将桁架杆件分成散件进行加工制作，采用 BIM 4D 施工模拟技术对桁架拼装进行模拟施工，制定合理高效的桁架拼装方案。BIM 4D 施工模拟过程见图 10。

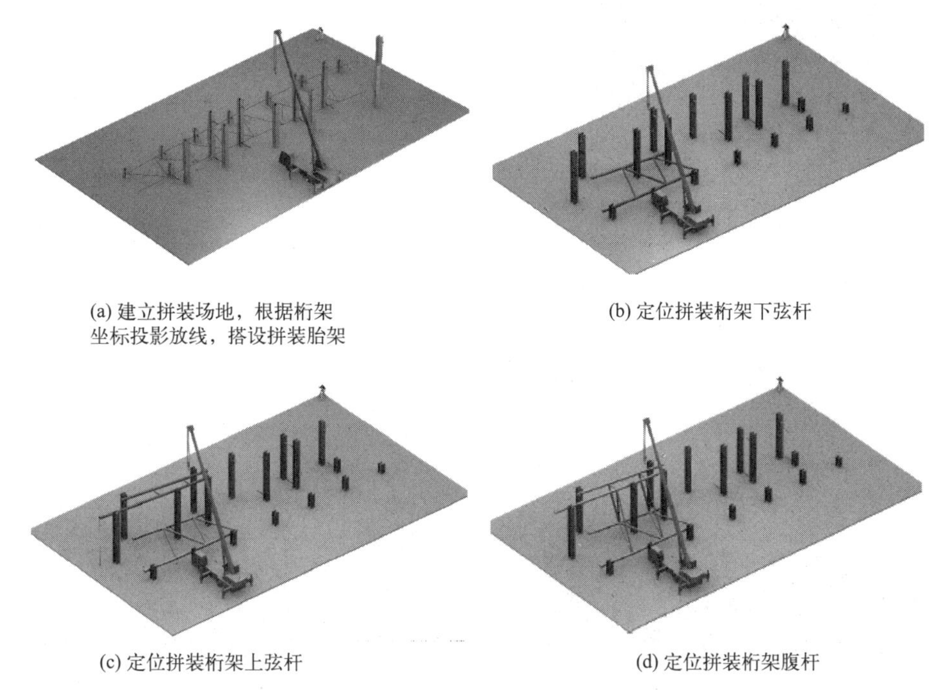

(a) 建立拼装场地，根据桁架坐标投影放线，搭设拼装胎架

(b) 定位拼装桁架下弦杆

(c) 定位拼装桁架上弦杆

(d) 定位拼装桁架腹杆

图 10　BIM 4D 施工模拟过程

5.2.5　Sysweld 焊接模拟施工技术

根据设计图纸，通过结合“局部—整体”的思想，先根据管桁架实际坡口形式建立三维实体局部模型，导入 Sysweld 求解并提取焊接变形结果，之后根据“焊接宏单元技术”将提取的结果插入整体壳网格模型并运用 Pam-assembly 求解，通过变更焊接顺序以及装卡条件研究对焊接变形的影响。对桁架的焊接性能进行分析，根据焊接模拟施工分析数据，制定桁架焊接的焊接方案，进行焊接工艺评定；管桁架焊接施工模拟流程见图 11，焊接模拟局部模型见图 12，管桁架整体模型见图 13。

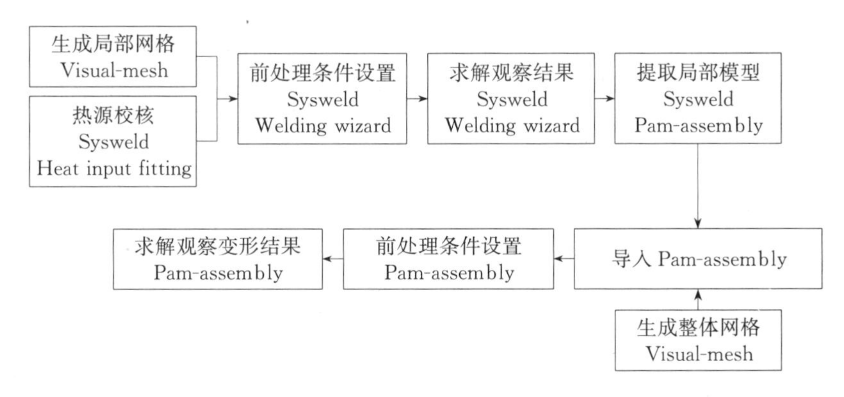

图 11　管桁架焊接施工模拟流程

5.2.6　管桁架地面拼装

（1）根据设计图、深化加工图以及对桁架拼装的 BIM 4D 施工模拟结合现场场地实际情况进行拼装；将主杆放置支撑点上后，可以采用线坠吊测，将构件对齐偏移线后即可，目测检查看控制点是否完全与主杆支撑点连接，如未连接，检查拼装胎架支撑点标高及平面位置是否正确，将拼装构件上下弦杆完全调整至与地样平面位置及标高一致；整体桁架的组装从中心开始，以减小桁架在拼装过程中的累计误差，随时校正尺寸（图 14）。

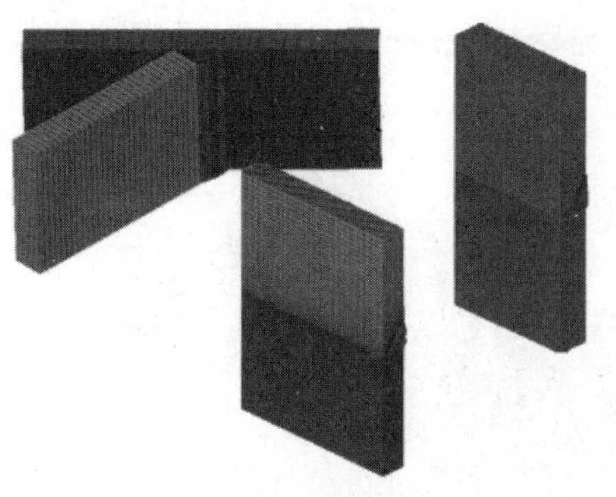

图 12　焊接模拟局部模型

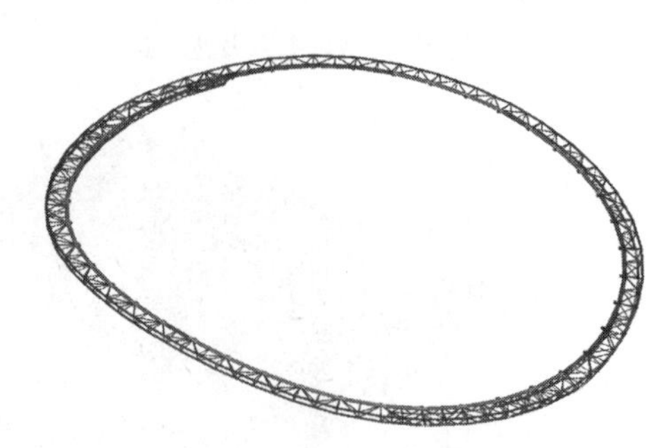

图 13　管桁架整体模型

(a) 下弦杆定位完成

(b) 桁架腹杆拼装

图 14　管桁架现场拼装示意图

（2）拼装尺寸复核：管桁架拼装完成后，采用全站仪对拼装单体的尺寸进行复核，根据三维坐标提取测量数据，对各特征点的标高及平面坐标进行测量，如有偏差，将其调整后方可进行下一步施工。

5.2.7　管桁架高空原位安装

（1）支撑胎架制作和构件地面拼装完成后，对构件进行高空拼装，通过 BIM 4D 施工模拟技术把钢结构拱形管桁架模型导入整体建筑平面中，将测量控制点的三维坐标取出，在完成了坐标提取之后，使用全站仪的三维坐标放样的模式，将事前提取的支撑点的点位放样在支撑胎架上，并制作支撑点，构件吊装时候，直接将构件调整就位到放样点上，精调过程采用全站仪对管桁架对接口的坐标进行测量，管口测量特征点设置辅助支架，将测量数据与理论数据进行比较，将构件精确安装到与理论数据差值 2mm 范围内，保证下一榀桁架安装时能够准确对接。

（2）桁架安装严格按照方案确定的安装顺序进行安装，待土建主体结构完成后，低区钢结构安装流程为：埋件安装→搭设支撑胎架→吊装外环受压桁架→安装球铰支座（或关节轴承）→安装斜柱柱脚→安装斜柱→安装环梁→卸载→支撑胎架拆除。

高区钢结构安装流程为：埋件安装→关节轴承、球铰支座安装→斜柱柱脚安装→搭设格构支撑胎架→斜柱安装→斜柱环梁安装→外环受压桁架支承柱安装→外环受压桁架安装→立面桁架安装→立面桁架环梁及连系梁安装→卸载→支撑胎架拆除。

管桁架高空安装过程模拟示意见图 15，现场管桁架安装过程见图 16。

5.2.8　管桁架焊接

针对本工程的特点，杆件截面规格大，构件厚度大，最大板厚 120mm，焊接难度大，高空焊接作业焊接质量无法保证，结合我们的施工经验和焊接技术水平，采用 Sysweld 焊接模拟施工技术，建立模型对焊接施工进行模拟，制定合理的焊接顺序和焊接方法，先进行焊接工艺评定，本工程采用自动药芯焊丝二氧化碳气体保护焊进行钢结构焊接。该焊接工艺具有渣—气联合保护的特点，可达到更好的焊接效果，能确保本工程的焊接质量。选用药芯焊丝，增加了双重保护，熔池更易成型，飞溅少、焊缝成型美观。

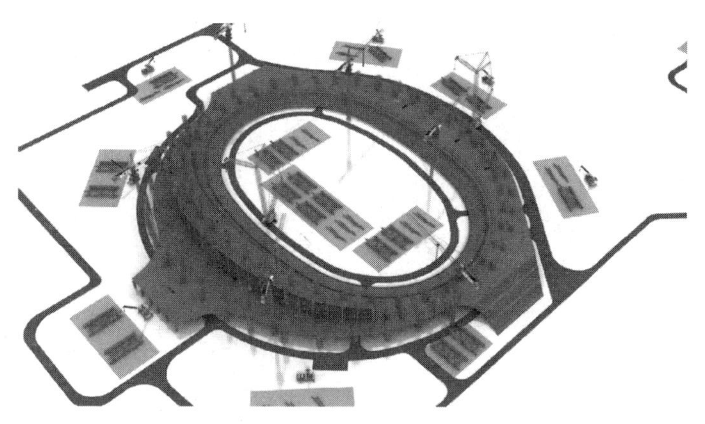

(a) 流程一：安装支撑胎架

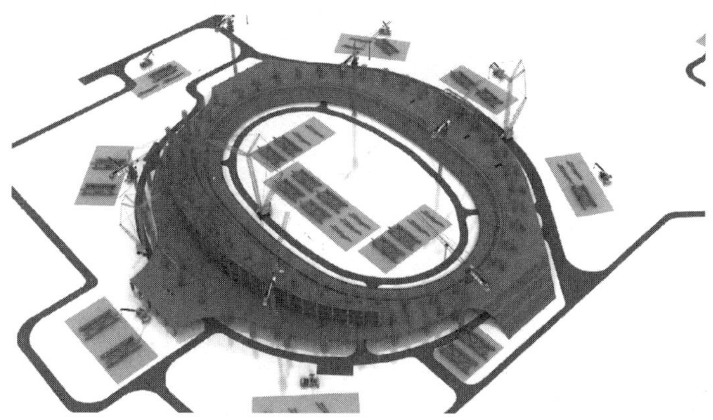

(b) 流程二：低区安装外环受压桁架，高区安装外环受压桁架和斜柱安装

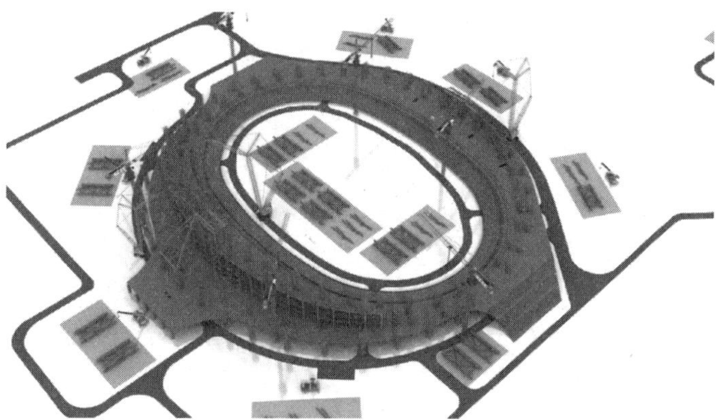

(c) 流程三：低区安装外环受压桁架，高区安装立面桁架

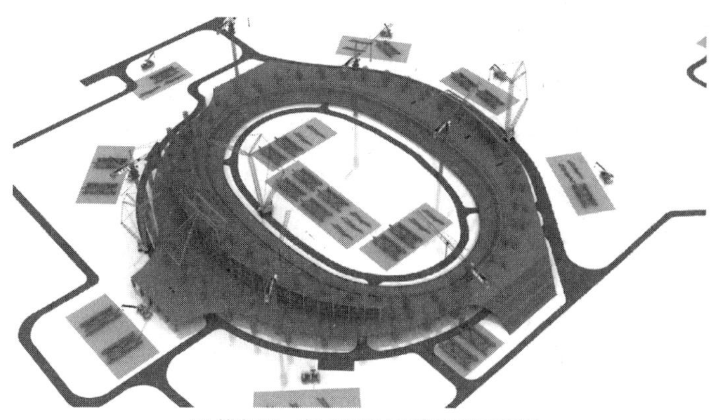

(d) 流程四：高区安装立面桁架连系环梁

图 15 管桁架高空安装过程模拟示意图

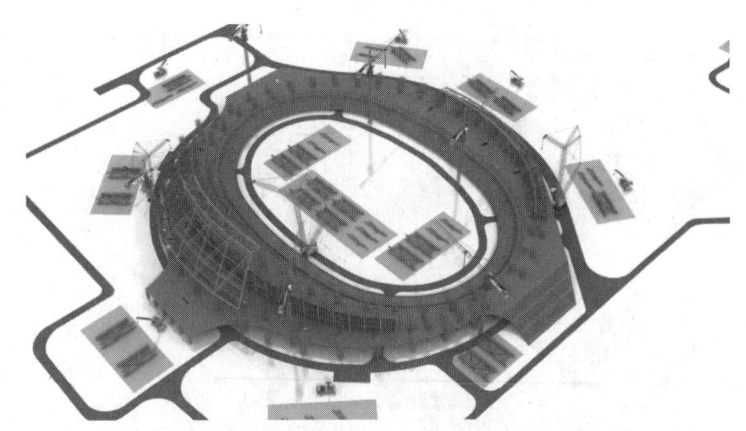

(e) 流程五：重复流程一至流程四，高区和低区逐步安装钢屋盖构件

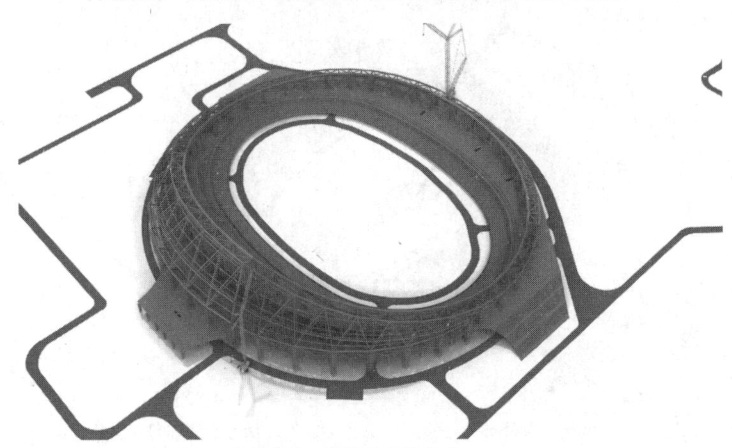

(f) 流程六：钢屋盖安装完成

图 15　管桁架高空安装过程模拟示意图（续）

(a) 支撑胎架安装

(b) 桁架吊装

(c) 低区桁架安装

(d) 高区桁架安装

图 16　现场管桁架安装过程图

5.2.9　超声波无损检测

无损检测在外观检查合格的基础上进行。进行焊缝无损检测的人员持有无损检测Ⅱ级或者Ⅱ级以上资格证书。施焊完毕冷却24h后，按设计要求对全熔透一级焊缝进行100%的检测。自检合格后，通知监理和业主，组织第三方监督检测和抽检。

5.2.10　采用Midas Gen有限元软件对卸载顺序进行模拟分析

结构卸载前需经过受力分析，运用Midas Gen结构设计软件，经过多次验算，最终将结构应力重分布的结果调整为最优状态。

6　质量控制要点

6.1　安装质量保证措施

（1）严把材料质量关，材料进厂检验，坚持每种每批材料检查出厂合格证、试验报告，并按规定抽样复验各种钢材的化学成分、机械性能，合格后方能使用。

（2）生产制作前，向操作工人进行技术交底，使工人熟悉加工图、工艺流程和质量标准，做到心中有数。

（3）严格执行自检、互检、交接检的三检制度，坚持“三不放过”，即质量原因没有找出不放过，防范措施不放过，责任人没有处理不放过。

（4）构件安装顺序应按照模拟验算工况进行，尽快形成一个刚体以便保持稳定，也利于消除安装误差。

（5）利用已安装好的结构吊装其他构件和设备时，应进行必要的验算。

（6）结构安装时，注意日照、温度、焊接等因素变化引起的变形，并采取相应的措施。

（7）安装时采取定位测量、焊前、焊后三道测量环节，对钢构件安装过程中进行的垂直度测量、中心偏差测量和标高测量整个过程实施跟踪测量。

6.2　焊接质量保证措施

（1）焊工必须有上岗证，焊材质量符合国家标准，且具备有效真实的质量证明书，焊材由专人保管，建立台账，以便跟踪。

（2）焊接施工前搭设焊接防护措施（防风棚、防雨棚等），焊接前进行焊口清理，清除焊口处表面的水、氧化皮、锈、油污。焊接时采取合理的焊接顺序进行施工。

（3）桁架各部件的下料尺寸及连接位置要按图施工，构件及加工连接尺寸不得大于3mm。

（4）钢结构构件在受力状态下不得施焊。

（5）不同厚度的钢板、钢管对接时，将较厚板件焊前倒角，坡度不大于1∶4。

（6）厚板焊接时，注意严格控制焊接顺序，防止产生厚度方向上的层状撕裂。

（7）对接接头要求全焊透的角部焊接，在焊缝两边配置引弧板和引出板，其材质与焊件相同或通过试验选用。

（8）主杆件工地接头焊接，由两名焊工在相互对称的位置以相等速度同时施焊。

（9）引弧板、引出板、垫板的固定焊缝焊在接头焊接坡口内和垫板上，不得在焊缝以外的母材上焊接定位焊缝。

7　应用实例

东安湖体育公园三馆项目位于成都市龙泉驿区，车城大道以东、成渝高速以南区域，该建筑物总建筑面积为179621.93m^2，总造价约27亿元，其中本工程倒三角管桁架屋盖钢结构体系施工过程中，通过临时结构专项分析设计、全工况数值模拟分析应用，对高空临时支撑布置、机械设备吊装、桁架拼装、高空焊接等方面进行技术总结及应用，形成了空间异形倒三角管桁架施工工法，该工法的应用降低了周转材料投入，并且提高了钢结构施工效率，缩短了钢结构施工工期，降低了钢结构安装施工风险。

8 应用照片

现场应用见图 17～图 20。

图 17 支撑胎架安装

图 18 钢桁架地面定位及拼装

图 19 钢桁架高空对接拼装

图 20 屋盖钢桁架卸载完成，完成施工

向心性鼓节点内外不同心单层球形网壳施工工法

中建七局安装工程有限公司

卢春亭　史泽波　王晓娟　张世伟　冯丙玉

1　前言

球形网壳结构具有构件、节点数量繁多，焊接工作量大、焊接应力变形控制难，空间曲面大、角度复杂多变，测量定位难，安装精度要求高，高空作业量大等特点，采用常规高空散件安装不仅费工费时而且很难确保施工质量。针对以上工程特点，通过 BIM 建模，结构模拟验算，球形网壳水平环向两鼓一杆分组出图，车间定型化生产，现场网壳分片坐标转换，提取鼓节点水平旋转高差，地面制作胎架分片组装，分片空间定位，解决了鼓节点向心定位这一技术难题。有效缩短了球形网壳施工周期、减小了高空作业量和焊接应力变形、提高了安装精度，降低了安全风险和施工成本，形成了本工法。

本工法已在商丘文化艺术中心项目中推广应用，效果良好。该技术经科学成果评价达到国际先进水平。

2　工法特点

（1）利用 BIM 技术建模，球形网壳水平环向两鼓一杆分组出图，车间定型化加工，提高了构件制作精度及生产效率，同时减少了运输成本。

（2）通过空间节点坐标系转换，使之分片网壳投影于地面，提取节点坐标地面放样，制作胎架分片拼装焊接，减少了传统高空散件安装工作量，大大降低了安全风险，从而加快施工进度，缩短施工周期，同时提高网壳拼装焊接质量。

（3）根据结构模型提取分片网壳控制点坐标，分片网壳吊装前进行四角鼓节点反光贴片，利用全站仪进行空间定位，有效保证网壳的安装精度。

（4）内外单层网壳安装，由内向外，自下而上逐层安装，在下层球壳形成封闭环且补杆完成后方能进行上层网壳安装，整体结构施工完成后，支撑格构柱由外向中间逐层卸载，确保结构稳定，更具有科学性、先进性。

3　适用范围

本工法适用于不同类型的单、双层球形网壳施工。

4　工艺原理

向心性鼓节点内外不同心单层球形网壳施工工法工艺原理：根据施工图纸利用 BIM 技术深化设计建立三维模型，构件命名编号，水平环向构件进行两鼓一杆分组细化出图，然后车间制作胎架，两鼓一杆零部件组装焊接；现场根据施工环境及吊装选用机械进行网壳分片，通过节点坐标系转换，使分片网壳投影于地面，提出分片网壳中两鼓一杆构件相对水平旋转高差，确定鼓节点向心定位，地面制作胎架分片拼装焊接，分片网壳吊装前进行四角鼓节点反光贴片，利用全站仪进行空间定位。利用 BIM 技术对球形网壳布置内外球支撑格构柱，使之内外网片共用支撑，然后通过有限元模拟分析施工过程验算，分片吊装，通过网壳分片间的径向和环向空档补杆，消除拼装及安装过程的径向和环向误差积累。内外球同层结构先内后外，上下层结构自下而上，下部结构形成封闭环后安装上层结构，保证整体球形网壳安装过程安全。

5 施工工艺流程及操作要点

5.1 施工工艺流程

施工工艺流程见图 1。

5.2 操作要点

5.2.1 施工技术准备

为确保内外球单层网壳施工中质量和结构安全，须做足前期技术准备工作：

（1）钢结构深化设计建模，根据设计节点坐标和杆件编号，利用 Tekla Structures 软件建立实体模型。

（2）构件分组，利用细化模型，对环向水平杆件分组，分组为两鼓一杆，生成构件布置图和出构件细化图。

（3）利用 BIM 技术对钢结构内、外球网壳模型进行分片，然后根据分片位置及大小布置支撑格构柱。

（4）根据内、外球分片网壳重量及支撑高度，通过验算选择支撑格构柱的截面，保证支撑稳定性。

（5）施工模拟验算，利用 Midas Gen 对内外球单层网壳施工过程模拟验算，分析分层分片安装过程中结构安全稳定性。

（6）吊装机具选择，根据内外球分片最大重量及吊装幅度放样计算，选择合适的吊装机械及吊装用具。

（7）根据现场施工顺序，制定对应的材料发货计划，并选择合适的拼装场地，尽量避免二次倒运。

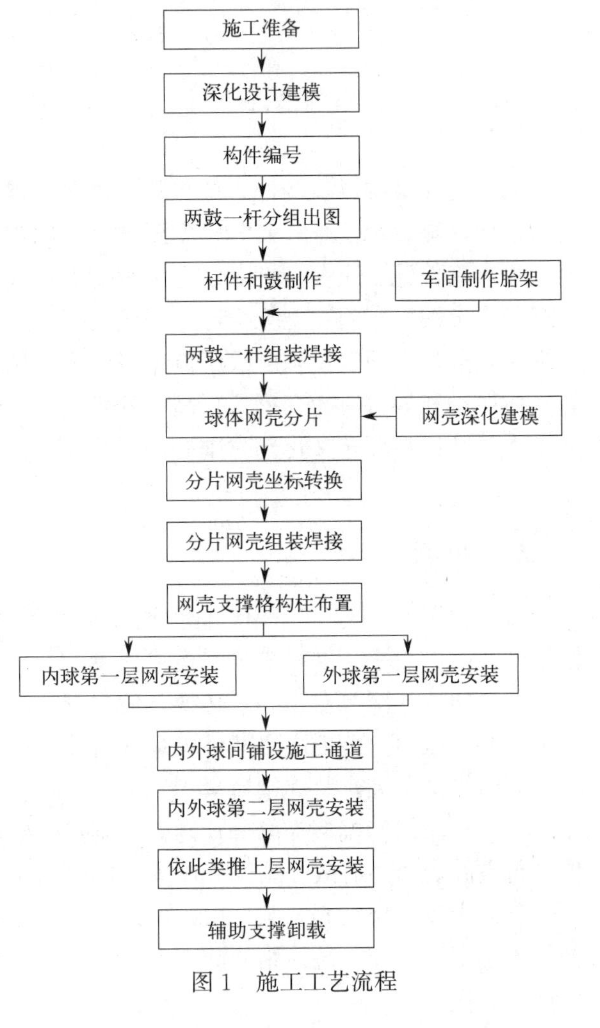

图 1 施工工艺流程

5.2.2 构件车间制作

两鼓一杆构件车间制作是鼓节点向心定位的前提和关键，加工质量直接影响到定位的准确性、分片拼装精度和安装质量，具体操作步骤如下：

（1）构件加工工艺流程见图 2。

（2）杆件下料相贯线切割，利用 BIM 施工模型转化出 NC 文件，导入数控切割设备进行杆件相贯线切割，确保杆件的加工精度控制在±3.0mm。

（3）鼓节点制作，鼓节点是构件制作的基础单元件，严格控制钢管长度及加工面垂直度，确保封板与鼓中心的距离，允许偏差±1.0mm。

（4）组装胎架放样及构件组装，根据构件细化图纸，平放于钢板上放样出两鼓一杆中心线及定位线，焊接挡块，重点控制两鼓节点组装角度（图 3）。

（5）检查验收与检测，主要检查构件外观尺寸及拼装精度，超声波检测焊缝。

5.2.3 网壳分片拼装

分片网壳拼装是实现鼓节点向心定位的关键工序，也是保证整体结构安装质量的前提条件，具体操作要点如下：

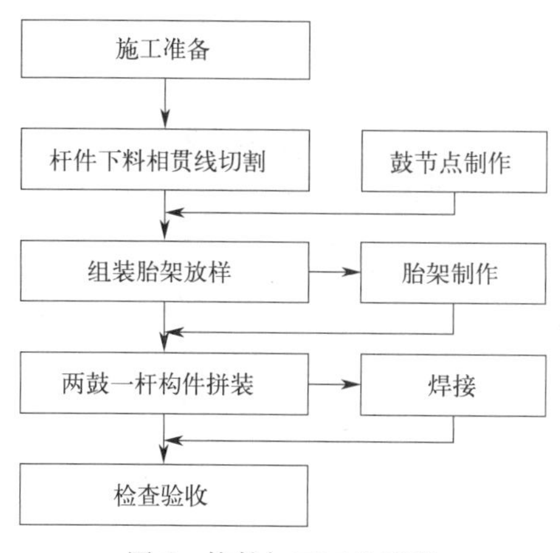

图 2　构件加工工艺流程

图 3　构件组装

（1）网壳分片拼装施工工艺流程见图 4。

（2）网壳分片：根据深化设计三维模型分片命名编号，网壳分片尺寸应结合现场所选用的机械、施工场地等环境因素确定，分片宜规则有序，有利于减少胎架制作的种类。

（3）转换坐标系：利用计算机 CAD 软件，把分片网壳自定义坐标系，使网片四角节点位于同平面内，平行于地面。

（4）提取鼓节点坐标：根据转换后的坐标系，提取鼓节点封堵板外表面中心点及辅助杆坐标，提取鼓节点球内外侧取决于拼装放置方式，以投影至地面的点为准。

（5）网片拼装定位放样：利用全站仪放样功能，输入各节点坐标在地面进行放样打点，标示出 Z 向高程并编号，整体高程提高 500mm 为宜，以便后续焊接操作。

（6）胎架制作：根据网片放样定位点及标高制作胎架，材料可采用工字钢制作马凳，保证拼装稳定可靠。

（7）网片拼装：根据分片构件编号图选料，拼装顺序应从中间向两侧或四周发展，拼装工序如下：

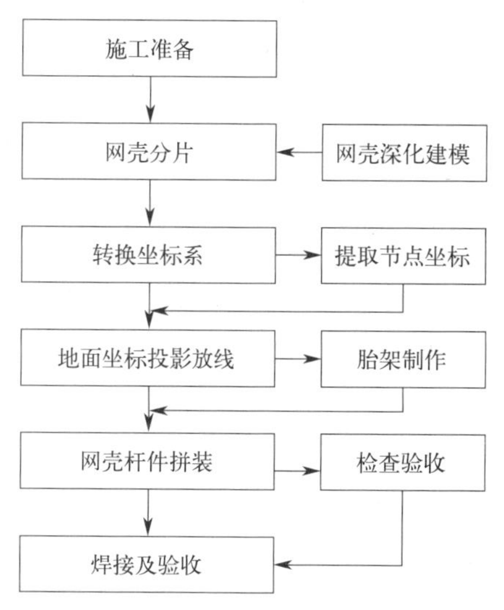

图 4　网壳分片拼装施工工艺流程

两鼓一杆构件向心定位，首先标示出鼓节点封板中心，利用龙门架安装构件，根据放样定位点，定位出鼓节点位置及高程，然后利用水平尺、线坠、钢尺确定鼓节点相对旋转高差，确保旋转后的鼓中心点与定位坐标符合（图 5、图 6）。

图 5　构件拼装图

图 6　鼓节点向心定位图

拼装顺序：环向两鼓一杆构件定位后与胎架进行固定，相邻环向构件拼装定位，然后补缺节点间连系杆件形成单元片，在验收合格后方能进行下道工序施工（图7）。

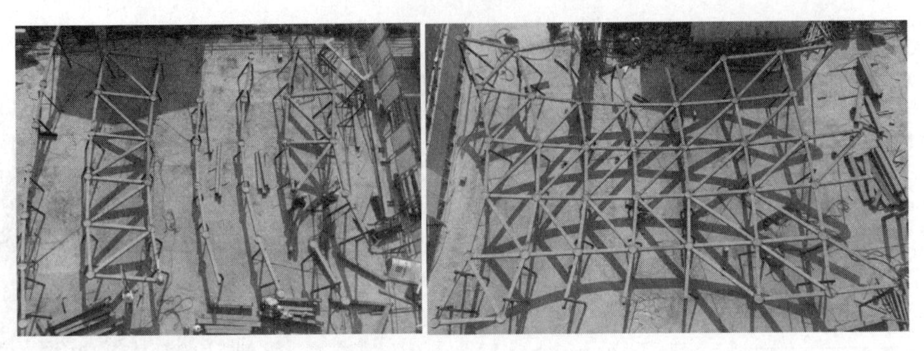

图7　网片拼装过程图

（8）网片焊接：焊接应从中间向四周或两侧进行，单根杆件应先焊两侧立缝，再焊上下平缝，减小焊接应力变形。

（9）验收：每道工序施工完成后进行验收，主要控制点，坐标点的提取准确性、鼓节点定位、杆件拼装精度、焊接质量、拼装单元形状和尺寸精度。

5.2.4　内外球施工

内外球安装采用分层分片法施工，施工顺序为自下而上、由内向外。

（1）内外球施工工艺流程见图8。

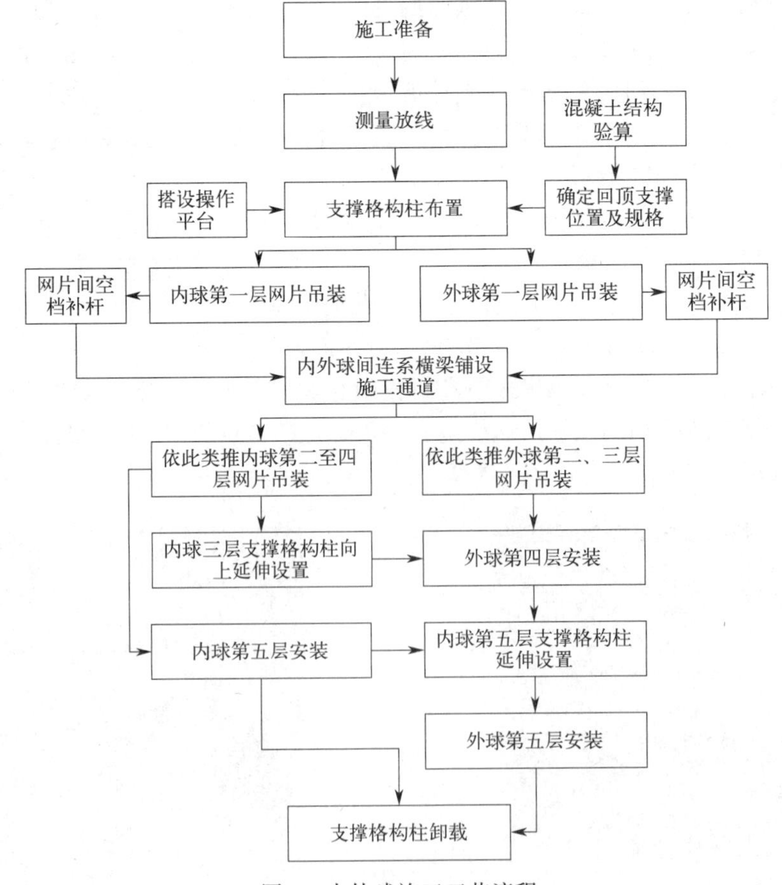

图8　内外球施工工艺流程

（2）测量放线是保证钢结构安装精度的首要条件，应注重以下事项：

施工基准坐标点复核，布置网壳安装监控观测点，观测点要求前后通视形成闭合环，基点位置明显、可靠，不能因建筑施工而产生位移或沉降变化，并做好保护。

预埋件放线，根据控制线对预埋件进行放线，标示出轴线。

支撑格构柱定位测量放线，根据格构柱的布置，在相应的结构层放样出基准定位点。

（3）支撑格构柱布置，是保证球体结构施工安全和质量的重要环节，具体操作要点如下：

支撑格构柱布置，利用BIM技术及结合内外球分片分布，确定支撑格构柱的位置，使内外球支撑格构柱贯通共用支撑，支撑优选布置在混凝土梁或柱结构上方。

支撑格构柱验算，根据网壳的重量及支撑高度分析计算支撑格构柱的强度及稳定性，确定格构形式及截面，保证支撑的安全。

支撑格构柱底座验算，根据支撑格构柱的支撑重量及自身重量计算出支撑底座反力，计算支座处混凝土结构承载力，若不能满足支撑要求，需进行结构回顶，保证力的有效传递。

支撑格构柱通过内球向上延伸，内球杆件影响部分，可通过转换支座保证上部支撑安装。

支撑格构柱间设置连系横梁，形成稳定环，保证支撑体系结构稳定性，连系横梁上方可铺设走道，以便施工。

支撑格构柱在立设过程中拉设缆风绳临时固定，在格构柱间连系横梁形成稳定体后，拆除缆风绳，便于构件安装。

支撑格构柱安装监控内容：支撑垂直度、连接节点紧固、支座固定、转换支座、回顶支撑设置。

（4）网壳分片安装施工中的具体要求如下：

网壳安装前期做好充分的准备工作，操作平台、支撑等准备到位；根据分片编号进行吊装，计算网壳重心，选择吊装机具；分片吊装前在地面调整好网壳角度，以便减少高空操作；首先安装球壳支座裙边的定位环形管，以控制网片的最大外观尺寸。

分层网壳安装可以自中间向两侧进行延展安装；空间定位，网片吊装就位后，利用全站仪进行测量，定位主要控制网片四边鼓节点中心坐标。使用自制的劲型钢管平面中心定位装置确定鼓中心，然后将测量反光贴片贴在鼓中心点，粘接牢靠。

定位完成后，网片与埋件和支撑格构柱进行加固。

网片间补杆，相邻网壳吊装完成后，可进行径向和环向空档补杆，补杆消除拼装或安装过程中的误差积累。

第一层网壳安装完成后，且补杆焊接工作全部完成，形成稳定的封闭环后，方能进行上一层网壳安装（图9）。

内外球第一层安装完成后，利用工字钢连系内外球结构搭设横梁，铺设操作平台，详见图10。

图9　外球第一层安装图

图10　内外球环向操作平台图

内球二至五层和外球三层施工方法同上，球体施工过程照片如图11所示。

外球第四层施工，以内球第三层支撑格构柱穿过内球杆件利用转换平台向上延伸作为支撑，转换平台必须与立杆可靠焊接且保证垂直度，支撑到位后进行四层网片安装。

第五层球盖安装，内球设置支撑后进行第五层球盖安装，然后向上延伸支撑，安装外球第五层球盖，内外球体整体安装完毕。

图11　球体施工过程照片

（5）支撑卸载，内外球整体结构施工完成后，对支撑格构柱卸载，卸载顺序，由外而内，逐级卸载。在卸载过程中重点监测网壳变形量，若出现位移较大偏差时立即停卸载，分析原因和采取措施，确保安全稳定下进行卸载。

5.2.5　监测技术与分析

全过程监测是确保球形网壳施工精度及安全的关键，监测支撑格构柱、格构柱支座混凝土结构、网片拼装焊接变形量、吊装网片的位移变化情况，及时测量各主要工序施工阶段引起的动态沉降数值，并与分析计算值比较，及时反馈指导设计和施工，主要的监测内容参见表1。

监测项目汇总表　　**表1**

<table>
<tr><th>序号</th><th>施工阶段</th><th>监测项目</th><th>监测仪器</th><th>监测频率</th><th>监测目的</th></tr>
<tr><td>1</td><td rowspan="2">网壳拼装阶段</td><td>组装胎架变形</td><td rowspan="2">全站仪、水准仪、钢尺、线坠</td><td rowspan="2">根据网片拼装过程进行监测</td><td rowspan="2">监测网拼装过程中的胎架变形和焊接应力收缩保证拼装精度</td></tr>
<tr><td>2</td><td>焊接应力变形</td></tr>
<tr><td>3</td><td rowspan="5">网壳安装阶段</td><td>支撑格构柱垂直度</td><td rowspan="5">全站仪、水准仪、经纬仪、应变计、钢尺</td><td rowspan="5">支撑格构柱在上部支撑受力时跟踪监测底部混凝土结构、回顶支撑及自身垂直度；网片监测阶段，吊装时，固定松钩后、补杆焊接后、上部结构安装后</td><td rowspan="5">了解网壳在施工过程中，支撑格构柱及混凝土结构在受力状态下的变形情况及网壳安装过程中的误差和焊接应力变形，保证结构安全</td></tr>
<tr><td>4</td><td>格构柱底座下部混凝土结构</td></tr>
<tr><td>5</td><td>回顶支撑变形</td></tr>
<tr><td>6</td><td>分片吊装网片</td></tr>
<tr><td>7</td><td>网壳补杆焊接后网壳位移</td></tr>
<tr><td>8</td><td rowspan="3">网壳卸载阶段</td><td>整体网壳下挠度</td><td rowspan="3">全站仪、水准仪、经纬仪、应变计、钢尺</td><td rowspan="3">卸载过程跟踪测量</td><td rowspan="3">根据测量数据情况评估网壳在卸载过程中是否存在安全风险</td></tr>
<tr><td>9</td><td>支撑格构柱变形量</td></tr>
<tr><td>10</td><td>支撑格构柱底座混凝土结构变形量</td></tr>
</table>

注：监测频率可根据桁架拼装加载情况、测量数据变化情况相应增加或减少观测次数，随时将监测信息报告给现场技术负责人，以作判断。

6 质量控制

6.1 质量验收程序

质量验收坚持“自检、互检、专检”三检制原则，在施工班组自检合格的基础上，进行下道工序的交接互检，然后由专职检验人员进行检查验收。

质量验收报验程序：施工单位自检验收，项目经理组织项目生产经理、项目总工、现场责任工程师、现场安全管理人员、技术质量管理人员、材料管理人员进行现场验收，项目经理对综合验收结论签字确认。施工单位自检合格后，报请监理单位组织验收，监理单位组织建设单位、施工单位、勘察单位、设计单位相关人员共同现场验收。验收合格的，经各方签字确认后，进入下一道工序。

6.2 质量保证措施

6.2.1 构件进场检验的质量保证控制措施

构件进场后应根据以下几种检测手段进行质量检测，以达到工程质量目标。检验内容参见表2。

构件进场检测手段及内容 **表2**

检测手段	检测内容
第三方检测	构件进场后，第三方检测单位由施工单位根据检测的内容，选择拟检测单位，送监理、业主单位同意后确定检测单位，第三方检测单位必须有相应的检测资质
	第三方检测内容主要为钢材、高强度螺栓、焊接材料、焊缝探伤、涂装材料、摩擦面摩擦系数等的检测
	第三方检测时，原材料检测由监理单位进行见证取样，然后送检测单位进行检测
	焊接质量由检测单位人员到工程现场进行检测
施工单位自检、报监理单位验收	施工过程中的各分项、检验批等的检测，由施工单位通过自检、互检、专检合格后，及时上报监理单位进行验收

6.2.2 网壳拼装质量保证措施

网壳拼装质量检验内容参见表3。

网壳拼装质量检验内容 **表3**

序号	检验内容
1	进行拼装场地的平整，对场地采用相应的措施保证拼装过程中的水平度
2	设计制作拼装胎架，拼装胎架搭设时要保证构件拼装作业的可操作性和精确性
3	按照图纸对拼装工人进行零部件的材质、编号、尺寸、加工精度、数量、连接及施焊处表面处理技术交底
4	利用测量仪器对基准面、基准线、十字中心线、相贯线、零部件的装配位置线等进行精确放线
5	对零部件的装配位置、方向、角度、同心度、垂直度、拱度、轴线交汇点、坡口的角度、钝边、间隙、衬垫板的密贴及接头的错位等仔细复核检查

6.2.3 网壳吊装质量保证措施

（1）采用四点起吊法，防止网壳吊装过程变形；

（2）设置临时支撑格构柱，支撑格构柱应通过验收，满足支撑的强度和刚度，防止安装固定变形；

（3）网壳自下而上安装，单片吊装就位后及时与支撑结构固定，对相邻网片进行补杆，形成稳定体系，待形成封闭环后，方能进行上层网壳安装；

（4）测量定位，首先复核观测控制点是否闭合，保证基站的准确性，在安装定位过程中实时监控，观测定位、焊接及卸载发生的位移。

6.2.4 焊接质量保证措施

（1）焊接质量控制内容见表4。

焊接质量控制内容 **表 4**

<table>
<tr><th>控制阶段</th><th colspan="3">质量控制内容</th></tr>
<tr><td rowspan="6">焊接前质量控制</td><td colspan="3">母材和焊接材料的确认与必要复验</td></tr>
<tr><td colspan="3">焊接部位的质量和合适的夹具</td></tr>
<tr><td colspan="3">焊接设备和仪器的正常运行情况</td></tr>
<tr><td colspan="3">焊接规范的调整和必要的试验评定</td></tr>
<tr><td colspan="3">焊工操作技术水平的考核</td></tr>
<tr><td colspan="3">焊接前应熟悉每一个部位设计所采用的焊缝种类，了解相对应的参数要求</td></tr>
<tr><td rowspan="7">焊接中质量控制</td><td colspan="3">焊接工艺参数是否稳定</td></tr>
<tr><td colspan="3">焊条、焊剂是否正常烘干</td></tr>
<tr><td colspan="3">焊接材料选择是否正确</td></tr>
<tr><td colspan="3">焊接设备运行是否正常</td></tr>
<tr><td colspan="3">焊接热处理是否及时</td></tr>
<tr><td colspan="3">尽量采用高位焊接，同时保证焊缝长度和焊脚高度符合设计要求，做到边焊接边检查，在保证焊接连续的条件下对不符合要求的地方及时补焊</td></tr>
<tr><td colspan="3">定位焊缝有裂缝、气孔、夹渣等缺陷时，必须清除后重新焊接，焊接过程中，尽可能采用平焊方式进行焊接</td></tr>
<tr><td rowspan="8">焊接后质量控制</td><td colspan="3">焊接外形尺寸、缺陷的目测</td></tr>
<tr><td rowspan="5">焊接接头的质量检验</td><td rowspan="3">破坏性试验</td><td>理化试验</td></tr>
<tr><td>金相试验</td></tr>
<tr><td>其他</td></tr>
<tr><td rowspan="2">非破坏性试验</td><td>无损检测</td></tr>
<tr><td>强度及致密性试验</td></tr>
<tr><td colspan="3">构件焊接安装完毕后，应用火焰切割去除引弧板和安装耳板，并修磨平整</td></tr>
<tr><td colspan="3">焊接区域的清除工作</td></tr>
</table>

（2）现场焊接对焊接环境要求严格，具体需满足下列要求：

对于手工电弧焊，焊接作业区风速超过 8m/s，对于 CO_2 气体保护焊，焊接作业区风速超过 2m/s 的应设防风棚或采取其他防护措施。

焊接作业区相对湿度不应大于 90%，温度小于 40℃；风力小于四级，并做好防雨措施。当焊件表面潮湿或有冰雪覆盖时，应采取加热去湿除潮措施。雨天原则上停止焊接。

（3）大跨度结构焊接变形控制措施

施工前进行焊接工艺评定，并制定相应的焊接工艺，采用合理的焊接顺序。

焊工必须执证上岗。做好焊前检查，包括：母材及焊材种类、焊接位置、焊工合格证的有效期等。

严格把住接头装配质量关。包括：坡口质量、根部间隙、对口错边量等。

焊条在使用前需采用烘箱进行烘干（在 350℃下烘烤 3.5h）。做好焊缝的清理工作，焊接坡口及两侧 30～50mm 范围内，在焊接前必须彻底清除气割氧化皮、熔渣、锈蚀、油污、涂料、灰尘等影响焊接质量的杂质。

焊接过程中为减少焊接应力，防止产生焊接裂纹，应严格按照标准规定要求对焊接部位进行预热，在整个焊接过程中应随时加热以保证焊缝道间温度并一次焊完一条焊缝，在焊接完成后应及时按标准要求进行后热。

在焊接时候，应采用对称的方式进行焊接，以减少构件安装时的变形。在厚板焊接时，应多采用多层多道焊接，在每道焊接缝焊接完毕，应及时清理焊渣及灰尘。

对设计及国家规范要求探伤的焊缝，应对每条焊缝按要求比例进行无损探伤，不合格部分及时通知焊工返修。

7 应用实例

项目名称：商丘文化艺术中心

结构形式：A、C区主体为框架结构，B区主体为框剪结构，管桁架钢屋盖。

工法使用部位：位于B区球幕影院部分，在7轴～1/12轴与S轴～L轴部位，内外球为不同心的单层网壳结构，外球结构顶标高为57.6m，直径57.2m，支座分别坐落在11.5m、27.5m和35.45m的混凝土构件和钢桁架构件上；内球结构顶面标高46.6m，直径44m，支座分别坐落在6.5～12.6m的环形梁上以及22.4m和34.6m的混凝土构件及钢构件上。总体用钢量为800t。

应用效果：采用本工法进行施工，明显缩短了施工工期，节约了施工成本，施工质量及安全得到保证，得到建设单位和监理单位的高度评价。

8 应用照片

现场应用见图12～图17。

图12　网壳分片拼装焊接

图13　格构柱支撑

图14　内外球自身结构连系杆件搭设通道和操作平台

图 15　支撑格柱间连系横梁

图 16　内外球格柱转换支撑共用

图 17　网壳分片环向和径向补杆

复杂钢结构数字化施工逻辑流程模型及实施工法

北京城建集团有限责任公司

段劲松　杨雪生　李　峰　李笑男　燕民强

1　前言

作为大跨度钢结构典型代表的索承网壳结构，是近年来发展起来的一种轻柔高效的结构体系，属于预应力张拉结构，充分利用了网壳结构的优势和索张拉体系的优势杂交成的新型预应力空间结构体系，兼有网壳和索结构的优点，其结构受力合理、刚度大、重量轻，可以更经济、更美观地实现大跨度空间，已经得到越来越广泛的应用。但是由于结构的多样性，目前现有的研究成果还未形成十分完善的理论体系，或者只有部分的理论分析，在施工过程中预应力的把控方面仍然存在难题，尤其是新型大跨索承网壳结构柱盖一体化张拉施工技术资料更是很少。因此有必要对新型大跨索承网壳结构柱盖一体化施工关键技术进行深入研究，结合理论分析和工程实践，修正并选择合理的施工技术，最大限度地消除施工过程中不利因素的影响，形成具有创新性的、可靠的成套施工技术，达到理想的建造效果。

河南清丰文体中心体育馆工程外观为青花瓷碗状造型，主体钢结构部分采用柱盖一体化设计，上部屋盖采用屋面网壳结构，跨度116m，下部支承为外倾型异形钢柱群，由16根格构柱组成，格构柱向外倾斜60°，弦支体系由环向索、径向拉杆、径向斜撑杆、竖向撑杆等组成，屋盖和弦支体系通过竖向撑杆连接，和外倾型异形钢柱群一起构成整体结构受力体系。北京城建集团有限责任公司土木工程总承包部根据以上工程大跨索承网壳结构的特点，依据现场实际，组织技术攻关，进行了总结分析并创新，提出了一套新型大跨索承网壳结构一体化施工工法，包含：屋面网壳及索系统安装关键技术、柱盖一体化张拉施工关键技术、创新全过程仿真分析关键技术、系统的监测及分析关键技术、成套的BIM应用关键技术等综合施工关键技术。该施工工法在河南清丰文体中心体育馆和河南清丰家具展销中心两个工程中成功应用，最终形成了本工法。

2　工法特点

本工法对大跨索承网壳结构采用了屋面网壳及索系统安装关键技术、柱盖一体化张拉施工关键技术、创新全过程仿真分析关键技术、系统的监测及分析关键技术、成套的BIM应用关键技术等综合施工关键技术，通过有限元理论分析与工程实践结合形成了本工法。

针对上部屋面网壳和索系统安装，本工法提出了更加适合该新颖结构的屋面网壳及索系统安装关键技术。主要是采用搭设满堂脚手架和格构式支撑架，屋面网壳采取内扩法进行安装的施工技术。同时提出了BIM技术辅助安装精度，设计合理节点及对接接口形式，控制关键部位的变形。

针对新颖的柱盖一体化施工工程特点，本工法结合仿真模拟分析计算和理论研究总结提出了柱盖一体化张拉施工关键技术，主要是分级分圈分批小步骤同步张拉累计实现全过程监测的径向拉杆张拉技术。经过工程实践验证，张拉误差控制、施工工艺便利性、经济性等，均是最适合该类结构的张拉施工技术。

针对施工仿真模拟计算，本工法通过创新，提出了建立包含外倾弧形钢柱群和上部屋面网壳的整体模型的创新全过程仿真分析关键技术，同时经过关键节点安全性计算分析，确保了仿真模拟计算安全可靠。

本工法提供一种新型柱盖一体化张拉结构的系统的监测及分析关键技术，为进一步研究提供研究思路和扎实的施工资料监测资料等素材，实现较多的经济效益和社会效益，具有一定的应用推广价值。

针对该复杂工程，本工法通过创新，提出了成套的 BIM 应用关键技术，即包含 BIM 综合建模技术＋深化设计技术＋安装精度控制技术＋创新索承网壳 BIM 建模与仿真分析结合技术＋节点设计及优化技术＋BIM5D＋云平台协同管理应用技术等，成功应用于工程，降低了成本，加快了工期。

3 适用范围

本工法适用于房屋建筑工程大跨度空间结构中的复杂大跨索承网壳结构施工，其他符合该特点的钢结构工程也可参照执行。

4 工艺原理

4.1 屋面网壳及索系统安装关键技术

屋面网壳及索系统安装关键技术通过屋面网壳单环拼成型的技术，研究出了屋面网壳安装施工精度控制的几种实用技术和措施。同时提出了 BIM 技术辅助安装精度，设计合理节点及对接接口形式，控制关键部位的变形。也对索系统安装技术进行了一定研究，提出了总体安装步骤，以及放索马道和卸料平台设计技术要点，最后对环索和钢拉杆安装技术进行一定的说明。

4.2 柱盖一体化张拉施工关键技术

为解决新型索承网壳结构柱盖一体化张拉施工过程中受力不均匀，变形不一致，过程复杂不易控制的难题，研发出柱盖一体化张拉施工关键技术，主要是分级分圈分批小步骤同步张拉累计实现并全过程监测的径向拉杆张拉技术。该技术利用有限元软件进行仿真计算分析，通过将整体张拉分为若干级若干圈进行分级分圈张拉，每圈再细分为若干批次对称小步骤间歇式同步张拉，同时对从网壳安装到合拢卸载、每级每圈每批每小步张拉到屋面系统安装完毕等不同工况进行全过程监测，保证了新型结构张拉施工的安全可靠。

4.3 创新全过程仿真分析关键技术

主要提出了建立包含外倾弧形钢柱群和上部屋面网壳的整体模型的创新全过程仿真分析关键技术，同时经过关键节点安全性计算分析，确保了仿真模拟计算安全可靠。并通过计算得到每步张拉时径向钢拉杆的张拉力进而调整油泵和千斤顶；得到分级分批张拉时相应数据，为施工过程中的各种变形及索力监测、应力监测等提供依据；经过计算，从而选择最优施工方案；确定整体施工方案以及整体施工顺序、张拉顺序。

4.4 系统的监测及分析关键技术

为满足预应力施工过程的需要，保证工程顺利进行，研究并总结提出了系统的监测及分析关键技术，通过对屋面网壳变形、格构柱柱底位移和柱盖连接处变形、网壳及撑杆应力应变、钢拉杆张拉力、环索索力、环境及构件温度进行过程小步骤监测，过程及时与仿真模拟计算结果进行对比，得到实际监测结果与仿真计算理论数据比较值，从而确保施工安全。

4.5 成套的 BIM 应用关键技术

即综合采用 BIM 多专业建模技术＋深化设计技术＋安装精度控制技术＋索承网壳 BIM 建模与仿真分析技术＋节点设计及优化技术＋BIM5D 云平台协同管理应用技术，实现将 BIM 关键技术与钢结构预施工、重要工艺相结合，将 BIM 模型与力学模拟计算相结合，将 BIM 三维可视化与钢结构节点设计相结合技术。

5 施工工艺流程及操作要点

5.1 工艺流程

基于BIM的数字建模技术，将整个建设项目形成一个完整的图形与数据的融合系统，贯穿在建设全过程之中，但其要考虑方方面面的制造、运输、安装工艺流程（图1）。将工法施工工艺流程及操作要点通过逻辑产品模型表现，直观清晰地反映出项目全局逻辑关系及信息间的相互交互、共享使用。

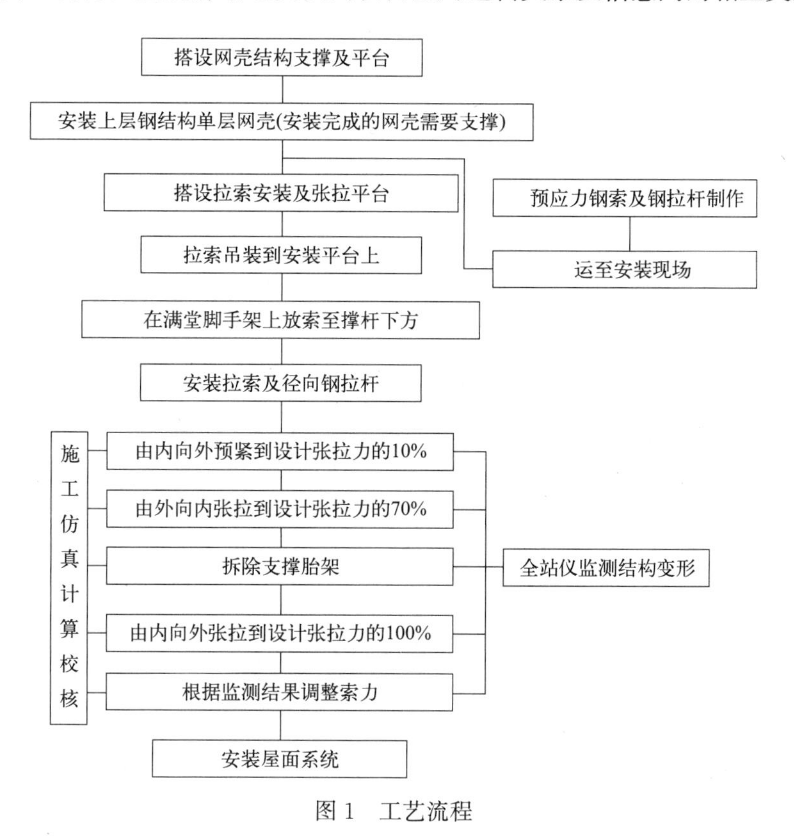

图1 工艺流程

该逻辑产品模型（图2）基于控制信息、产品信息、过程信息结合工法流程可扩展为：数字模型、荷载组合及建设项目实施过程三大模块，建设项目实施过程模块包含了关于项目产品、项目概况、项目统筹、目标管控、品质提升、工程建设及其他六大板块的相关策划内容，展现了整个项目的建设实施过程。项目基于数字模型将项目实施过程中的关键操作要点划分成一个个相应的子块，子块 M_1-M_n 即表示数字模型中的各个环节。N_1-N_n 表示各子块 M 进行数值仿真计算时的计算网格，再加上相应的荷载组合 L_1-L_n，得到数值仿真结果，所得结果可以返回调控荷载组合及相关计算网格。经过计算分析平台将数据信息传递到监测分析与控制中心平台进行调动，合格后将对下一个子块 M_{n+1} 执行该程序，直至完成整个项目。同理，通过监测子块 M_n 得到监测传感器数据 D_n，即为实测结果，通过计算分析平台传递数据，合格后进行下一个循环。

该工法逻辑产品模型中子块 M_1 表示“脚手架和临时支撑设置”，子块 M_2 表示“屋面网壳安装”，与之对应的 N_2、D_2 为“屋面网壳精度控制”，子块 M_3 表示“索系统安装技术”，子块 M_4 表示“柱盖一体化张拉施工”，与之对应的 N_4 为“创新全过程仿真分析技术”，D_4 为“系统的监测及分析关键技术”。

5.2 操作要点

5.2.1 M_1 脚手架和临时支撑设置

采用16组临时支撑系统＋满堂盘扣式脚手架作为屋面网壳施工和预应力索体系施工的安全保证措

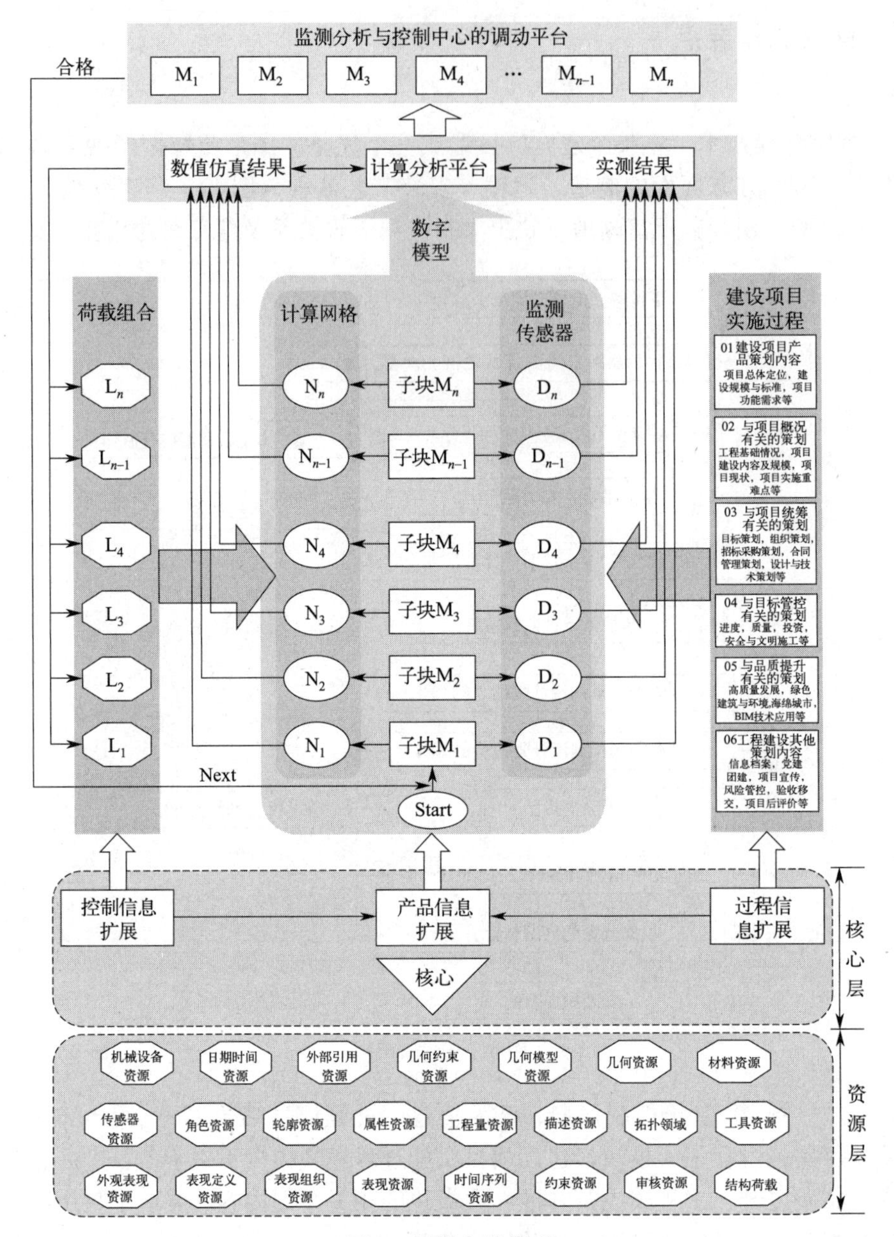

图 2　逻辑产品模型

施。临时支撑均按照屋面网壳结构的正投影位置布置在屋面网壳节点附近，采用格构式，截面尺寸为□1000×1000，立柱采用 D89×6 圆管，横缀条和斜缀条采用 D60×5 圆管，材质为 Q235B，顶部平台采用型钢 HW250×250，临时支撑四周与满堂脚手架拉结固定（图 3、图 4）。

5.2.2　M_2 屋面网壳安装

该工程屋面网壳结构从外环向内环一共 10 环，采用内扩法安装，从外环向内环逐步安装的总体施工顺序。

屋面网壳单环拼装成型技术采用先定基准，即利用第一环铸钢节点和杆件作为整个拼装的基准，其余各环依次安装铸钢节点和杆件，直至最后一环（第十环），然后进行合拢对接。也即外倾格构柱群施工完成后，第一环的拼装单元通过塔式起重机吊装直接落位于屋面网壳与外围格构柱群的柱盖连接处；第二环的拼装单元在第一环网壳完成后利用悬挑法吊装就位，第二环杆件与第一环的铸钢件通过临时马板进行固定；后续的做法同第二环。

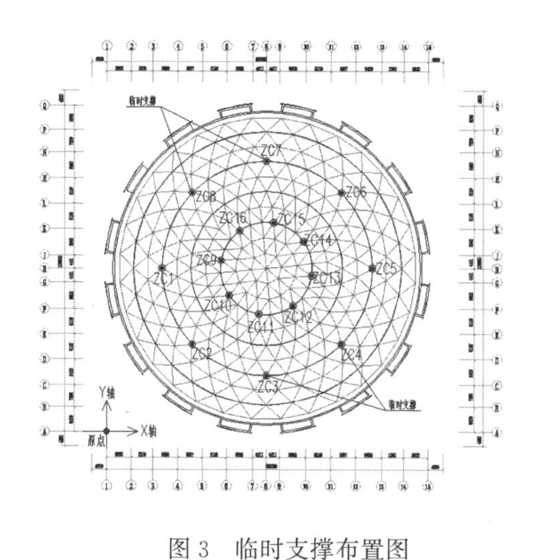

图 3　临时支撑布置图

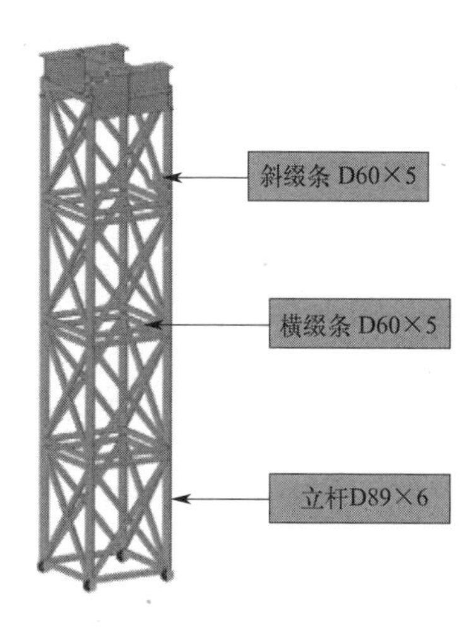

图 4　临时支撑详图

（1）第一环屋面网壳拼装见图 5～图 8。

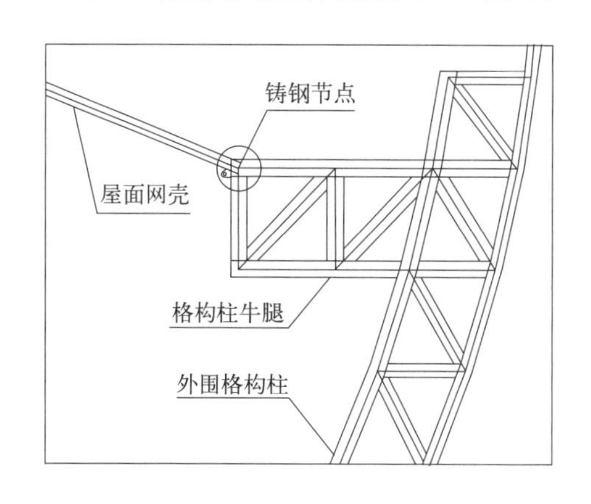

图 5　柱盖连接处示意图

图 6　柱盖连接处照片

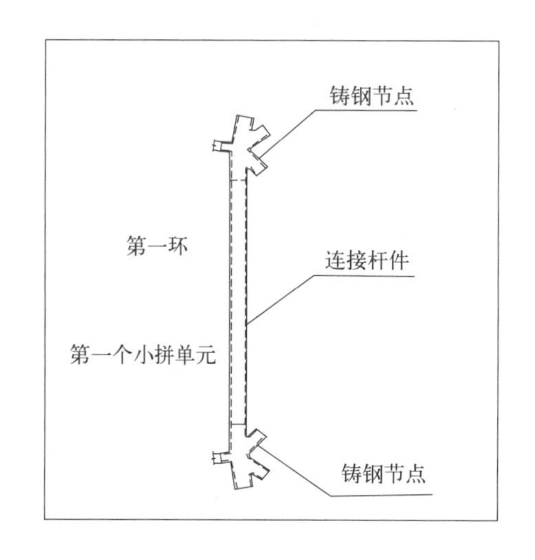

图 7　一环一单元拼装示意图

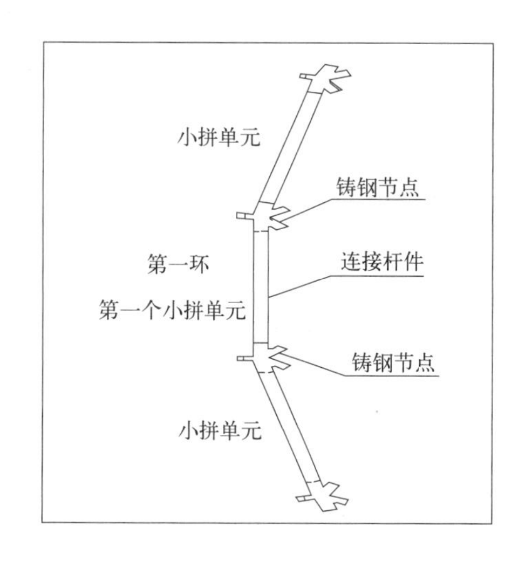

图 8　一环二三单元拼装示意图

（2）第二至十环屋面网壳拼装见图 9～图 13。

该屋面网壳单环拼装成型技术的成功应用，保证了该工程屋面网壳安装精度，最后一环（第十环）合拢非常准确，减少了偏差。经实践证明，对该类工程屋面网壳施工是比较合适的技术。

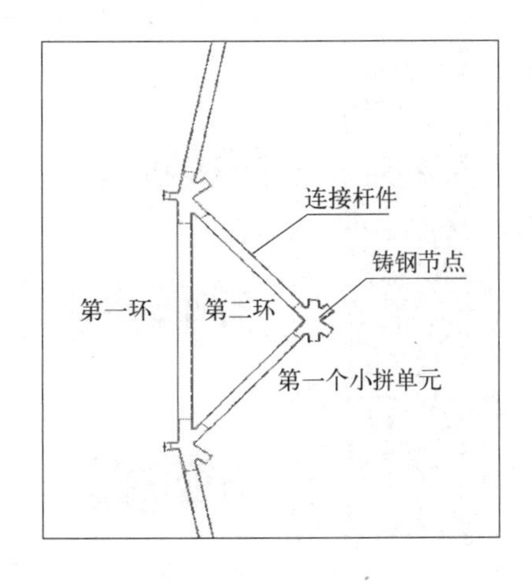

图 9　二环一单元拼装示意图

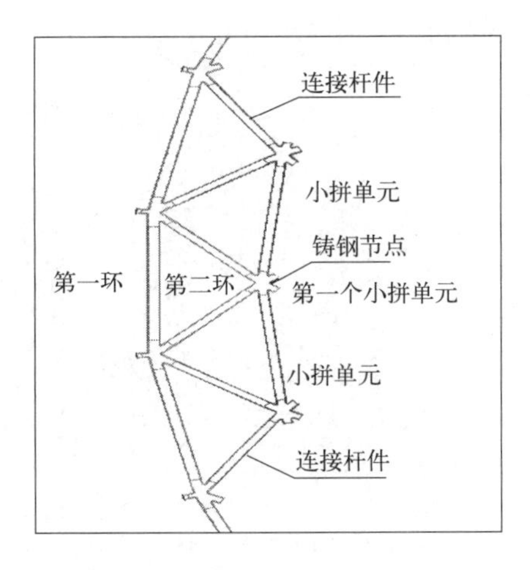

图 10　二环二三单元拼装示意图

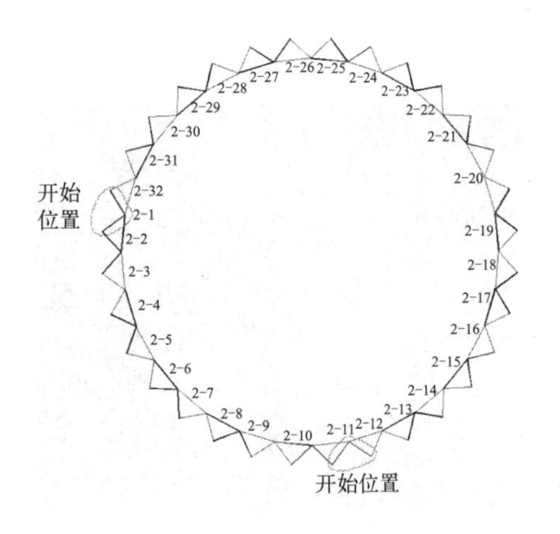

图 11　二环拼装完示意图

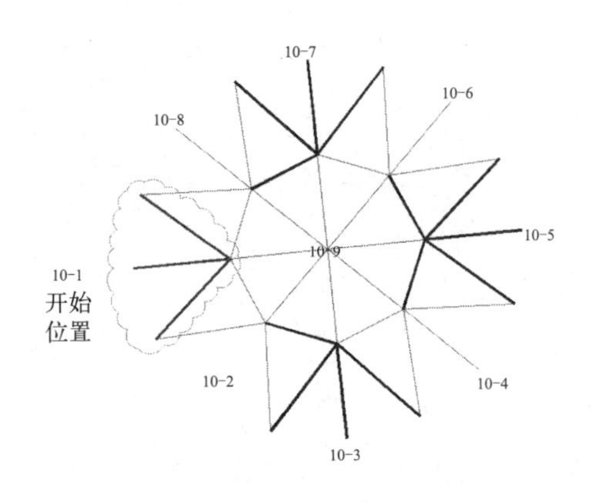

图 12　十环拼装完示意图

5.2.3　N_2+D_2 屋面网壳精度控制

（1）利用 BIM 技术进行精度控制：针对该复杂工程进行了钢结构 BIM 全过程综合技术研究来实现安装前以及安装过程精度控制。通过建模＋深化设计＋安装精度及变形控制＋索承网壳 BIM 建模叠加仿真分析技术＋施工工序模拟技术，将 BIM 施工模拟与钢结构预施工、重要工艺施工相结合，将 BIM 三维可视化与钢结构节点深化相结合，保证安装效率和精度。

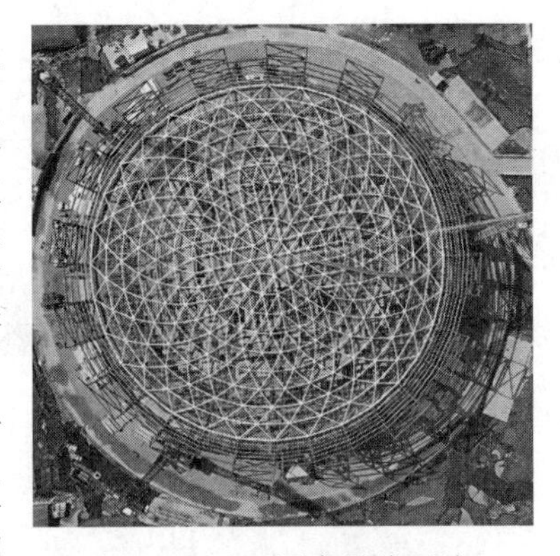

图 13　屋面网壳最终照片

（2）机加工处理对接接口：通过铸钢件管口处机加工拉伸缩颈方式解决，即提前将铸钢件管口处机加工拉伸缩颈，采取铸钢件接口位置缩口平滑过渡，圆管套进铸钢件接口的形式，并在圆管内壁与铸钢件接头预留大出约 2mm 间距，保证网壳杆件和铸钢件安装精度。

（3）杆件对接控制：网壳杆件对接通过采用 4 块马板（定位板）进行临时固定，将马板与网壳进行焊接。圆管与铸钢件焊接完成后，马板再割除，连接部位进行打磨光滑并补漆处理。

（4）测量控制：同时利用多台全站仪进行三维坐标测放，进行网壳精度控制。

5.2.4　M_3 索系统安装技术

（1）放索马道及卸料平台设计技术：

首先，设计屋面网壳安装用脚手架方案时应提前考虑放索马道及卸料平台设计，应预留环索放索马道和卸料平台位置。同时因为环索是应力状态下下料，环索安装时的长度比张拉成型后的长度要小，因此放索马道应设置在环索成型后向内偏离 0.5～1m 的位置，放索马道宽度可设置约 1～1.5m，为环索水平变形提供足够的空间，放索马道上铺设木板，防止拉索损坏。

其次，环索对接处应预留卸料平台，用以放置放索盘和成盘环索，卸料平台设计要考虑索及索盘以及施工人员机械等荷载。该工程环索最大直径 136mm，长度约 63m，考虑放索盘的直径，经计算，卸料平台设计成 4m×4m 的操作平台，承重约 8t，并对平台下方立管和横管进行加密，使其能够承受该重量（图 14、图 15）。

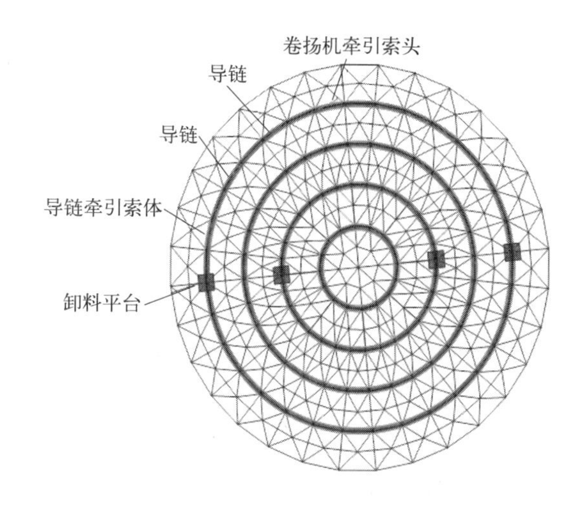

图 14　卸料平台布置示意图

图 15　卸料平台现场照片

最后，其他注意事项：环索安装过程中，脚手架不能与环索相碰；操作平台脚手架标高搭设到环索索夹下方 700mm 左右，以方便环索安装；脚手架不能与径向钢拉杆相碰；脚手架搭设成台阶式操作平台，平台距离拉杆中间部位 1m 左右，以方便钢拉杆的安装和张拉。

（2）环索及钢拉杆安装技术：

该项目预应力环向索较长，第 1 圈环向索最长达 62m（分为四段后），重量 5.5t 左右，第 2 圈环向索索长 46m（分为四段后），重量 3.9t 左右，第 3 圈环向索索长 31m（分为四段后），重量 2t 左右，第 4 圈环向索索长 31m（分为二段后），重量 0.3t 左右，需用吊车吊至卸料平台上。放索过程中，采用 1 个卷扬机牵引拉索索头，4～10 个捯链牵引已放索体，将钢索在地面慢慢放开，为防止索体在移动过程中与地面接触，索头用布包住，在沿放索方向铺设一些滚子，最后将钢索慢慢沿对应撑杆下方地面放开（图 16、图 17）。

图 16　环索放索安装

图 17　环索拉索安装

5.2.5 M_4 柱盖一体化张拉施工

为解决新型索承网壳结构柱盖一体化张拉施工过程中受力不均匀、变形不一致、过程复杂不易控制的难题，研发出柱盖一体化张拉施工关键技术，主要是分级分圈分批小步骤同步张拉累计实现全过程监测的径向拉杆张拉技术，可以满足逐步建立预应力的要求，其具体说明如下：

分级：总体每圈分为三级张拉，第一级张拉，按设计初始预应力值的10%，从内向外的步骤顺序完成张拉，即由第四圈到第一圈顺序；第二级张拉，按设计初始预应力值的70%，从外向内的步骤顺序完成张拉，即由第一圈到第四圈顺序；第三级张拉，按设计初始预应力值的100%，从内向外的步骤顺序完成张拉，即由第四圈到第一圈顺序。

分圈：该工程弦支体系共分为四圈，其中第一圈、第二圈、第三圈均有32根索，第四圈有16根索。

分批：计划把第一圈、第二圈、第三圈各对称分为4批，同圈每批8根索对称同步张拉，把第四圈对称分为2批，同圈每批8根索对称同步张拉。

小步骤：张拉时需要8个点同时张拉，要保证张拉同步是关键。在第二级（70%张拉力）和第三级（100%张拉力）的张拉过程中再次细分为若干小步骤，在每一小步骤中间暂停进行调整。

过程监测：针对张拉过程，对从网壳合拢卸载、每级每圈每批每小步张拉到屋面系统安装完毕等，不同工况进行过程监测，保证张拉施工安全可靠。

分圈张拉施工时，经过仿真计算分析可得出：第一圈径向拉杆大索张拉时，使得相邻索及远端第四圈小索均产生影响，越近影响越大，索越小影响越大；而第四圈径向拉杆小索张拉时，只对临近第三圈索产生较大影响，对第一圈和第二圈大索影响较小，几乎可以忽略不计。同时，分圈张拉施工时，每圈径向拉杆和环向索索力都在增加，是单调递增的，可以建立预应力体系。

同圈分批张拉施工时，通过仿真计算并对比分析，可以得出每批径向拉杆和环向索索力都在增加，而且是单调递增的，但是增加幅度都很小，最大6.2%，且大部分没有超过5%，预应力小幅增长，逐步建立。

该工程通过以上分级分圈同圈分批小步骤同步张拉累计实现并过程监测的施工方法实现了整体同步张拉。同时要注意同圈分批张拉时分批量的选择，每批数量应该接近，最好是能相邻间隔对称地选择分批数量，并保证在张拉过程中对称小步骤同步张拉，保证结构受力的均匀持续，符合设计意图以及仿真计算结果。

5.2.6 创新全过程仿真分析关键技术

张拉施工仿真采用Midas Gen计算软件，建立整体计算模型，并采用如下方法计算：

（1）结构自重系数，网壳部分考虑铸钢节点重量，自重系数取1.9，其余部分自重系数取1.05。

（2）格构柱和网壳构件采用梁单元模拟。

（3）环索采用只受拉单元模拟，径向钢拉杆采用桁架单元模拟，撑杆采用梁单元模拟（释放梁端约束），按照设计要求及设计给出的数据，给结构施加一定的初拉力来建立预应力。

（4）临时支撑胎架采用施加只受压约束的方式来模拟。

（5）格构柱柱底的边界条件，X、Y方向采用弹簧约束，弹簧刚度为20kN/mm，使柱底支座在水平面内有一定的滑移空间，同时约束Z方向。

（6）按总体方案，在网壳施工过程中共布置16个临时格构式支撑，网壳与临时支撑之间采用垫钢板措施。故计算时考虑临时支撑支座反力受力（图18）。

通过对一体化张拉时索承网壳整体结构进行了仿真分析，设置了不同的工况，分别分析了张拉过程中的网壳竖向变形、网壳杆件应力、支撑反力、环向索和径向钢拉杆索力等。

5.2.7 D_4 系统的监测及分析关键技术

1. 监测内容

主要对以下内容进行了监测：屋面网壳变形监测、格构柱柱底位移和柱盖连接处变形监测、网壳及撑杆应力应变监测、钢拉杆张拉力监测、环索索力监测。

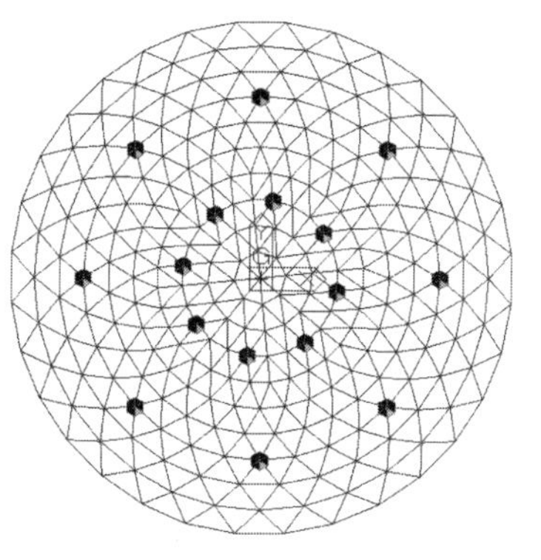

图 18 临时支撑位置及约束

2. 监测方法

网壳及撑杆应力应变监测：对索承网壳网壳杆件、撑杆等主要受力构件进行直接应力监测，通过对称布置两个振弦式传感器，进行应变监测。

环索索力监测：通过使用索力动测仪对环索索力进行监测。

钢拉杆张拉力监测：通过使用千斤顶液压油泵进行监测。

屋面网壳变形监测：通过使用全站仪进行监测，测量前选定变形较大部分的网壳部分的构件位置，在每级张拉过程中部分小步骤时及时进行测量。

格构柱柱底位移和柱盖连接处变形监测：通过使用全站仪和钢尺进行监测，测量前选定监测点，张拉前进行标定。

环境及构件温度监测：通过使用温度采集仪，来确定环境及构件温度。

3. 过程监测及分析

（1）屋面网壳变形监测：采用全站仪监测屋面网壳变形情况。监测点选择在经仿真计算分析变形较大部位（图 19）。

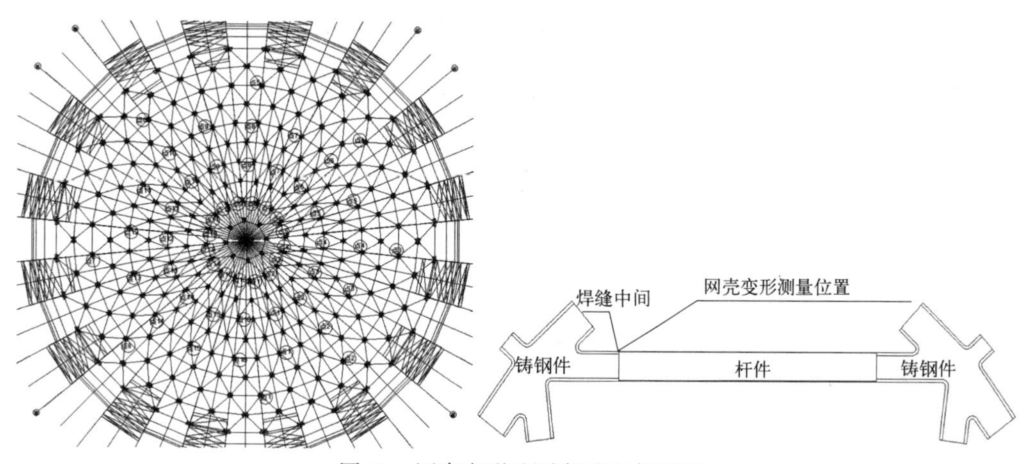

图 19 网壳变形监测点平面布置图

（2）格构柱柱底位移和柱盖连接处变形监测：为了对格构柱柱底位移和柱盖连接处变形进行监测，进行了监测点布置。

（3）网壳及撑杆应力应变监测：对网壳弦杆和撑杆进行应力应变监测，同时进行温度补偿。根据仿真计算分析结果，选取应力较大位置，网壳杆件选取 14 个、撑杆 16 个，共计 30 个点，60 个传感器。应变测试选用振弦式应变计进行监测（图 20、图 21）。

（4）径向钢拉杆张拉力监测：张拉施工时张拉力和油缸的液压读数有一定的对应关系，测得油缸的读数，就能换算得到径向钢拉杆的张拉力。

（5）环索索力监测：环索为被动索，由径向钢拉杆张拉带动索力。现场选用了索力动测仪，通过激振方式对张拉完的环索进行了监测。因现场施工原因和管理原因，未能使环索在工厂提前进行标记，限制了监测方法的使用。而磁通量法、压力环法等测索力会更精确，但需要提前在索加工过程中进行初始标记。在以后类似结构工程施工时，可提前采取磁通量法、压力环法等监测技术，以期能取得更好的结果。

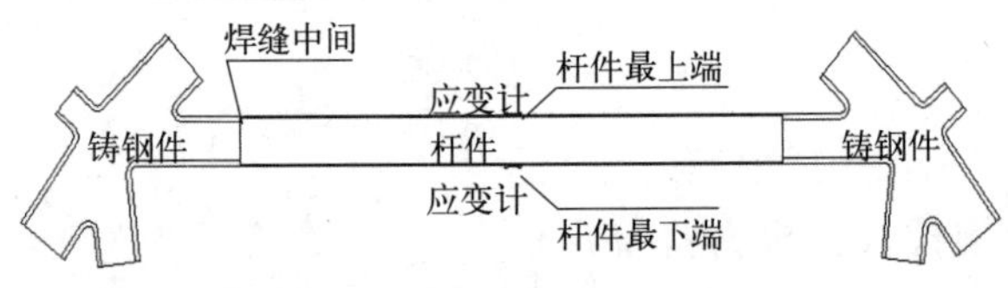

(a) 适用于应变计位置没有檩托板的杆件

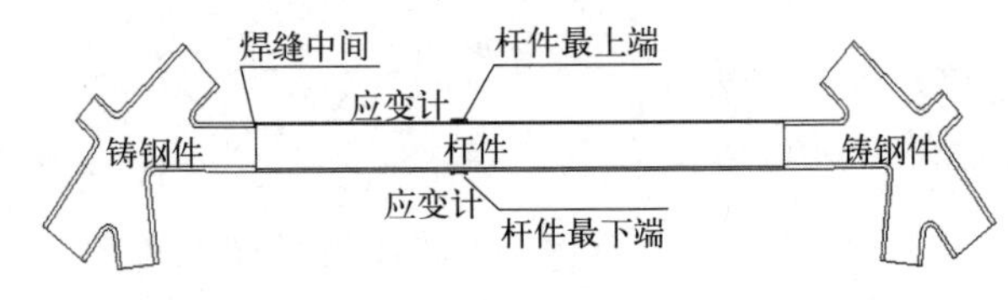

(b) 适用于应变计位置有檩托板的杆件

图 20　应力监测点剖面布置图

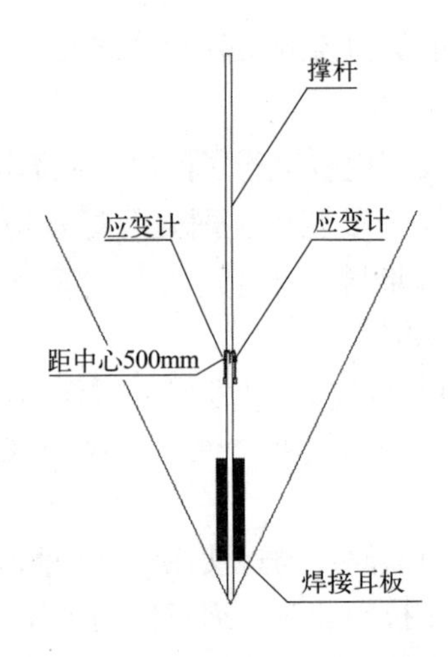

图 21　应力监测点立面布置图

6　质量控制要点

6.1　施工准备过程的质量控制

(1) 优化施工方案和合理安排施工程序，做好每道工序的质量标准和施工技术交底工作，搞好图纸审查和技术培训工作。

(2) 合理配备施工机械，搞好维修保养工作，使机械处于良好的工作状态。

6.2　施工过程中的质量控制

(1) 安装施工中各工序之间严格执行"三检制"，保证各种偏差在规范允许范围之内。

(2) 质量检查员对各工序必须亲自到场检验，合格后进行报验。

(3) 各种厚度、接头类型的焊接必须按照焊接工艺认真执行，特殊部位焊接需经必要的培训。

(4) 在钢构件的运输、装卸和堆放过程中，做好预防构件变形措施。

(5) 施工过程中严格执行工程测量方案，保证数据准确无误，严格控制偏差。

(6) 构件验收后方可进行吊装工作，吊装时合理选择吊点，用软件进行吊装验算，必要时应采取加固措施。

6.3　施工测量的质量控制

(1) 按规范的规定，对测量、放线、验线精度与检验方法进行复核校验，并提出相应的控制措施。

(2) 各种测量仪器、钢尺在施工前均送检标定合格后使用。

(3) 测量采用分级布网、逐级控制的方式进行，保证一定的多余观测条件，对观测结果进行严密平差，以保证观测精度。

(4) 采用的方法与仪器应能控制规定的精度。

(5) 勤复核（可利用场外控制点直接复核），防止累计误差的出现。

(6) 严格按公式进行观测值的各项改正。

(7) 所有仪器进入现场，应进行检测标定。

(8) 所有仪器进入现场，经检测标定后由专人保管使用。

(9) 测量时间设定在早上日出前后时间段。

(10) 建立现场测量管理机构，层层把关。

6.4　钢构件拼装的质量控制

(1) 钢构件拼装前应符合钢支撑的组装精度控制线，符合要求方能拼装。

(2) 严格控制钢构件的就位精度，确保其偏差控制在规范允许范围内。

（3）拼装过程中，通过经纬仪、水准仪等控制调节钢支撑空间尺寸，直到满足设计图纸尺寸要求，通过水平尺、铅垂线等辅助检测工具检查钢支撑的细部组装质量，满足规范要求。

6.5 钢构件安装的质量控制

（1）风速大于5级或降雨、降雪天气，不宜进行安装和焊接。

（2）钢构件的安装，宜按先调标高、再调轴线位移、后调垂直度的顺序，直到满足施工规范允许偏差。

6.6 现场焊接质量控制

（1）不同材质的焊接应先做焊接工艺评定。选用合适的焊接工艺，选取考试合格并持有有效焊工合格证的焊工进行钢构件的组装焊接。

（2）焊接作业区风速当手工电弧焊超过8m/s、气体保护电弧焊超过2m/s时，应设防风棚或采取其他防风措施。

（3）焊接作业区的相对湿度不得大于90%。

（4）当焊件表面潮湿或有冰雪覆盖时，应采取加热去湿除潮措施。

（5）焊前预热及层间温度的保持宜采用电加热器、火焰加热器等，并采用专业的测温仪器测量。

（6）预热的加热区域应在焊接坡口两侧，宽度应各为焊件施焊初厚度的1.5倍以上，且不小于100mm。

（7）焊后进行消氢热处理并缓慢冷却。保温时间应根据工件板厚按每25mm板厚不小于0.5h，且总保温时间不得小于1h确定。达到保温时间后应缓冷至常温。

7 应用实例

7.1 河南清丰县体育公园家具展销中心工程

河南清丰县体育公园家具展销中心工程总建筑面积38441.73m^2，建筑层数地上三层，层高为10m，建筑高度32.8m，总投资约2.3亿元。家具展销中心建筑外形为方形，每边长108m，主体为钢框架结构，分三层钢结构，三层之上设有局部夹层和屋顶层，其中钢柱采用箱形截面异形钢柱群支撑结构，钢结构总重约6000t，屋面采用新颖的一体化张拉网壳结构，面积约15872.0m^2，外挑9m，最大跨度36m，檐口标高36m。

该工程施工应用本工法，钢结构工程的施工质量、工程进度、安全文明施工完全满足总承包要求。工程投入使用以来，结构安全、可靠，设备运行良好，受到业主和社会各界的一致好评。

7.2 河南清丰文体中心体育馆工程

河南清丰文体中心体育馆工程施工通过应用本工法，钢结构工程的施工质量、工程进度、安全文明施工完全满足总承包要求。该工程为濮阳市重点项目，在当地有很大影响力，经常接受省、市各政府部门以及社会各界的参观考察，得到了业主方、设计方、监理方、政府部门以及社会各界的高度好评。

8 应用照片（图22）

图22 河南清丰文体中心体育馆工程

大跨度钢结构高空变轨式滑移施工工法

中建三局第一建设工程有限责任公司

韩　阳　金昭成　邢继斌　赵　震　丁才高

1　前言

天府国际会议中心项目屋面为大跨度钢结构形式，展厅平面尺寸为108m×63m，宴会厅平面尺寸为81m×54m；其中展厅钢结构跨度为63m，共11榀，主桁架单榀重量为150t，桁架高度为7m；宴会厅钢结构跨度为54m，共8榀，主桁架单榀重量为120t，桁架高度为6m；材质为Q345B和Q390B。屋面钢结构安装高度较高，平面面积较大，若采用常规的高空散装方法，需要搭设大量的临时支撑，不但高空组装、焊接工作量巨大，且存在较大的质量、安全风险，施工的难度较大，并且对整个工程的施工工期会有很大的影响，方案的技术经济性指标较差。根据以往类似工程的成功经验，结合本工程结构特点，经综合考虑后，采用“分段地面拼装＋高空对接＋累积滑移”的施工方法来完成钢结构的施工，将大大降低安装施工难度，并于质量、安全和工期等均有利。

2　工法特点

2.1　钢结构深化设计技术应用

本工法采用钢结构深化技术，对构件的合理分段确定吊装单元、加工制作、运输、地面拼装、高空对接、就位校正环节等做到了最大限度的优化，从而保证结构施工安全，又兼顾了工厂生产、现场施工的要求，为保证工厂制作、现场安装的质量创造了条件。

2.2　运用BIM三维实体放样模拟技术

通过BIM三维实体放样模拟技术，进行滑靴构造模拟分析，将滑靴底部加大一倍，设计成双限位板构造，滑靴顶部与弦杆接触位置设计成卡槽结构，方便滑靴施工过程中的安装卸载，避免滑靴与弦杆焊接对弦杆材质损伤及表面平整度。

2.3　运用Midas有限元软件对结构复核验算分析

采用Midas Gen有限元软件对原结构进行复核验算，对不能满足滑移要求的混凝土梁进行复核加强配筋及混凝土强度等级，不在同一条直线的结构梁通过换轨及新增滑移钢梁进行处理，保证施工安全，减少施工措施投入。

2.4　可变轨滑移装置设计

该工法所用滑靴设计为可变轨装置技术，对不在同一条直线上轨道区域采用换轨施工技术，减少施工加固措施及施工周期。

2.5　运用SAP2000有限元软件对滑移过程模拟分析

采用SAP2000有限元计算软件对钢结构滑移施工进行模拟分析，掌握结构变形、应力及每个点位受力情况，对滑移过程中受力变形较大的杆件进行替换或加固，保证施工安全。

2.6　滑靴卸载及钢支座安装技术研究

该工法对轨道、滑靴卸载和钢支座安装方法进行研究，采用8个200t液压千斤顶完成卸载工作，提高钢结构的安装质量、保证施工过程中的安全性。

3 适用范围

本工法适用于大跨度重型钢结构，大跨度空间网架结构、屋面楼层大跨度钢梁等钢结构工程的高空滑移施工。

4 工艺原理

本工程为屋面大跨度钢结构，安装高度较高，平面面积较大，且在安全、质量工期等方面有较高要求，如何保证目标的实现成为本工程的重点。根据以往类似工程的成功经验，本工程大跨度钢结构滑移施工工艺原理总结为：根据塔式起重机起重性能对钢结构合理分段，规划钢结构拼装场地；根据设计图纸布置滑移轨道，需要滑轨和增加临时滑移钢梁位置标注清楚，对滑移梁进行受力分析，对于不满足滑移施工的混凝土梁与设计、业主沟通将梁配筋和混凝强度加大；采用 SAP2000 有限元软件对整个施工过程进行模拟施工验算，对受力不满足滑移施工的杆件进行替换或加大杆件截面，保证结构施工安全性；根据滑靴设计图纸，加工制作换轨滑靴装置，屋面钢结构滑移至设计位置后，根据模拟施工验算结果，布置轨道滑靴的卸载点位，选择合理的液压千斤顶，轨道滑靴卸载完成后立刻将滑动钢支座安装就位，将屋面钢结构卸载至设计标高。

5 施工工艺流程及操作要点

5.1 施工工艺流程

施工准备→确定钢结构分段吊装单元→滑移轨道布置及滑移梁复核验算→滑移过程模拟施工分析→分段桁架地面拼装→变轨式滑靴设计安装→钢结构高空拼装→大跨度钢结构变轨累积滑移→滑移装置卸载及滑动支座安装。

5.2 操作要点

5.2.1 施工准备

（1）熟悉结构图纸，根据施工现场情况确定吊装机械设备选型、数量和钢结构分节分段方案。

（2）钢结构深化设计。

（3）钢结构构件加工制作、运输。

5.2.2 确定钢结构分段吊装单元

根据钢结构结构形式，分段满足塔式起重机起吊性能要求，为了尽量减小桁架结构的自重变形，需要对其进行吊装模拟计算，吊点选用 2 个，通过对吊装单元进行建模分析竖向变形、水平变形、吊装时杆件应力等，根据云图，吊点宜布置在重心点两侧，吊钩位置垂直于重心点。

5.2.3 滑移轨道布置及滑移梁复核验算

（1）根据桁钢结构结构特点，利用两侧混凝土梁作为滑移梁，滑移梁上设置滑移轨道，轨道与滑移梁之间采用压板固定。滑移轨道采用 43kg/m 标准轨道，由于 1-E 轴线上的混凝土梁不在同一直线上，并且有两跨没有混凝土梁，所以 E 轴线的轨道无法设置在同一直线上，且需要增加临时滑移钢梁。

（2）滑移梁分为两种，一种为混凝土梁；另一种为临时钢梁滑移梁；根据模拟施工验算得出最大竖向反力为 1002kN；滑移梁竖向承受荷载需考虑弯矩和剪力最大两种工况，分别对混凝土梁及临时钢梁进行验算分析。

5.2.4 滑移过程模拟施工分析

钢结构共设置两条轨道，每条轨道上设置 3 台 TLPG-1000 爬行器，共计六台，每台爬行器额定顶推为 1000kN；支座与轨道的摩擦系数取值 0.2，共分 10 次累积滑移。采用 SPA2000 对滑移工况进行模拟分析，荷载为结构自重，分项系数取 1.4，整个施工过程结构最大变形和应力比均满足规范及设计要求。

5.2.5　分段桁架地面拼装

按设计图及钢结构深化设计图结合现场场地实际情况进行拼装；将上下弦杆放置支撑点上后，对齐两端，可以采用线坠吊测，将构件对齐偏移线后即可，目测检查控制点是否完全与主杆支撑点连接，如未连接，检查拼装胎架支撑点标高及平面位置是否正确，将拼装构件上下弦杆完全调整至与地样平面位置及标高一致，确认无误后，方可进行腹杆及立杆拼装；整体钢结构的组装从中心开始，以减小桁架在拼装过程中的累计误差，随时校正尺寸。钢结构拼装过程如图 1 所示。

(a) 上下弦杆放置拼装

(b) 上下主弦杆校正

(c) 腹杆及立杆拼装

(d) 分段钢结构拼装焊接完成

图 1　钢结构拼装过程示意图

5.2.6　变轨滑移滑靴设计安装

根据钢结构结构特点在主桁架支座附近处设置滑靴，滑靴除了满足受力要求以外，还要保证滑移过程中可以进行换轨。为了满足上述要求，在搭接区段滑靴同时作用在两条轨道上，在其余区段滑靴分别单独作用在左侧及右侧轨道上，顶推支点需要设置顶推耳板；将滑靴底部设计成双限位板构造，滑靴顶部与弦杆接触位置设计成卡槽结构，方便滑靴施工过程中的安装卸载，避免滑靴与弦杆焊接对弦杆材质损伤及表面平整度；变轨式滑靴设计安装如图 2 所示。

5.2.7　钢结构高空拼装

(1) 钢结构地面拼装完成后，对拼装完成的钢结构进行高空对接拼装，把桁架结构线模型导入整体建筑平面中，将测量控制点的三维坐标提取，根据提取出来的坐标，使用全站仪的三维坐标放样的模式，将事前提取支撑点的点位放样在支撑胎架上，并制作支撑点，桁架吊装时候，直接将桁架调整就位到放样点上，精调过程采用全站仪对钢结构对接口的坐标进行测量，管口测量特征点设置辅助支架，将测量数据与理论数据进行比较，将构件精确安装到与理论数据差值 2mm 范围内，保证下一榀桁架安装时能够准确对接。

(2) 钢结构高空拼装由西向东的顺序依次进行，相邻两榀桁架安装就位后，连接桁架之间的次桁架

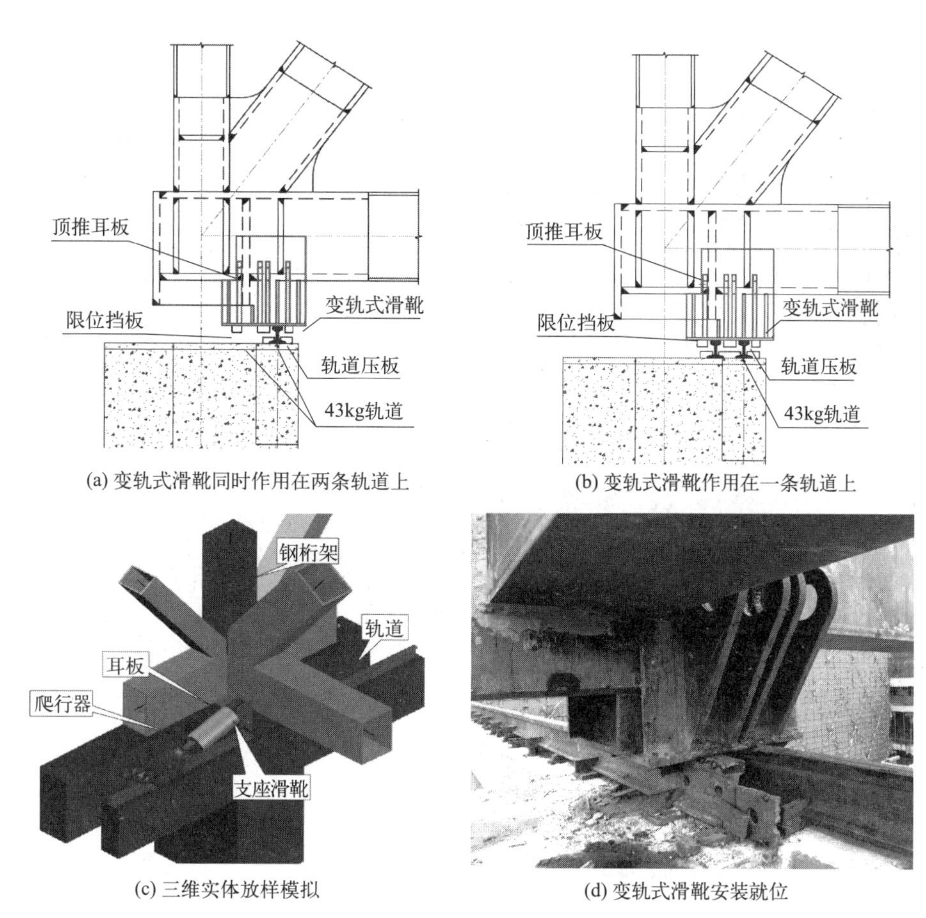

(a) 变轨式滑靴同时作用在两条轨道上　(b) 变轨式滑靴作用在一条轨道上

(c) 三维实体放样模拟　(d) 变轨式滑靴安装就位

图 2　变轨式滑靴设计安装图

及钢梁，保证桁架的整体稳定性，防止桁架倾倒。钢结构高空拼装过程如图 3 所示。

5.2.8　大跨度钢结构结构变轨累积滑移

（1）滑移前检查，临时支撑是否拆除完毕；滑移结构是否与胎架完全脱离；滑移系统工作是否正常；各岗位人员及监测仪器是否到位等。

（2）顶推滑移监测测量：

①结构顶推滑移前，拼装结构支撑架拆除过程中，对拼装单元变形进行监测；

②结构顶推滑移中，对滑移轨道钢梁及混凝土梁变形进行监测；

③临时支撑点卸载过程中，应对结构的变形情况进行监测，对于监测中出现的异常情况，如结构挠度大于计算变形、出现大的声响、支撑发生变形或结构出现局部振动等，立即进行信息反馈，采取相应的应急预案进行处理。

（3）当结构滑移一个滑移单元后，继续在腾空的拼装胎架上，拼装下一单位，前后两个单元通过焊接连接后，继续向前滑移，采用相同的方法直至全部结构滑移结束；滑轨位置两条轨道平行搭接长度为 1.5m，滑靴同时作用在两条轨道上，平稳过渡至另一条轨道；由于跨度较大，每个滑移单元拆除支撑及滑移完毕后，均有一定下挠，再进行下一滑移单元拼装时，应将滑移完毕的最末端桁架进行回顶一定数值（回顶数值应参考拆撑后的挠度变化值），使之恢复到拆除支撑前的状态，保证后续滑移单元相邻杆件的拼装精度。

（4）滑移过程中由于各种因素影响，可能导致结构产生整体不均匀侧向位移，主要表现在轨道与其两侧限位挡板间距发生变化，应及时上报滑移总指挥；通过钢尺测量对于同一基线的距离偏差，找出所有轨道上结构位移的偏差；再通过不同轨道上结构滑移速度的调整，最终使所有轨道上结构达到同一基

(a) 第一段桁架吊装就位加固　(b) 桁架高空对接拼装

(c) 两榀桁架间次桁架及钢梁安装　(d) 钢结构高空拼装完成

图 3　钢结构高空拼装过程示意图

线，再按照各千斤顶设置设定的顶推力继续向前滑移。大跨度钢结构变轨式累积滑移过程示意如图 4 所示。

(a) 滑移变轨过程　(b) 顶推滑移监测

(c) 第一个滑移单元完成　(d) 大跨度钢结构全部滑移就位

图 4　大跨度钢结构变轨式累积滑移过程示意图

5.2.9　滑移装置卸载及滑动支座安装

（1）卸载采取在 1-M 轴以及 1-E 轴和 1-L 轴桁架支座的两侧各设置四个卸载千斤顶，根据受力验算分析，展厅桁架最大支点反力为2004kN，由该支点两侧的两个千斤顶承担，每个千斤顶承受1002kN，荷载通过千斤顶及分配梁传递混凝土结构，选取DQF200-200型千斤顶。滑靴及轨道卸载示意如图5所示。

（2）钢结构滑移至设计位置，然后采用千斤顶卸载滑移轨道及滑靴，轨道滑靴拆除完成之后采用千斤顶将滑动支座平移至设计位置，滑动支座校正加固完成后，将钢结构整体卸载至设计标高位置，最后支座节点焊接完成。滑动支座安装示意如图6所示。

图5　滑靴及轨道卸载示意图

图6　滑动支座安装示意图

6　质量控制要点

6.1　安装质量保证措施

（1）严把材料质量关，材料进厂检验，坚持每种每批材料检查出厂合格证、试验报告，并按规定抽样复验各种钢材的化学成分、机械性能，合格后方能使用。

（2）生产制作前，向操作工人进行技术交底，使工人熟悉加工图、工艺流程和质量标准，做到心中有数。

（3）严格执行自检、互检、交接检的三检制度，坚持“三不放过”，即质量原因没有找出不放过，防范措施不放过，责任人没有处理不放过。

（4）构件安装顺序应按照模拟验算工况进行，尽快形成一个刚体以便保持稳定，也利于消除安装误差。

（5）利用已安装好的结构吊装其他构件和设备时，应进行必要的验算。

（6）结构安装时，注意日照、温度、焊接等因素变化引起的变形，并采取相应的措施。

（7）安装时采取定位测量、焊前、焊后三道测量环节，对钢构件安装过程中进行的垂直度测量、中心偏差测量和标高测量，整个过程实施跟踪测量。

6.2　焊接质量保证措施

（1）焊工必须有上岗证，焊材质量符合国家标准，且具备有效真实的质量证明书，焊材由专人保管，建立台账，以便跟踪。

（2）焊接施工前搭设焊接防护措施（防风棚、防雨棚等），焊接前进行焊口清理，清除焊口处表面的水、氧化皮、锈、油污。焊接时采取合理的焊接顺序进行施工。

（3）桁架各部件的下料尺寸及连接位置要按图施工，构件及加工连接尺寸不得大于3mm。

（4）钢结构构件在受力状态下不得施焊。

（5）不同厚度的钢板、钢管对接时，将较厚板件焊前倒角，坡度不大于1∶4。

（6）厚板焊接时，注意严格控制焊接顺序，防止产生厚度方向上的层状撕裂。

（7）对接接头要求全焊透的角部焊接，在焊缝两边配置引弧板和引出板，其材质与焊件相同或通过试验选用。

（8）主杆件工地接头焊接，由两名焊工在相互对称的位置以相等速度同时施焊。

（9）引弧板、引出板、垫板的固定焊缝焊在接头焊接坡口内和垫板上，不得在焊缝以外的母材上焊接定位焊缝。

7 应用实例

7.1 应用实例1——天府国际会议中心项目钢结构工程

天府国际会议中心项目通过使用变轨式累积滑移安装工艺，安装过程中受力均衡，不易产生变形，在滑移轨道上调校旋转角度准确方便，稳固措施易实施，安装精度得到保证，取得显著的工期效益和经济效益。这为大跨度钢桁架结构体系钢结构屋盖安装开拓了思路、提供了范例，得到了业主的高度认可，具有良好的应用前景。会议中心钢结构三维效果如图7所示，钢结构施工如图8所示。

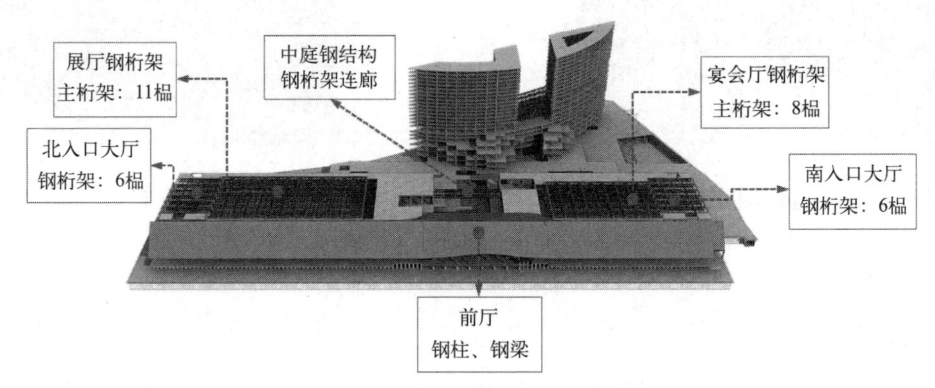

图7 会议中心钢结构三维效果

7.2 应用实例2——东安湖体育公园三馆项目

东安湖体育公园三馆项目位于成都市龙泉驿区，车城大道以东、成渝高速以南区域，该建筑物总建筑面积为179621.93m^2，总造价约27亿元，其中本工程倒三角管桁架屋盖钢结构体系施工过程中，通过临时结构专项分析设计、全工况数值模拟分析应用，高空临时支撑布置、机械设备吊装、桁架拼装、高空焊接等方面进行技术总结及应用，形成了空间异形倒三角管桁架施工工法，该工法的应用降低了周转材料投入，并且提高了钢结构施工效率，缩短了钢结构施工工期，降低了钢结构安装施工风险。东安湖体育公园三馆项目钢桁架施工见图9。

图8 会议中心钢结构施工图

图9 东安湖体育公园三馆项目钢桁架施工图

8 应用照片

工程相关图片见图10～图12。

图 10　钢结构地面拼装

图 11　钢结构滑移变轨作业完成

图 12　大跨度钢结构滑移施工完成

双曲弧形大跨度钢桁架制造拼装工法

中建钢构江苏有限公司

周军红　王　伟　李大壮　杨学斌　李　佳

1　前言

大跨度建筑，如机场航站楼、体育馆和会展场馆等，屋面常采用多道平行桁架＋檩条/次拱的组合结构，而屋面桁架常见的主要有倒三角管桁架或立式平面管桁架，且多为直线形或二维拱形，由多点钢柱或V撑支撑桁架整体，如重庆国际博览中心、阿尔及尔机场新航站楼、深圳国际会展中心等项目。

在泰国素万那普机场发展项目中，屋面主拱桁架采用单曲桁架和双曲桁架间隔设计，且两种桁架均从屋顶的桁架结构向两侧通过弯扭箱体过渡转换为落地段箱形柱，屋面连同两侧立面钢柱整体形成弧线形主拱，以便于实现屋面和立面连贯形成整体弧形外观的航站楼建筑设计。其中，双曲桁架由两端落地段Y形柱，在柱顶进行分叉，通过两个弯扭箱形过渡段转换，与屋顶的2道双曲桁架连接形成整体，整体造型为空间三维弯曲构件。

双曲桁架两端为变截面弯扭箱形，中间为双曲片式桁架，桁架上弦杆为弯扭H型钢，下弦杆为三维弯管，涉及多种空间弯扭构件形式，且桁架与底部V撑、三维飘带、屋面次桁架、屋面钢梁等存在多种连接节点，连接形式有栓接、对接焊接和销轴连接等。

双曲桁架自身结构复杂，连接节点多，质量要求高，工厂制造难度很大。首先，桁架主杆件均为空间三维弯扭，涉及构件截面形式多样，弯曲加工涉及工艺和工序繁多，尺寸精度控制难度大；其次，桁架各类连接节点多且装配定位难度大，自身结构焊接易变形，给桁架关键部位尺寸精度控制造成较大影响；最后，桁架结构异形尺寸较大，组装工艺考虑及胎架设计合理性等对制造和总体预拼装的效率、精度影响较大。

在桁架构件实际制造加工过程中，结合工厂实际情况和上述制造难点，综合分析考虑，总结制定出一套适合此类工程结构的制造加工工艺。该工艺大大提高了双曲弧形大跨度钢桁架的制造质量和效率，为现场顺利安装奠定了坚实的基础。

2　工法特点

（1）对大尺寸异形Y形柱采取先分段后总拼，即先进行直段组焊，总拼时将直段定位于高处，将需要二次组焊的异形分叉段置于低处，从而较容易实现构件组焊，规避一次整体组装高度较高，需搭设脚手架，且需全部手工焊接的弊端。

（2）桁架上弦杆弯扭H型钢为双向弯曲，两端轻度渐变扭曲，采用热轧H型钢直接进行双向冷弯成型，端部利用火焰对角加热校正实现扭曲成型的方法，相比传统使用钢板胎架拼焊制造弯扭H型钢，较大地提高了工效。

（3）总体上分析考虑各类零部件弯曲成型，针对三维弯扭杆件，采取预留间隙整体弯曲成型后分段的方法；针对短的弧形牛腿零件，采取合并相同半径零件整体弯曲后切割的方法，既提高弯曲加工效率和总体的精度，又减少了弯曲成型时端部的夹头材料成本。

（4）严格分工序多次控制弯曲成型精度，在弯扭杆件成型时、单节段桁架组装焊接时、整榀桁架预拼装时，分别设置胎架，并通过坐标控制总体和关键连接部位的精度；在发运时，通过设计专用的双层整体式打包框架进行包装运输，规避运输过程构件变形，同时便于现场构件堆放和成品保护。

（5）双曲桁架实体预拼装，考虑工厂拼装实际条件、拼装效率及安全因素，采取分半卧式预拼，即将单榀桁架沿Y形柱分叉口分为两半，逐一进行卧式预拼，两端Y形柱作为连接节点重复2次预拼，从而在保证拼装精度的情况下，降低难度，提高效率。

（6）首批桁架采取实体预拼装与3D扫描模拟预拼装同步进行，通过对比拼装检验结果，3D扫描模拟预拼装检验结果和精度与实体预拼装相当。经实际验证，后期采用3D扫描模拟预拼装代替实体预拼，既保证了精度，达到工厂预拼装的目的，又节约了大量人力、物力和工期，对节能减排具有一定意义。

3 适用范围

本工法适用于各类大跨度桁架构件的加工制造和工厂预拼装，其中采用热轧H型钢进行弯扭成形、杆件的合并弯曲成型方法也适用于类似杆件的加工制造，3D扫描模拟预拼装方法不仅适用于大跨度桁架的预拼装，也可用于单一复杂构件的尺寸精度检验。双曲桁架效果见图1。

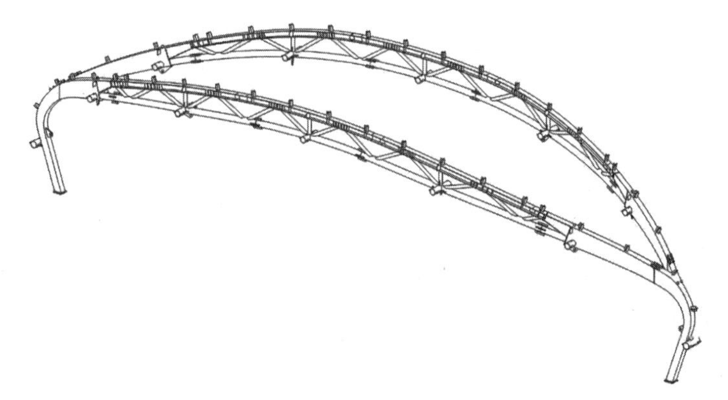

图1 双曲桁架效果图

4 工艺原理

4.1 落地段Y形柱制造工艺

Y形柱整体弯曲较大，如采用一次性组装，构件高度较高，所有零部件的组焊均需搭设操作平台或脚手架，且柱子下半段直段部分主焊缝也需采用气保焊焊接，制造效率低，质量不易保证。通过优化，采用先分段制造下半段直段箱体，完成内隔板电渣焊，再上总拼胎架，将加工好的下半段直段置于胎架上部固定，将Y形柱上半段复杂分叉节点置于胎架底部进行装焊，从而降低总拼时需要组焊的弯扭分叉段的高度，降低制造难度，减少安全风险，提升质量。落地段Y形柱模型见图2。

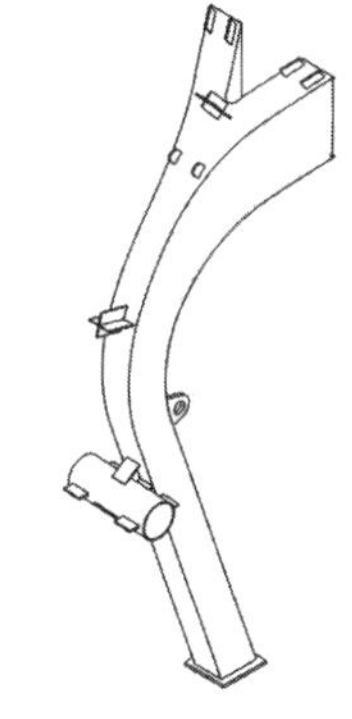

图2 落地段Y形柱模型图

以下介绍落地段Y形柱的制造工艺流程：

（1）落地段Y形柱直段进行U形组立，依次装配支撑节点内隔板、销轴耳板和两侧加劲板，焊接加劲板与销轴耳板、底板焊缝，内隔板采用双边电渣焊，电渣焊衬垫铣出斜坡，与翼缘板密贴，间隙小于0.5mm。

（2）装配Y形柱内侧开槽翼缘板，依次完成销轴耳板与槽口的一圈衬垫焊接，箱体主焊缝打底，隔板斜电渣焊，主焊缝填充和盖面焊接（图3）。

（3）根据构件坐标图，在钢板平台上划出地样线，标出关键控制点，核对控制误差不大于1mm。设置总拼胎架，控制胎架牙板标高误差不大于1mm。

（4）调整定位Y形柱直段，将直段箱体与胎架定位焊接牢固后开始组装双曲分叉段。双曲段弧形翼腹板先使用三辊卷板机进行预弯，依次定位组装外侧翼缘板、V形腹板和横隔板，定位焊接。

（5）组装两侧弧形腹板，一侧腹板在距离横隔板200mm处断开，上半部分待内隔板焊接完成组装封闭（图4）。

图3 Y形柱制造工艺图（一）

图4 Y形柱制造工艺图（二）

（6）组装内侧弧形翼缘板，完成内隔板四面焊接，组装纵向隔板，待纵向隔板焊接完成后，再封闭一侧腹板的上半部分，完成本体焊接（图5）。

（7）根据坐标依次定位组装焊接剩余外部牛腿、耳板等。焊后总体尺寸验收合格后下胎（图6）。

图5 Y形柱制造工艺图（三）

4.2 双曲桁架制造工艺

双曲桁架上弦杆为弯扭H型钢，下弦杆为三维弯管，中间腹杆为圆管。总体制造思路为：先完成桁架上、下弦杆弯曲加工，控制弯曲成型精度，再上胎架进行桁架整体组焊，组焊过程通过坐标控制对接口精度。双曲桁架模型见图7。

以下详细介绍双曲桁架的制造工艺流程：

（1）上弦杆采用热轧成品H型钢先进行正向拉弯，再进行侧向顶弯，最后两端扭曲部分，采用火焰对角加热校正成型，成形后置于专用胎架上进行弯扭H型钢控制点坐标复测，涉及不同分段上的弯扭H型钢需合并成型，最后按坐标进行分段（图8）。

（2）下弦杆双曲圆管采用顶弯成形，成形后上胎进行三维坐标复测，圆管采用相贯线编程下料，编程时局部拟合为标准圆弧，编出节点区十字槽口的切割程序，下料时槽口仅利用程序进行划线，带弯管完成后利用半自动火焰切割机沿定位线进行槽口切割。槽口切割后，使用板条进行临时固定，防止变形（图9）。

图6　Y形柱制造工艺图（四）

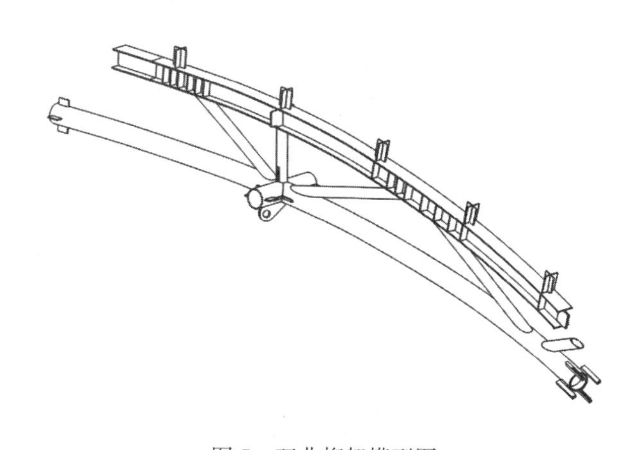

图7　双曲桁架模型图

(a) 热轧H型钢顶弯

(b) 双向弯曲后上胎检验

(c) 端部扭曲火焰校正

(d) 弯扭H型钢坐标定位分段线

图8　双曲桁架制造工艺图（一）

图9　双曲桁架制造工艺图（二）

(3) 根据双曲桁架构件坐标图，在钢板平台上划出双曲桁架地样线，标出关键控制点，核对控制误差不大于1mm。设置胎架，控制胎架牙板标高误差不大于1mm。

(4) 优先完成下弦杆十字节点定位焊接，上、下弦杆定位上胎后，下弦杆在节点纵向槽口下方开2个窗口，将十字节点装入下弦杆，再封闭窗口。

(5) 定位组装腹杆，完成双曲桁架整体框架组装。利用坐标定位组装剩余圆管牛腿和十字牛腿，加劲板和耳板等，并开设现场坡口。桁架整体尺寸验收合格后下胎。

(6) 双曲桁架制造油漆完成后，进入打包工序，设计专用双层整体式打包框架，打包后倒运时直接起吊框架，对成品进行较好地保护，防止过程变形损伤（图10）。

图10　双曲桁架制造工艺图（三）

4.3　双曲桁架分片实体预拼装工艺

为保证双曲桁架对接口及连接部位尺寸精度，便于现场顺利安装，在节段构件制造完成后，进行预拼装检验。

4.3.1　预拼装方案比选

双曲桁架实体预拼装可选方案有三：

方案一：双曲桁架整体立式预拼装。

方案二：双曲桁架整体侧卧式预拼装。

方案三：双曲桁架分片卧式预拼装。

由于双曲桁架整体尺寸较大，无论采用方案一或方案二，主要难题都在于预拼装总高度超过工厂行车最大起吊高度限制，需租用汽车起重机，胎架需用量较大，安全风险较高，不适于工厂施工。而方案三的分片预拼，将整榀桁架分2片分别进行预拼，可将预拼装高度降低约40%，减少胎架用量，可直接使用工厂行车进行吊装，施工较为便利，同时，两端Y形柱重复参与2次预拼，也达到了整榀桁架100%预拼装检验的目的。综上，采用分片卧式模拟预拼装方案。

4.3.2　预拼装工艺流程

所有桁架构件经验收合格后进入预拼装检验工序，根据预拼装胎架布置图，在适当位置铺设钢板，在钢板上进行地样放设，确定胎架牙板和桁架关键控制点的水平投影点。制造安装预拼装胎架，精确控制胎架支撑牙板的定位，胎架底板与所铺设的钢板焊接牢固，胎架经验收合格后方可投入使用。桁架安装从中间向两端依次进行，对接口及其他连接部位通过全站仪测量，对误差较大处进行校正调整。杆件对接口处的连接耳板在预拼装时进行组对焊接，保证连接精度。最终经坐标检验合格后方可下胎（图11）。

4.4　双曲桁架3D扫描模拟预拼装工艺

早期钢结构模拟预拼装主要采用全站仪对构件连接口处的关键点进行测量，记录坐标数据，通过CAD技术在计算机中拟合关键点，并通过旋转与理论模型进行比对检验。此方法存在全站仪测量误差较大，测量过程烦琐，手动输入CAD拟合易出错等诸多弊端，而应用情况较少。

(a) 胎架及脚手架安装

(b) 桁架中间构件安装

(c) 两端Y形柱安装

(d) 关键点坐标测量

(e) 单片预拼装完成

图 11　预拼装工艺流程

本工法通过采用3D扫描技术，对制造完成的钢构件进行整体扫描，经数据采集、降噪处理等工序，实现空间复杂结构的模型自动建立。模拟预拼装分为外业扫描与数据处理。外业扫描是通过三维激光扫描仪获取点云数据，并利用点云数据进行逆向建模，扫描前，需要确定构件受控制的关键点，如现场连接部位的截面控制点等，利用标靶将关键控制点标记为特征点。在数据处理过程中，首先在设计模型中确定关键点坐标，利用软件，依次将需要预拼装构件的数字模型按照关键点坐标依次导入软件中，这样就实现了模拟预拼装。

待同一批次的构件全部扫描完成后，进行数据转换在软件中进行实测构件形成的点云模型与理论CAD实体模型进行拟合，依次对比分析各个构件连接部位两者之间的偏差，并记录模拟预拼装结果。每根构件应重点检查其截面偏差和对接口处的尺寸偏差、构件总长度以及旁弯等情况。

计算机模拟预拼装检查出构件尺寸偏差超过设计及规范要求时，必须采取校正措施，校正后经检查合格方可进入后续工序（图 12）。

经对比，模拟预拼装与实体预拼装检测结果的误差可控制在 2mm 以内，符合项目安装要求，采用模拟预拼装代替实体预拼装，可节约大量的人力、物力及工期，保证精度的前提下，大大提高工效。

图 12　构件 3D 扫描实景

5　施工工艺流程及操作要点

5.1　工艺流程

工艺流程见图 13。

5.2　操作要点

（1）落地段 Y 形柱拼装胎架、弯扭 H 型钢检验胎架、双曲桁架拼装胎架、桁架预拼装胎架等各类胎架安装应稳固，胎架牙板支撑点定位精度需控制在 1mm 以内，胎架应经验收合格后方可投入使用。

（2）落地段 Y 形柱分段处翼腹板应保证错开 200mm 以上，以满足规范要求。弧形翼腹板应先采用卷板机进行预弯，组装前采用靠模检验弧度，偏差较大时可进行火焰校正。

（3）落地段 Y 形柱内侧斜隔板电渣焊衬垫应按图纸倾斜角度进行铣平，装配精度控制 0.5mm 以内，保证电渣焊质量。

（4）落地段 Y 形柱总拼时，应采用坐标准确控制直段的装配精度和弯扭分叉段的对接口精度，柱本体焊接完成后，应回胎复测，并在胎架上继续定位装配牛腿和连接板等。

（5）双曲桁架上弦 H 型钢，采用热轧 H 型钢直接进行弯曲成型，应先进行正向弯曲（拉弯或顶弯），再进行侧向弯曲（顶弯），端部扭曲段采用火焰进行对角根部加热成型，应注意加热点应靠根部，避免腹板弯曲变形。

（6）双曲桁架下弦杆中间十字槽口可在相贯线切割时，采用局部拟合为标准弧，利用相贯线程序对槽口进行划线，待圆管弯曲成型后，再沿切割线进行切割，槽口切割完成后，应进行临时固定，防止吊运过程变形。

（7）桁架整体预拼装，应注意胎架设计，因本项目采用格构式胎架加侧向支撑牛腿的形式，胎架需检查与构件无干涉。桁架下弦杆现场对接用连接耳板和夹板，可在预拼装时组对安装，以规避错边导致现场难以安装的问题。预拼完成后，需利用全站仪进行坐标检测，误差超出规范要求时，需进行校正整改后方可向下道工序流转。

（8）3D 扫描模拟预拼装，在扫描过程中，应注意环境和天气，保证扫描结果准确。因构件数量较多，需注意准确命名和区分。模拟预拼装检验后，对不合格处应进行校正并复测。

6　质量控制要点

（1）原材料进场经见证取样合格后使用，各类加工设备、检验设备应在有效鉴定期内，使用前 100%检查，确保原材料及加工设施合格。

（2）焊工及其他特种作业人员应持证上岗，施工必须严格按照制造方案和相关作业指导书执行。

（3）制造前应有合格的焊接作业规程、通过审核的制造方案，100%进行“三级”安全技术交底。

（4）零部件的加工质量尤其重要，弦杆弯曲精度、销轴耳板机加工精度、Y 形柱弯扭翼腹板预弯精度等必须符合相应要求，经检验合格后方可进入拼装工序。

（5）拼装胎架制造、胎架定位及牙板标高等需严格控制，双曲桁架制造是否成功，胎架精度起重要作用。

（6）节点内部隐蔽工程需经监理和焊缝探伤验收合格后方可实施隐蔽。

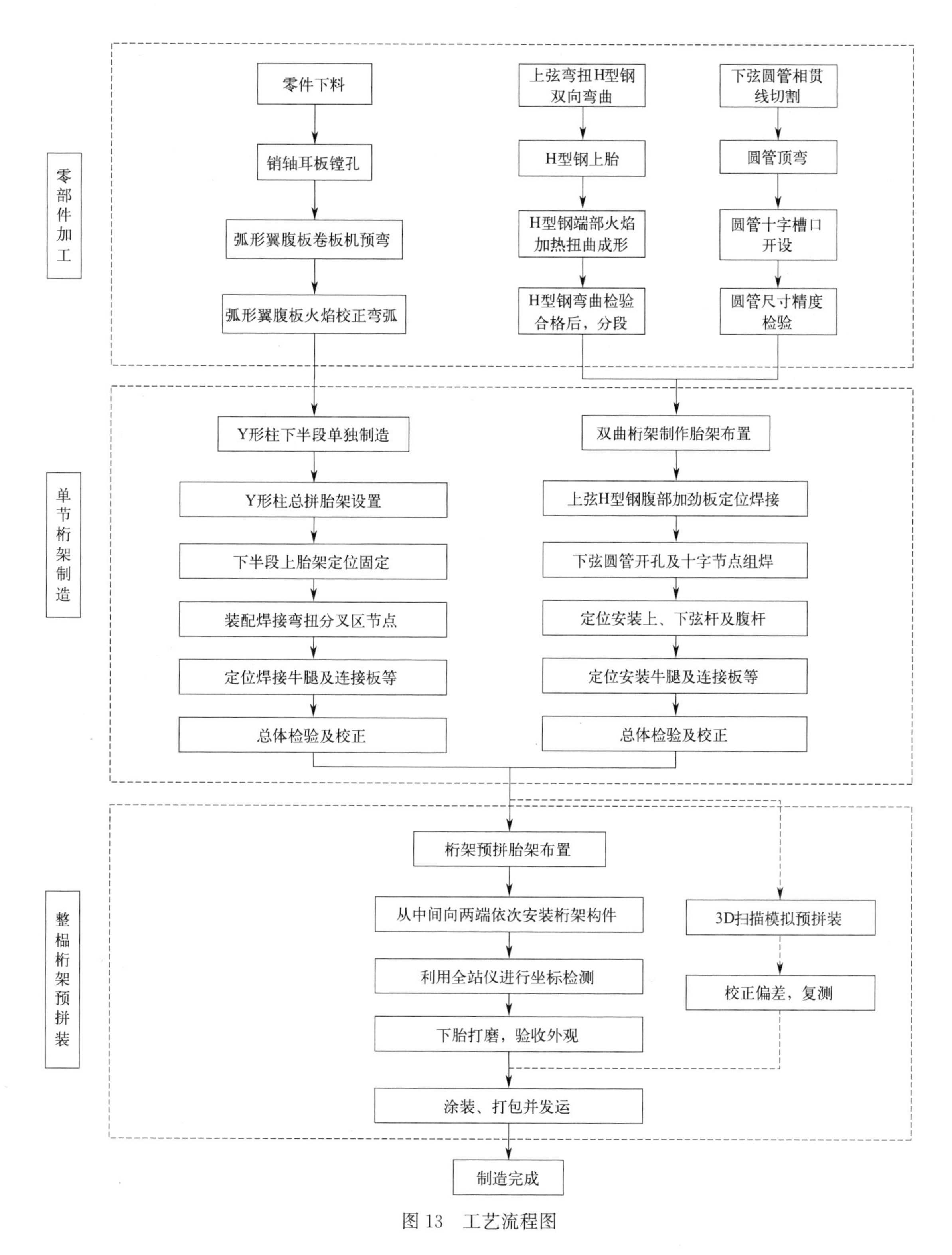

图 13　工艺流程图

（7）构件本体板厚较薄，焊接易变形，构件整体尺寸精度控制合格，方可进入预拼工序。

（8）现场对接坡口角度控制应符合要求，避免因斜向对接口导致坡口错开。

（9）构件组装及桁架节段预拼装过程需使用全站仪进行坐标定位，控制拼装精度。

（10）桁架对接节点预拼装错边应控制 2mm 以内，螺栓穿孔率需 100%合格，经整体验收合格后方可下胎，进入除锈涂装工序。

7 应用实例

泰国素万那普机场新候机楼建筑面积 21.6 万 m^2，建筑长度 1070m。航站楼屋面桁架主要由双曲及单曲弧形桁架组成，桁架落地段由箱形变截面钢柱组成，上部桁架包含由 H 型钢（上弦杆）及圆管（下弦杆和斜腹杆）组成的单曲或双曲弧形桁架、外侧双曲飘带梁、东西侧山墙雨棚悬挑主次桁架等，双曲桁架的制造精度及质量保证是本工程的重点、难点。

阿尔及尔机场新航站楼项目，主要包括候机大厅和指廊两部分，占地面积 65 万 m^2，建筑面积 20 万 m^2。新航站楼设计年旅客吞吐量为 1000 万人次，具备国际民航协会 A 级标准。本工程钢结构主要分布在候机大厅和指廊。候机大厅钢结构由 8 榀倒三角主拱桁架＋东西侧边拱、主拱之间的次拱、悬挑雨棚和幕墙钢柱等构成，主拱桁架长度 128～198m；指廊钢结构由一组平行主拱排列而成，次拱跨度 36m。工程执行欧标，钢材材质主要为 S355，屋面倒三角管桁架是制造和安装的重点、难点。

大跨度心形不规则空间网架高效施工工法

中国建筑第八工程局有限公司

张伟强　田云生　马登华　刘楚明　杨亚坤

1　前言

随着我国社会的繁荣发展，因自重轻、施工方便、经济效益高等优异性能，大跨度空间网格钢结构在机场、火车站、体育场馆等大型建筑的屋盖中得到越来越多的应用。

洛阳市奥林匹克中心-游泳馆屋盖采用空间网格钢结构，形似心形，造型新颖，南北长约116.8m，东西宽约117.5m。网架最大跨度为65.2m，最大网格尺寸为5m×5m，平均厚度为4.2m。网架下弦支撑为四角锥形，杆件采用圆管，节点采用焊接空心球，总用钢量约1300t。

中国建筑第八工程局有限公司对此新颖的构造做法开展创新研究，开发了“大跨度心形不规则空间网架高效施工工法”。该技术通过技术查新，结论为“国内未见相同文献报道”。通过推广应用，总结形成《大跨度心形不规则空间网架高效施工工法》。

该工法成功解决了不规则空间网架结构的空间定位测量放线和高效施工难题，实现空间网格结构“外围吊装＋内场提升”施工，有效提高了施工效率和工程质量，大大节约了工期进度，经济、社会效益显著，为今后类似工程施工提供借鉴，具有广泛的推广价值。

本工法通过采用外围吊装＋内场提升技术、地面组合拼装技术、空间定位测量技术、分级累积同步提升技术，成功实现了大跨度心形不规则空间网架的高效施工，经河南省钢结构协会评价，成果达到国内领先水平。

2　工法特点

（1）结合工程条件和屋盖结构形式，采用“外围吊装＋内场提升”的方式，解决了心形不规则空间网架施工难题。

（2）采用地面组合拼装技术，提高了屋盖安装效率，有效控制焊接质量。

（3）通过空间定位测量技术，解决了复杂空间网架结构的测量放线难题。

（4）采用分级累积同步提升技术，充分利用内场结构形式提供的作业面展开施工。

采用此工法施工提高了铝合金屋盖的施工质量，保证了结构安全，同时节约了工期，节约了相应成本。

3　适用范围

本工法适用于大跨度不规则空间网架施工。

4　工艺原理

通过采用地面组合拼装技术、空间定位测量技术、外围吊装＋内场提升技术、分级累积同步提升技术，成功解决大跨度心形不规则空间网架高效施工难题。

5 工艺流程及操作要点

游泳馆屋盖采用空间网格钢结构（图 1），形似游泳浮板，南北长约 116.8m，东西宽约 117.5m。屋盖结构最高点标高 34.675m，中央区域支撑在主体结构的框架柱顶，周边采用摇摆柱支撑在主体结构±0.000m 和 6.900m 结构楼层上，摇摆柱之间采用高强钢索构成 X 形抗震支撑。网架最大跨度为 65.2m，最大网格尺寸为 5m×5m，平均厚度为 4.2m。网架下弦支撑为正放四角锥形，杆件采用圆管，节点采用焊接空心球，总用钢量约 1300t。

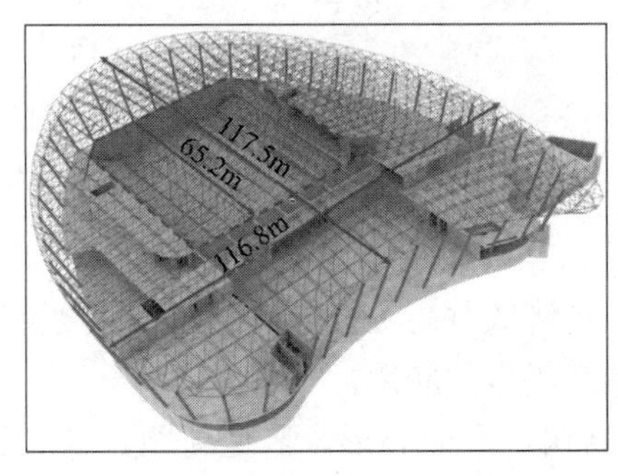

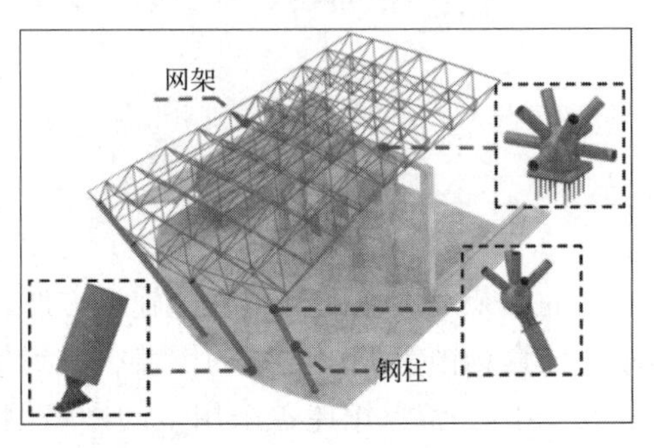

图 1 游泳馆屋盖结构体系

游泳馆西侧下部为地下室，南侧为地下暗涵结构，北侧及东侧为硬化场地，外圈为场内钢筋混凝土环形道路。

根据钢结构布置特点及场地条件，游泳馆屋盖网架安装采用“支撑胎架承载定位、地面组合拼装、外圈分块吊装和内场分级提升”方案，即游泳馆以中央 36 根混凝土柱为界，分为外围吊装区（WJ-1 至 WJ-8）、比赛池上空网架 TS-1 和训练池上空网架 TS-2 三个施工区（图 2）。外围吊装区地面需按要求进行平整硬化，便于吊机行走及站位作业；馆外南侧在暗涵结构施工完成后，采用 500t 履带起重机在外圈从西北侧 WJ-1 区沿顺时针方向依次向 WJ-7 区吊装，80t 汽车起重机在地下室顶板上方进行分块间的杆件补档；由于地下室范围较广且顶板无法满足大型履带起重机工作荷载，内场提升需在土建施工完成后进行，泳池、走道和看台呈阶梯状，采取分级提升的施工工艺。

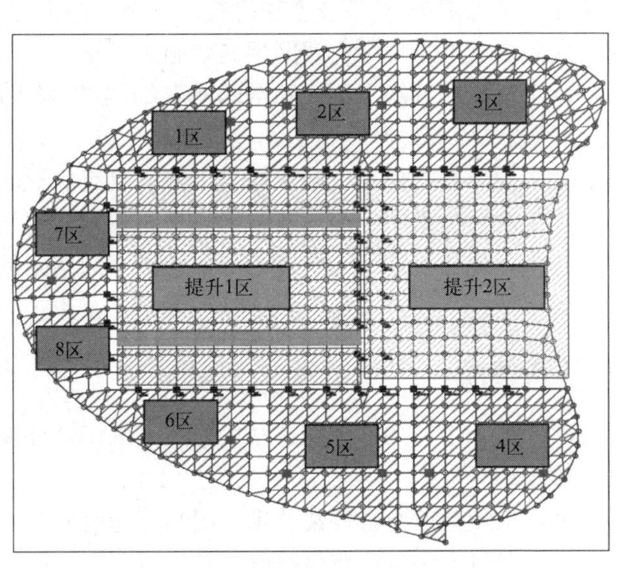

图 2 游泳馆屋盖施工分区示意图

5.1 工艺流程

5.1.1 施工顺序

游泳馆屋盖施工按照 1→2→3→4→5→6→7→8→TS-1→TS-2 区施工。

5.1.2 施工流程

支撑胎架安装→球铰支座安装→外圈网架安装→摇摆柱安装→网架补档、焊接→比赛池上方网架分级提升→训练池上方网架分级提升→网架补档、马道安装。

游泳馆屋盖施工流程见表 1。

游泳馆屋盖施工流程 **表1**

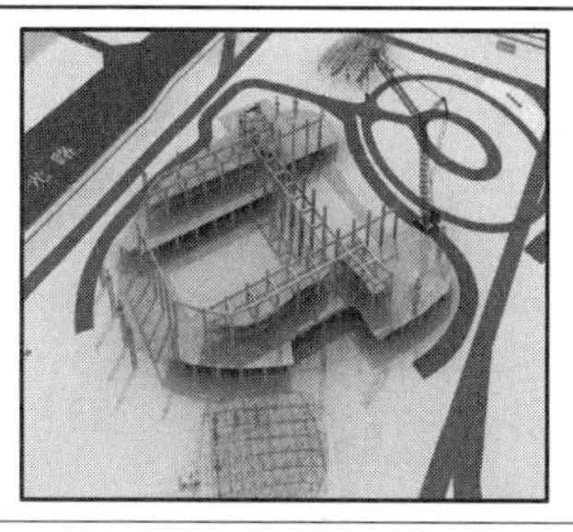 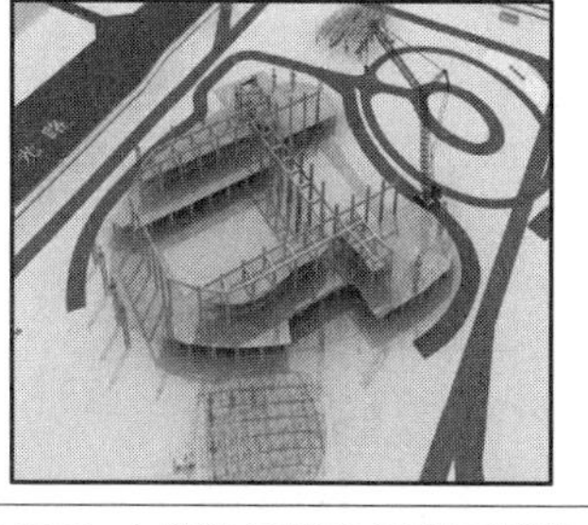	
(1)网架散件进场后，在拼装区域进行地面拼装，进行网架拼装工作	(2)网架拼装划分为先下弦层，然后腹杆层，最后上弦层；平面上划分：从中间向两边，从一侧向另外一侧扩展
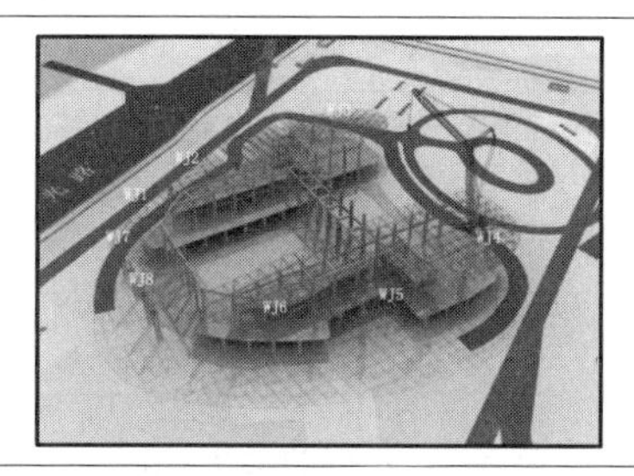	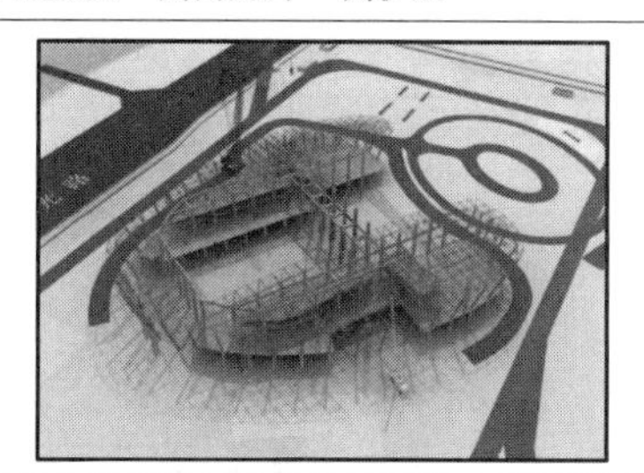
(3)安装胎架、网架分段 WJ1～WJ8 及内部支座	(4)安装网架分段 WJ1～WJ8 外侧摇摆柱
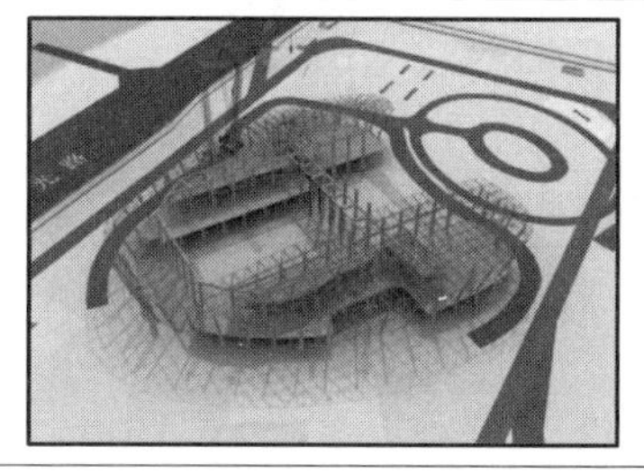	
(5)安装补档杆件	(6)提升区泳池底部网架拼装、焊接、提升
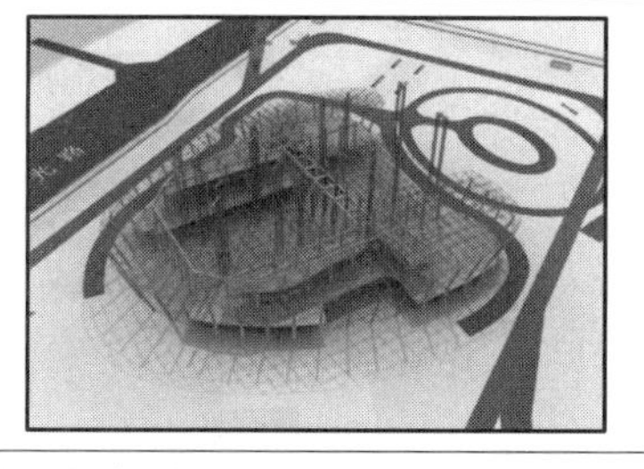	
(7)提升区泳池走道网架与池底已提升网架相连，累积提升	(8)提升区网架提升至设计位置
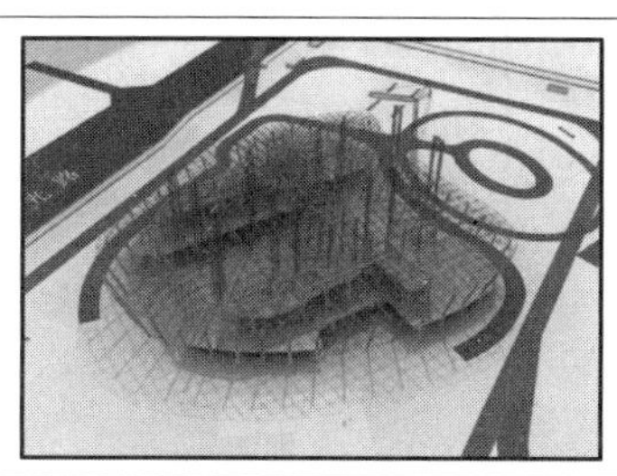	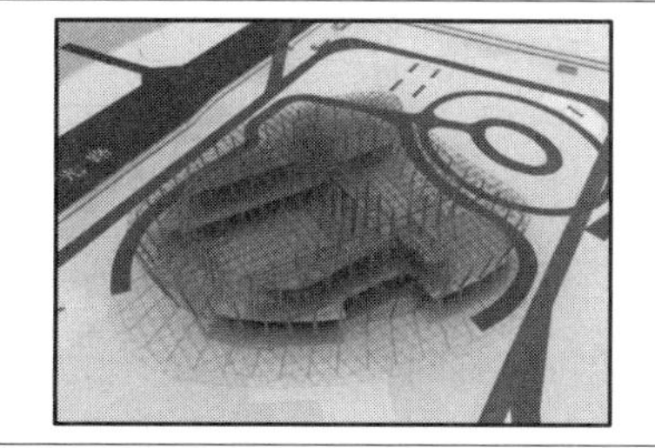
(9)提升区网架与外圈网架补挡杆件安装	(10)网架全部安装完成、焊接、收尾

5.2 操作要点

5.2.1 地面组合拼装技术

1. 拼装胎架设计

游泳馆网架拼装采用支撑固定焊接球的形式，总支撑立杆高度不小于 5000mm。每个支撑下方垫设一块 300mm×300mm×10mm 钢板，立杆支撑之间采用 L50×5 的角钢进行相互拉结，材质采用 Q235B。拼装定位示意见表 2。

拼装定位示意 **表 2**

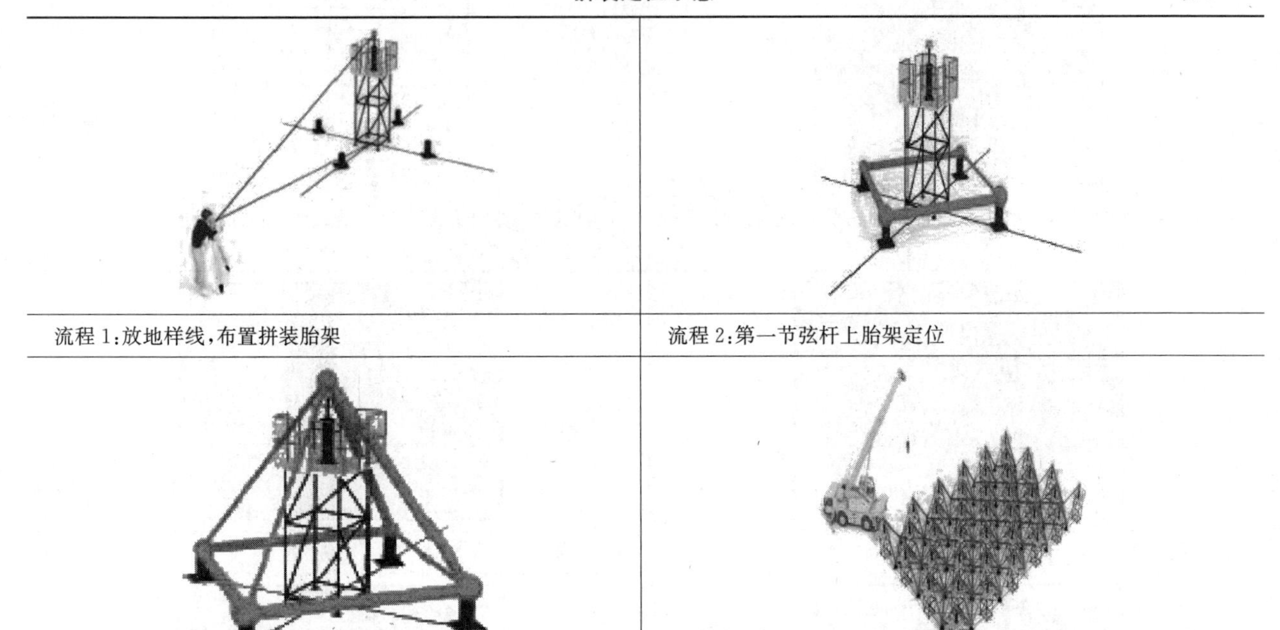

流程 1:放地样线,布置拼装胎架	流程 2:第一节弦杆上胎架定位
流程 3:腹杆上胎架定位	流程 4:依次拼装完成整体网片

2. 构件临时加固

(1) 钢管之间定位及固定见图 3。

(2) 钢管与拼装马凳临时固定见图 4。

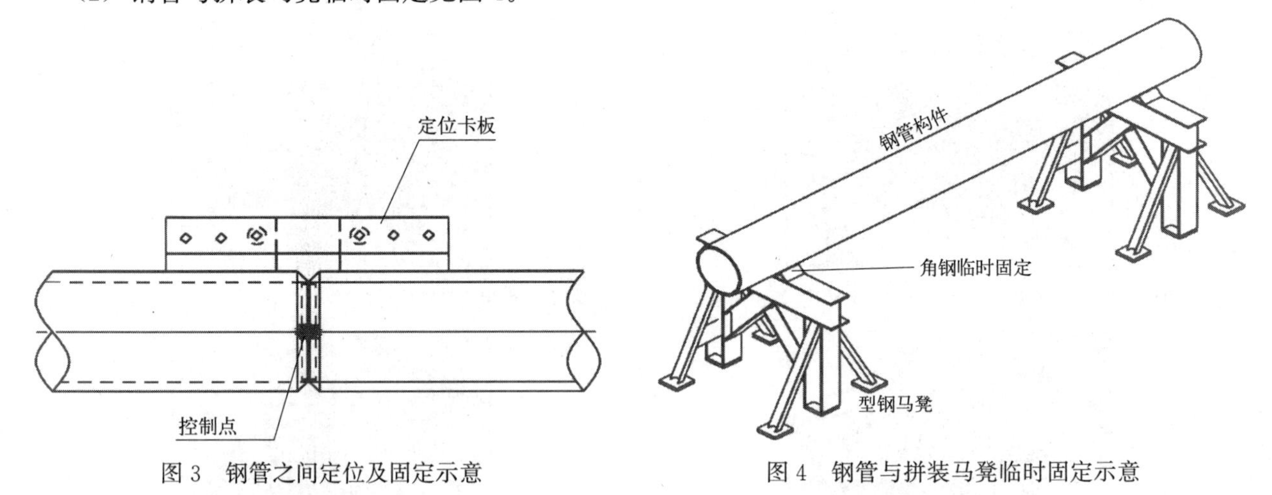

图 3　钢管之间定位及固定示意　　图 4　钢管与拼装马凳临时固定示意

(3) 网架拼装临时胎架见图 5。

3. 拼装顺序

根据图纸中球节点求出下弦球的 Z 坐标和高差，再根据中心区要拼网架球的大小在地面上测定中心十字线，用钢管定位环确定球节点的位置，并连接拼装节点间的杆件，形成下弦四边形单元网格，再用 2 或 3 根腹杆将上弦中心球定位，使上弦球中心与地面投影中心位置吻合，连接拼装的其他 2 根杆件，形成一个小单元基准控制点，每个区域的网架拼装时，都按“下弦-腹杆-上弦”的拼装顺序进行拼装。

中心区拼装焊接完成后，利用球和杆之间的相互定位逐渐向外扩展拼装。杆件和球就位后先点焊固定，每个单元闭合后方可进行下一小单元的拼装。摆放时，反复确认钢球的规格与编号，避免编号与实体不符，而造成不必要的返工。拼装时，首先把下弦杆件与钢球点焊在一起，形成方框后，用钢尺、水准仪检测网架的几何尺寸，检查无误后，方可继续下格网架的拼装。安装完一个网格后，用钢尺复测下几何尺寸，确认无误后，依次类推继续拼装下个网格，直至网架拼装完毕。

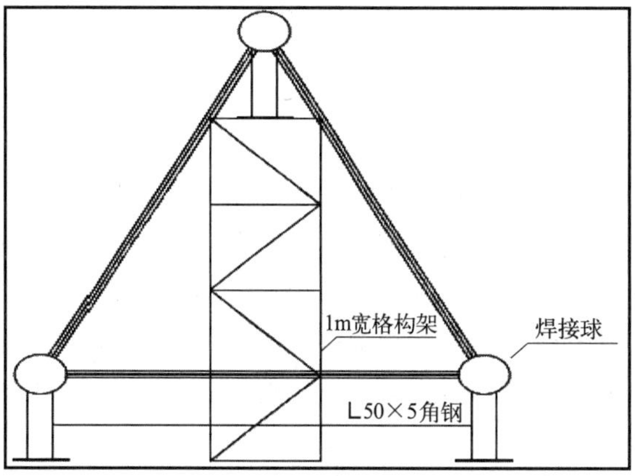

1m宽格构架
焊接球
L50×5角钢

图5　网架拼装临时胎架示意

4. 钢网架平面安装

（1）放球：将已验收的焊接球，按规格、编号放入安装节点内，同时应将球调整好受力方向与位置。一般将球水平中心线的环形焊缝置于赤道方向。

（2）放置杆件：将备好的杆件，按规定的规格布置钢管杆件放置杆件前，应检查杆件的规格、尺寸，以及坡口、焊缝间隙将杆件放置在2个球之间，调整间隙，点固。

（3）平面网架的拼装应从中心线开始，逐步向四周展开，先组成封闭四方网格，控制好尺寸后，再拼四周网格，不断扩大。注意应控制累计误差，一般网格以负公差为宜。

（4）平面网架焊接，焊接前应编制好焊接工艺和网接顺序，防止平面网架变形。

（5）平面网架焊接应按焊接工艺规定，从钢管下侧中心线左边20～30mm处引弧，向右焊接，逐步完成仰焊、主焊爬坡焊、平焊等焊接位置。

（6）球管焊接应采用斜锯齿形运条手法进行焊接，防止咬肉。

（7）焊接运条到圆管上侧中心线后，继续向前焊20～30mm处收弧。

（8）焊接完成半圆后，重新从钢管下侧中心线右边20～30mm处反向起弧，向左焊接，与上述工艺相同，到顶部中心线后继续向前焊接，填满弧坑，焊缝搭接平稳，以保证焊缝质量。

5. 网架主体组装

（1）检查验收平面网架尺寸、轴线偏移情况，检查无误后，继续组装主体网架。

（2）将一球四杆的小拼单元（一球为上弦球，四杆为网架斜腹杆）吊入平面网架上方。

（3）小拼单元就位后，应检查网格尺寸、矢高，以及小拼单元的斜杆角度，对位置不正、角度不正的应先矫正，矫正合格后才准以安装。

（4）安装时发现小拼单元杆件长度、角度不一致时，应将过长杆件用切割机割去，然后重开坡口，重新就位检查。

（5）如果需用衬管的网架，应在球上点焊好焊接衬管。但小拼单元暂勿与平面网架点焊，还需与上弦杆配合后才能定位焊接。

6. 钢网架上弦组装与焊接

（1）放入上弦平面网架的纵向杆件，检查上弦球纵向位置、尺寸是否正确。

（2）放入上弦平面网架的横向杆件，检查上弦球横向位置、尺寸是否正确。

（3）通过对立体小拼单元斜腹杆的适量调整，使上弦的纵向与横向杆件与焊接球正确就位。对斜腹杆的调整方法是，既可以切割过长杆件，也可以用捯链拉开斜杆的角度，使杆件正确就位，保证上弦网格的正确尺寸。

（4）调整各部间隙，各部间隙基本合格后，再点焊上弦杆件。

（5）上弦杆件点固后，再点焊下弦球与斜杆的焊缝，使之连系牢固。

（6）逐步检查网格尺寸，逐步向前推进。网架腹杆与网架上弦杆的安装应相互配合着进行。

(7) 网架地面安装结束后，应按安装网架的条或块的整体尺寸进行验收。

(8) 待吊装的网架必须待焊接工序完毕，焊缝外观质量，焊缝超声波探伤报告合格后，才能起吊。

5.2.2 空间定位测量技术

1. 测量控制网的布设

布设测量控制网前，先仔细校核测量仪器，保证每台仪器都处于正常运行状态。根据提供的主体结构施工测量成果数据和测量控制点，用全站仪进行钢结构安装位置平面和高程的数据复核，并及时将复核结果进行验收确认，再引测建筑物主轴线，布设轴线控制网；设置钢结构安装测量控制点，在楼面或混凝土柱、梁、看台上做好显著标记。施工过程中定期复核轴线控制网，确保测量精度。

根据现场标高基准控制线，进行校核，误差在±3mm之内，取平均值，然后根据复核结果设立钢结构安装高程控制点，用精密水准仪进行闭合检查，在场区布设3个水准点，相互校核，取平均值作为标高基准点，闭合差控制在3mm以内，测设出钢结构安装高程控制网。

2. 网架的测量

(1) 网架的拼装测量

①在内业获得该榀拼装桁架单元的三维坐标，并填写在预先设计好的表格上。

②根据轴线坐标关系先用全站仪将上下弦位置放样在拼装支座上。

③用水准仪将标高引测到拼装胎架固定的适当部位。

④根据焊接球定位安装，进行杆件的安装。

⑤网架拼装完后，用全站仪再对网架进行的复测，比较实测坐标（三维）与设计坐标的差值，根据X、Y坐标的差值调桁架的平面位置，根据Z坐标的差值调整屋架的标高位置，反复进行测量、比较、调整工作，直至将桁架调整到设计位置。

⑥网架整体焊接完成进行点位复测，是否存在焊接收缩。

(2) 网架吊装测量

网架的吊装、对接，网架落位都必须采取测量跟踪控制，安装的过程中的测量点、放样点、定位点均使用三维坐标，这些数据的采集使用了计算机辅助建模，由三维实体模型中获得。同时各种测量数据的处理也用施工测量辅助软件进行，有效降低了偶然误差，提高工作效率。

其测量要点有：

①在内业获得该区域网架上、下弦的三维坐标，并填写在预先设计好的表格上。

②根据轴线尺寸关系先用经纬仪将上下弦位置放样在土建结构上。

③用在地面架设经纬仪，将地面控制线投影到胎架（或已完结构）上。

④轴列线分别用上述方法进行投影。

⑤用水准仪将标高引测到胎架（或已完结构）的适当部位。

⑥测量定位时，对司镜人员无法抵达的位置，充分利用全站仪的无棱镜反射功能，其他位置则采用小棱镜配合全站仪共同使用。

(3) 网架提升测量

①对提升吊点同步性的测量控制

方法：在提升吊点下方挂盘尺。

在进行网架提升前，将每个提升吊点处的焊接球节点的中心高程，标注在相近的混凝土柱侧面，同时在每个提升点处，以焊接球中心为起始点挂盘尺，对每个提升点的高度增值予以直观反映，同时与提升操作界面上的各点提升值相对比，确保网架提升的同步性。

②对网架在提升过程中的挠度监控

方法：全站仪+激光反射贴片直接观测。

网架在提升过程中，需对提升点及理论挠度变形较大点处进行动态监控，以掌握网架的整体变形。

钢网架提升过程中，架设全站仪于任意位置，直接照准下弦球底部的反射贴片中心得出某一时间段对应的三维坐标并做好记录，间隔一段时间再进行一次观测，比较多次观测坐标值。将数值变化情况在第一时间报告给现场技术人员。

（4）网架提升观测

各方面确认正常后，正式提升作业，期间每间隔 5m 测量其各吊点提升高度，吊点微调处理，提升过程中确保提升通道的畅通。

5.2.3 外围吊装＋内场提升技术

1. 构件吊装分段

屋盖网架分为 10 块，分别是 1 区、2 区、3 区、4 区、5 区、6 区、7 区、8 区和两个提升区，屋面网架分块按照编号顺时针安装，最后安装内部提升区网架，空档处进行补档。

2. 支撑胎架布置

屋盖网架分块吊装，分成 8 个区域（1～8 区）安装，下方设置支撑胎架，支撑胎架共设置 20 组（每个区域需设置 2 组支撑胎架，由于 3 号、4 号分格网架较大，根据计算需要设置 4 组支撑胎架），支承于首层、二层平台上，平均高度约 25m。采用 500t 履带起重机在外圈依次进行吊装，80t 汽车起重机在地下室顶板上方进行分块间的杆件补档（图 6）。

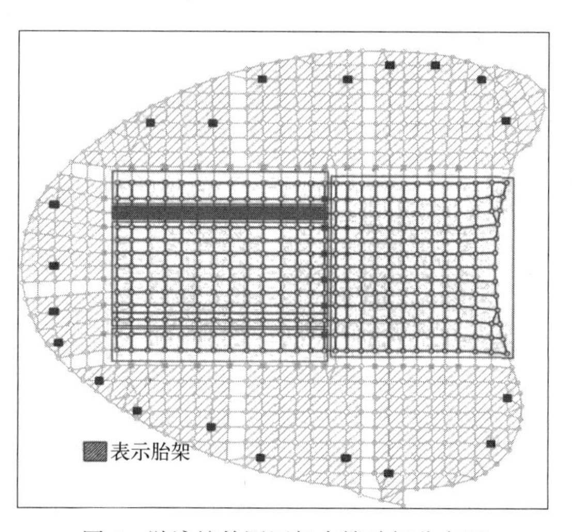

图 6 游泳馆外圈网架支撑胎架分布图

3. 外围网架吊装

根据屋盖钢结构分段重量表进行吊装工况分析以及吊机选型，外圈网架的吊装选用 1 台 500t 履带起重机在场外进行，采用变幅副臂带超起工况起重，主臂 36m＋副臂 48m，超起配重 250t，主机后配重 140t，中央配重 40t，主臂角度 85°。

4. 摇摆柱吊装

摇摆柱为钢管柱，截面规格为 A377×10、A400×10、A500×12、A600×12，长度 9.36～26.22m；其中 GZ13～18、25～27、37～42 因长度超过 16m，工厂分为 2 段进场，其余钢柱工厂不分段。分段后每段长约 9.36～16.72m、重 3.95～7.06t（表 3、图 7）。

摇摆柱安装示意 **表 3**

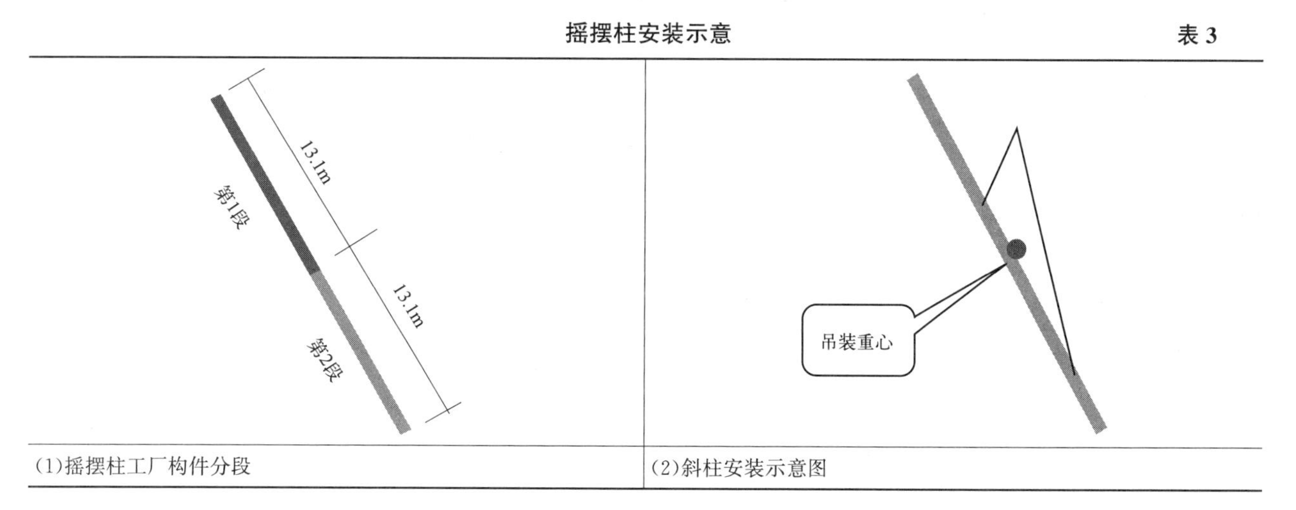

采用 50t 汽车起重机整根吊装，构件最长 26.2m，单根最重 11.1t，作业半径 7～8m，50t 汽车起重机 34.75m 主臂，额定起重量 12.7t/8m，减去吊钩重量 0.5t，12.7－0.5＝12.2t＞11.1t，满足要求。

5. 内场网架提升

(1) 提升设备

游泳馆屋盖结构最高点标高为 36.62m，南北向最大宽度约为 132.4m，东西向最大宽度约为 132.9m。本次提升高度约 34.2m，提升总重约 400t。网架共 14 个提升吊点，吊点布置如图 8 所示。

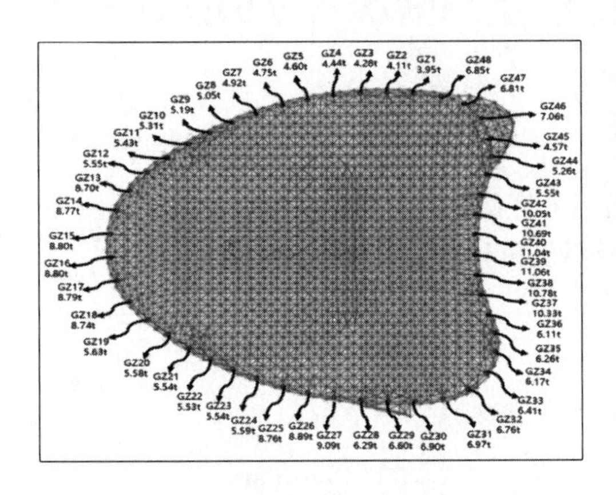

图 7 摇摆柱吊装平面示意图

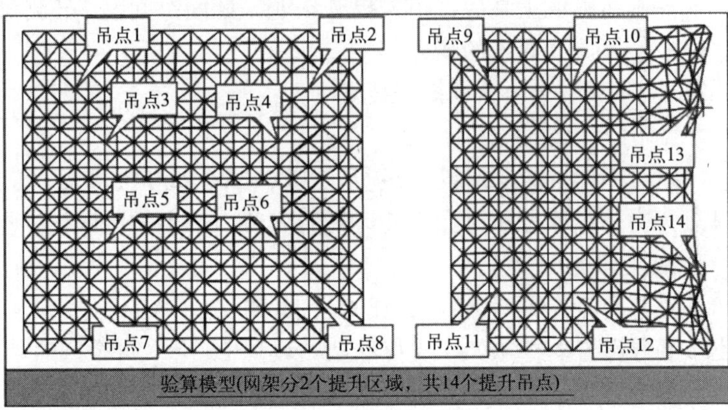

图 8 网架提升吊点布置示意图

①提升上吊点设置

根据结构受力体系特性和结构提升吊点的布置，所有吊点全部采用门式塔架作为提升器的支撑体系。提升器坐在提升横梁上，在地面时提升器即固定到提升横梁上，然后提升器再穿好钢绞线，再整体吊放到塔架上。所有提升上吊点临时措施构件材质为 Q355B。

②提升下吊点设置

提升下吊点与被提升网架安装在一起，再通过提升专用地锚、钢绞线与提升上吊点液压提升器相连，通过提升器的反复作业完成结构的提升工作。

被提升网架在整体提升过程中主要承受自重产生的垂直荷载。根据提升上吊点的设置，下吊点分别垂直对应每一上吊点设置，材质为 Q355B。安装时要求下吊具圆孔中心与提升横梁开孔中心水平偏差小于 10mm。

(2) 液压提升吊装说明

网架在混凝土柱支座以外位置断开，分为被提升网架和后装网架。被提升网架结构在其投影地面拼装完成，将其直接从地面整体提升到设计位置形成“网架结构整体提升方案”。即：将被提升网架结构在地面全部拼装完成，在被提升网架结构上安装提升临时杆件和下吊具作为提升下吊点；用塔架作为提升器支撑系统、提升器和塔架作为提升上吊点。提升上下吊点通过专用钢绞线连接，液压提升器的伸缸与缩缸，逐步将网架提升至提升标高位置。锁紧提升器，将后装网架和被提升网架连接到一起，然后提升器分级卸载将网架载荷全部转移到支座上。拆除设备和临时措施，补装之前与设备干涉的杆件，整个网架安装完成。

5.2.4 分级累积同步提升技术

1. 网架提升施工流程

网架提升流程见图 9。

步骤 1：在泳池内网架设计位置正下方完成对应网架拼装；在网架下弦节点球上安装下吊具；安装提升塔架；将液压提升器固定到提升横梁上；安装钢绞线；连接好提升器和泵站管线，进行设备调试。

步骤 2：进行试提升，依序 20%、40%、60%、80%、100%加载至结构离地约 0.5m，调平并静止 12h，全面检查网架结构和提升设施；检查安全后，提升网架至标高−0.05m 层楼板面；拼装比赛泳池岸边网架。

步骤 3：将泳池位置网架和比赛泳池岸边网架拼装为一个整体，全面检查合格后，提升网架至看台

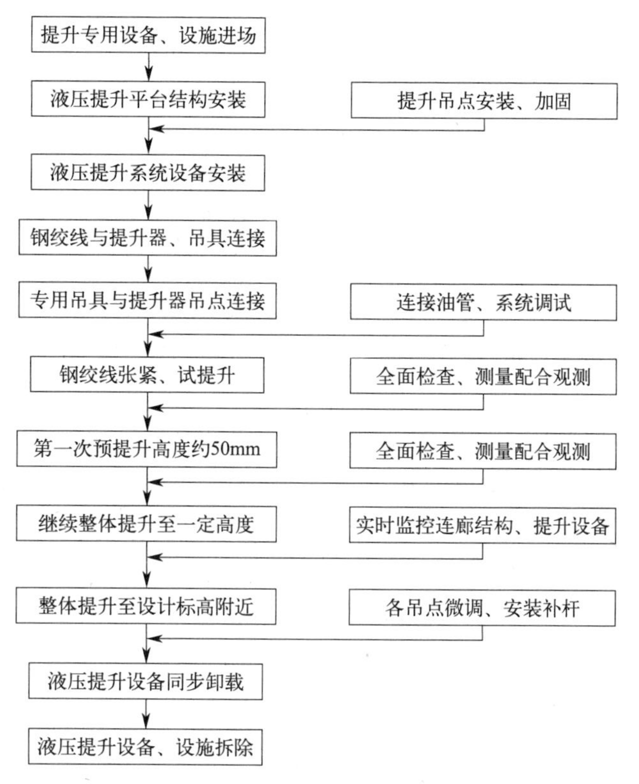

图 9　网架提升流程图

高度；调整网架，准备拼装观众看台位置网架，检查被提升钢结构和临时措施；全面确认正常后，正式提升作业，期间每间隔 5m 测量各吊点提升高度，吊点微调处理。

步骤 4：完成观众看台位置网架拼装，对被提升结构和支撑系统再进行一次检查；按设计状态调整网架倾斜坡度；继续提升。

步骤 5：提升至设计位置附近后（0.1m），暂停提升；利用计算机同步控制系统的“微调、点动”功能，将网架精确就位。

步骤 6：分级卸载，将网架全部荷载转移到支座上；查出液压提升设备和临时措施；补装之前与设备干涉的杆件，整个网架安装完成。

2. 液压同步提升技术

“液压同步提升技术”采用液压提升器作为提升机具，柔性钢绞线作为承重索具，液压提升器为穿芯式结构，以钢绞线作为提升索具，有着安全、可靠、承重件自身重量轻、运输安装方便、中间不必镶接等一系列独特优点。

液压提升器两端的楔形锚具具有单向自锁作用。当锚具工作（紧）时，会自动锁紧钢绞线；锚具不工作（松）时，放开钢绞线，钢绞线可上下活动。

液压提升一个流程为液压提升器一个行程，行程为 250mm。当液压提升器周期重复动作时，被提升重物则一步一步向前移动。

3. 计算机同步控制技术

液压同步提升施工技术采用行程及位移传感监测和计算机控制，通过数据反馈和控制指令传递，可全自动实现一定的同步动作、负载均衡、姿态矫正、应力控制、操作闭锁、过程显示和故障报警等多种功能。操作人员可在中央控制室通过液压同步计算机控制系统人机界面进行液压提升过程及相关数据的观察和（或）控制指令的发布。

6 质量控制

6.1 焊缝缺陷处理

（1）焊缝表面的气孔、夹渣用碳刨清除后重新焊接。

（2）母材上若产生弧斑，用砂轮机打磨后，必要时进行磁粉检查。

（3）焊缝内部的缺陷，根据UT对缺陷的定位，用碳刨清除。对裂纹，碳刨区域要向外延伸至焊缝两端各50mm的范围。

（4）厚板焊接返修时必须按原有工艺进行预热处理，预热温度应在前面基础上提高20℃。

（5）焊缝同一部位的返修不宜超过两次。如若超过两次，则要制定专门的返修工艺并报请监理工程师批准。

6.2 焊接操作注意事项

（1）防风措施：焊接作业区风速：手工电弧焊时不得超过8m/s，CO_2 气体保护焊不得超过2m/s，风速超过规范规定值时应采取防风措施。在焊接位置搭设焊接操作平台，将平台做成基本封闭状态，可以有效防止大风对焊接的影响。

（2）防雨措施：施工现场焊接量比较大，下雨天气必将影响现场焊接施工，焊接时采取专门防雨措施。在焊接区上方搭设防雨棚，再围绕防雨棚上方钢柱四周采用防水材料堵住，防止雨水流淌到焊接区域。

7 应用实例

7.1 洛阳市奥林匹克中心项目

洛阳市奥林匹克中心项目总建筑面积18.3万m^2，建筑高度52.4m。其中游泳馆主体地上1层，局部3层，地下1层。游泳馆屋盖采用空间网格钢结构，屋盖南北长约116.8m，东西宽约117.5m，最大跨度为65.2m，网架平均厚度为4.2m，典型网格尺寸5m×5m。网架下弦支撑为正放四角锥形，杆件采用圆管，节点采用焊接空心球，总用钢量约1300t。游泳馆屋盖形似心形，造型新颖，本工法在屋盖钢结构施工中成功应用，施工便捷、技术先进、质量优良，具有广泛的推广价值。

7.2 郑州市奥林匹克体育中心项目

郑州市奥林匹克体育中心项目，总建筑面积57.5万m^2，建筑高度54.4m。其中商业溜冰场屋面组合网架采用双层四角锥网架，上弦杆件为矩管，球节点为焊接球削冠节点，下弦及腹杆为圆管，球节点为焊接球，采用下弦点支承，支座设置于柱顶，采用成品双向弹线球铰支座。该工法在郑州市奥林匹克中心项目得到成功推广和应用，有效保证了钢结构施工质量，大大提高了施工效率，节约了钢结构施工工期。

8 应用照片

现场应用见图10、图11。

图10 内场提升照片

图11 整体成型效果

大跨度铝合金单层网壳穹顶结构“外扩式”施工工法

中国建筑第八工程局有限公司

田云生　张伟强　李文杰　刘楚明　冯瑞强

1　前言

洛阳市奥林匹克中心一期工程位于洛阳市伊滨区，总建筑面积为 17.71 万 m^2。其中室内田径训练馆屋盖采用椭圆抛物面单层铝合金网壳结构，造型新颖，屋盖平面尺寸约为 86.2m×106.4m，铝合金网壳短轴跨度 71m，长轴跨度 96.6m。支撑柱顶钢环梁以外采用钢构件，钢环梁以内采用铝合金构件，外圈钢环梁支撑于 32 根混凝土柱上，铝合金构件通过 192 个钢短梁与支撑柱顶钢环梁连接。总用钢量约 400t，铝合金用量约 170t（图 1）。

图 1　工程效果图

我单位对此新颖的结构形式，开展创新研究，总结形成《大跨度铝合金单层网壳穹顶结构“外扩式”施工工法》。该工法成功解决了铝合金网壳结构的空间定位测量放线和高效施工难题，实现大跨度铝合金单层网壳穹顶结构“外扩式”施工，有效提高了施工效率和工程质量，大大节约了工期进度，经济、社会效益显著，为今后类似工程施工提供借鉴，具有广泛的推广价值。

2　工法特点

为确保铝合金网壳结构安装精度和现场工期节点，项目创新铝合金单层网壳穹顶结构“外扩式”施工技术，实现高效建造。

2.1　外圈钢环梁安装技术

采用 50t 汽车起重机分单元块按隔一布一方式进行吊装，每个单元块共有 3 个支撑点，2 个为混凝土柱顶，1 个为临时支撑胎架。通过 BIM 模拟及力学验算，设置 16 组支撑胎架，支承于场外混凝土上。内圈箱形钢环梁通过销轴节点支承于混凝土柱顶上，销轴节点带在钢环梁上通过销轴与底座连接，落位时埋件上设置 3 个方向限位板，安装时拉设缆风绳进行临时固定。

2.2　高空拼装平台施工技术

采用扣件式钢管脚手架搭设满堂脚手架及操作平台作为高空拼装平台，根据绘制的架体布置图，提前在垫层上标出每根立杆的准确位置并进行编号，有效控制铝合金网壳结构安装偏差。

2.3　空间定位测量技术

屋盖结构为空间曲面多网格，整体呈椭球体造型，节点数量多达 901 个，且每个点坐标均不相同，为保证安装质量，测量工作任务繁重且精度控制难度较大。为解决复杂空间网壳结构的测量放线难题，根据 BIM 模型获得拼装单元块和构件的三维坐标，安装过程中的测量点、放样点、定位点均使用三维坐标，有效降低偶然误差的发生，并能提高工作效率。

2.4 “外扩式”安装技术

铝合金杆件数量及种类众多，其中铝节点板 1802 件（规格 1802 种）、铝杆件 2796 件（规格 2796 种），每件铝合金尺寸角度、方向等均不同，节点精确、安装精度要求极高。为控制铝合金结构安装质量，采用“外扩式”环环相扣的安装方法施工，将顶部铝合金构件自网壳结构中心开始向四周散拼逐步进行安装，按预定计划分 25 个区域完成安装。

2.5 钢铝节点连接技术

采用铝合金网壳穹顶与外圈钢结构环梁间连接件后装方式，将最终偏差通过钢铝连接处的焊接 H 型钢来修正，铝合金杆件铆接完毕后 H 型钢按要求焊接到钢环梁上，消除钢铝结构拼装误差。

3 适用范围

本工程所使用技术主要应用于大跨度铝合金单层网壳穹顶结构施工，可保证其施工工期及质量。

4 工艺原理

通过采用外圈钢环梁安装技术、高空拼装平台施工技术、空间定位测量技术、“外扩式”安装技术、钢铝节点连接技术，成功解决大跨度铝合金单层网壳穹顶结构施工难题，有效控制安装精度（图 2）。

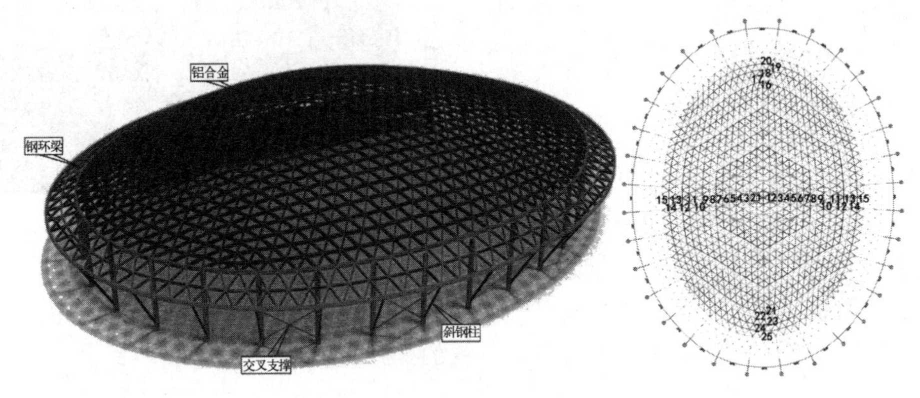

图 2 钢铝结构模型及外扩式施工工艺图

5 施工工艺流程及操作要点

5.1 施工工艺流程（表 1）

铝合金网壳结构施工流程 表 1

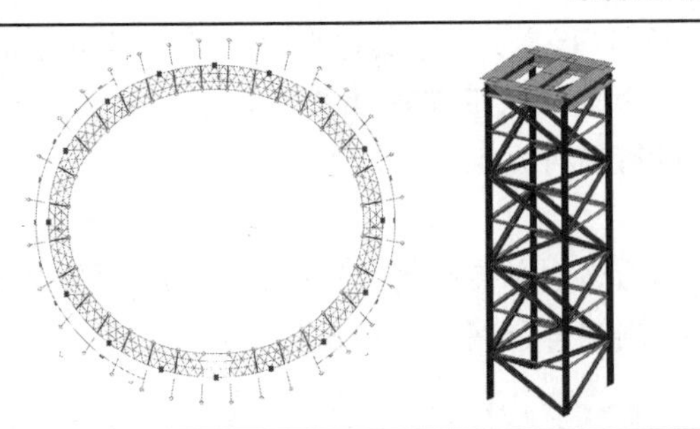	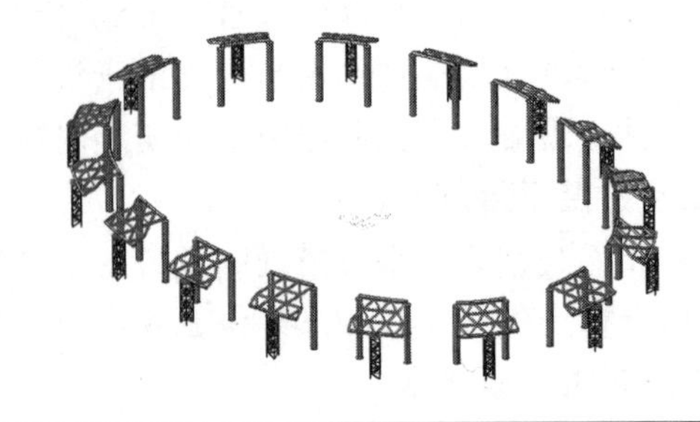
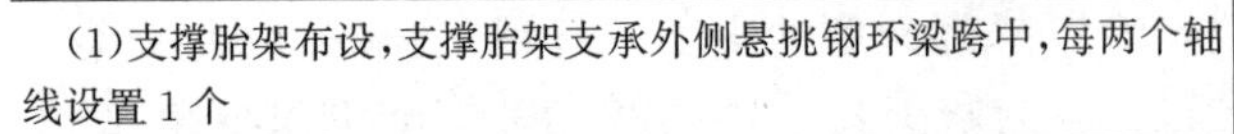(1)支撑胎架布设，支撑胎架支承外侧悬挑钢环梁跨中，每两个轴线设置 1 个	(2)安装支撑胎架及其上部结构

续表

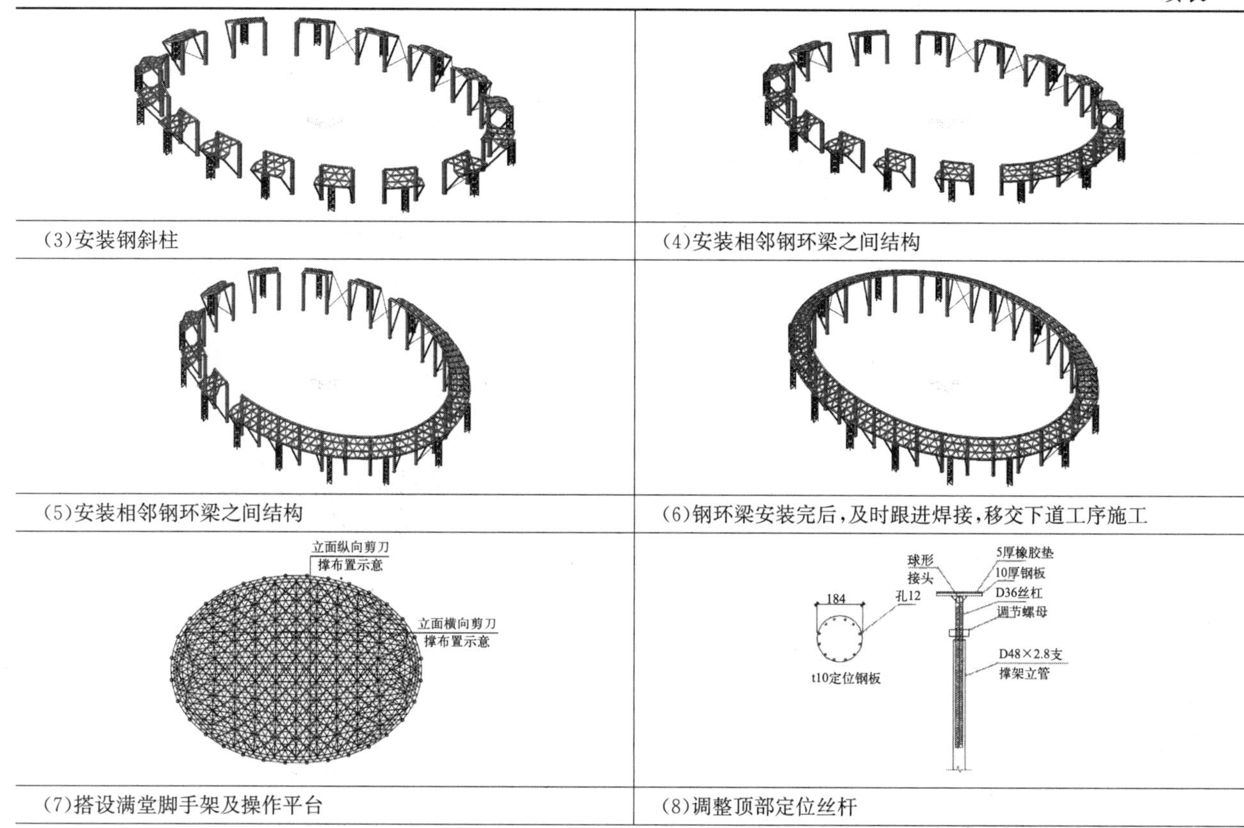

(3)安装钢斜柱	(4)安装相邻钢环梁之间结构
(5)安装相邻钢环梁之间结构	(6)钢环梁安装完后，及时跟进焊接，移交下道工序施工
(7)搭设满堂脚手架及操作平台	(8)调整顶部定位丝杆
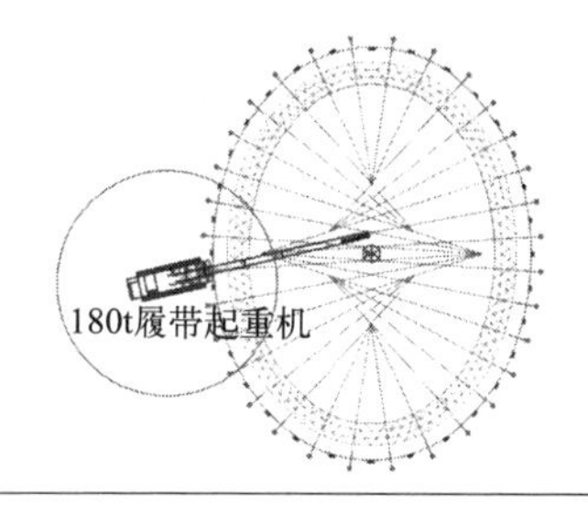	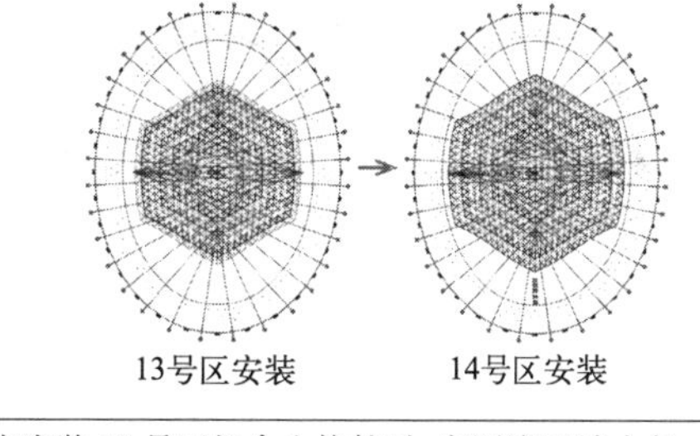
(9)自网壳结构中心开始向四周散拼逐步进行安装。安装1号区铝合金构件，以相同方式安装至14号区	(10)在安装15号区铝合金构件时，实测该区域中每一根铝合金杆件与钢环梁连接的距离，根据实测结果切割H型钢短梁用以消除施工过程中产生的累计偏差
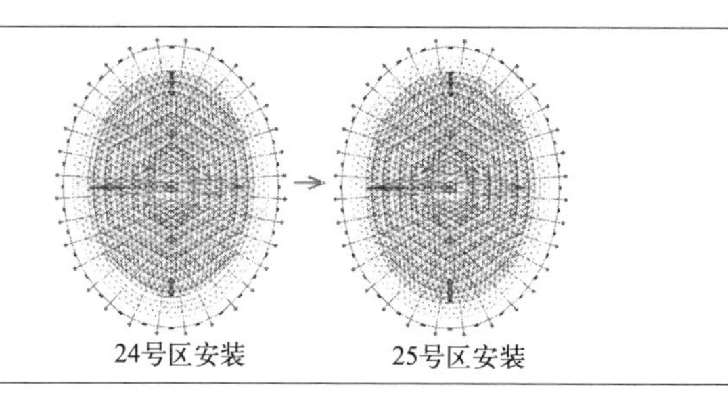	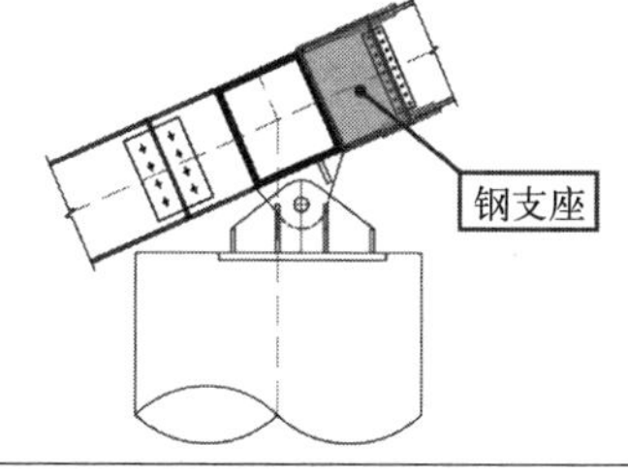
(11)再同步安装16号区～20号区，21号区～25号区的所有构件	(12)将最终偏差通过钢铝连接处的焊接H型钢来修正，铝合金杆件铆接完毕后将H型钢按要求焊接到钢环梁上，再拆除脚手架

5.2 操作要点

1. 外圈钢环梁安装技术

由于室内田径训练馆单元块长8m、宽10m，只有单边2个支承点，支承于混凝土柱顶，因悬挑长度过大，需增设临时支撑胎架，通过BIM模拟及力学验算，支撑胎架需设置16组，支承于场外混凝土上。

钢环梁截面规格为□450×400×16×16，构件单元块8m×10m，最重约10t，采用50t汽车起重机分单元块吊装，每个单元块共有3个支撑点，2个为混凝土柱顶，1个为临时支撑胎架，内圈箱形钢环梁通过销轴节点，支承于混凝土柱顶上。

施工前进行吊装及落位工况下施工验算，吊装时找准重心，销轴节点带在钢环梁上，通过销轴与底座连接，落位时埋件上设置，3个方向限位板，安装时拉设缆风绳进行临时固定；全过程对钢环梁单元块安装坐标进行测量校核，确保安装精度（图3）。

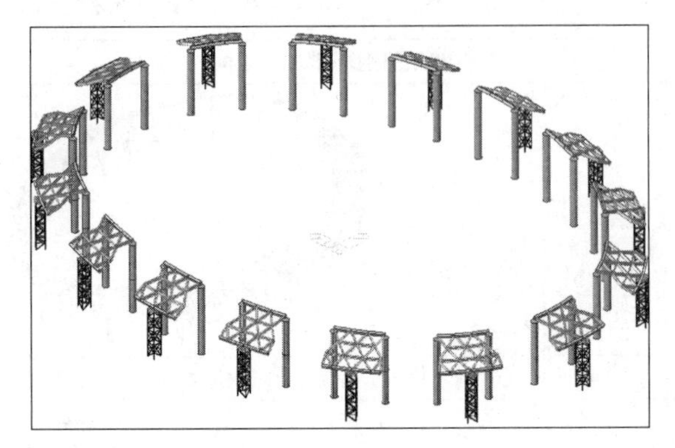
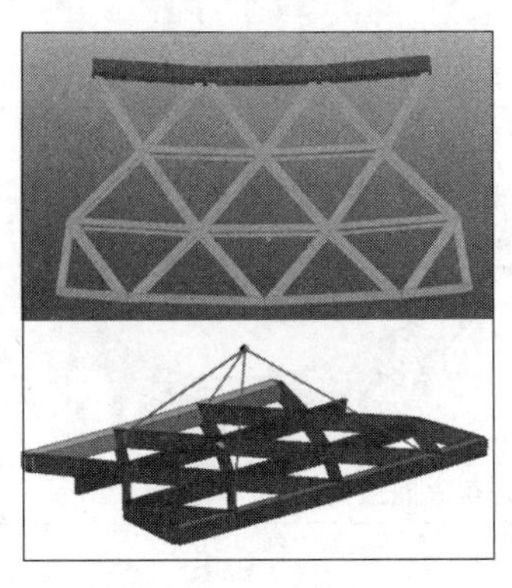

图3　支撑胎架布置与钢环梁分段单元块吊装示意图

2. 高空拼装平台施工技术

由于铝合金零部件均为工厂精密加工，现场安装过程中难免出现尺寸偏差造成铝合金杆件不能准确安装就位的问题，因此采取满堂式脚手架支撑体系兼作操作平台的方式进行安装。

采用扣件式钢管脚手架搭设满堂脚手架及操作平台作为高空拼装平台，满堂脚手架在架体四周及内部纵、横向每6m由底至顶设置连续竖向剪刀撑，水平剪刀撑在竖向剪刀撑斜杆相交平面设置。根据绘制的架体布置图，提前在垫层上标出每根立杆的准确位置并进行编号，有效控制铝合金网壳结构安装偏差。架体搭设过程中，安排专职测量人员进行复核，准确控制架体搭设偏差。

3. 空间定位测量技术

屋盖结构为空间曲面多网格，整体呈椭球体造型，节点数量多达901个，且每个点坐标均不相同，为保证安装达到设计及国家规范要求，测量工作任务繁重且精度控制难度较大，每个点从安装开始至结束需要多次测量，通过测量数据随时调整节点位置偏差。

根据BIM模型获得每榀拼装单元块和构件的三维坐标，并填写在预先设计好的表格上。拼装时，利用全站仪和三维坐标进行精装定位。拼装完后，用全站仪再对钢环梁进行的复测，比较实测三维坐标与设计坐标的差值，根据X、Y坐标的差值调整平面位置，根据Z坐标的差值调整屋盖的标高位置，反复进行测量、比较、调整工作，直至调整到设计位置（图4）。

图4　空间点位放样及复核

4. “外扩式”安装技术

（1）安装顺序

铝合金网壳共2796根铝合金杆件、1802件铝合金节点板、192个钢短梁、768件钢连接板、1152件不锈钢垫片、25.2万颗不锈钢螺栓在工厂内按现场安装顺序生产后分批运输至现场，按预定计划分25个区域完成安装。

①首先安装铝合金网壳中心部位构件，并复测节点板中心及周边六根铝合金杆件中心与定位中心和周线重合，调整就位后固定牢固，为中心展开后续铝合金构件安装任务。

②其次再安装2号区域，并复测调整节点准确定位后固定牢固。

③以相同方式安装至14号区，在安装15号区铝合金构件时，实测该区域中每一根铝合金杆件与钢

环梁连接的距离，根据实测结果切割 H 型钢短梁用以消除施工过程中产生的累计偏差。再同步安装 16 号区～20 号区，21 号区～25 号区的所有构件，凡与钢环梁连接的每一根铝合金杆件，均要根据实测结果切割 H 型钢短梁用以消除施工过程中产生的累计偏差。

（2）安装方法

①铝节点定位

铝合金节点定位采用满堂脚手架顶部的支撑顶丝调整位置标高，支撑顶丝采用长度 600mm 的丝杠、球形接头连接板、调节螺母、橡胶垫组成，使用时先将丝杠插入脚手架立杆中，伸出操作平台的立杆高度约 1m，并将立杆采用钢管斜支撑加固，然后通过丝杠螺母将连接板中心标高调整至设计标高，节点板下板安装其上并用 M10～60 螺栓临时固定就位，再安装杆件。由于铝合金网壳整体呈椭球体造型，每个节点角度均不同，因此采用可旋转式球形支撑连接板支撑，角度随网壳本身自由调节。另外为避免钢铝接触产生电化学反应，钢板顶面采用 5mm 厚橡胶垫进行隔离。

②安装预起拱

按现行《铝合金结构工程施工质量验收规范》GB 50576 要求预起拱。

③构件紧固

结构构件连接采用不锈钢环槽铆钉，其材料的抗拉强度极限值不应小于 792MPa，抗剪强度设计值取 317MPa。铝合金杆件间及钢铝连接处采用 M10 不锈钢专用螺栓固定，由于该螺栓不能预紧，因此每根杆件首先采用 4 颗不锈钢 M10～60 普通螺栓临时固定，待调整就位完成后用 M10 专用螺栓替代普通螺栓，并采用专用工具拧紧。

④构件吊装

单根铝合金杆件重量约为 50kg，单次可以吊装捆扎好数量不超过 40 根的铝合金杆件，重量约 2t，吊至操作平台处，然后人工倒运至安装位置，吊装节段额定起重最大重量为 2.2t，起吊高度 20m 以下，作业回转半径 70m。综合以上情况，配备 1 台 180t 履带起重机车作为主吊机，则起吊重量及作业半径、起吊高度等均能满足吊装的工况。

5. 钢铝节点连接技术

铝合金构件安装采用外扩法即中心开始向四周环向散拼逐步进行安装，将最终偏差通过钢铝连接处的 H450×230×10×14 焊接 H 型钢来修正，铝合金杆件铆接完毕后 H 型钢按要求焊接到□450×400×16×16 钢环梁上，再拆除脚手架。一方面有利于铝合金网壳的准确就位，避免出现安装过程中铝合金零部件返厂造成工期延误，另一方面可以有效地扩展工作面，从而节约工期。

6 质量控制标准

（1）经检验合格的钢管、扣件，应按品种、规格分类，堆放整齐、平稳，堆放场地不得有积水。

（2）严禁使用加工不合格、无出厂合格证、表面有裂纹、变形、锈蚀的扣件。

（3）钢管应光滑、无裂纹、无锈蚀、无分层、无结疤、无毛刺等，不得采用横断面接长的钢管。

（4）铝合金网壳安装完成后，其节点及杆件表面应洁净，不应有明显疤痕、泥沙和污垢等缺陷。

（5）因降雨等原因使母材表面潮湿或大风天气，不得进行露天焊接。

（6）钢构件拼装过程中，当焊接点处被雨淋湿时，则停止焊接，以保证质量。

（7）所有杆件、构件堆放不落地、不污染，如有污泥等应及时清除，确保构件、接缝干净、干燥。

（8）钢环梁安装偏差不超过＋18mm；立杆垂直度偏差不超过±7mm，全高垂直度偏差不超过±30mm；铝合金节点偏差不大于＋10mm；钢铝结构杆件轴线交点错位偏差不大于 3mm。

7 应用实例

洛阳市奥林匹克中心一期支撑柱顶钢环梁以外采用钢构件，钢环梁以内采用铝合金构件。室内田径训练馆屋盖造型新颖，本工法在单层铝合金网壳结构施工中成功应用，施工便捷、技术先进、质量优良，具有广泛的推广价值。

8 应用照片

工程应用见图 5～图 12。

图 5 外圈钢环梁安装

图 6 摇摆柱安装

图 7 满堂脚手架搭设

图 8 铝合金网壳结构“外扩式”安装

图 9 铝合金网壳结构安装

图 10 铝合金结构节点连接示意图

图 11 铝合金网壳结构安装完成效果（一）

图 12 铝合金网壳结构安装完成效果（二）

同心环桥爬网重力自调的径向预应力拉索施工工法

中建三局第一建设工程有限责任公司

周安全　颉海鹏　柯长元　王永志　向　涛

1　前言

随着中国城市建设的跨越式发展，对结构设计和建筑效果的要求越来越高，辐射状预应力索悬吊中间钢结构体系在其中的应用也越来越多。采用常规的径向索对称安装、分级张拉的方法，需要反复张拉索调整索力值，容易发生个别索的松弛会导致结构失效的风险。常规做法已不能满足对质量、安全、进度的施工要求，需要对辐射状预应力索悬吊中间钢结构体系研究，对预应力索施工工艺进行研究和创新是建筑施工发展的必然要求。

由中建三局第一建设工程有限责任公司承建的大顶岭绿道（一期）工程Ⅱ标 EPC 项目位于景区绿道附近山谷，场地内施工环境差，施工质量控制难度大。该项目探桥为同心环桥，其中环和内环采用辐射状预应力索悬吊中间钢结构体系，钢结构平面呈椭圆形，大环内边尺寸为 14m×10m，标高为 4.2m，中环尺寸为 10m×6m，标高为 3.9m，预应力索两端铰支大环内边梁与中环梁四周的钢梁侧面，大环内边梁与中环之间径向拉索共有 36 根，中环与地面竖向拉索 4 根，为中环提供弹性稳定点，提高桥面整体结构刚度（图 1）。

图 1　现场照片

为精简预应力索的安装过程和提高索张拉过程结构稳定性，本工程在施工过程中对传统施工工艺进行合理优化。根据结构特点搭设具有卸载功能的支撑胎架、在胎架上进行分段钢梁的拼装焊接、对称安装同心环桥爬网区的预应力径向索、进行中心环桥支撑胎架分级卸载、利用同心环桥的自重作用下使预应力径向索索力值到达成桥索力值。该项目形成了同心环桥爬网重力自调的径向预应力拉索索力施工工法。

2　工法特点

2.1　施工模拟及深化设计，提高方案可实施性

采用 Tekla Structures 软件，BIM 技术对结构体系、具有卸载功能的支撑胎架等进行深化设计、施

工方案模拟，通过三维模型所展现的空间关系，更直观地理解结构与施工环境间的关系，提高方案可实施性。

2.2 施工验算，保证结构及施工安全

采用 Midas Civil 软件建立有限元分析模型，验证通过中心环结构重力作用下实现拉索索力调整的可实施性，对同心环桥爬网区辐射分布的拉索施工过程工况分析验算，得出中心环结构向下的位移值，细化支撑胎架卸载调整功能设计，在质量和安全方面具有明显的先进性和新颖性。

2.3 施工质量易保证，有效缩短工期

采用同心环桥爬网重力自调的径向预应力拉索索力施工的方法，利用具有卸载功能的支撑胎架分级卸载同心环桥结构间接调整预应力索索力，无须重复调整索力值，保证张拉过程中同心环桥结构稳定，避免了反复张拉索调整索力值的繁琐过程和索受力不均匀松弛问题，有效缩短了施工工期。

2.4 操作简单，降低安全风险

采用同心环桥爬网重力自调的径向预应力拉索索力施工的方法，操作简单、易于施工，减少了现场高空操作，极大降低现场施工安全风险。

2.5 施工费用低，经济效益明显

利用钢梁安装时的支撑胎架，不需要再搭设其他临时支撑胎架，且通过中间结构卸载使索张拉，不需要反复张拉预应力索，大大提高了现场的施工效率，节省了大量的人力、物力及资金，有效降低施工成本，增加经济效益。

3 适用范围

本工法适用于辐射状预应力索悬吊中间钢结构体系施工。

4 工艺原理

同心环桥爬网区预应力索悬吊的中间钢结构体系主要由钢柱、钢梁、预应力索组成。本工法利用计算机三维空间模拟功能，在施工前先采用 Tekla Structures 软件结构体系进行三维建模深化设计，用于构件工厂加工并辅助现场施工；然后采用 Midas Civil 软件建立有限元分析模型，对同心环桥爬网区辐射分布的拉索施工过程工况分析验算，根据验算得出的中心环结构向下位移值，确定最优的具有卸载功能的支撑胎架设计；施工前采用 BIM 进行三维可视化技术交底和安全交底；安装过程中利用 Tekla 三维模型提取构件理论坐标点，采用全站仪和三维模型相结合的方式进行空间定位测量，保证钢梁的拼装精度和索耳的位置；索耳验收合格后，分批次对称安装 36 根径向预应力索，每根径向索通过自调节端调节至绷紧状态。然后对支撑胎架卸载点编号，每个卸载点每次按顺序卸载 5cm、观测 0.5h，直至环梁底部脚手架脱离中间钢结构体，卸载过程中做好结构体系和索力检测工作（图 2）。

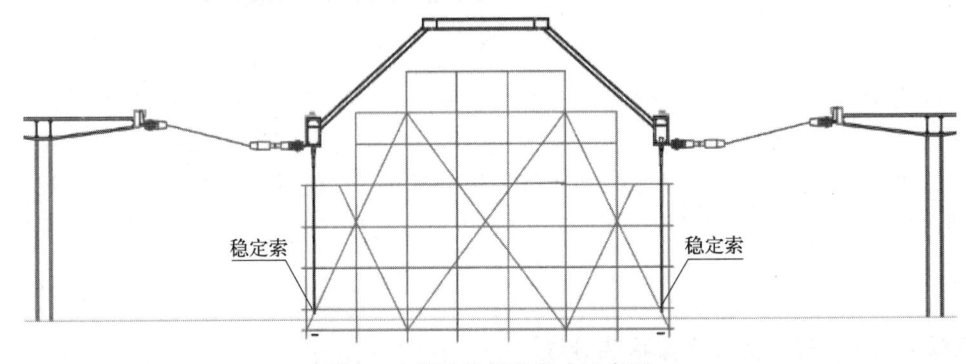

图 2 支撑胎架卸载完成示意图

5 施工工艺流程及操作要点

5.1 施工工艺流程（图 3）

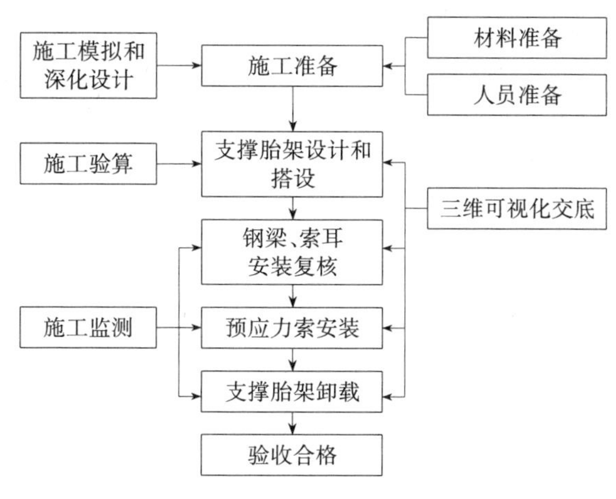

图 3　施工工艺流程

5.2 操作要点

5.2.1　施工模拟和深化设计

根据设计图纸对同心环桥爬网预应力索悬吊中间钢结构体系进行深化。采用 Tekla Structures 软件进行三维建模，通过三维模型所展现的空间关系，利用 CAD 软件对具有卸载功能的支撑胎架进行深化设计，输出深化成果辅助现场施工。支撑胎架采用满堂钢管扣件式脚手架，在中环梁和内环梁两侧均布立杆，在梁底均布横杆，立杆和横杆避开钢梁焊接节点和径向索索耳。

5.2.2　施工验算

采用 Midas Civil 软件建立有限元分析模型，验证通过中心环结构重力作用下实现拉索索力调整的可实施性，对同心环桥爬网区辐射分布的拉索施工过程工况分析验算，根据验算得出的中心环结构向下位移值，确定支撑胎架卸载调整高度。

5.2.3　材料准备

根据深化设计图纸进行构件的制作、材料的准备，为保证工期、构件质量，直接在工厂加工，以半成品或成品状态运输到现场进行组拼装和安装（图 4～图 7）。

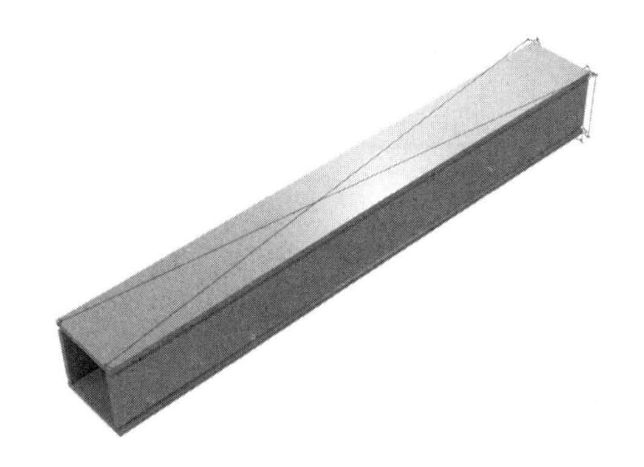

图 4　钢构件工厂加工尺寸验收

图 5　预应力索具工厂验收

5.2.4　三维可视化技术交底

同心环桥爬网区预应力索悬吊中间钢结构体系施工前为使劳务班组了解工艺、保证施工安全质量，针对现场施工进行三维可视化交底，做到规范化、标准化、可视化施工，使项目管理人员和现场作业人员对施工内容更加明确。

图 6　钢构件运输示意图

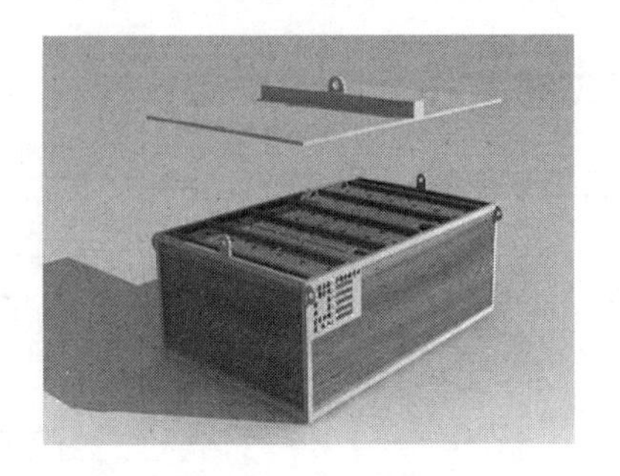

图 7　预应力索等索具装箱打包

5.2.5　支撑胎架搭设

支撑胎架采用满堂钢管扣件式脚手架，在中环梁和内环梁两侧均布立杆，在梁底均布横杆，立杆和横杆避开钢梁焊接节点和径向索索耳。支撑胎架搭设后调整最顶部横杆标高使中环梁和内环梁上的索耳保证在同一标高。

5.2.6　钢梁拼装焊接和索耳安装复核

受限于场地条件，同心环桥爬网区预应力索悬吊中间钢结构体系在施工时，采用小型汽车起重机退装。先搭设 1/2 支撑胎架，吊装钢梁后，再同法搭设剩余架体和吊装剩余构件，校正后结构焊接。大环内边梁和中环梁侧面的预应力索索耳的安装需根据设计图纸中索耳净距安装，先定位安装内环梁上所有索耳，然后根据索耳净距焊接大环内边梁上所有索耳（图 8～图 11）。

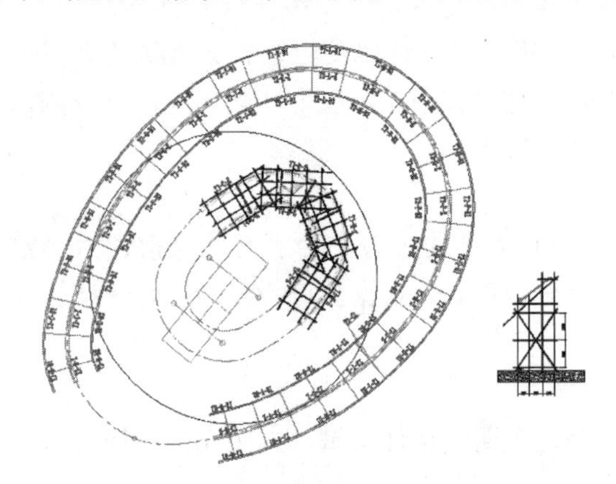

图 8　1/2 的中间钢结构体系安装

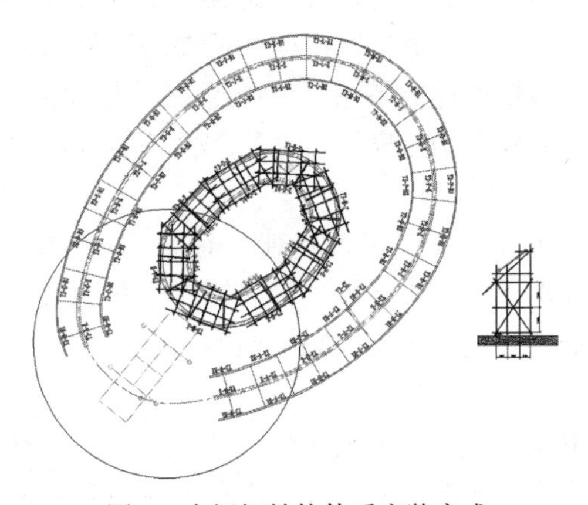

图 9　中间钢结构体系安装完成

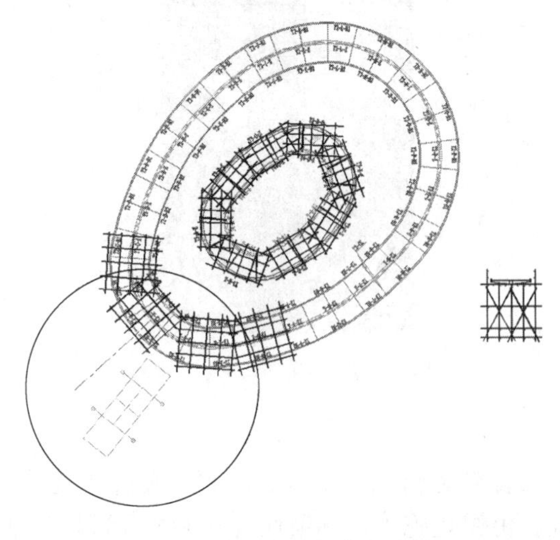

图 10　大环钢结构合拢安装

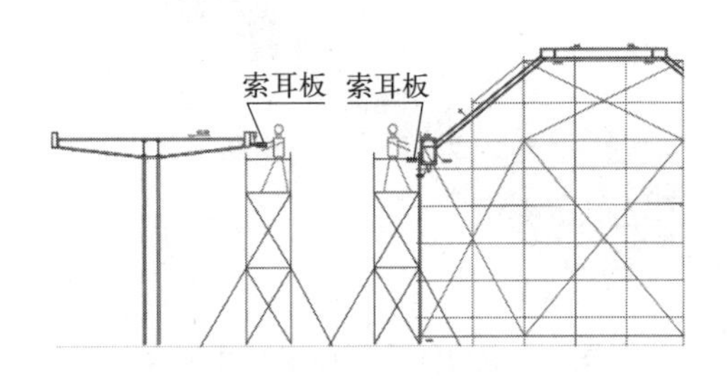

图 11　索耳安装

5.2.7　预应力索安装

(1) 预应力索安装时，索具调节端全部在内环梁一端。

(2) 36 根径向预应力索对称分批次安装，每根径向索通过自调节端调节至绷紧状态（图 12）。

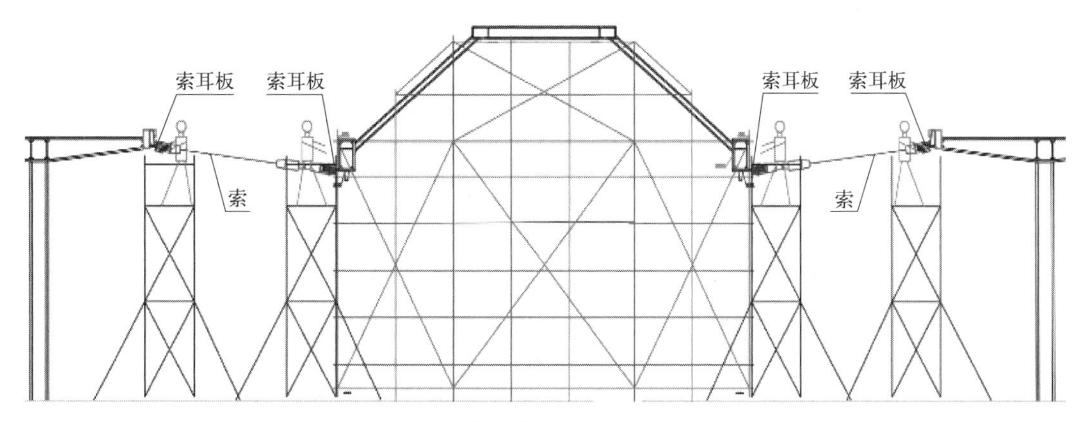

图 12　径向索对称安装立面图

5.2.8　支撑胎架卸载索张拉

(1) 在 36 根径向索安装并初步张拉至绷紧状态，复测中心环的平面位置和标高，做好记录。

(2) 对支撑胎架卸载点编号，每个卸载点每次按顺序卸载 5cm，观测 0.5h，并观测记录数据。

(3) 如钢结构和径向索无异常，则继续卸载直至环梁底部脚手架脱离中间钢结构体，并测量观察。

5.2.9　构件三维空间测量定位和监测

同心环桥爬网区预应力索悬吊中间钢结构体系安装校正主要是控制其坐标和标高，本工程采用全站仪测量构件顶坐标法。

(1) 施工前：由于索悬吊中间钢结构的每个位置的圈梁水平标高独立，且钢梁分段点的平面控制坐标均可在平面图中表达，故直接在 CAD 软件总平面图的坐标体系中进行坐标点的提取，得出理论坐标值。

(2) 施工时：在合适的位置架设全站仪，当视线受阻时用后方交汇的方法确定新点，结合“全站仪＋反射片”测量出每一个拼接节点的平面坐标，用理论坐标同实测坐标进行比较来确定要校正构件的方向和数值，同时施工过程监测也采用此方式。

6　质量控制要点

6.1　材料质量控制要点（表 1）

材料质量控制要点　　**表 1**

序号	材料质量控制
1	所有原材均应满足规范要求
2	部件宽度、长度，允许偏差±3mm，边缘缺棱，允许误差 1mm
3	切割面平面度，允许误差 $0.05t$ 且不应大于 2mm（t 为厚度）

6.2　加工质量控制要点（表 2）

加工质量控制要点　　**表 2**

序号	加工质量控制
1	所有钢材在使用前均应按相应规范的规定进行复检，如有变形等情况，应采取不损坏钢材的方法展直矫正。矫正时，尽量采用机械设备冷弯或有限度的加热矫正，并应严格遵守现行标准要求

续表

序号	加工质量控制
2	放样过程中必须详阅图纸，核对安装尺寸。安装中必须严格控制的尺寸，放样技师必须详尽地向施工班组交底，并对每一构件进行校核，做到准确无误后，构件才可出厂
3	在放样划线时，应根据施工工艺要求，预估安装焊接及构件加工中焊接收缩余量，以及切割、刨边、铣平等的加工余量，对焊接收缩余量必要时应进行试验测定

7 应用实例

大顶岭绿道（一期）工程Ⅱ标 EPC 项目探桥的同心环桥。

同心环桥爬网重力自调的径向预应力拉索索力施工工法的应用，质量方面，辐射状预应力径向索在同心环桥钢结构卸载的自重作用下同步张拉，不需要反复张拉索调整索力值，避免了因个别索的松弛导致结构失效的风险，有效保证了张拉过程中的结构稳定；安全方面，不需要施工人员反复张拉调整每根索的索力，减少了高空作业的频率，有效保障作业人员的生命安全；工期方面，通过同心环桥钢结构卸载间接使同心环桥爬网区拉索索力在同心环桥的自重作用下张拉，不需要施工人员反复张拉调整每根索的索力，且大大降低现场高空的施工量和施工难度，节约了时间；效益方面，因不需要施工人员反复张拉调整每根索的索力，节约工期约 18d，节约安装人工费、机械费用 4.15 万元，节约高空安全措施费用 2 万元。

同心环桥爬网区辐射状预应力索悬吊中间钢结构体系，采用同心环桥爬网重力自调的径向预应力拉索索力施工方法施工，该技术成熟，顺利解决了反复张拉索调整索力值的繁琐过程和索受力不均匀松弛问题，此施工方法为后续同心环桥爬网区辐射状预应力索悬吊中间钢结构体系施工提供了新思路，减少现场高空操作，降低现场施工费用，为工程顺利安全的施工提供保障，对其他类似工程具有借鉴和推广的作用。

8 应用照片

现场应用见图 13、图 14。

图 13 预应力径向索调节端节点

图 14 同心环桥爬网区辐射状预应力索安装

钢结构双电源三粗丝埋弧焊焊接技术工法

中建钢构江苏有限公司

栾公峰　周军红　李大壮　邱明辉　唐　宁

1　前言

目前随着钢结构产业的飞速发展，钢构件的结构越来越复杂，厚板及超厚板的应用越来越多，随着行业的发展，对生产效率和质量提出了更高的要求，这使得普通的焊接技术越来越难以满足现代制造业的发展需求。钢结构中典型的钢柱结构形式中，超过 80mm 的钢板应用越来越多，有较多的复杂节点选用 150mm 的超厚板，此类焊缝采用原有简单的气保焊及单丝埋弧焊，制作效率偏低，影响构件生产周期，增加了制作成本；且厚板较多的层道次焊接，焊接热输入较大，也会影响焊缝的力学性能。因此，钢结构行业中探究高效率、高质量的焊接设备及焊接工艺，是本行业一直在研究的方向。

2　工法特点

为提高钢结构行业中的厚板效率，本工法阐述了一种双电源三粗丝的焊接设备及焊接工艺应用于钢结构构件制作中，从焊接设备的组成、焊丝匹配、焊接参数、焊接质量等方面着手，探究其应用效果，具有一定的应用价值。

（1）新颖创新：行业中的埋弧焊焊接设备分为单丝和多丝，但行业中多丝一般为粗热丝搭配冷细丝，或多热丝；本工法采用三粗丝（两热丝一冷丝）匹配，提升焊接质量。

（2）效率高：三粗丝埋弧焊选用前丝和后热直径均为 4.8mm，中间丝的选择可根据实际情况及焊接效率选择 4.0mm 或 4.8mm 粗丝；焊接效率较高，至少为单丝埋弧焊的 3 倍，提高了构件的制作效率，缩短制作周期，降低制作成本。

（3）焊缝性能好：本工法中的三粗丝匹配，在典型构件主焊缝焊接时，粗冷丝的加入，与常规的双丝埋弧焊相比，降低了焊接热输入，细化了焊缝组织，提升了焊缝的力学性能。

3　适用范围

本钢结构双电源三粗丝埋弧焊焊接技术工法主要应用于建筑钢结构行业中厚板、厚板 H 形、十字及箱形等典型构件主焊缝的焊接，可在高层、超高层等建筑项目制作中进行应用，保证构件整体质量具有很大的参考价值。

4　工艺原理

双电源三粗丝的焊接设备及焊接工艺应用于钢结构构件制作中，采用三粗丝（两热丝一冷丝）匹配，三粗丝埋弧焊选用前丝和后热直径均为 4.8mm，中间丝的选择可根据实际情况及焊接效率选择 4.0mm 或 4.8mm 粗丝；焊接效率较高，至少为单丝埋弧焊的 3 倍，提高了构件的制作效率，缩短制作周期，降低制作成本（图 1）。

5 施工工艺流程及操作要点

5.1 焊接设备

双电源三粗丝埋弧焊设备由焊接电源、操作控制器、送丝系统、焊剂回收系统、电机驱动系统等组成。三丝埋弧焊采用独立的焊接电源，电源采用直流反接＋交流的方式，减少气孔、夹渣、焊偏等缺陷出现，有利于电弧稳定地焊接，提高接头的抗裂性能。

此双电源三丝埋弧焊小车的各项设备参数如表 1 所示。

图 1 双电源三丝埋弧焊设备实物图

双电源三丝埋弧焊小车参数表 表 1

类别	适用焊丝直径（mm）	重量（kg）	送丝速度（cm/min）	焊接速度（cm/min）	电流（A）	电压（V）
参数	3～6	150	20～200	20～205	400～1600	28～44

5.2 焊丝布置

双电源三粗丝埋弧焊设备共布置三根焊丝，分为一个前置焊丝和两个后置焊丝，前置焊丝和最后的后置焊丝为热丝，中间后置焊丝为冷丝。焊丝间距和角度一般根据坡口形式、焊接的要求及焊接参数等具体确定。

本工法中三粗丝埋弧焊焊接的三丝布置为前置热焊丝稍向后斜，以获得最佳的熔深；中间冷焊丝垂直于钢板，且为了使得中间冷丝获得较好的熔合效果，中间焊丝与前置焊丝距离较近，基本接触；后置热焊丝一般向前倾斜，以获得平滑的焊道表面（图 2）。

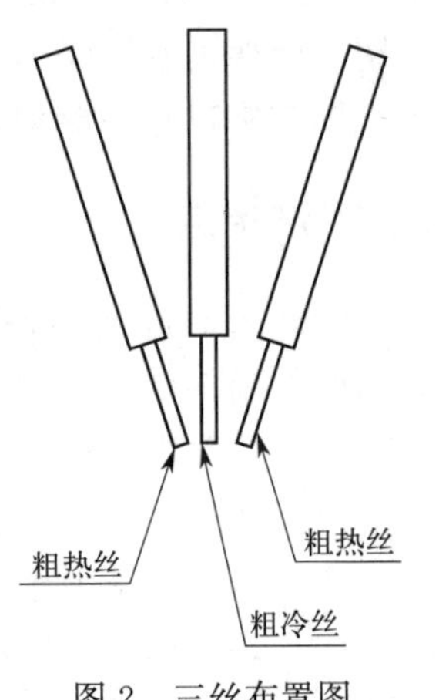

图 2 三丝布置图

三个焊丝纵向排列，熔池的特性采用共用一个熔池的形式。此种形式，一方面电弧面积较大，可有效消除坡口边缘的未熔合，不易形成梨形焊道，减少焊缝根部热裂纹产生的概率，且在焊缝的外观成型，也可有效减少咬边和焊缝表面的鱼鳞；另一方面，借助多电弧共同作用于一个熔池产生的较强的搅拌作用，降低了气孔产生的可能性，同时有利于冶金反应充分进行。

与常规埋弧焊焊接技术原理无异，焊接时，前丝和后丝形成电流通路，产生较大的热输入，使得中间冷焊丝得以熔化，配合热丝和冷丝适当的送丝速度，形成填充焊缝金属，在埋弧焊剂的保护下，最终凝固形成焊缝（图 3）。

5.3 焊接工艺参数

（1）焊接工艺参数

三粗丝埋弧焊的工艺参数的重难点在于匹配合适的冷丝送丝速度与两热丝的焊接电流、电压及送丝速度的最佳匹配度。为此不断的调试，将冷丝的送丝速度由最初的 80cm/min，调整至 140cm/min，焊接各项电流、电压、焊接速度与之匹配合适的参数。经过大量的试验数据不断的调试总结出合适的焊接工艺参数如表 2 所示。

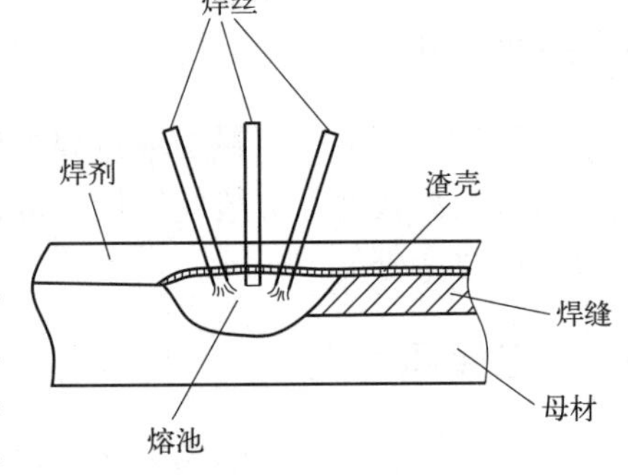

图 3 焊接成型示意图

双电源三粗丝埋弧焊焊接参数 **表 2**

序号	电流(A)			电压(V)		速度(cm/min)	
	前	中	后	前	后	冷丝送丝	焊接速度
双电源三丝	680～800	—	700～780	28～36		80～150	100～140

（2）焊接效率对比

为更好探索双电源三粗丝埋弧焊的焊接效率，开展了与常规单电源单丝埋弧焊、市场上已涌现的单电源三丝（一粗丝两细丝）的对比试验；为更好地保证试验数据的准确性，此次试验去除了焊接准备、层间清理等时间，记录的时间仅为埋弧焊设备各自的焊接时间。焊接试板的规格及坡口形式全部一样，试板明细如表 3 所示。

焊接试板明细 **表 3**

试板编号	坡口形式	焊丝选用直径(mm)	焊接设备
1	40°；40；8	4.8	单丝
2		1.6+4.8+1.6	单电源三丝
3		4.8+4.0+4.8	双电源三丝
4	40°；40；12	4.8	单丝
5		1.6+4.8+1.6	单电源三丝
6		4.8+4.0+4.8	双电源三丝
7	40°；40；12	4.8	单丝
8		1.6+4.8+1.6	单电源三丝
9		4.8+4.0+4.8	双电源三丝

焊接过程对每道焊接参数进行记录，试验共开展 9 组对比试验，焊接过程中遇到的问题也同样进行记录对比分析。

通过焊接试验全过程的数据记录，总结单丝埋弧焊、单电源三丝埋弧焊及双电源三丝埋弧焊焊接同种规格试板的纯焊接时间如表 4 所示，双电源三丝埋弧焊焊接效率最大，至少为单丝埋弧焊的 3 倍。

焊接时间（min） **表 4**

类别	对比试验 1	对比试验 2	对比试验 3
单丝埋弧焊	18.7	18.0	17.5
单电源三丝	12.1	12.0	11.8
双电源三丝	5.8	6.1	5.9

5.4 焊接工艺

（1）焊接位置：结合埋弧焊设备的现状，三粗丝埋弧焊可借助于焊接胎架，实现平角焊、船形焊焊接位置的焊接。

(2) 焊接材料：焊接材料适合于符合焊接设备要求的埋弧焊焊丝；根据被焊工件材质和设计要求，选用对应强度的知名厂家检测合格的埋弧焊丝产品。

(3) 焊前准备：

双电源三丝埋弧焊设备组装完毕后，保证所有的焊接线路连接完毕；在准备焊接前，切忌检测焊机、线路、焊机外壳保护接零等常规检查，确认安全后方可准备焊接作业；

待焊构件要吊运至所要焊接的胎架上，保证构件平稳，所要焊接的焊缝平直；

焊前检查埋弧焊剂是否干燥，若潮湿应在烘干后方可使用；焊丝表面应检查完毕，保证其表面无油污等杂质；确保辅助工具及辅助材料已准备完毕，保证使用要求；

埋弧焊操作焊工应穿戴防护服；

操作完毕后，调整焊枪位置及焊接参数，方可开始焊接。

(4) 焊接参数选择原则：

综合考虑焊接电压、焊接电流及焊接速度的匹配，注意辅丝的焊接规范对焊缝程序及熔深的影响。

厚板焊接时，在打底及偏下层焊接时，为避免较大的电流对打底焊道出现焊穿现象，采用较小的电流、略低的电压、稍慢的焊接速度焊接，可以防止焊道过薄过凹而开裂；填充层焊接时实施多层多道焊接，可选用较大的焊接电流、电压，较快的焊接速度焊接；盖面层可采用较小的电流，从而保证焊缝整体性能及良好的外观成型。

(5) 焊接工艺过程及控制要点

①焊接作业前，必须保证设备、线路等正常，确保安全后才可准备焊接；

②埋弧焊用接电电源要符合焊机额定电流的容量，不可将电缆放在焊接电弧附近或热的焊缝金属上，避免高温而烧坏绝缘层，同时要避免碰撞磨损；

③焊接为两热丝一冷丝，冷丝的选择要按照工艺下发的焊接作业指导书严格执行；

④焊接过程中保持焊接参数稳定，保持焊接平稳；

⑤焊工在整个焊接过程中，要注意调整焊丝在坡口中的位置，保证焊枪处于焊道中心，以免影响焊缝成型，偶有偏移可通过手轮进行微调；

⑥打底层焊接时，注意减小焊接电压，提升焊接速度，可改善打底层焊渣较难清理的情况；

⑦焊机应分配至专人维护保养，定期检查，如出现故障，应立即停机检查；

⑧焊机不使用时，要放置在平稳的地面上，以防倾倒，机壳应牢靠接地；

⑨焊机为三粗丝焊机，小车整体偏重，吊运、放置要平稳，确认焊机平稳牢靠后，方可使用；使用过程中轨道放置一定要平稳，牢靠，操作工要注意自身的安全。

5.5 焊接检验

1. 焊缝外观

无论是焊接试板焊接，还是车间实际构件的焊接，焊缝外观成型匀称、美观，表面无明显可见气孔、夹渣、咬边等焊接缺陷。

2. 无损检测

焊接完成后的电渣焊试板根据《焊缝无损检测 超声检测 技术、检测等级和评定》GB/T 11345—2013 进行 UT 检测（超声检测），经检测完全符合标准要求。

3. 宏观及力学性能

为验证三丝埋弧焊焊缝的质量，焊接试验结束 24h 后，试件经 UT 探伤均合格，而后进行焊缝金属拉伸、冲击、硬度及宏观试验等检测，所有力学性能的数据全部合格，且硬度检测也符合标准要求（图 4）。

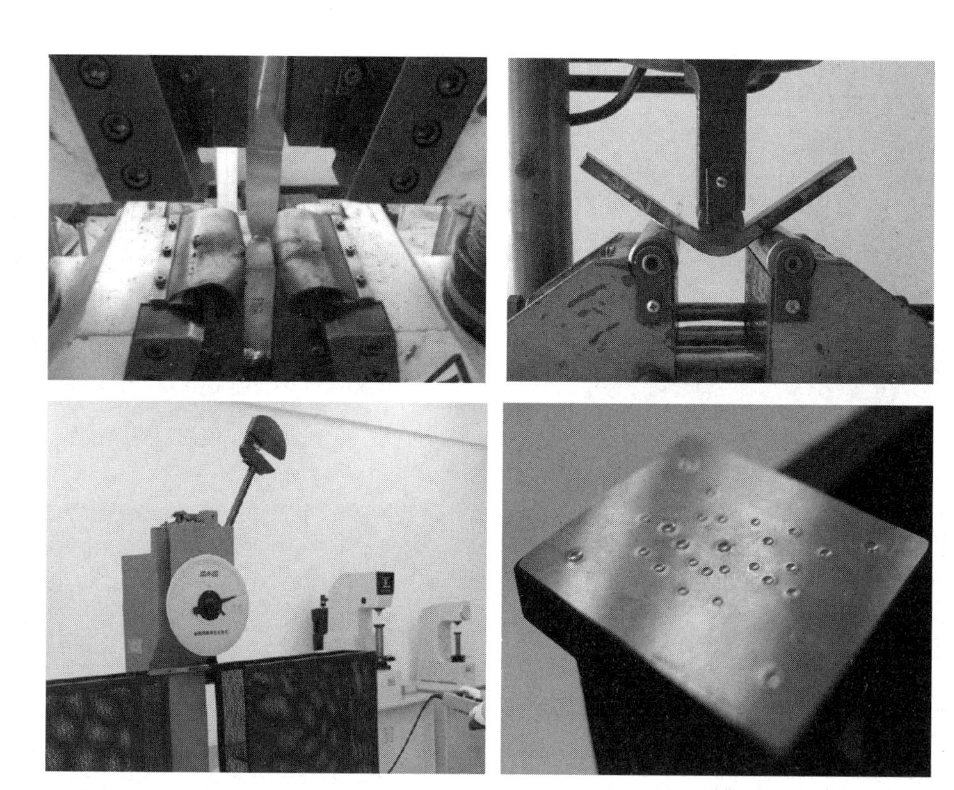

图 4　试验检测场景

6　质量控制

(1) 严格执行班组自检和质量部门专检相结合原则。

(2) 严格进行焊接的无损检查，保证焊缝质量。

(3) 焊接过程严格按照焊接工艺执行。控制焊缝变形，保证构件外形尺寸。

(4) 做好焊缝表面处理，保证外观质量。

7　应用实例

大疆天空之城大厦项目作为大疆创新科技公司的全球总部基地，占地面积约 17606m²，总建筑面积 162800m²。

大厦由两栋塔楼、两层裙房和一个羽桥组成，集研发、办公、写字楼和地下车库于一体。地下为四层地下室，功能为地下车库及设备用房，地下室设有人防防护单位，东塔及西塔建筑造型相似，但高度不一，其中东塔建筑高度 212m，西塔建筑高度 189.5m，对比性十足，两幢建筑通过羽桥连接，极具艺术性。

东塔及西塔分别设计有 6 个“悬挑方体”，使得建筑具有较强的“漂浮感”。每个“悬挑方体”的顶部为巨型悬挑桁架层，空间广阔，是理想的试飞场所。

东西塔楼结构高度约 180m（42 层）和 200m（45 层），为带悬挂层的框架-支撑结构，采用钢管混凝土柱＋钢框架柱＋钢支撑的形式。塔楼采用钢梁与钢筋桁架楼承板组合楼盖体系，裙房采用现浇钢筋混凝土梁板楼盖体系，地上结构采用筏形基础地基系统。地下室共 4 层，为框架-剪力墙结构，采用框架柱＋框架梁＋剪力墙组合的抗侧力系统。

8　应用照片

相关图片见图 5～图 8。

图 5　填充层焊接

图 6　填充层焊缝成型

图 7　盖面层焊接

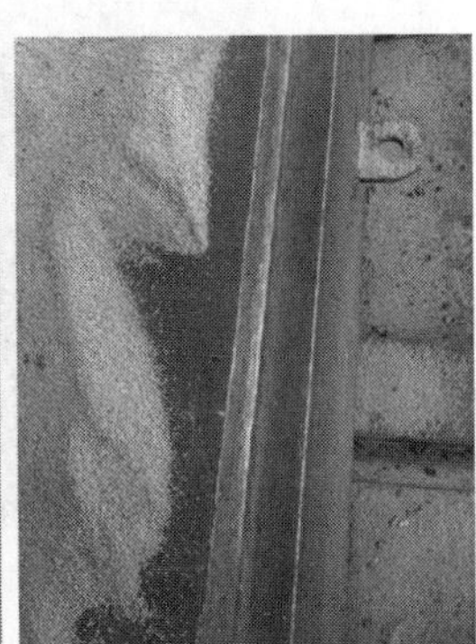

图 8　焊缝最终成型

高原全轴承支撑双曲结构安装及分区卸载施工工法

中建八局新型建造工程有限公司

尹秋冬　龚　果　冯国军　段江华　张新潮

1　前言

近年来，大型机场屋盖结构趋向大跨度化、造型新颖化的方向发展，尤其受力传递、理想铰接的向心关节轴承结构体系越加广泛地被设计师使用。由中建八局新型建造工程有限公司编写的工法“高原全轴承支撑双曲结构安装及分区卸载施工工法”是公司总结多个类似工程项目施工工艺和施工经验提炼而成。

工法邀请了中国钢结构协会专家进行了关键技术成果鉴定，评价结果总体水平达到国际先进水平，并获得了该协会二等奖；同年西藏自治区住房和城乡建设厅批准为2021年西藏自治区区级工法。

该工法已在拉萨贡嘎机场航站区改扩建工程新建航站楼工程和成都天府国际机场T1航站楼项目成功应用。实践证明通过应用该工法，有效保障了项目履约，提高了施工效率、保证了施工质量、保障了作业安全，且该施工工艺针对节能、环保等绿色施工制定了专门防控措施，经济效益和社会效益显著，具有较好的推广应用前景。

2　工法特点

（1）本工法通过对高原地区全轴承支撑双曲钢结构屋面的安装及分区卸载施工技术的研究，利用建模软件Tekla Structures建立桁架单元模型，并根据单元的长度和重量做成组合构件；将组合构件导入结构受力软件Midas中得出安装和卸载两种状态下的应力及变形值，进行数据对比，保证了屋盖的大跨度双曲屋面卸载的安全性。

（2）本工法使用有限元软件Ansys设计重型轴承节点，包括中耳板、外耳板、向心关节轴承、销轴及附属结构，解决双曲屋面钢结构面积广、跨度大、节点荷载大的施工难题，保证结构受力安全。通过单元分段安装，保证了桁架安装稳固。

（3）本工法卸载阶段采用分区同步分级的卸载工艺，利用结构分析软件Midas根据施工方案进行卸载阶段分析模拟，依据数据模拟分区分级卸载，解决高原地区大跨度钢结构卸载施工难题，保证结构卸载阶段的稳定性。

3　适用范围

本工法适用于节点复杂、安装精度高的大跨度双曲钢结构安装及卸载工程，尤其是高海拔、低气压、温差大的工程。

4　工艺原理

（1）基于有限元模拟分析，对高原地区全轴承支撑双曲钢结构屋面桁架结构进行合理分区分段，通过模拟分析确定该结构的拼装工艺及安装顺序，并分析安装过程中的位移变形及应力值大小，确定拼装及安装的单元起拱值，避免多个单元对接安装过程中的变形。由于节点荷载较大，因此该结构节点均设置为向心轴承铰接节点，以满足屋面不同荷载工况条件下的转动要求。安装时需设置临时支撑，支撑在桁架整体卸载前需承受安装阶段的桁架荷载，设置支撑既可保证安装精度，又能承受竖向、横向荷载的强度。采用“先多个单元主节点安装，后发散对接安装”的方式优先对轴承支撑点单元进行主节点安装，后对多个主节点桁架单元进行连接，从而达到双曲屋面结构的安装。现场安装基于三维软件 Solidworks 和 Tekla 建立三维模型，获取双曲结构在安装过程中所需的测量数据，通过坐标转换得到相应的安装坐标，以保证精准安装定位。

(2) 针对双曲钢结构面积广，节点荷载大以及临时支撑设置分布情况，利用结构分析软件 Midas 对结构卸载施工阶段进行模拟分析计算。依据卸载施工模拟的应力及荷载分布分析，根据安装分区单元优先卸载轴承支撑点位外的荷载单元，将双曲钢结构屋面的整体荷载转移至轴承节点区域上，待双曲屋面结构整体完成稳定后，进行轴承支撑区域的整体卸载，从而实现“分区分级”卸载，直至结构稳定，且在卸载过程中和卸载完成后，要根据三维模型给出的控制点位进行全程监测，采用全站仪测量监测点坐标与模型坐标复核，根据起拱值，分析数据变化，有效地掌控卸载过程中的结构变化。

5 施工工艺流程及操作要点

5.1 施工工艺流程

屋面钢结构三维建模→钢构件加工→桁架拼装胎架设置→桁架单元的拼装与焊接→临时支撑搭设安装→梭形柱的安装与焊接→梭形柱区域内桁架的安装与焊接→梭形柱区域外桁架的安装与焊接→分阶段卸载，拆除临时支撑。

5.2 操作要点

5.2.1 屋面钢结构三维建模

采用多软件协同进行零件构件设计，优化细部节点；在钢结构建模过程中综合考虑制作、运输、安装、土建、装修、机电、给水排水、暖通、幕墙等各专业的要求，最后生成满足钢结构采购、制作、运输、安装等各方施工需求的钢结构相关专业报表及细化图纸。

5.2.2 钢构件加工

对于复杂异形钢构件采用三维设计软件，将钢结构分段构件控制点的实测三维坐标，在计算机中模拟拼装形成分段构件的轮廓模型与深化设计的理论模型拟合比对，检查分析加工拼装精度得到所需修改的调整信息。经过必要校正、修改与模拟拼装，直至满足精度要求。

5.2.3 桁架拼装胎架设置

管桁架拼装架由 H 型钢、槽钢及方钢等组成。底部为硬化的场地，底层拼装胎架采用 H 型钢及方钢。胎架放置地面通过 6～20mm 的钢板找平。胎架顶部设置标高调节道板和竖向立柱。胎架上标高调节道板及立柱牛腿位置和标高严格控制。胎架可周转使用，每榀单元拼装只需改动标高调节道板及牛腿位置和标高即可。

5.2.4 桁架单元的拼装与焊接

径向、环向桁架单元拼装时，采用全站仪全过程进行测量，保证拼装精度。

胎架定位放线→单元拼装→复核数据→焊接固定→复核起拱值长度弧度→无损探伤检测→脱离胎架。

5.2.5 临时支撑搭设安装

(1) 临时支撑验算：用结构计算软件建立完整的钢结构施工分析模型，通过施工仿真分析，校核整个施工过程中全部参与受力构件的安全性。

(2) 临时支撑安装：考虑格构柱结构安全性，每个格构柱在一层楼板设置独立基础，独立承台大小布置根据支座反力和基础形式。

（3）顶部调节段安装：格构柱顶部标高与梭形柱顶部标高存在一段距离，因此需要根据实际情况设置过渡段进行调整，保证梭形柱安装的标高位置。

5.2.6　梭形柱的安装与焊接

向心关节轴承中间位置单耳板与钢柱顶部十字插板为K型坡口焊接，耳板厚度100mm、160mm及200mm，材质Q420QJC。焊接前需对其转动角度及轴线位置进行控制，保证向心关节轴承设计各方向倾转角度不小于±5°（图1）。

5.2.7　梭形柱区域内桁架的安装与焊接

梭形柱两端设有向心关节轴承，底部向心关节轴承与圆管柱柱顶十字插板焊接，顶部向心关节轴承单耳板与屋面桁架插板焊接。梭形柱的安装主要分为四个步骤：径向主桁架安装与焊接→环向主桁架安装与焊接→径向次桁架安装与焊接→环向次桁架安装与焊接。

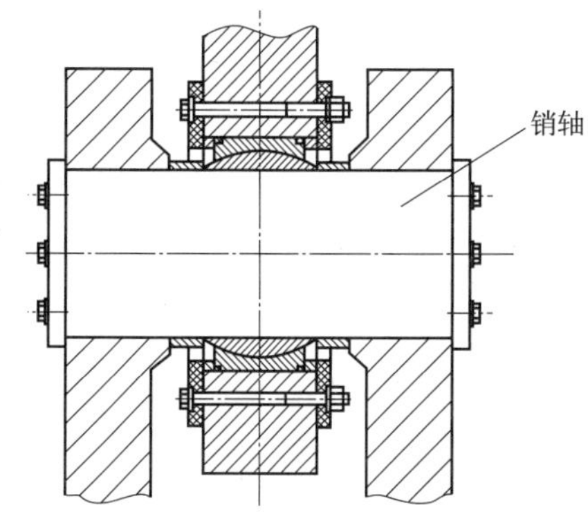

图1　销轴的安装

（1）径向主桁架安装与焊接：首先安装梭形柱径向的主桁架，安装时，严格控制其标高，轴线位置及垂直度，进而保证后续桁架安装的精度。

（2）环向主桁架安装与焊接：然后安装梭形柱环向主桁架，环向主桁架相贯于径向主桁架上，安装时考虑到桁架起拱而产生的大间隙堆积焊缝，其高空拼接位置应避开主次弦杆连接位置，且间隙宽度不应大于20mm，杆件采用牛腿做法。保证相贯口的安装精度，调整完毕，复核测量，合格后焊接（图2）。

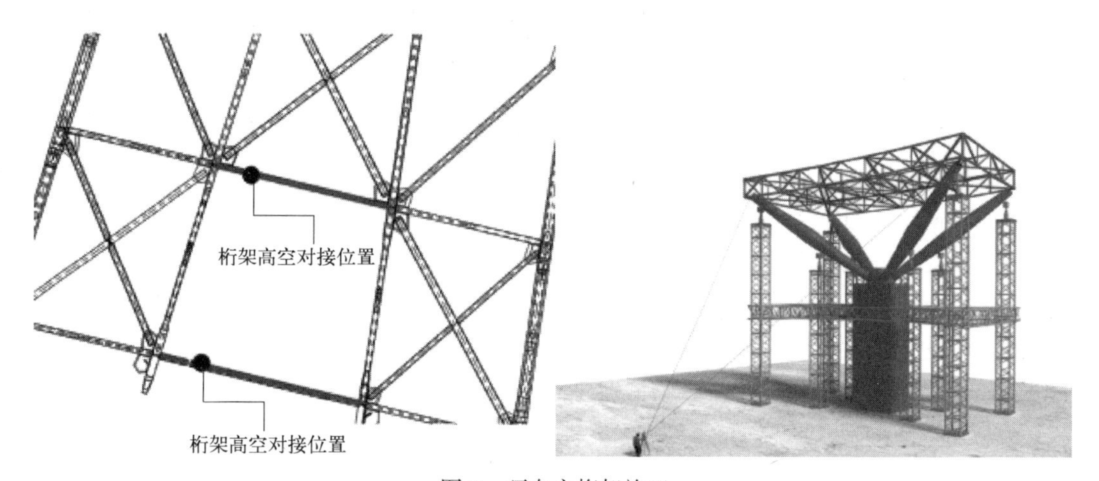

图2　环向主桁架施工

5.2.8　梭形柱区域外桁架的安装与焊接

安装梭形柱区域外桁架，保证相贯口的安装精度，保证相贯口的安装精度，调整完毕，复核测量，合格后焊接（图3）。

5.2.9　分阶段卸载，拆除临时支撑

结合本工程结构特点及现场情况，中心区屋盖卸载采用分阶段载的总体思路，即待屋面桁架分区施工完成后首先分区卸载次桁架分段位置，最后整体分级卸载分叉柱位置。

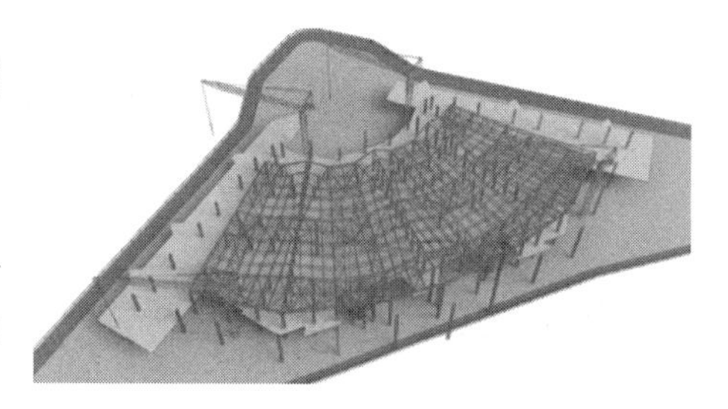
图3　梭形柱区域外桁架的安装

第一阶段分区对称卸载分叉柱之外的桁架分段支撑点，使桁架自重荷载转换至12组分叉柱顶，接近最终受力状态；第二阶段根据模拟计算结果，分级卸载分叉柱支撑点荷载，最终将钢屋盖荷载通过梭形柱传递至钢管柱，完成卸载。

6 质量保证措施

质量保证措施及要求 表1

序号	关键及特殊过程	质量保证措施与要求
1	焊接工艺评定	根据焊接工艺评定确定焊接方法和焊接规范。焊接方法应优先选用 CO_2 自动和半自动焊
2	作业环境	要求焊接作业的环境温度在5℃以上，其相对湿度不大于80%。室外焊接必须在防风雨设施内进行
3	构件进场验收	构件进场后，由专业技术人员进行外形尺寸复测，并查验构件合格证、原材料质保书、制作检验批等资料
4	技术交底	做好技术交底工作，使施工管理和作业人员了解掌握施工方案、工艺要求、工程内容、技术标准、施工程序、质量标准、工期要求、安全措施等，做到心中有数，施工有序，检查有据

7 应用实例

7.1 工程实例一

拉萨贡嘎机场航站区改扩建工程新建航站楼工程-钢结构工程，钢结构主要分布于指廊屋面、中心区屋面、值机岛。中心区主屋面陆侧屋脊建筑高度为31.960～44.736m，环向投影长度约314m，径向约132m。

本工法高原全轴承支撑双曲结构安装及分区卸载施工中，首先需要利用Tekla软件进行钢结构深化设计，包含了结构分析及节点计算、建立完整的施工模型，最终完成图纸审核工作；通过加工厂内构件胎架的制作，确保桁架的拼装精度；现场桁架拼装时进行场地硬化，设置胎架拼装布置图；桁架单元拼装与焊接时，进行全程测量，保证拼装精度，制定相应的焊接工艺评定；临时支撑进行结构验算，出图，并进行埋件预埋，然后进行支撑架安装。通过施工模拟分析，确定屋面桁架施工先后顺序：梭形柱周边桁架安装→梭形柱安装→梭形柱外的构件安装→补缺卸载。

7.2 工程实例二

成都天府国际机场土建施工一标段，通过对腹杆通长、弦杆分段的多层桁架体系在贯穿式内耳板斜拉杆的节点工艺分段时，节点与桁架腹杆和部分弦杆形成整体，避免现场大量开槽塞焊造成的矩管变形，将该节点安排到具备加工能力的制作工厂，利用成熟的加工工艺处理该节点。

通过合理的分段，采用了部分组装和高空散装相结合的施工方法，避免了大型吊装设备的使用，避免了长时间的拼装占道，避免了大体量拼装胎架的使用，节约材料、节约人工和机械费。提高了加工及安装精度，减少了退场及返修作业；通过有效的安全体系建设和监管，降低了安全风险，避免了高空坠物和人员坠落，保证了作业人员的安全，获得业主及监理的一致好评。

8 应用照片

工程应用见图4、图5。

图4 钢柱四周格构柱设置

图5 梭形柱外悬挑桁架安装

双向斜交曲面网格钢结构分片吊装组合支撑体系施工工法

中建三局第二建设工程有限责任公司

舒　彬　周文武　钟　实　李　超　蔡建宏

1　前言

空间异形双向斜交曲面网格钢结构主要表现在面积大、净空高、钢梁排布较密、重量较轻、拼装精度要求高、焊接量大、未形成整体前稳定性差，整体变化无规则。此类钢结构传统安装方法是满堂支架法、格构支撑胎架法等。但采用常规的满堂脚手架法和格构支撑胎架法都有较大的弊端。采用满堂脚手架法施工周期长、费用高、安全隐患大，还会占用现场大量场地，且会对混凝土楼板有较大荷载，甚至楼板需要进行加固处理。针对密梁式无规则变化的钢网格结构，支撑胎架法会耗费大量的胎架，异形胎架多，经济成本较高，胎架重复利用率较差。

为解决上述空间异形双向斜交曲面网格钢结构施工的技术问题，经反复研究及论证，在钢网格屋盖施工中采用了一种创新性的施工方法，即“支撑钢平台＋满堂脚手架支撑体系，分片吊装”组合施工工法。其具体做法是先搭设一定高度的胎架支撑钢平台，在平台上搭设梯子形屋盖单元网格，利用脚手架小横杆作为屋盖单元支撑点安装空间异形钢网格。这种施工方法既保证了屋盖下方其他分部分项工程作业的畅通、场地的充分运用，又确保屋盖单元施工的安全性，重点解决了施工场地狭小、地面交通不便的难题，实现了上下层交叉作业、互不干扰。

2　工法特点

（1）可操作性强，质量较高：高空作业都具有操作平台，有利于保证拼装质量，有利于提供良好的焊接环境，质量易保证每片屋盖单元吊装就位时，工人可在满堂脚手架上操作，不受位置的限制。

（2）不影响屋盖下方交叉作业，有利于保证现场施工进度：支撑胎架下方人员、车辆可通行，不影响屋盖下方施工作业，有利于现场其他分部分项工程的顺利施工，保证工程进度，特别适合于场地狭小的施工现场。

（3）分片单元定位较容易、安装精度及质量有保障：单元分片制作，在厂区内能有效缩小现场安装的控制难度。现场分片将满堂脚手架支撑杆定位设置好以后，将屋盖单元整体初始就位，然后通过观察测量，只需采用捯链或千斤顶微调即可将单元定位准确，对单元及整个结构的控制较为有利。

（4）安全高效、绿色环保：施工中采用支撑平台＋满堂脚手架支撑体系，保障了高空作业安全，提高了施工效率，同时下步支撑胎架均为标准件，做到了绿色环保。

3　适用范围

此工法适用于施工场地狭小、用地紧张的双向斜交曲面网格钢结构工程。

4　工艺原理

“支撑钢平台＋满堂脚手架支撑体系，分片吊装”组合施工工法的施工原理就是先在下部搭设一个由格构胎架、连系桁架和钢梁组成的支撑钢平台，在平台上搭设梯子形屋盖单元网格，利用脚手架小横杆作为屋盖单元支撑点安装空间异形钢网格。

考虑到支撑平台胎架不能直接作用在结构楼板上，需要在支撑胎架柱底设置转换钢梁，钢梁作用在结构梁上，这样就能避免对楼板的破坏（图 1）。

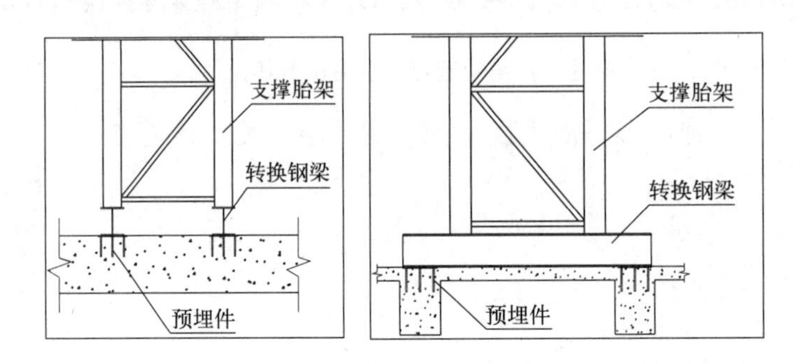

图 1　支撑胎架与转换钢梁节点图

裙楼屋盖整体变化较大，为了方便支撑屋盖单元，用小横杆作为屋盖单元的支撑点，这样屋盖单元落在小横杆上既能在水平方向上调整，又能比较方便地调整小横杆的标高，从而调节屋盖单元（图 2、图 3）。

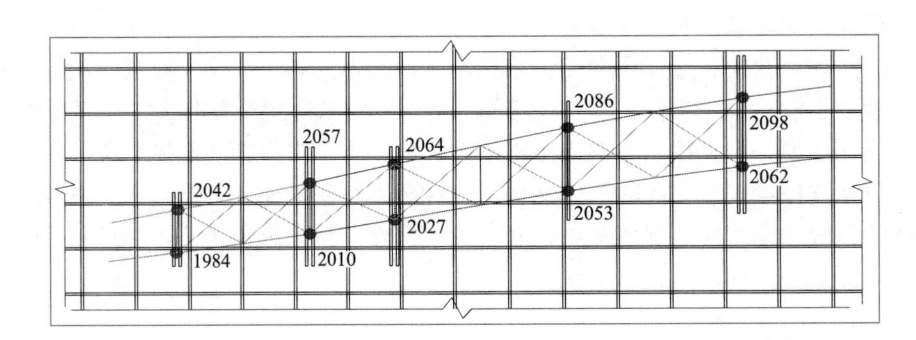

图 2　小横杆支撑屋盖单元平面图

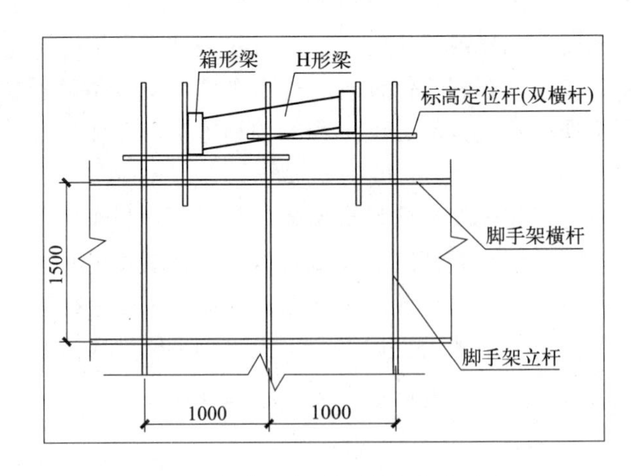

图 3　小横杆支撑屋盖单元剖面图

屋盖单元安装完成后，需要考虑屋盖单元的卸载，在上述小横杆基础上增加顶托，通过不断调节顶托即可比较方便地进行卸载。

5 施工工艺流程及操作要点

5.1 施工工艺流程

空间异形钢网格深化设计（网格分片、节点深化）→支撑体系设计与深化→支撑胎架加工，材料准确→支撑体系搭设（胎架安装、脚手架搭设）→钢网格分片组装、吊装→焊接、合拢→钢网格卸载→支撑体系拆除。

5.2 操作要点

5.2.1 空间异形网格深化设计

空间异形钢网格结构存在空间点多、定位困难、构件板厚多变、弯扭弧度不规则等特点。使用多种钢结构深化软件之间的数据交互，实现快速高效建模并完美呈现建筑意图。

本工程空间异形钢网格深化设计除了体现建筑的外观效果外，最主要的目的是为现场安装服务。本工程现场场地狭小，无法提供拼装场地，因此尽可能地将拼装工作放在加工厂里。如果拼装单元太大，就会超长超宽，不适于运输。最终确定屋盖单元的外形尺寸（长×宽×高）控制在 13m×2.2m×2m 以内，因此屋盖单元确定为双箱形梁＋中间次梁组成的梯子形屋盖单元。为了方便现场安装，次梁直接在箱形梁上焊接，便于现场调整（图 4）。

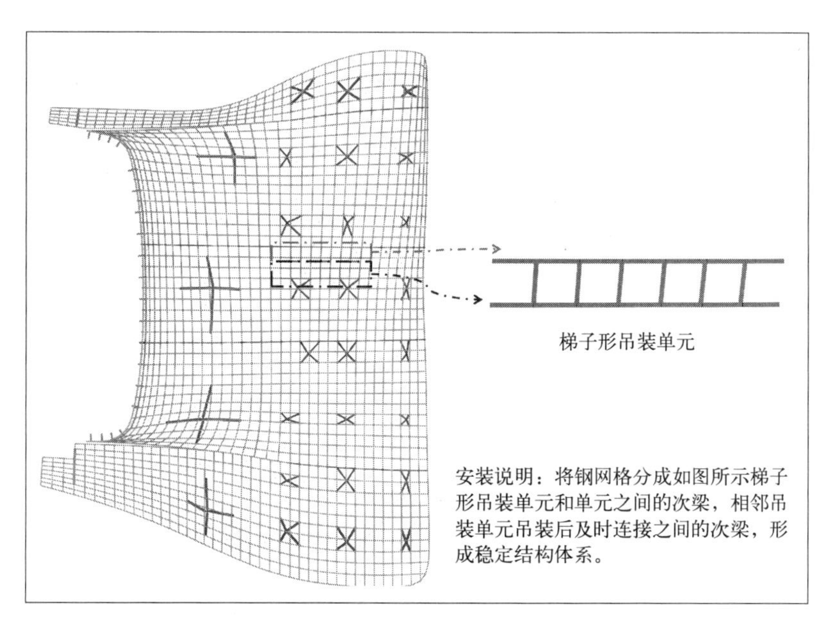

图 4　屋盖分片单元示意图

5.2.2 支撑体系设计与深化

支撑体系上方的脚手架主要有两个作用，一是作为钢网格安装时的支撑架，另外一个作用就是作为工人的操作架。基于这两点，从安全的角度考虑，脚手架搭设高度宜控制在 1.5～3m。由于屋盖钢网格整体高差变化较大，为了减小脚手架搭设高度，支撑胎架平台需要设置不同的高度，支撑平台的高度设置为 15m 和 13m，平台高差为 2m。支撑平台由 14 个竖向的四肢格构胎架组成，在胎架 9m 的位置设置连系桁架，将 14 个竖向的四肢格构柱连成一个整体。在格构柱顶端铺设主次梁，次梁需要按照脚手架立杆的间距来排布，本工程脚手架横纵间距为 1m，因此次梁的排布按照 1m 一道。钢梁一端搭在支撑胎架上，另一端搭在结构梁上，形成一个钢平台（图 5）。满堂脚手架搭设除了要符合脚手架搭设规范要求外，还需在脚手架立杆位置都焊有 100mm 长的钢筋头，这样能防止脚手架侧向移动。脚手架在结构柱的位置按照 4.5m 一道设置抱柱连接，并在每一楼层设置抛撑，抛撑按照 6m 一道设置，与地

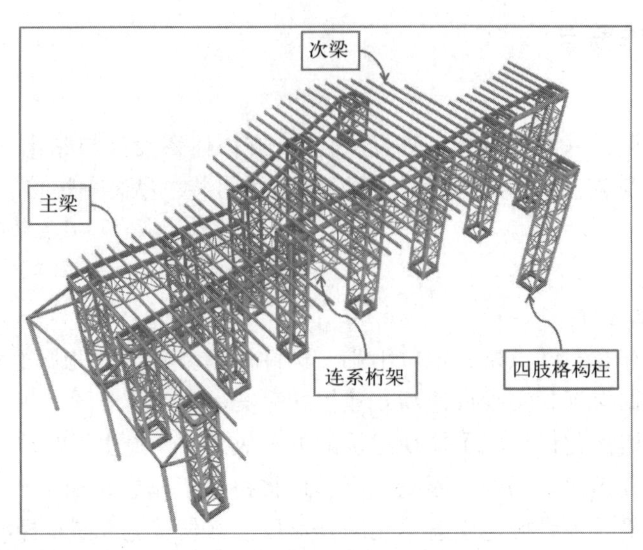

图 5　支撑胎架平台示意图

面的倾角为 45°～60°，抛撑与楼层预埋件连接固定。

通过仿真模拟计算软件对支撑体系进行一体化计算，复核支撑体系各截面系数、支撑体系强度、刚度和稳定性，确保施工安全性。

5.2.3　支撑体系搭设

整个支撑体系的安装顺序按照先安装胎架格构柱，然后安装连系桁架，再然后安装平台钢梁，最后搭设满堂脚手架的顺序施工。

支撑胎架体系在裙楼与塔楼之间，场地较狭窄，支撑胎架从南向北安装，采用汽车起重机在地面拼装好一个胎架后就立即吊装。相邻胎架吊装完成后安装连系桁架，使胎架形成稳定的体系。支撑胎架与连系桁架安装好后再安装钢梁，钢梁采用现场塔式起重机安装。

5.2.4　钢网格分片组装、吊装

1. 安装区段划分和吊装顺序

裙楼屋盖分为两个安装区域施工，先安装屋盖一区，再安装屋盖二区。为了减小安装累计误差，每个区域安装从中间向南北两侧展开吊装。相邻屋盖单元吊装完成后及时安装次梁，使屋盖单元连接成片。当吊装到屋盖单元下方有树杈柱和 V 形撑等竖向结构时，要及时将屋盖单元与之焊接连接固定，尽可能减少屋盖单元对胎架支撑体系的依赖。

2. 主受力杆件安装

（1）吊装准备

根据屋盖的每片吊装单元结构形式，在吊装单元上表面设置 6～8 个安装定位控制点，在吊装单元下表面设置 8～10 个安装就位的支撑点。根据构件屋盖单元支撑点的坐标位置，通过全站仪在脚手架这些坐标位置上设置小横杆，使屋盖单元能落在小横杆上，保证屋盖单元的初始定位。待构件单元初始定位后，再依靠屋盖单元上表面的定位控制点坐标进行精确定位（图 6、图 7）。

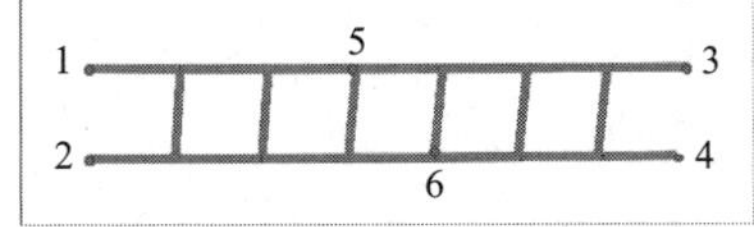

图 6　屋盖单元上定位点设置

（2）吊装

①空中姿态调整：因网格结构呈平面和立面空间不规则状态，每一个吊装单元空中就位均不在固定位置，而吊装单元地面拼装位形基本处于平卧状态。因此，需要调整吊装单元在起吊后的空中姿态与就位姿态一致，才能保证吊装单元对位时的准确性。构件在起吊后距离地面 300mm 高度左右后进行构件就位姿态的调整，其就位姿态调整采用捯链进行。

②吊装就位后微调：对于结构安装过程中不可避免存在的弯扭箱形构件对口错边的问题，施工中采

用楔形铁块或千斤顶进行矫正，以确保断口的各边都达到拼装精度要求，固定临时连接耳板，必要时加强临时固定的强度，确保焊接对接焊缝在无应力的状态下进行。对于错边过大的采取刨掉端头焊缝进行矫正，必要时采用钢板补强。

5.2.5 测量定位

对于空间异形弯扭型钢网格，测量定位尤其重要。根据结构特点采用GPS（全球定位系统）投点，全站仪＋激光反射贴片进行复核校正直接观测的方法，确定每个单元的观测点，并根据场地的通视条件，测放出架设全站仪的最佳位置。

图7 小横杆支撑屋盖单元

在屋盖三维模型里将每片钢网格单元的定位控制点三维坐标列出，在定位点贴上激光反射贴片，通过全站仪测量观察屋盖单元上的定位点坐标，当测量坐标与理论坐标有偏差时通过捯链或千斤顶等工具来调节，直到屋盖单元精确定位。

5.2.6 焊接及合拢

本工程裙楼屋盖分为两个区施工，先安装裙楼一区，再安装裙楼二区。每个区先安装主吊装单元，再安装单元之间的次梁。在吊装主单元过程中，次梁也插入吊装，保证单元之间的整体性，次梁和主单元采用连接板连接。在主单元吊装完成，次梁吊装完成80%后开始焊接施工。根据吊装顺序，焊接也采用从中间向两边展开的顺序施工，如图8所标的顺序。

每个区按照从小到大的编号来分区对称焊接施工，每个区域分布4～6个焊工焊接作业。

5.2.7 空间异形钢结构卸载

卸载是将结构由施工状态过渡到设计状态，平稳有序是关键。根据施工一体化分析结果，卸载应按变形线性比例进行，竖向变形大的先卸载，竖向变形小的后卸载，一次卸载量控制在20mm以内。

1. 卸载分区和卸载步骤

结合本工程卸载完成后北侧飘带变形值预估值为76mm，南侧飘带变形值预估值为43mm，其余位置变形预估值都小于10mm。卸载采用分级卸载，根据分级卸载卸载量宜控制在15mm范围内，本工程北侧飘带分5级卸载，南侧飘带分3级卸载，其余位置一次卸载完成。每级卸载之间留2h作为观测时间，观察屋盖的变形及焊缝位置有无异常变化。

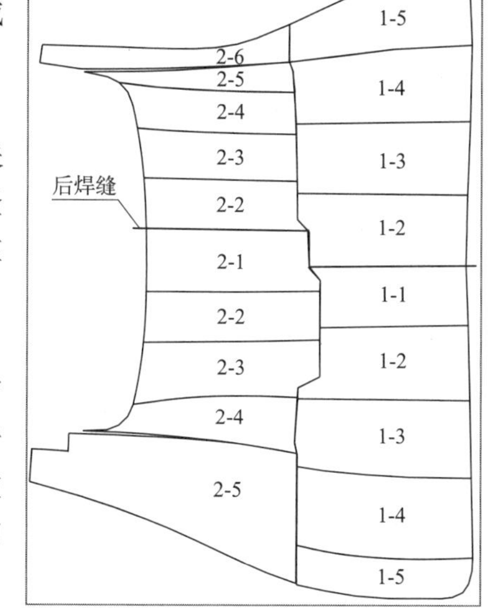

图8 网格结构焊接分区和后焊缝设置

屋盖一区和屋盖二区中部的下挠变形值较小，可作为一个卸载分区，南北飘带变形值较大，且距离较远，相互影响较小，分别作为两个卸载分区。按照先同步卸载屋盖一区和屋盖二区中部，再卸载北侧飘带，最后卸载南侧飘带。

2. 屋盖卸载预警

变形监控是空间异形钢结构施工的关键，根据施工一体化分析结果，获取变形量较大的部位、主要受力构件、关键部位变形数值采集。通过安装阶段、卸载前、卸载后、卸载一个月后采样，整理各阶段实际变形值，与理论变形分析对比，判断结构的安全性和可靠性。

在屋盖上选取一些观测点，观测点上贴上反光片，卸载时观测这些点的下挠值，当观测点的下挠值超过该区域的变形值时，立即停止卸载。查找下挠值异样的原因，将问题解决后才能继续卸载。

3. 卸载装置设置

卸载前，先在支撑杆下方设置卸载顶托，去掉定位杆，调整顶托长度实施分级卸载。

5.2.8 支撑体系拆除

卸载完成后开始拆除脚手架和支撑钢平台，拆除工作必须由上到下按顺序进行，不得阶梯拆除和分立面拆除。支撑平台按照由北向南拆除，按照次钢梁、主钢梁、连系桁架、支撑胎架、转换梁的顺序来拆除。脚手架拆除完成后，支撑胎架采用25t汽车起重机进行分段拆除。

6 质量控制措施

（1）确保构件安装前，对构件单元进行复核，对安装位置空间坐标点位复核，不允许出现偏差。

（2）构件单元安装定位时，确保定位偏差控制在±3mm。

（3）现场对接焊缝组对间隙允许偏差为（+3.0mm，−2.0mm）。

（4）焊缝质量要求为一级焊缝，要求100%进行UT检测（超声检测）。

（5）焊缝表面不得有气孔、夹渣、弧坑裂纹、电弧擦伤等缺陷，且焊缝不得有咬边、未焊满、根部收缩等缺陷。

（6）对测量定位和焊缝实行并坚持自检、互检、交接检制度，自检、预检及隐蔽工程检查做好相关检查资料。

（7）对现场焊工实行实名制编号管理并进行现场试焊，在现场每一道焊缝处，均需要打上焊工编号，确保可追溯性。

（8）对网格结构在安装时、安装完成时、胎架卸载后及胎架卸载一个月后控制点变形数据与模拟分析值比较，判断屋盖网壳结构变形符合设计及规范要求，偏差应符合−5～+10mm。

7 应用实例

7.1 龙湖商业中心1号、2号楼及西地块地下室项目

工程名称：龙湖商业中心1号、2号楼及西地块地下室项目（图9）

结构形式：异形曲面钢网格结构

图9 工程效果图（一）

7.2 砂之船（合肥）艺术商业广场一期4号-a楼、中区地库及地下商业工程

工程名称：砂之船（合肥）艺术商业广场一期4号-a楼、中区地库及地下商业工程（图10）

结构形式：异形曲面钢网格结构

7.3 新交通大厦（暂定名）地上部分建筑、安装工程

工程名称：新交通大厦（暂定名）地上部分建筑、安装工程（图11）

结构形式：异形曲面钢网格结构

图 10　工程效果图（二）

图 11　工程效果图（三）

钢结构间冷塔锥段钢三角施工工法

河南二建集团钢结构有限公司、河南省第二建设集团有限公司

王 勇 高 磊 韩登元 孙玉霖 申长伟

1 前言

国电双维电厂新建工程位于内蒙古自治区鄂尔多斯市鄂托克前旗上海庙镇能源化工基地内，本项目总体规划容量为 4×1000MW，四台机组分期建设，公共设施同期建设。

本项目内的 4 座间冷塔塔体为全钢结构，钢结构塔主要采用 Q355B 钢材，单塔重量约 6500t，结构形式是由“锥体＋展宽平台＋圆柱体＋加强环”四部分组成。锥体共 6 层，高度为 65m，底部直径为 148.7m。展宽平台 1 层，采用桁架结构。上部圆柱塔体共 12 层，高度为 125.2m，圆柱塔体直径 92.5m（外蒙皮内直径），塔体总高度为 190.2m。加强环共 4 层。具有较强的抗侧刚度和抗风能力，整体稳定性好。

钢结构间冷塔锥体部分为倾斜段，与水平面存在一定的角度，同时钢三角为异形扭曲构件，定位比较复杂。钢三角吊装过程中受构件自重、温度应力、焊接变形、固定措施等多个因素影响，安装精度较难控制。为确保工程质量与提高工作效率，通过工程实践与总结创新，针对锥段钢三角的施工，我单位总结出了《钢结构间冷塔锥段钢三角施工工法》。

2 工法特点

（1）降低识图难度，利于现场测量定位：现场所使用的安装图纸摆脱了二维平面尺寸的限制，采用 3D 视图、空间坐标以及平面尺寸相结合的方式。给技术人员和操作工人最直观的展示，大大降低了识图难度和图纸数量，更利于现场测量定位。

（2）安装精度高，质量有保证：异形扭曲构件通过 BIM 模型的空间坐标定位技术，有效控制构件的组拼尺寸。同时安装过程中采用钢三角吊装预放量技术结合可移动地锚支墩装置，抵消构件自重对钢三角安装的影响，确保安装尺寸精度与质量，缩短了钢三角就位调整的时间。

（3）标准化施工，加快施工进度：设计钢三角组拼胎具，针对钢三角组拼形成标准化流程，一方面通过胎具对钢三角拼装尺寸进行检验，确保钢三角拼装的精度，另一方面进行批量的钢三角组拼，加快施工进度。

（4）保障高空作业人员安全：利用 BIM 模型设计锥段安装专用吊装卡具、高空焊笼、安装托架等施工工具，为作业人员提供高空操作平台，减少作业人员高空作业难度，显著提升高空作业的安全性和生产效益。

3 适用范围

本工法主要适用于钢结构间冷塔锥段钢三角施工项目，其中的关键技术也可应用于民用、电力及化工行业装配式圆锥体钢结构等构筑物的施工。

4 工艺原理

（1）基于BIM模型的空间定位技术，通过建立1∶1的BIM模型，可以快速导出任意一点的空间坐标，采用空间定位技术，针对异形扭曲构件的关键控制点进行测量定位。通过对各关键点空间坐标的控制，有效提高钢三角组拼及安装的精度与效率。

（2）采用锥段钢三角吊装预放量技术。由于锥段钢三角与地面存在一定的倾斜角，吊装过程中，构件受自重的影响，会产生一个向钢塔中心方向的位移。为了明确构件自重对锥段钢三角吊装的影响，通过锥段钢三角吊装全过程跟踪测量，对测量数据进行整理与分析，总结构件自重与位移产生的关系。明确两者关系后，提前对钢三角安装进行预放量，抵消构件自重产生的向内位移，有效减小了构件自重对安装偏差的影响，缩短了钢三角就位调整的时间，确保工程质量和提高安装效率。

（3）设计专用于钢结构塔式起重机装卡具、高空焊笼、安装托架等施工工具，基于BIM模型的设计，可有效保证施工工具外形尺寸符合现场实际需求。定制化工具的应用，不仅解决了现场的实际问题，同时对现场文明施工、标准化管理都起到了良好的作用。

5 施工工艺流程及操作要点

5.1 工艺流程（图1）

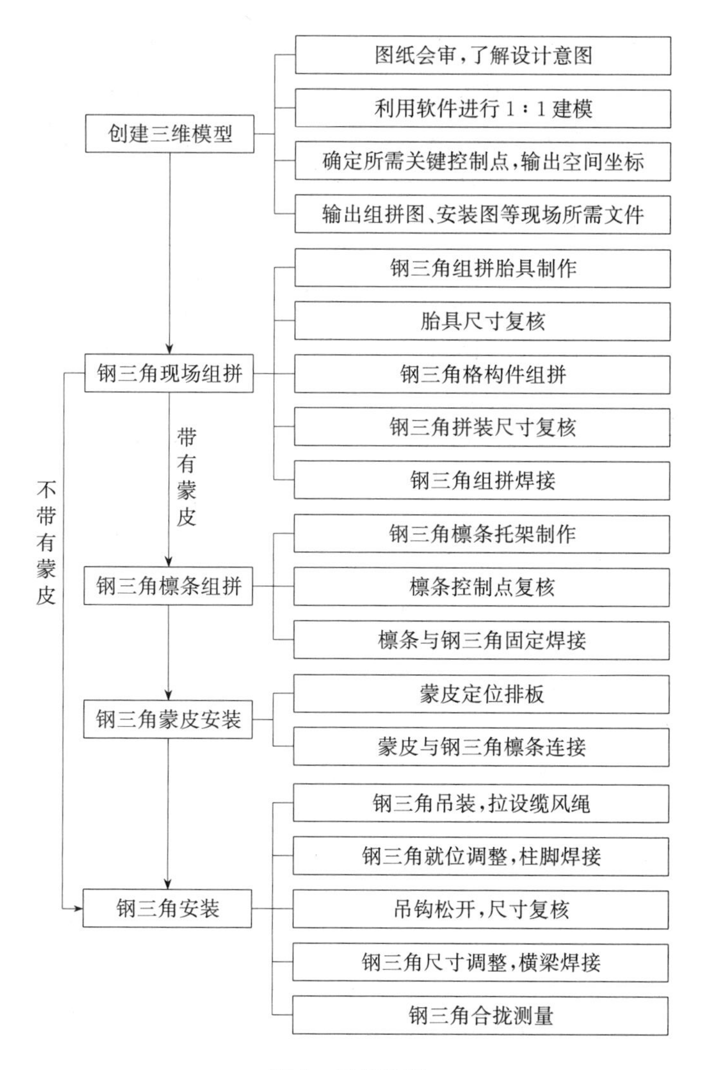

图1 工艺流程

5.2 主要施工操作要点

5.2.1 钢结构间冷塔深化设计

1. BIM模型的创建

根据设计院提供的平面结构图纸，借助软件进行建模，在建模过程中使用自制的插件、参数化节点、数据导出流程、加工图模板等，将平面图纸转换成立面的空间模型。间冷塔的格构件存在不规则的扭曲度，平面图纸很难准确进行定位，利用空间坐标对关键控制点进行定位，结合平面尺寸图纸，大大降低了识图的难度，同时提高了组拼与安装的精度。

2. 深化设计总说明

在原设计总说明的基础上，加入了深化设计图中的一些基本原则，对深化设计的成果、编号规则等加以说明；更进一步地明确工艺、制作、安装的相关信息；对总说明中理解不清，制作、安装等有矛盾冲突的地方和设计人员进行沟通协调并加以澄清，使总说明更加细化，更接近于操作实践。

5.2.2 钢三角组拼

1. 钢三角胎具制作

为了保证钢三角扭曲构件的拼装精度，通过对三维模型的分析，共确定30个控制点，主要为横杆的中心点、两端角点、斜杆的角点以及斜梁底部连接板外侧两个端点。以横杆底面内侧中心点作为坐标原点，底面为X-Y坐标平面建立空间坐标控制网输出各控制点的空间坐标。

依据钢三角底面各控制点坐标，在水平面上建立坐标系，在刚性地面上测量出各控制点在X-Y坐标平面上的投影。在钢三角的三个角点及横杆中间位置利用槽钢搭建胎具，确保槽钢上表面处于同一个标高上。利用方管、角钢等材料作为支撑，保证胎具的稳定性。通过焊接立式角钢将空间坐标点Z轴方向的尺寸呈现在胎具上。胎具的搭建应注意以下事项：

(1) 胎具应搭建在具有一定刚度的地面，防止胎具因构件自重产生不规则沉降，导致钢三角拼装尺寸偏差过大。

(2) 由于横杆端部焊缝的影响，导致横杆角点的控制点无法和胎具上的控制点重合，调整胎具，将横杆角点位置垫上20mm厚的钢板，以钢板上表面作为±0.000标高位置，进行胎具的制作。

(3) 胎具搭建完毕后进行各控制点复测，尺寸满足要求后方可允许使用。

(4) 在胎具的使用过程中，要经常性地对胎具上各控制点位置进行复核，防止胎具产生变形，影响钢三角的拼装尺寸。

2. 钢三角定位拼接

(1) 根据图纸坐标，标定檩条端点的位置并确认尺寸无误后，将檩条安装在相应位置，对檩条进行调整，减少檩条安装尺寸偏差，同时，应防止安装过程中檩条因自重或结构应力等因素，造成檩条水平状态或垂直状态变形。

(2) 檩条安装完毕后，在焊接前，应按照图纸要求，详细核对檩条的位置、尺寸、规格，确认无误后，方可进行焊接施工。

(3) 檩条焊接完成后，须将焊接后的残渣清理干净，并依据图纸要求对焊缝高度和焊接形式进行检查，如有误差可及时进行补焊或处理。确认无误后，经检查验收合格，进行焊缝位置的补漆工作，补漆前根据技术条件要求，对焊缝位置进行清理、打磨，最后进行补漆工作（图2）。

5.2.3 蒙皮安装

锥段部分钢三角为不带有围护结构吊装的钢三角，此部分一般为1～3层。3层以上均需要安装围护结构后进行整体吊装，我们将钢结构间冷塔的外围护结构称为蒙皮。其安装流程如下：

(1) 在钢结构三角架檩条上部，自底向上标注中心线（即各檩条最高点位置）作为基准线。

(2) 由中间向两侧均匀布置铝板，进行铝板预排板，确认铝板规格、位置无误。

(3) 采用自攻钉依次固定中心线两侧铝板、相邻位置铝板、两侧不等宽铝板，直至完成铝板安装

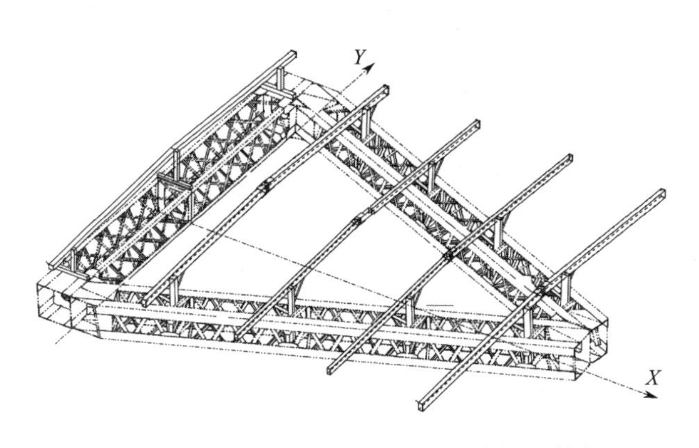

图 2　檩条现场安装图

工作。

（4）铝板接头（凸楞）存在两处位置，一处位于单片三角架中间位置，此部分在地面安装即可，另一处位于两片三角架之间，此部分需在两片三角架高空安装完毕后，再进行施工。高空位置的铝板接头（凸楞）安装时，应在地面预先将镀锌撑杆固定在铝板接头上，最后将镀锌撑杆与檩条进行焊接固定，铝板接头（凸楞）、固定铝板、镀锌螺钉位置如图 3 所示，图中件号 5 即为铝板接头（凸楞），件号 36、36*即为两侧固定铝板，件号 12 即为镀锌六角头螺栓（规格为 M6×25mm），件号 11 为镀锌撑杆（规格为 ϕ12×380mm）。

（5）同样方法，逐步完成各层三角架铝板安装工作。单层铝板安装完毕后，进行本层铝板的吊装工作，每相邻两组三角架间铝板连接形式与单组三角架中心线处相同，均采用屋脊板、固定铝板形式进行连接，具体操作方法与单组三角架铝板连接方法相同。

（6）当下层铝板全部安装完毕后，逐层进行上一层铝板的安装工作，每层铝板间连接位置采用上层压下层的搭接方式进行，根据图纸要求，锥体段搭接长度为 200mm。

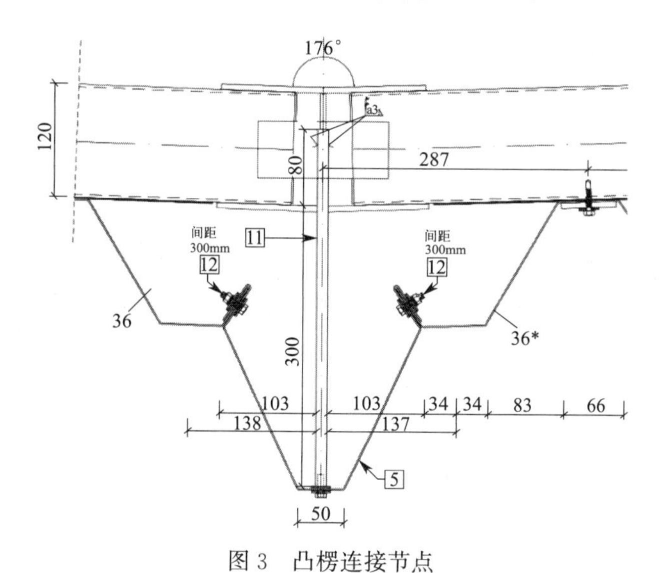

图 3　凸楞连接节点

5.2.4　锥段钢三角吊装

1. 钢三角控制安装点

根据安装需要共确定 9 个主要控制点，吊装过程中主要控制横杆上的 P6、P7、P8 三个控制点，如图 4 所示。为避免角点处端板对测量的影响，将 P6、P8 两点向横梁中点方向移动 30cm，并导出此处相对于钢塔圆心的标高和半径，P7 点主要用于轴线位置的确定。

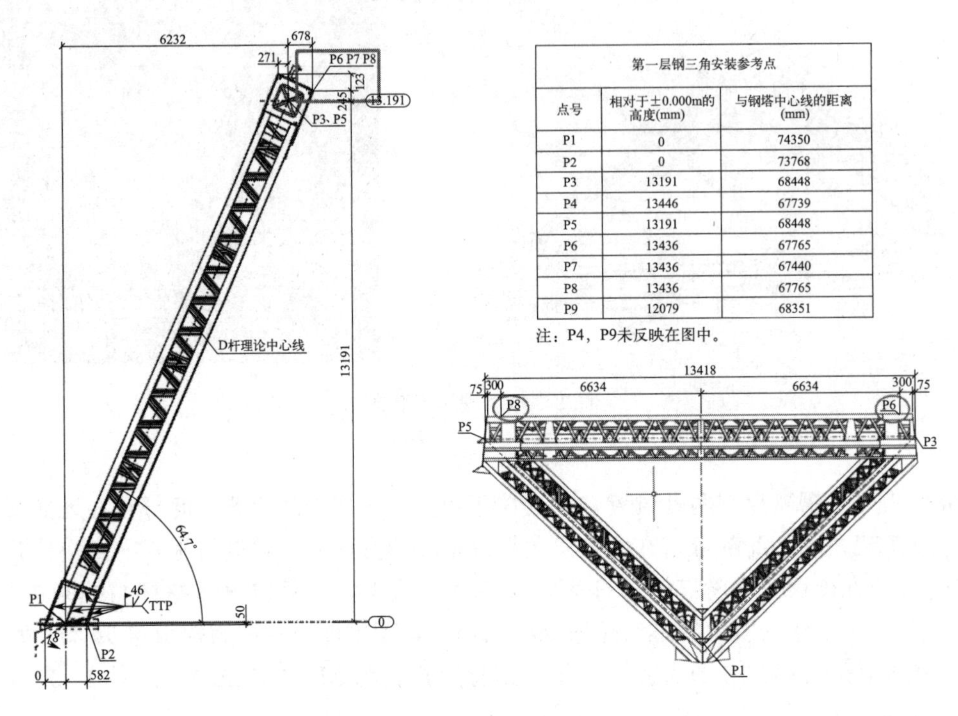

第一层钢三角安装参考点

点号	相对于±0.000m的高度(mm)	与钢塔中心线的距离(mm)
P1	0	74350
P2	0	73768
P3	13191	68448
P4	13446	67739
P5	13191	68448
P6	13436	67765
P7	13436	67440
P8	13436	67765
P9	12079	68351

注：P4，P9未反映在图中。

图 4　钢三角安装图

2. 基础埋件标高测量与划柱脚安装线

第一层钢三角制作时预留了 50mm 的余量，安装前测量每个基础埋件的标高，以实测值确定钢三角的长度尺寸进行切割，切割允许误差控制在 5mm 之内，确保每个钢三角各部几何尺寸正确。如图 5 所示，按中心线在埋件上划出柱角安装定位框线，并焊接定位块方便钢三角柱角安装时吊装就位找正。

3. 锥段钢三角安装测量

本工程测量采用全站仪配合反射片的定位方法，采用反射片测量的优点是可以精确粘贴在钢架指定位置上，小巧灵活，可以同时精确瞄准控制中心线与标高。吊装前将反射片粘贴在调整后的 P6、P8 两点上。锥段钢三角与地面成一定的角度，考虑到钢构件自重以及焊接变形的影响，采用锥段钢三角安装预放量技术，安装时将半径增大 5～6cm 作为一个预留挠度，依据前几榀的测量数据，对后续的钢三角吊装预留量进行微调。

图 5　钢三角柱脚尺寸定位

4. 锥段钢三角安装

锥段钢三角的吊装采用两台履带起重机分别沿着顺向和逆向逐层进行吊装，吊装过程中，首先依据柱脚尺寸进行初步的定位，然后采用全站仪对 P6、P8 两点的平距及标高进行测量，通过调整左右两端缆风绳上的捯链，调整钢三角位置。缆绳一端连接钢三角的角部，另一端连接混凝土地锚支墩，每个钢三角共拉设四道缆风绳，缆风绳起到调节安装尺寸和固定拉结的作用。

钢三角就位完成，进行钢三角柱脚的焊接。柱脚焊接完毕后方可松钩，此时构件由于自重会有一个向内的位移，预放量会抵消这个位移，使尺寸在论理值附近浮动，待相邻钢三角横梁对接焊接时通过缆风绳上的捯链进行微调，因此沿着顺向、逆向吊装前进方向连续设置缆绳的钢三角数量至少为 5 组，确保相邻钢三角形成一个临时稳定体。

5.2.5　钢三角焊接

钢结构塔连接形式为全焊接，焊接工作量大，分为地面组拼焊接及高空安装焊接，焊接位置多样，焊缝质量要求较高。为了方便现场施工人员进行焊接作业，避免仰焊，在构件加工制作时结合现场实际情况，提前策划坡口方向（图 6）。同时现场焊接采用陶瓷衬垫，单面焊接双面成型。

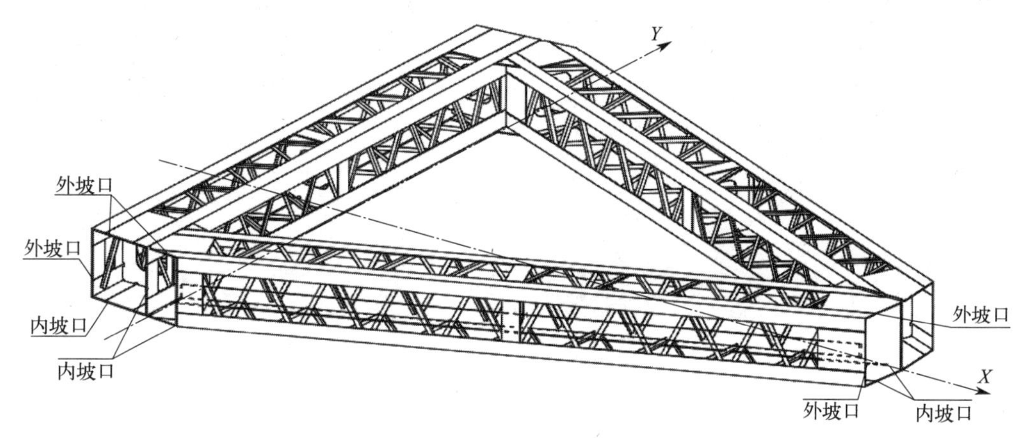

图 6　钢三角坡口示意图

钢三角高空焊接采用专用焊笼，焊笼通过设计计算保证设备及人员安全，焊接人员在焊接过程中应将安全带挂设在稳固的防护栏杆上，焊笼挂设在横梁焊接对接节点位置处。

5.2.6　专用施工工具设计

1. 吊装卡具

针对带有蒙皮的钢三角进行吊装时，为防止吊装过程中因构件的摆动致使吊索损伤蒙皮。设计专用于带有蒙皮钢三角吊装卡具，其原理是将钢三角吊点外延，避免吊索与蒙皮发生碰撞（图 7）。

根据钢三角的重量及构件尺寸确定型钢的截面大小，确保满足受力要求。根据蒙皮伸出钢三角构件的长度确定外挑型钢的具体长度。根据钢三角格构构件的分肢截面大小，确定吊装卡具卡口的尺寸。卡口位置增加补强槽钢、应力集中区域增加加劲板及斜撑，增加受力强度。

图 7　带有蒙皮钢三角专用吊装卡具

2. 高空对接焊缝焊笼

为了保证钢三角单元高空焊接质量、为焊接操作提供施工平台。采用一种特制的钢结构间冷塔环梁对接焊缝焊笼，焊笼的主框架采用角铁、槽钢等型钢，外围护采用铝板，为焊接人员进行高空作业提供一个安全、防风的操作空间（图 8）。

图8 环梁对接焊缝焊笼

3. 凸楞安装托架

为了有效保证钢结构间接空冷塔铝板蒙皮的整体性、密闭性，在两片钢三角单元之间搭设铝板蒙皮接头（又称为凸楞），由于此部分需在钢塔外侧高空安装，在钢三角单元安装完毕形成一定作业面后再进行施工。为解决高空安装施工作业条件，设计专用凸楞安装托架，既做物料平台又作为操作平台，在凸楞安装过程中为高空作业人员进提供一个安全、便捷、合适的操作空间，保证对接的质量，提高安装的效率。

6 质量控制

（1）施工技术人员负责对施工班组进行施工技术交底及图纸交底。

（2）施工班组应对工程每道工序的进行自检并做好记录，由项目技术部进行复查，评定等级，严把质量关，不合格的绝不进行下道工序。

（3）构（零）件进入施工现场后，在组对前必须进行验收。包括材料质量明书、材料加工合格证，并保证实物数量、规格、型号的证物一致性。检查构件在装卸、运输及堆放中有无损坏和变形，当发现有问题时，应立即联系供货方和监理进行复验，确认合格后方可使用。

（4）钢结构存放场地应平整紧实，无积水，材料存放应按种类、型号安装顺序等分区、分类存放，钢构件底层垫好枕木，并应保证有足够的支承面防止支点下沉，相等型号的钢构件叠放时，各层钢构件的支点应在同一垂直线上，防止钢构件被压坏变形，应水平放置在组对平台上，不应立放。

（5）胎具定时进行复核，防止过程中由于构件重量导致胎具变形。

7 应用实例

7.1 锡林发电厂（2×350MW）供热机组工程钢结构间冷塔

蒙能锡林浩特发电厂2×350MW供热机组工程间接空冷系统钢结构塔位于锡林浩特市运营中的锡林热电厂东侧。钢结构主要采用Q355B钢材，包括下部锥体、圆柱塔体、加强环、展宽平台、上塔爬梯、外围护铝板；塔体高181m（外置蒙皮高度），下部锥体底部直径为145.30m，椎体高度64.615m，上部圆柱塔体高度116.385m，圆柱塔体直径96m（外蒙皮内直径）。塔体主结构是采用格构式构件组装形成的空间结构，展开平台采用桁架结构，以檩条支撑的铝板墙板作为围护结构。椎体由6层三角形网格组成，上部圆柱塔体由12层三角形网格组成，每层36个三角，加强环4层。

7.2 国电双维电厂新建工程项目2×1000MW超超临界空冷燃煤发电机组钢结构间冷塔

本工程位于内蒙古自治区鄂尔多斯市鄂托克前旗上海庙镇能源化工基地内。间冷塔塔体为全钢结构，钢结构塔主要采用 Q345B 钢材，两座钢塔结构形式相同，结构形式由“锥体＋展宽平台＋圆柱体＋加强环”四部分组成。锥体共 6 层，高度为 65m，底部直径为 148.7m。展宽平台 1 层，采用桁架结构。上部圆柱塔体共 12 层，高度为 125.2m，圆柱塔体直径 92.5m（外蒙皮内直径），塔体总高度为 190.2m。加强环共 4 层。分别位于六层、十层、十四层、十七层横梁位置，加强环内置于塔体内部。每层结构均由 32 个钢三角合拢组成，钢三角单根格构件在加工厂内加工制作，加工好的构件拉至现场进行拼装焊接成钢三角整体，然后进行整体吊装。

8 应用照片

相关图片见图 9、图 10。

图 9　锡林发电厂（2×350MW）供热机组工程钢结构间冷塔

图 10　国电双维目 4×1000MW 超超临界空冷燃煤发电机组钢结构间冷塔

大跨度超高型钢梁安装施工工法

中国建筑第八工程局有限公司

青　松　胡铁厚　杜永跃　闫涵金　丁时璋

1　前言

新乡市职工活动中心东临定国湖，西临新乡市中心医院东院区，距离新乡市政府不足3km。新乡市职工活动中心是开展企业职工文体骨干培训，为基层工会和职工群众服务的综合性公共场所。建成之后将成为新乡市又一个文化、休闲、健身、娱乐的综合型公共建筑，能够进一步满足职工精神文化需求，丰富职工业余文化生活，提升城市品位，发挥良好的社会效益。

本工程电影院、运动馆、室内篮球馆、大剧院区域均为高、大空间，因此设计采用型钢混凝土组合结构实现效果。型钢柱最大截面尺寸为H1400×600×30×50，型钢梁最大截面尺寸为H2500×500×30×60，最大长度为30.4m，重量为31393.4kg。现场施工场地狭小，无法使用汽车起重机正常吊装，型钢梁如何吊装为本工程考虑的重难点。

2　工法特点

型钢梁尺寸采用BIM深化设计；创新研制可滑移拼装胎架；使用液压提升装置解决型钢梁超重无法吊装相关问题。

3　适用范围

本工法适用于作业空间较为狭小的大跨度型钢梁安装施工。

4　工艺原理

（1）利用BIM技术对型钢梁进行建模并编号，确保型钢梁的精确下料及精准定位；

（2）通过可滑移拼装胎架，在楼地面对型钢梁进行预拼装、焊接；

（3）通过液压提升装置将在地面拼装好的型钢梁提升至安装位置，然后进行安装作业。

5　施工工艺流程及操作要点

5.1　工艺流程

深化设计、BIM技术建模分析→材料下料加工→制作可滑移胎架→钢梁地面滑移就位→钢梁地面拼装→液压提升设备安装→液压提升及梁柱节点连接→检查验收、卸载→变形检测。

5.2　操作要点

5.2.1　深化图设计、BIM技术建模分析

本工程运动馆区域屋面共4根型钢梁，跨度均为30.4m，最大型钢混凝土梁截面尺寸为2500mm×500mm，重量为31393.4kg，施工高度为11.75m，跨度超长，重量超重，下面为二层混凝土楼板。

每根型钢梁定位放线、材料加工和现场安装的要求精度都非常高，本项目通过运用BIM技术对型

钢梁进行建模，在生成的三维模型中，能够直接在模型中提取所需要的基本几何信息，为型钢梁的制作加工提供了准确的现场依据。

5.2.2　材料下料加工

（1）本项目型钢梁、钢柱材料均为 Q335D 钢板。

（2）型钢梁共有 10 根，跨度均为 30.4m，最大型钢混凝土梁截面尺寸为 2500mm×500mm，重量为 31393.4kg。我公司借助相关软件进行建模和深化设计，高效地完成加工时的下料及编号。

5.2.3　制作可滑移胎架

（1）集思广益，研究确定胎架加工尺寸及方案，进行深化设计。

（2）按图纸使用 16 号工字钢下料、焊接。

5.2.4　钢梁地面滑移就位

（1）第一台胎架移动就位后，用汽车起重机把场地地面上的第一榀钢梁吊起放置于胎架上面。

（2）提前制作的钢板楔形塞（图 1），将拼装胎架与钢梁之间缝隙塞严，防止移动时钢梁晃动倾斜。

图 1　钢板楔形塞

（3）将卷扬机固定在一端已浇筑完成的型钢柱上，用卷扬机匀速缓慢地拉着胎架前进至指定位置然后锁死万向轮（图 2）。

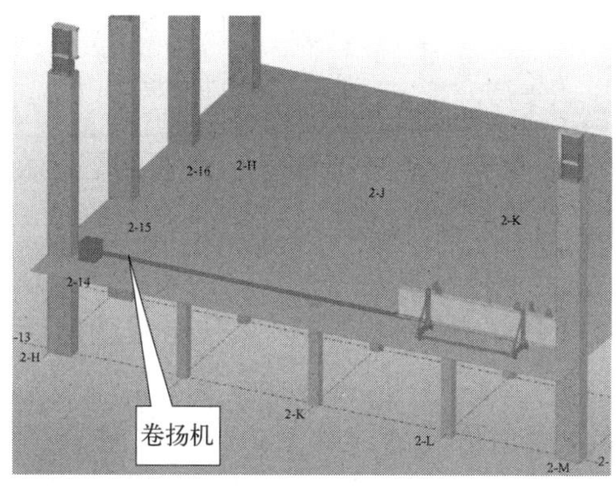

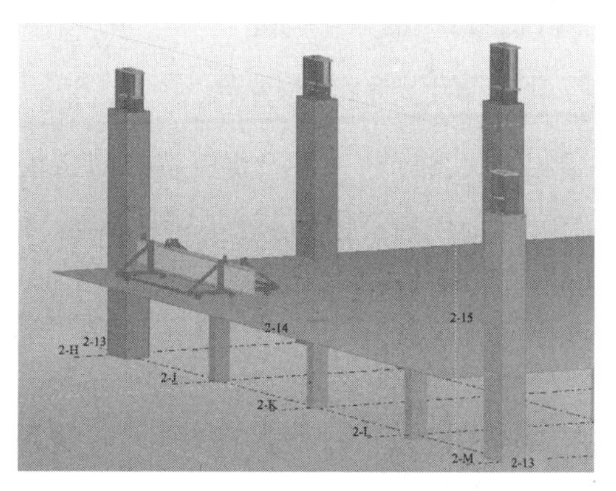

图 2　施工模型图

（4）将第二台可滑移胎架移动就位，同样的方法吊装、滑移第二、三榀型钢梁。

（5）将三榀型钢梁调整为一条直线位置，固定万向轮小车，对每榀型钢梁高低位置采用液压千斤顶进行调整，各方位调整完成后，开始组装、拼接固定钢梁，进行焊接、探伤。

5.2.5　钢梁地面拼装

将三榀型钢梁调整为一条直线位置，固定万向轮小车，对每榀型钢梁高低位置采用液压千斤顶进行调整，各方位调整完成后，开始组装、拼接固定钢梁，进行焊接、探伤（图3）。

图3　施工现场图

5.2.6　液压提升设备安装

（1）通过专业厂家设计计算，确定液压提升装置型号（图4）。

（2）对提升平台进行深化设计，确定提升平台的设计参数（图5）。

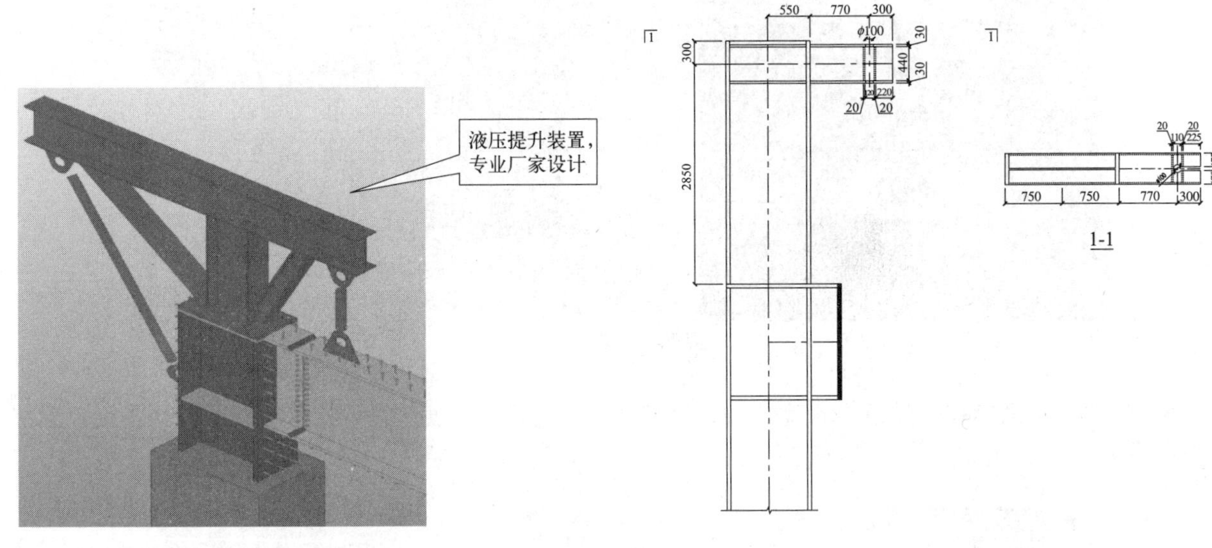

图4　液压提升装置模型图　　　　图5　提升平台结构图

（3）安装提升设备固定构件及提升机，对每根型钢梁提升吊点进行编号，为垂直提升做准备。

（4）安装完成后进行焊缝检测，检测合格后方可进行下一步施工。

5.2.7　液压提升及梁柱节点连接

（1）在4.95m楼面位置拼装钢梁结构，安装提升平台，放置提升器，提升器通过钢绞线与下吊具连接（图6）。

（2）吊具安装牢固后，提升器继续提升，使其整体脱离拼装胎架约100mm，停止提升。液压缸锁紧，静置12h，检查提升平台、提升吊点和吊具的焊缝和变形是否正常（图7）。

（3）整体提升钢梁结构（图8）。

（4）整体同步提升至设计标高约200mm，降低提升速度，提升器微调作业，对口处精确就位。液压缸锁紧，对口焊接，安装后补杆件（图9）。

（5）安装钢梁拼接处的高强度螺栓，焊接翼缘板和腹板，全部焊接牢固达到探伤要求，第三方检测单位进行现场探伤。

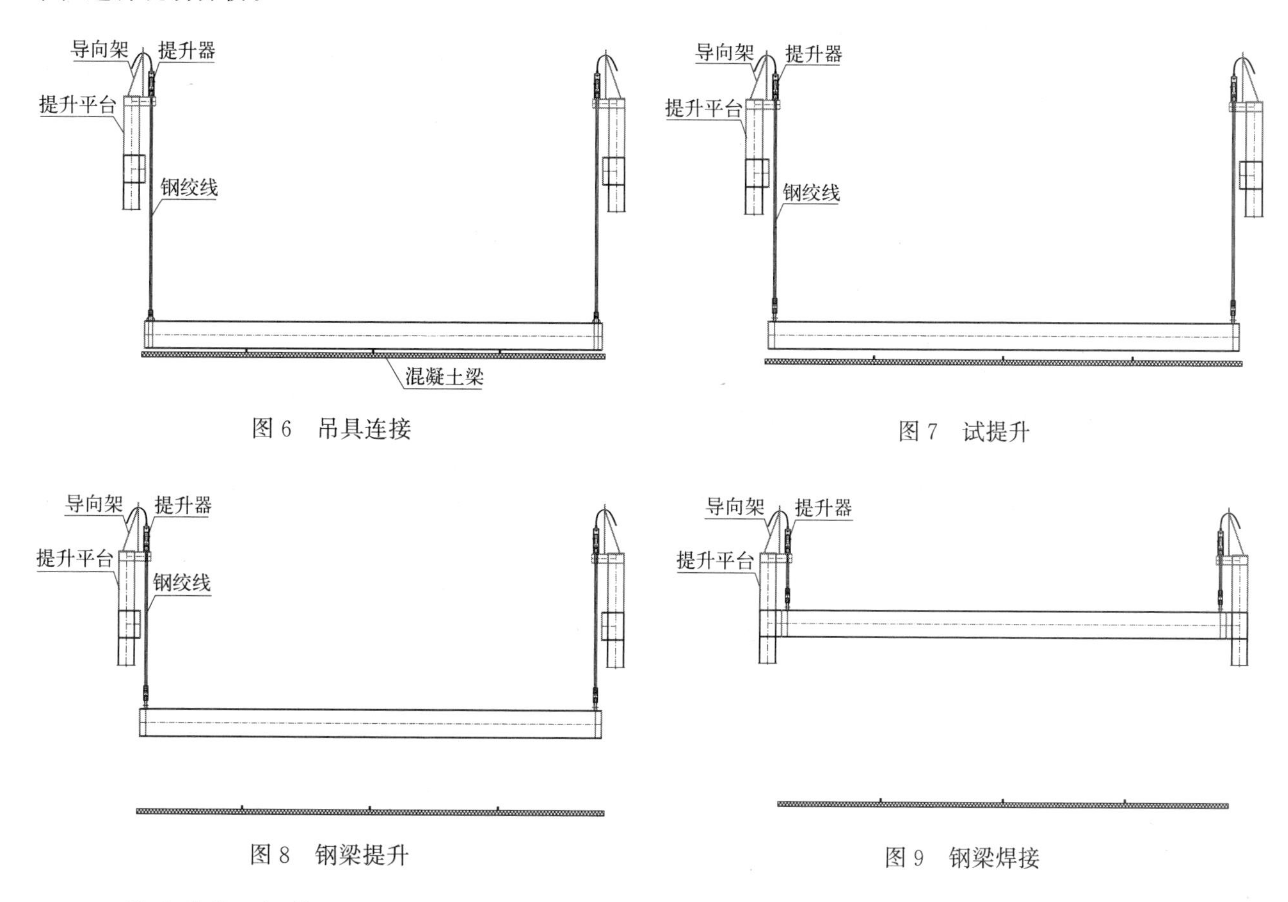

图 6　吊具连接

图 7　试提升

图 8　钢梁提升

图 9　钢梁焊接

5.2.8　检查验收、卸载

型钢梁安装完毕投入使用前要及时检查验收，卸载过程中应对钢梁进行变形检测。检查工作由项目技术人员进行组织，验收时须有关总承包和监理有关技术和质检人员参加。检查依据为施工图纸、施工方案、技术交底、变更文件和有关规范。在检查过程中如发现工程技术文件与规范有冲突的地方，以规范为准，并及时修改技术文件。

6　质量控制

6.1　组织保证措施

为使现场安装质量责任到人，现场成立以项目经理为最高质量负责人的质量控制组织机构体系，项目部作为质量控制具体执行者，公司专职质量负责人对现场安装质量进行全程监控，公司质安管理部对现场施工安装质量进行全面监督。

进场材料由质检员负责进行外观和数量检查；验证合格后在送货单上签字。合格地做好标识，可用于安装。对验证不合格的材料、半成品，报公司处理。材料进场前把进场材料报验给总承包、监理方。

6.2　制度保证措施

（1）施工前“技术交底制度”

每道工序在施工前项目部对施工队进行技术质量交底，交底内容包括设计图纸，本工程难点、要点、施工安装工艺，明确如何按图施工，如何才能达到质量及技术要求。交底后在交底记录上交底人和被交底人进行书面签字并进行存档。交底内容详细、准确，具有针对性和可操作性。

（2）施工现场“样板交底制”

在各施工工序前，施工队制作一定数量或面积的实例样板。经公司安全质量检查员、项目部检查验收合格批准后方可大面积施工。在样板制作过程中，对发现的问题，公司质量检查员、项目经理、施工经理、现场质量检查员和现场技术员给予总结归纳，形成技术、质量交底，并在施工完成的样板现场对施工班组人员进行指导及交底，填写《样板交底记录表》，在后续大面积施工中，以样板为实例指导施工且质量达到样板施工的要求。

（3）施工现场“三检制”

施工中，施工班组对自己已完成产品的质量进行100%自检为第一检；施工队质量检查员对完成产品的质量进行100%检查为第二检；项目部和公司质量检查员对完成产品的质量进行100%抽检为第三检。

（4）施工现场“质量例会制”

公司质量检查员、项目部每周在现场召开技术、质量工作例会，对施工现场发现的技术质量问题进行总结和即将施工的部位可能出现的技术质量问题进行交底，对上周存在的技术质量问题及质量整改情况给予通报，并对出现质量问题整改落实到位情况进行总结。技术质量例会完成后，填写《技术、质量例会记录》进行书面签字并存档。

（5）质安部“质量定检制”

公司质安部定期到现场对工程质量进行检查，发现质量问题，要求项目部督促施工队限期进行整改，达到设计和有关规范要求。

6.3 技术保证措施

施工图纸由公司深化设计，并提交设计单位审核确认，确保施工图纸完整，技术方案可行。

7 应用实例

本技术已在新乡市职工活动中心项目成功应用，从大跨度型钢梁滑移胎架的制作，型钢梁分段吊装至楼板上的滑移胎架上，通过滑移至施工位置进行拼装，整体拼装完成后液压提升施工等施工技术进行研究，解决了大跨度超高型钢梁在高大空间结构内施工中出现的一系列建造技术难题，提升了工程品质，保证了施工质量，同时节约了工期，创造了经济效益。产生了良好的社会影响力，具有良好的市场应用前景及效益价值，为以后类似超大、超高钢构件的拼装提供技术借鉴。

反拖轮组式顶推施工工法

河南省力博桥梁安装工程有限公司、中铁三局集团第五工程有限公司、中铁城市发展投资集团有限公司

唐胜刚　温江卫　刘玉霖　程宝山　马国震

1　前言

宜彝高速公路1标段位于四川省宜宾市境内，标段主线长度为24.494km。柏溪互通桥A匝道桥及C匝道2号桥第一联为钢混组合梁。

A匝道钢梁主桥跨径为34m，处于半径为140m的圆曲线上；钢梁全宽10.5m，横向由2个钢箱（1号、2号）组成，2个钢箱之间用箱间横梁连接，箱间横梁间距为5～6m，全长共7道箱间横梁。单个钢梁腹板中心距为2.5m，宽度中心处梁高1.4m。A匝道钢箱梁总重量为215t。

C匝道2号桥共两联。第一联为钢箱—混凝土组合梁，跨径为28＋46＋28m，处于半径为160m的圆曲线上。第二联为混凝土梁。第二联混凝土梁施工完成后，安装第一联钢箱梁。第一联钢箱梁全宽10.5m，横向由2个钢箱（1号、2号）组成，2个钢箱之间用箱间横梁连接，箱间横梁间距为6～10m，全长共14道箱间横梁。单个钢箱腹板中心距为3m，宽度中心处梁高1.95m。第一联中间跨上跨宜水高速。第一联钢箱梁总重量为450t。

本工程根据施工图纸，利用BIM技术，建立钢结构桥梁模型，结合现场起重机械布置及机械参数，对桥梁进行分段，并对施工过程进行施工模拟验算，保证施工过程安全。在支撑平台上进行整体拼装、焊接，然后卸载，采用新型反拖轮箱对钢箱梁进行顶推至设计位置，利用顶升千斤顶逐步进行落梁，使钢箱梁降落至支座上并进行固定。

我单位组织技术人员进行攻坚克难，圆满解决了钢梁顶推施工效率不高、曲线半径要求过高等一系列问题，并总结出《反拖轮组式顶推施工工法》。

2　工法特点

（1）反拖轮组由电机、减速机驱动，可以自动实现机械同步和连续滚动。

（2）利用变频调速可以实现软制动，减轻对结构的冲击，使得整个顶推过程运行平稳。

（3）使用变频控制可调整两侧轮组的速差，自动行走弯道，实现小半径弯桥的快速过孔。反拖轮组顶推工法，前行平均速度约1.5m/min，比传统的顶推效率提高几十倍，顶推效率的提高可以大大节省封路成本。

（4）反拖轮组的轮压控制，可以通过液压千斤顶的油路连接方案实时调整，支反力平衡方程计算简单可靠。

（5）在高支架上拼装钢梁，拼装支架和反拖轮组支架可以共用，减少了传统步履顶推的专用支架，和拖拉法顶推的连续滑道，降低了施工成本。

3　适用范围

本工程所使用技术主要应用于：各种跨度直线或曲线钢箱梁、钢混组合梁的顶推施工。

4 工艺原理

该工法是利用钢轮组的轮面反托在钢梁腹板正下方的钢梁底板上，并通过电动机、减速机及齿轮等驱动滚轮转动，带动梁体向前水平运动，从而实现钢梁顶推过孔。

该反托轮组装置见图1，它由①底座；②H撑支架立柱；③H撑支架横梁；④液压千斤顶；⑤反托轮箱；⑥侧向限位轮及限位架；⑦防滑（滚）动楔块；⑧驱动电机及减速机等组成。

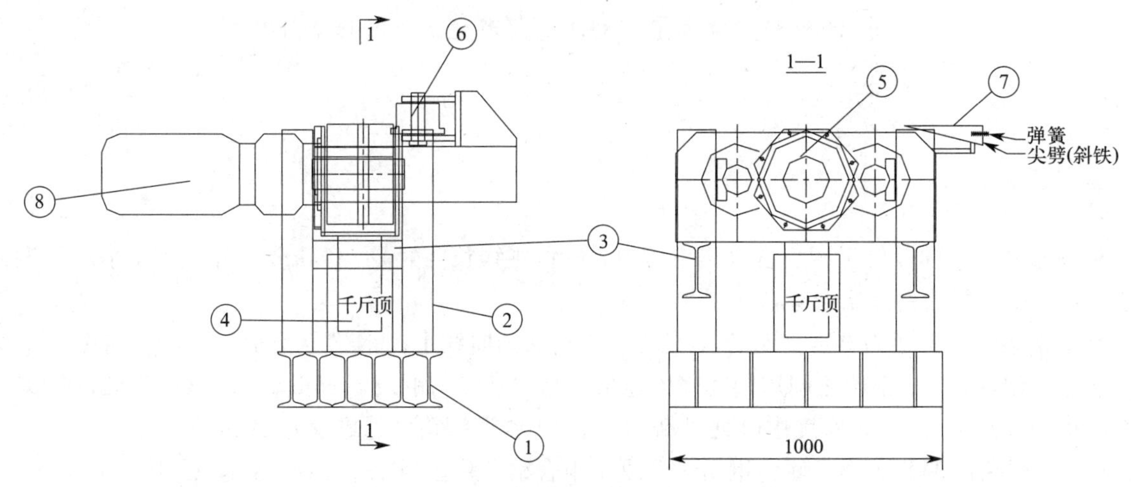

图1 顶推装置结构示意图

装置各部件的作用：

①底座：将反托轮组的受力通过支架或千斤顶传递给基础；

②、③H撑支架立柱与横梁：支撑轮组和限位轮组，只允许轮组在H撑内上下移动。

④液压千斤顶：调整轮面标高和轮压；

⑤反托轮组：靠其上的驱动装置，使轮组绕轴转动，靠轮面与钢梁底间的摩擦力，使得钢梁向前移动；

⑥侧向限位轮及限位架：限制钢梁底面的侧向位移，强制钢梁顺桥向移动；

⑦防滑（滚）动楔块：由弹簧和楔块组成，防止意外滑动和滚动；

⑧电机和减速机：提供动力，使得轮组的钢轮绕轴转动。

5 施工工艺流程及操作要点

5.1 施工准备

5.1.1 图纸会审，深化设计

钢箱梁节段划分：C匝道钢箱梁沿纵向划分为9个节段，每个节段沿横向再划分为4个吊装块，合计（9×4）36个制作分段，厂内生产时将分段划分为板单元制作（图2、图3）。

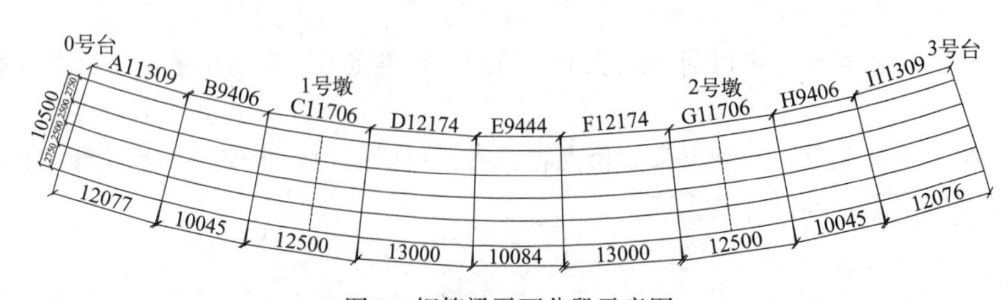

图2 钢箱梁平面分段示意图

5.1.2 BIM+施工模拟

根据设计图纸，业主工期要求及施工组织设计编制施工专项方案，并对方案的可行性利用 Midas Civil 进行施工模拟，节点验算，验证钢箱梁在顶推施工过程中整体稳定性，节点强度承载能力等。确保施工方案安全可行。采用有限元分析软件 Midas Civil 建立模型进行分析。

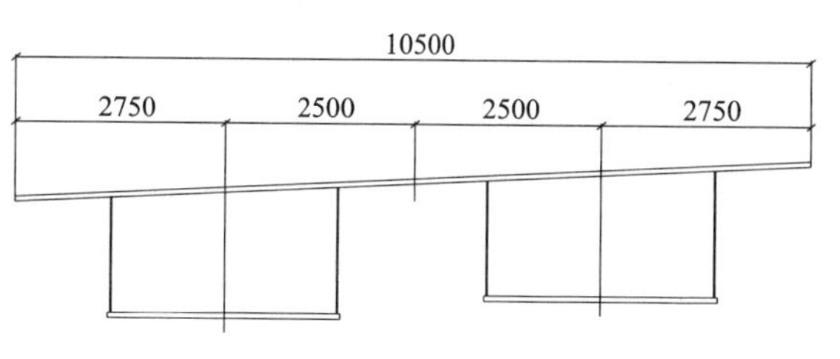

图3 C匝道钢箱梁横桥向分段示意图

经施工工艺模拟可知，各工况下强度，稳定，变形均满足要求。

5.1.3 现场技术准备

(1) 测量准备工作，完成测量控制网交接，并复测各墩台帽梁支座平面高程轴线坐标参数是否与设计图纸一致，分析下部结构的误差对钢箱梁安装将会造成的影响；

(2) 根据桥梁平面和竖曲线数值，以及有关设置的预拱度等结构要求，结合实际工况，进行复核、模拟认证，确保下部结构各项数据满足施工要求；

(3) 桥下与宜水高速相交，与高速公路管理单位协调临时占用部分车道进行施工；协调打通所有的运梁通道及吊装设备站位、转位场地；

(4) 完成临时支墩地基处理及基础施工；

(5) 完成各墩支座安装后高程、平面坐标交接，要求与设计一致；

(6) 起重机定位，根据吊装现场环境和节段吊装定位要求，确定起重机定位位置，并做好标记，起重机进场时，根据标记站位；

(7) 节段进场，根据节段定位的要求和起重机站位，确定节段进场的位置要求，并做好标记，运输车根据标记定位；

(8) 根据现场吊装的平面布置，设置围挡，布置道路交通警示牌；

(9) 现场监管人员、安全员、施工人员到位。

5.2 施工工艺流程

施工准备→临时支撑架制作安装→反拖轮组安装→钢箱梁及导梁安装→临时支撑架安装→钢箱梁拼装焊接→胎架卸载→钢箱梁顶推→钢箱梁拼装焊接、卸载→钢箱梁二次顶推→钢箱梁落梁→固定。

5.3 施工要点

5.3.1 支撑胎架安装及拆除

1. 支撑架安装

(1) 立柱安装：立柱为钢管格构柱形式，在现场将单根钢管直接采用汽车起重机起吊，与基础钢管桩定位、焊接。

(2) 连接系安装：连接系在现场加工场地上加工成型。加工时，先依据图纸将两根纵联（横联）同斜撑一起加工成型，形成一个稳定结构体系。

(3) 分配横梁、纵梁安装：分配纵梁直接焊接在立柱的顶端封口板上，分配纵梁的连接采用夹板围焊固定。纵梁在安装时应严格控制其轴线偏差以及接口位置处（与立柱的顶端封口板）的焊接质量，对于钢管立柱的高差，一般采用钢板垫平后再安装分配纵梁，确保纵梁的水平。横梁直接搁置在纵梁上，采用在纵梁两侧焊接限位挡板的方式进行固定。横梁在安装时应严格控制其腹板垂直度以及接口位置处的对接焊接质量，对于横梁上部支撑钢梁块体的线形钢垫块，采用角焊缝。

2. 支撑架拆除

临时支墩的拆除，先行拆除支架上方的横梁，然后再从跨中向两端对称拆除。钢梁下部支墩拆除采用梁底焊接吊耳穿挂绳索、起重机配合拆除，整体分为四步拆除：

第一步：拆除与箱梁底连接的全部钢垫块。

第二步：利用梁底吊耳拆除顶面工字钢。

第三步：汽车起重机绳索扣住钢管上部 2/3 处，并依次割除根部钢管。

第四步：汽车起重机起吊钢管支墩，放置地面。

5.3.2 钢梁合拢方案

1. 合拢段的定位和控制

由于桥面钢梁合拢工作包含合拢段的吊装、装配、定位、固定。对于合拢段的安装，首先在两侧钢箱梁边节段安装、焊接完毕，两侧钢箱梁线形经过精确测量复核后再进行合拢段的安装就位。根据具体确定的合拢时间，对需要合拢的空间距离用全站仪反复多次测量，并记录下每次测量的数据及测时温度，进行比较，确定温差产生的变化系数，决定最终的修裁切割余量。然后，再根据测量数据放置于合拢段上，进行修裁切割余量，同时进行连接定位板的焊接。合拢一般选择在温度偏低的时间点。合拢段余量的切割，全部在起吊前完成，对接就位后，用钢码板连接固定的方法，校正装配，并进行环缝的焊接施工。

另外，吊装前必须做好钢结构与下部结构各连结部位的轴线、高程、位置的交接工作，必要时可进行各施工前后工序的联合复测，明确各部位的误差和修正调整措施。减少吊装后的误差修正工作。

合拢段结构的对接，为现场无余量安装合拢。根据工程现场测得的合拢间有关距离数据，结合时间温差变化等多种因素的影响，将各类数据直接反映至电脑上，通过三维模拟比对，在拼装胎架上将合拢段两端的余量切除。合拢段吊装到位后通过码板快速连接，合拢调整结束后，随即焊接钢码板，减少合拢段在高温下产生的热胀变形。

钢梁的安装测量，特别是轴线、高程控制，全部采用全站仪。根据构件上预设的测控点，进行坐标测量控制就位；同时可用水准仪、卷尺进行检测是否符合要求。安装高程的控制，主要以构件上表面预留测控点的控制为准。轴线的控制，主要以全站仪控制轴线测量点（卸胎架前，布置的轴线控制点）。起吊安装前，检查测量控制点的位置是否正确符合要求；必要时，也可在测量点上贴上反光测量片，便于仪器的观察测量。安装后，测量安装位置坐标是否符合要求。

2. 合拢段划线配割

为了合拢段的顺利合拢，保证合拢时桥梁线形，更好地控制合拢间隙，钢箱梁合拢段块体划线配割如下：

（1）依据梁段总拼图和总拼线形，拼焊合拢段及相邻梁段。

（2）依据理论线形，以顶板处距理论端头 200mm 处为基准划合拢梁段的切割线。

（3）两侧边节段梁段，以顶板处距理论端头 200mm 处为划梁段的切割基准环线，在总拼胎架上该基准环线平行与合拢段切割基准环线。

（4）根据工程现场测得的合拢间有关距离数据，结合时间温差变化等多种因素的影响，确定合拢段长度并将合拢段两端的加工余量切割掉。

5.3.3 跨高速施工控制措施

1. 跨高速前的准备工作及措施

高速公路管理局明确要求在顶推前高速公路上方不准有悬臂设施出现，我方以此为要求，根据现场实际工作场地进行如下部署：

前导梁设计 20m 长，钢混梁一次组拼焊接约 80m 长（现场路基可利用长度约 100m），钢梁组拼按照制造厂分段图施工（12.5+9+12+12+11+12+12)m=80.5m。钢混梁在二拼胎架上按照设计图预拱度及线形依次进行组拼焊接80.5m，并安装焊接前导梁20m。顶推施工前，所有工作均在1号墩以前完成，不与高速公路发生侵限关系。

顶推前，在1号墩和2号墩墩顶预设各4组（8个）反拖轮箱，并做好钢梁左右限位导轮的安装布设。

所有反拖轮箱的布置必须严格按照桥梁设计曲线半径及位置要求摆设，并反复使用测量仪器定位复核，保证曲线半径、高程等满足顶推要求（钢混梁预设拱度及导梁和钢梁自重产生的挠度叠加后不小于50mm)。

在1号墩前至路基位置每间隔23m设置4个反拖轮箱，高度保证前导梁能够顺利上至2号墩顶的反托轮箱上。

钢混梁组拼焊接完成后，焊缝经探伤合格后，进行油漆补涂等相关工作，待所有工序结束后清理桥上所有设备及临时构件，安装防护设备措施，保证钢梁顶推过程中无坠落物。

2. 跨高速过程工作内容及措施

（1）反拖轮箱组共有两种，一种是无轮缘的凸轮结构，另一种是带单侧轮缘的凸轮结构，轮箱组配备2718-187-3.0电机减速机，前进或后退速度3m/min，曲线外侧两排带有电机减速机系统，为主动轮组，曲线内侧无动力系统，为从动组，这样设计便于钢梁按照曲线行走；正常情况下完成前行46m过孔时间约16min。

（2）顶推前每个轮组都设置一名专职观察员，观察员配备对讲机，随时与指挥员和操作手进行沟通。所有人员在顶推过程中应密切观察各轮箱组的运行情况，防止咬轮、爬轮现象发生，观测运行中钢混组合梁是否按照预设的运行轨迹行走（轴线偏移量小于50mm)。

（3）顶推运行中1号桥墩左右两侧各安排一名补漆人员随时补漆（主要是轮箱与钢梁接触点)。

（4）严禁顶推到位前在高速公路上方进行焊接、油漆作业，严格预防顶推过程中有物体掉落高速公路。

6 质量控制标准

结构施工过程中，应符合下列标准及规范的要求：《钢结构设计标准》GB 50017、《钢结构焊接规范》GB 50661、《钢结构工程施工质量验收标准》GB 50205、《建筑施工高处作业安全技术规范》JGJ 80、《施工现场机械设备检查技术规范》JGJ 160、《工程测量标准》GB 50026、《建筑机械使用安全技术规程》JGJ 33。

7 应用实例

7.1 宜彝高速柏溪互通钢混组合梁

宜彝高速公路1标段位于四川省宜宾市境内，线路起于乐宜高速，在K0+000处设置中峰寺枢纽互通与乐宜高速相接，路线向南经高坎子湾、上厂子沟后，在K4+970.5处设置思坡互通与县道X144相连，然后路线继续向南，两次上跨香厂沟后，在喜捷镇猫儿沱村设特大桥跨越岷江，在K15+214.8处设置喜捷互通与宜屏快速路相接，接着路线沿喜捷镇规划区北侧布线，向南经鸭池田、柏树湾、棕林咀、黄桷湾后，在K24+493.989处设置柏溪互通与宜水高速公路实现交通转换。

本施工工法施工方便，安全可靠，能降低现场的安全管理风险，提高了现场的施工速度，减少了大型机械设备的使用，减少施工工期，工期提前了30d，经济和社会效益可观。

7.2 宜威高速钢箱梁

长宁龙头枢纽互通位于宜宾市长宁县龙头镇南侧，本互通为枢纽互通，为实现本项目与宜叙高速交通转换而设。新建龙头互通布置为T形枢纽互通。互通主线平面设计线位于路基中心线，匝道平面设计线位于行车道中心线处。E匝道采用单向单车道匝道，标准宽度为9m，上跨宜叙高速YXZK34+967.5小埂上大桥。E匝道桥平面位于半径151.75m的圆曲线上；起点桩号：EKO+166.96（接C匝道1号桥第四联），EKO+170～EKO+230为第一联，采用2×30m预应力混凝土连续箱梁；第二联采用36m+56m+41m连续钢箱梁，里程桩号：EKO+170～EKO+363；第三联采用20m+30m+20m预应力混凝土连续箱梁，桥梁终点桩号：EKO+436.5。

本工法在宜威高速竹海互通B、C匝道钢箱梁项目实施效果较好，在工期时间紧迫，现场施工条件苛刻，顶推曲线半径小、施工技术难度大、安全风险高的情况下按照业主的工期节点要求安全、快速施工完毕，避免采用较多的满堂支撑架及相关措施，缩短了跨高速公路占用时间，降低了施工成本和对高速公路运行影响，避免了重大的安全隐患风险，工程开展安全可靠。

7.3 京哈高速卜家店公铁分离立交钢混组合梁

工程地点位于葫芦岛市南票区高桥镇。本桥第二孔上跨沈山铁路，第三孔上跨锦赤铁路，本桥设计方案为既有桥梁拆除重建。新建桥梁半幅桥宽29.75m，采用顶推施工方法。

上部结构采用40m钢混组合梁分离式箱室结构，下部结构桥台采用肋板台，桥墩采用柱式墩，墩台均采用钻孔灌注桩基础。

本工法在项目实施效果较好，由于工期时间紧迫，现场施工条件苛刻，上跨京沈、锦赤3条铁路线，每次天窗点仅有1个小时，在施工技术难度大、安全风险高的情况下按照业主的工期节点要求安全、快速施工完毕，避免采用较多的满堂支撑架内最少顶推1跨（40m）距离，且本桥混凝土桥面板及防撞护栏均在顶推前施工完毕，由于采用了反拖轮组式顶推施工工艺，大大缩短了跨铁路施工占用的时间，降低了施工对既有铁路营业线运行影响，避免了重大的安全隐患风险，工程施工安全可靠。

8 应用照片

8.1 宜彝高速钢箱梁顶推施工（图4、图5）

图4 反拖轮组系统图

图5 反拖轮组侧视图（一）

8.2 宜威高速钢箱梁顶推施工（图6、图7）

图6 反拖轮组侧视图（二）

图7 桥梁顶推就位

8.3 京哈高速卜家店钢混组合梁顶推施工（图8、图9）

图8 液压调节系统布置

图9 顶推施工

450mm 超小间距双层屋盖体系的平行大跨度桁架“逆作式”加“整体提升”组合施工工法

中建三局集团有限公司

钟　实　周文武　李　超　罗志雄　桂　兵

1　前言

为满足空间、净空及荷载的要求，有时候结构工程师会采用室内增加次屋面大跨度桁架结构体系来实现室内空间需求，以及悬挂要求。此类结构特点主要表现是大跨度的双层屋面结构体系，双层屋盖结构体系间净距较小。此类双层屋面结构的常规“顺作法”施工主要是上、下层屋面结构交替安装施工，施工顺序为“下层桁架→上层桁架→下层桁架”循环安装。

本工程是典型的双层屋面结构体系，投影尺寸为 99.0m×219.0m，结构最高点为 26.4m；钢结构主要由钢框架结构、双层屋盖平行桁架结构体系组成。上层屋面桁架为倒三角圆管桁架结构，共 9 榀，单榀桁架重约 165t，桁架上下弦规格为 ϕ800×25mm 和 ϕ600×22mm 的圆管，桁架尺寸均为 7m×7m，桁架跨度 99m，桁架间距 18m，桁架下弦底标高 19.000m；下层屋盖桁架为平面矩形管桁架结构，共 10 榀，单榀桁架重约 110t，桁架上下弦规格基本为□500mm×500mm×40mm×40mm 的矩形管，与上层屋面桁架平行，桁架高度 4.3m，跨度 73.5m，桁架间距 9m，桁架上弦顶标高 18.550m。密集的框架结构，使得屋盖施工区域狭窄，双层平行桁架净间距仅为 450mm，导致双层桁架结构施工中存在空间上的相互限制（图 1）。

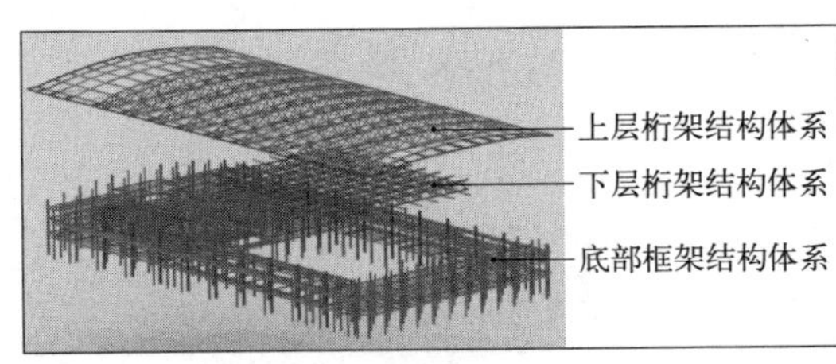

图 1　钢结构三维图

若本工程采用传统的“顺作法”施工，其缺点主要在于：

（1）场地内施工空间有限。双层屋盖体系的大跨度桁架交替施工，对拼装场地、材料堆场、大型起重设备行走道路等场地需求，场内一次拼装数量有限。受施工场地限制，双层屋盖体系施工时间较长。

（2）常规“顺作法”施工，上层屋面桁架体系施工完成时间较晚。金属屋面具备施工条件的时间较晚，影响结构闭水，限制精装修等工序插入施工，最终将延长施工总工期。

（3）双层桁架间净间距小，上层倒三角桁架安装就位时调节空间有限，且存在与下层桁架碰撞风险。

经反复讨论及论证，本工法采用超小间距双层桁架多功能共享胎架，对上层桁架采用逆作法进行施工，对下层桁架采用整体提升法，解决了超小空间内桁架吊装碰撞屋面桁架、安全隐患大的问题，提前了上层屋面结构完成时间，增加了工作面，改善了施工环境。

2　工法特点

（1）双层桁架施工周期无交叉，减小场地压力：由采用逆作式施工法，双层桁架施工有着鲜明的先后顺序，方便加工厂排产，减轻构件堆积现象；施工过程中，拼装内容相对单一，拼装场地压力小。

（2）上层屋面桁架结构体系成型早，缩减施工总工期：在优先施工上层屋面桁架，屋面桁架结构体系提前完成，可提前插入金属屋面施工作业，这样有利于结构闭水及精装修等后续工序穿插施工，可缩短施工工期。

（3）室内桁架施工，基本为地面拼装，高工效、质量有保障：室内桁架地面放线原位拼装，减少大量连系杆件高空嵌补作业，提高了施工工效，地面拼装施工质量更有保障。

（4）充分利用液压提升设备特性，减少大型设备的使用：液压提升设备体积小，自重轻、承载能力强，适应于室内空间狭窄的大吨位构件安装。除拼装外，无须使用大型机械设备。

3 适用范围

此工法适用于双层大跨度钢结构屋面体系，且室内桁架结构体系施工空间狭窄、吨位量大的工程。

4 工艺原理

4.1 “逆作式”施工法原理

“逆作式”施工方法具体施工思路：优先施工上层屋面桁架结构，随后在室内小空间内施工下层桁架结构。上层屋面桁架采用常规的“地面分段拼装＋履带起重机高空原位安装”施工方法，提前形成“框架结构＋上层钢罩棚”的结构体系。下层桁架采用“地面原地拼装＋液压整体提升”的安装方法，充分利用了提升设备体积小、自重轻、承载能力强，在狭窄空间内起重吨位量大的特点。通过对液压提升施工的模拟仿真分析，确定了采用“提升塔架＋提升梁”作为液压提升器的支撑体系，提升点位布置更加灵活，避开上层屋面桁架对称均匀地布置提升点位。

4.2 施工模拟仿真分析

建立原设计结构上层屋面及支撑胎架结构整体模型，分析上层屋盖结构分片吊装全过程（胎架安装阶段、结构安装阶段、卸载阶段）的仿真分析；建立室内桁架结构及提升支撑整体模型，分析室内桁架体系液压整体提升全过程（整体提升阶段、卸载阶段）的仿真分析。校核“逆作式”施工法全施工阶段的结构及支撑体系的安全性。

4.3 液压整体同步提升原理

“液压整体提升技术”采用液压提升器作为提升机具，柔性钢绞线作为承重索具。液压提升器为穿芯式结构，以钢绞线作为提升索具，有着安全、可靠、承重件自身重量轻、运输安装方便、中间不必镶接等一系列独特优点。液压提升器两端的楔形锚具具有单向自锁作用。当锚具工作（紧）时，会自动锁紧钢绞线；锚具不工作（松）时，放开钢绞线，钢绞线可上下活动。液压提升过程如图 2 所示，一个流程为液压提升器一个行程。当液压提升器周期重复动作时，被提升重物则一步步向上位移。

为确保结构在提升过程中的安全，拟采用“吊点油压均衡，结构姿态调整，位移同步控制，分级卸载就位”的同步提升和卸载就位控制策略。同步控制的要求具体如下：

提升点微小高差即会引起吊点载荷变化很大，引起杆件内力或局部受力有较大变化，使结构应力较难控制，特别是下降时提升器被动加载会造成提升器损坏，带来安全隐患，故必须严格控制同步精度，特别要对每个提升器的提升力严格控制，以提升载荷同步控制为主。而整体姿态的同步，因结构自身刚度较好，一般采用三点位移同步控制策略，即将一侧的某个特征吊点设为主令点 A，另一侧的两个特征吊点设为从令点 B 及从令点 C。将主令点 A 侧液压提升器的速度设定为基准值，在计算机的闭环控制下从令点 B、C 以位移量来动态跟踪比对主令点 A，从而保证结构在提升过程中的整体姿态同步。

4.4 施工测量与位移监控

测量和位移监测贯穿上层屋面桁架拼装、安装、卸载过程，同时也是下层屋面桁架结构整体提升施工的关键。

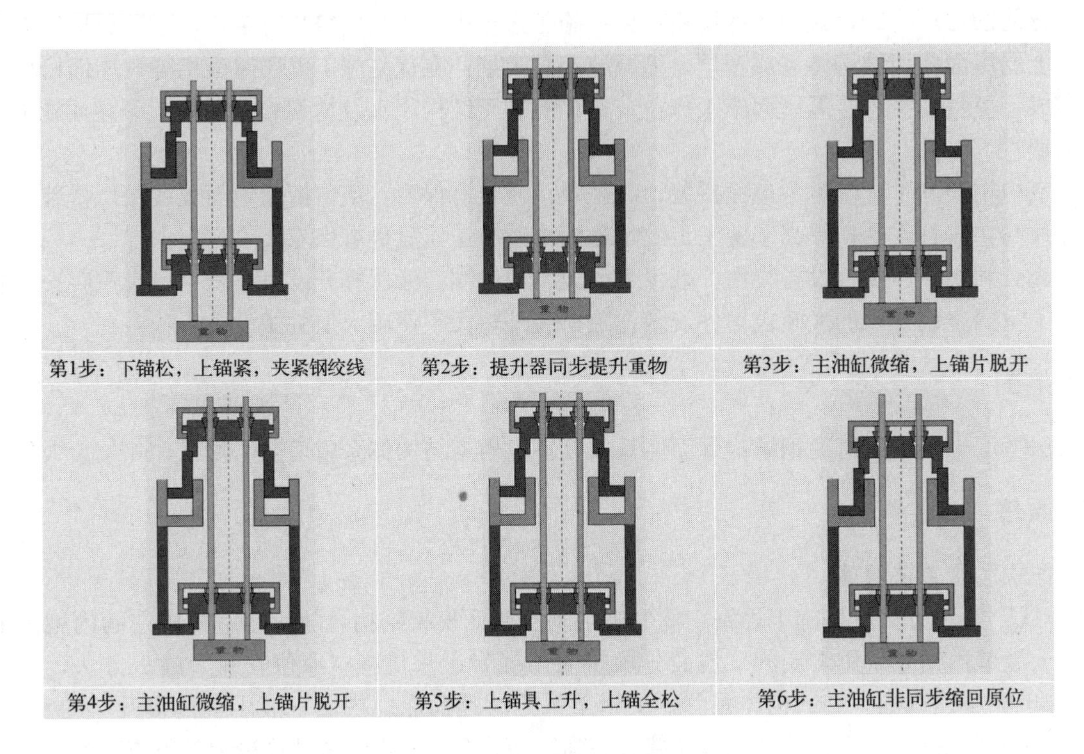

图 2　液压提升器工作原理图

上层屋面桁架施工过程中，根据设计图纸及设计预起拱值，获取关键控制点三维坐标，现场测量放线拼装桁架，实现拼装预起拱；通过对主要桁架就位点的测量实现安装就位；桁架跨中位置设置监测点，测量记录卸载前后实际变形值，并与施工一体化分析结论对比，判断结构可靠性。

下层屋面桁架结构整体提升过程中，位移监测十分关键。通过施工仿真分析结果，确定整体提升阶段、卸载前、卸载后各阶段的理论变形值。现场实测数据与一体化分析结论对比，判断结构的安全性和可靠性。同时提升阶段的位移监测，也是确保提升阶段同步性的保障。

5　施工工艺流程及操作要点

5.1　施工工艺流程（图 3）

5.2　操作要点

5.2.1　方案比选和仿真分析

1. 方案比选

本工程双层钢结构屋面“大跨度、小间距”的结构特点，导致施工方法有限，对比传统的“顺作法”存在的缺点，从仿真分析、质量、安全、工期、成本等多个角度的综合对比，确定采用“逆作式”施工方法，即“先上层屋面桁架分片吊装，后室内桁架液压整体提升”的施工方案。

2. 仿真分析

仿真分析采用有限元软件对钢结构“逆作式”施工法全周期（上层屋面桁架施工过程、室内平面桁架整体提升全过程）进行施工模拟仿真分析。分析结果中上层屋面桁架分片吊装施工支撑最大应力 121MPa＜235MPa，结构最大应力 79MPa＜345MPa（强度设计值）；室内桁架液压整体提升过程中，支撑最大应力 176MPa＜235MPa，结构最大应力 79MPa＜345MPa（强度设计值）。上层屋盖结构最大变形 94mm＜198mm（容许挠度，99000/500＝198mm），室内桁架提升过程结构最大变形 75mm＜147mm（容许挠度，73500/500＝147mm），满足要求。

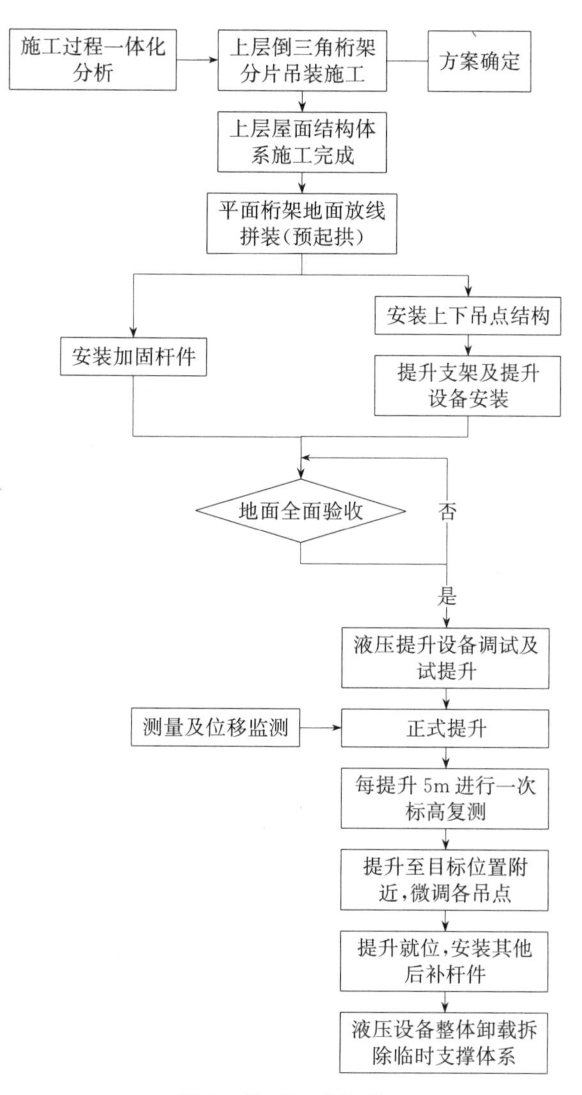

图 3　施工工艺流程

5.2.2　标准格构式胎架施工中的运用

1. 标准格构式胎架平面布置

标准格构式胎架，具有重量轻、安装方便、承载力强、重复利用率高，在逆作式施工方法中周转使用。标准格构式胎架前期用作上层倒三角桁架分片吊装临时支撑，后期周转用作液压整体提升支撑体系。

上层屋面桁架施工：“逆作式”施工方法中，上层屋面 9 榀倒三角桁架，采用分片吊装法优先施工，每榀桁架分为 2 段吊装，跨中位置选用标准格构式胎架作为临时支撑，桁架最大分段重量为 83t。施工顺序自西向东依次施工，施工过程中提前卸载一次，提前插入西侧框架施工作业。施工中选用 400t 履带起重机 60m 主臂工况进行吊装作业，吊装半径 16m，起重性能为 97.5t，满足吊装要求。

2. 上层屋盖桁架拼装

上层桁架拼装前，运用桁架结构 1∶1 的 BIM 模型实体模拟，读取拼装胎架位置的空间坐标，通过现场实测以及实际调整，确保桁架拼装尺寸。整体拼装顺序：下弦杆——上弦杆——上弦连系方管——斜腹杆（隐蔽焊缝）——斜腹杆（相贯焊缝）——上弦连系圆管。“逆作式”施工法，施工阶段性鲜明，拼装内容单一，有效减轻了构件堆放压力和拼装场地压力，有利于提高拼装效率。

3. 上层屋盖桁架吊装

桁架吊装选用 400t 履带起重机 60m 主臂工况，16m 吊装半径下进行吊装作业。采用 4 点吊装方式，设置主辅绳，主绳吊点靠近重心位置，承担大部分吊重，辅绳吊点远离重心，受力较小，辅绳侧设置捯链，以调整桁架起吊姿态及就位姿态。“逆作式”施工法上层桁架吊装过程中，吊装净空内无结构阻碍，便于桁架调整就位姿态，避免了吊装过程中的碰撞风险。

5.2.3　室内屋面桁架施工

1. 提升吊点设置

“逆作式”施工法中室内平面桁架施工空间为封闭室内空间，提升点位布置受限于上层倒三角桁架，提升点位采用间隔布置，避开碰撞区域，采用提升塔架，在主次桁架节点处对称布置 12 个提升点。提升点位布置均匀，受力状态合理；提升塔架周转使用倒三角桁架支撑胎架，有效控制了施工成本。

2. 室内屋面桁架拼装

室内桁架提升路径上，受钢柱下侧牛腿及桁架下弦牛腿影响，考虑提升过程中的水平偏移，每榀平面桁架预留 3 个后装段（图 4），预留位置为两侧上弦及北侧；南侧下弦杆不预留后装段，拼装放线预留 30mm 空隙，避免提升就位时出现桁架体系与牛腿碰撞的现象。

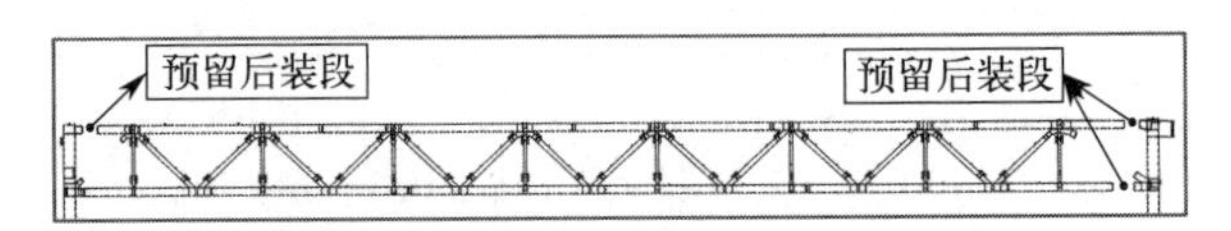

图 4　平面桁架预留后装段示意

室内桁架拼装按照图 4 预留后装段，南侧放线预留 30mm，作为提升过程中水平偏移的预留误差。设置建议支撑胎架，高度 0.8m，利用结构特点进行拼装，拼装顺序“桁架下弦→直腹杆→桁架上弦→斜腹杆”；自西向东逐榀拼装，相邻两榀桁架通过桁架间连系杆件形成整体（图 5）。

图 5　室内桁架原位放线拼装

3. 提升临时措施及提升设备

提升上吊点采用两种形式，主要提升点采用标准格构式胎架作为提升塔架，塔架顶梁顶部设置加强；加强梁顶部再设置提升分配梁作为上吊点，分配梁选用双拼 HN900×300×16×28 型钢。辅助提升点采用结构柱接长，采用双拼 HM588×300×12×20 型钢作为上吊点，斜撑加固（图 6、图 7）。

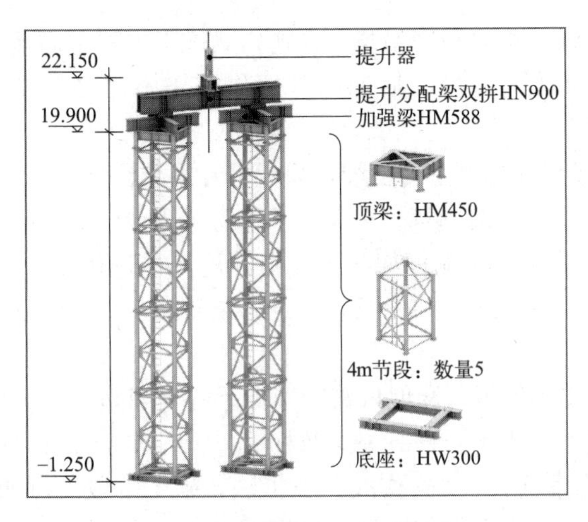

图 6　主要提升点上吊点示意

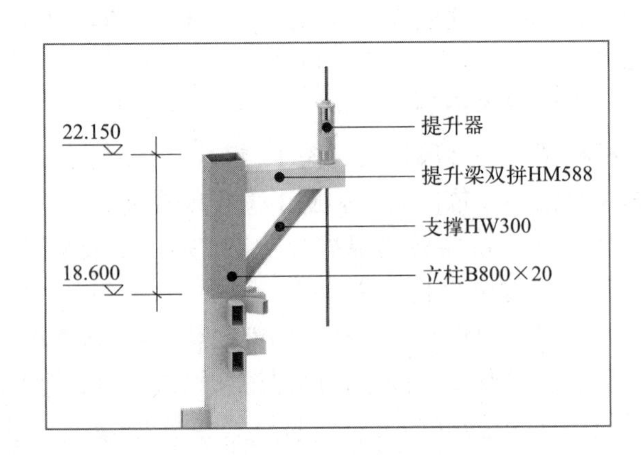

图 7　辅助提升点上吊点示意

提升下吊点采用标准化下锚固装置，室内桁架结构为箱形结构，形状规则，受力状态好，无须设计特殊下锚固装置。下锚固装置由加工厂制作成品，供现场使用，确保质量。

根据图纸要求安装提升架、分配梁、补强杆件、提升器（提前设置钢绞线防冒顶措施）、下锚点、液压泵源系统、计算机同步控制系统等。严格控制上、下锚点垂直度偏差不得超过提升高度的 1/1000（图 8）。

(a) 加固措施

(b) 吊点安装

(c) 提升器安装

(d) 提升架安装

(e) 液压泵源

(f) 设备调试

图 8 提升架及提升设备安装

4. 提升前全面检查

正式整体提升开始前，检查提升支撑塔架、提升分配梁、提升设备；检查桁架结构及上下锚点的焊缝；检查上、下锚点垂直度；检查桁架体系有无连墙、连地现象。

5. 整体提升施工

以计算桁架结构整体提升时的吊点反力为理论依据，各吊点液压提升器伸缸压力应缓慢分 5 级加载，逐级增加至 100%，即桁架结构预提升离开拼装胎架。在分级加载过程中，每一步分级加载完毕，均应暂停并检查如：提升平台、整体桁架及下吊点加固杆件等加载前后的变形的情况。一切正常情况下，继续下一步分级加载。

当分级加载至桁架钢结构即将离开拼装胎架时，可能存在各点不同时离地，此时应降低提升速度，并密切观察各点离地情况，必要时做“单点动”提升。桁架结构平稳离地后，测量各提升点标高，调整桁架结构至水平，静置 12h，再次进行全面检查，各项检查正常无误，才可进行正式提升。

以调整后的各吊点高度为新的起始位置，复位位移传感器。整体提升速度控制为 3m/h，提升过程中实时监测结构位移及液压提升器油压情况。提升至接近就位的位置，对所有杆件对口进行高度微调。直至满足桁架单元的安装精度。

6. 桁架卸载及支撑拆除

桁架提升就位后，补装预留杆件，优先补装主桁架杆件，随后补装其余杆件。补装完后补杆件后，采用整体分级压力同步卸载方式，根据计算值，分 5 级完成卸载。卸载过程实时监测结构位移及液压提升器油压情况。桁架结构卸载完成后，拆除提升设备、补强杆件、临时支撑体系。

5.2.4 施工过程变形监控

根据施工仿真分析，选取变形量较大的部位作为钢结构的关键监控点，采用反光片在桁架结构上设置 8 个监测点，此外采用 8 个皮尺吊挂，专人实时监测皮尺数据变化。主要在预提升停留阶段、提升过程停留阶段、卸载前、卸载后采集控制点变形数据，确保提升过程完全受控。

对各阶段监测点的 Z 向吊点位移数据，绘制散点图，直观对比，可以发现整体提升全过程各监测点相对位移波动较小，散点图曲线线形无突变现象。由此可见，此次提升过程中，同步控制保持良好，最终顺利完成整体提升施工作业。

6 质量控制

（1）焊缝质量要求为一级焊缝，要求 100%进行 UT 检测（超声检测）。

（2）焊缝表面不得有气孔、夹渣、弧坑裂纹、电弧擦伤等缺陷，且焊缝不得有咬边、未焊满、根部收缩等缺陷。

（3）现场对接焊缝组对间隙允许偏差为（−2.0mm，+3.0mm）。

（4）桁架拼装单元尺寸允许偏差为（−5.0mm，+5.0mm），起拱值偏差 $\pm L/5000$（L 为桁架长度）。

（5）对现场焊工实行实名制编号管理并进行焊工考试，在现场每一道焊缝处，均需要打上焊工编号，确保可追溯性。

（6）实行并坚持自检、互检、交接检制度，自检、预检及隐蔽工程检查做好相关检查资料。

7　应用实例

7.1　芜湖宣城民用机场航站楼、航管楼及塔台、人防工程施工总承包工程桁架吊装

工程名称：芜湖宣城民用机场航站楼、航管楼及塔台、人防工程施工总承包（图 9）

工程地点：安徽省芜湖市芜湖县芜湖宣城机场场址

图 9　现场桁架正式提升及桁架对接

图 10　工程效果图

7.2　安庆机场改扩建航站楼等非民航部分工程

工程名称：安庆机场改扩建航站楼等非民航部分工程（图 10）

工程地点：安庆市宜秀区机场路天柱山机场旁

7.3　华润置地万象城项目

工程名称：华润置地万象城项目（图 11）

工程地点：合肥市万佛湖路与星光路交叉口东南角

图 11　万象城项目工程效果图

8　应用照片

标准格构式胎架施工照片见图 12。

(a)

(b)

图 12　标准格构式胎架施工照片

不锈钢复合桥面板无码组拼工法

中铁四局集团有限公司、中铁四局集团钢结构建筑有限公司

曹　晗　申爱华　姬明辉　杨少杰　刘　瑜

1　前言

传统桥梁钢结构施工中，中厚板对接施工通常用双面坡口反复翻身焊接、热矫正保证平面度的工艺、为防止对接错边，组装时沿焊缝方向按一定间距工艺码板、焊后拆除修补表面码脚。该施工方法生产效率低，且由于桥位横向对接时无法翻身，采用仰焊，焊缝质量较难保证。针对不锈钢复合钢桥面板对接焊的特点，结合国内外现有的施工经验，积极开展理论研究与实际操作相结合的方法，研发了不锈钢复合桥面板无码组拼施工工艺，大力推行无码施工，保证了焊缝质量的同时不降低周边母材的物理特性，从根本上避免母材焊接修补和火焰矫正的热输入，保证焊缝金属强度和母材完整性，形成了不锈钢复合桥面板无码组拼工法。

2　工法特点

为满足现场不锈钢复合钢桥面板对接焊质量要求，项目创新不锈钢复合桥面板组拼技术，实现不锈钢复合桥面板无码组拼，保证焊缝金属强度和母材完整性。

（1）摒弃了有码组拼焊接工艺码板，从根本上避免母材焊接修补和火焰矫正的热输入，保证了不锈钢复合钢板的耐腐蚀性。

（2）研制的桥面板无码组拼装置，有效控制了桥面板焊接变形，使桥面板拼缝自动化焊接成为可能。

（3）通过对不锈钢复合钢板焊接工艺试验研究，确定了相应的焊接工艺和参数，提高了焊接质量和效率。

（4）无码组拼焊接施工使不锈钢复合钢板面层得到了充分的保护，避免了后期大量的修补工作，节约了生产成本、提高了施工生产效率。

3　适用范围

本工程所使用技术主要应用于不锈钢复合桥面板的无码组拼与焊接施工。

4　工艺原理

定位码板在桥面板拼装中的主要作用是：一是定位作用，即通过定位码板与焊缝两侧的板单元实行焊接连接，使两块板单元在焊接时的相对位置不发生变化；二是约束焊缝的变形，定位码板相当于在焊缝两侧增加了数道加劲肋，从而增加了板单元的刚性和稳定性，约束板单元焊接角变形，减少了桥面板发生翘曲、扭曲的可能性。该工法设计研究了一种不锈钢复合桥面板无码组拼、焊接施工装置，主要包括组拼焊接胎架、调整支撑系统以及调整压重系统。通过替代传统码板，减少焊接过程中传统码板对母材的损害，提高了不锈钢复合桥面板对接焊缝焊接质量及施工效率。

5 施工工艺流程及操作要点

5.1 施工工艺流程

无码组拼胎架施工→进场板单元检查验收→桥面板胎架定位→桥面板底部支撑施工→桥面板顶部配重施工→板单元焊接→焊缝检测。

5.2 操作要点

5.2.1 进场板单元验收

钢结构桥面板具有自身质量轻、结构简单、承载能力大、适用于较大跨度桥梁等特点，所以现代大跨度钢结构桥梁桥面系多采用钢结构桥面板。桥面板单元的数量巨大，因而板单元制造精度、现场组拼精度直接关系到成桥精度，进场板单元验收显得尤为重要。

进场板单元验收应根据各个型号，检查纵横基线、U形肋基准线、桥面板整体尺寸。如与加工图纸有出入，应及时与加工厂反馈或现场处理。

5.2.2 桥面板胎架定位

桥面板单元在无码组拼胎架上两两组拼，为保证对接焊缝的质量，控制焊接变形，设置了反变形组焊胎架，胎架由槽钢制作而成，胎架根据不同板厚预设了反变形量，并在胎架支撑板中心一定范围内预设圆弧段，用于控制受热区内的变形。胎架根据桥面板实际尺寸制定，如图1、图2所示。

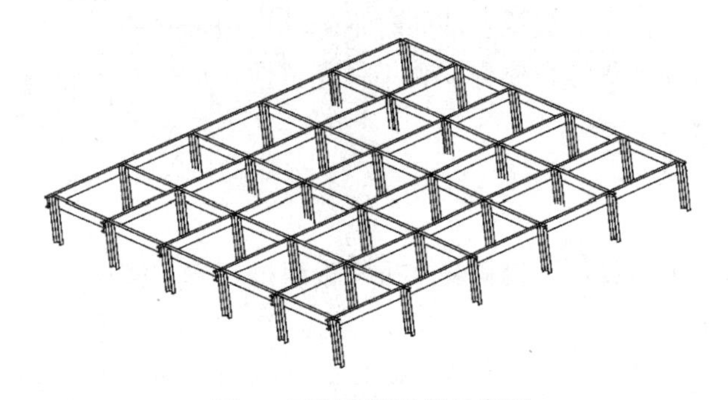

图1 无码组拼胎架示意图

图2 无码组拼施工实物图

5.2.3 桥面板底部支撑施工

为克服板面局部不平度引起的对接错台，传统工艺是在板单元对接中在焊缝方向每300mm设置1个工艺码板，工艺码板虽然有利于控制错边量，但对母材损害严重，尤其是表面为不锈钢的复合钢板桥面板，后期修补量大，生产效率低下。为了避免焊接疲劳裂纹，桥面板单元组拼过程中不使用工艺码板。针对此问题，通过设置调整支撑块在对接焊缝长度方向每隔一定距离均匀布置一处，通过螺旋千斤顶的位置及支撑力调整板单元组装错边。

5.2.4 桥面板顶部配重施工

为减小焊接拘束度，尽量使焊缝在较小拘束下焊接，选用配重块进行对称配重，使板单元受均匀荷载约束，使其重力荷载与部分焊接应力相互抵消，降低和减小焊接变形和收缩，从而避免焊后热矫正。配重块通过焊接钢箱体内浇筑混凝土进行制作，施工示意如图3所示。

5.2.5 板单元焊接

（1）焊接坡口设置：以往中厚板对接焊缝多采用双面坡口反复翻身焊接，施工过程中严重影响效率。根据焊接工艺，本桥不锈钢复合桥面板焊接坡口采用的是单面焊双面成型的V形坡口，坡口加工时应当以复层为基准，采用等离子切割机进行切割，坡口的加工精度满足规范和工艺要求。底部贴陶质衬垫，达到单面焊双面成型，对接焊缝坡口如图4所示。

（2）焊接过程控制：不锈钢复合桥面板的焊接质量控制关键在于施焊过程的控制，严格按照焊接工

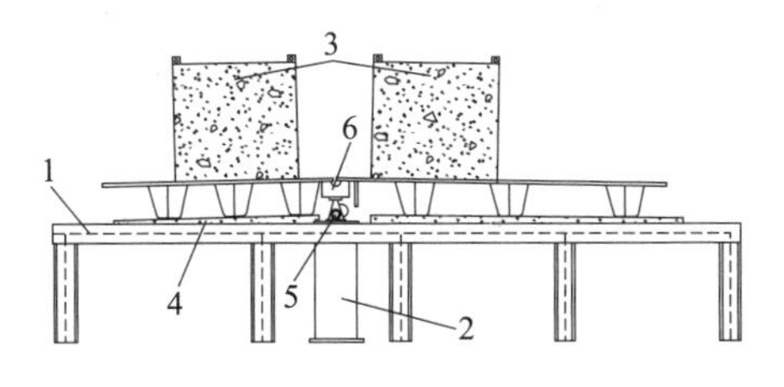

图 3　桥面板配重施工示意图

1—无码组拼胎架；2—钢管支墩；3—配重块；
4—方木支垫；5—千斤顶；6—支撑垫块

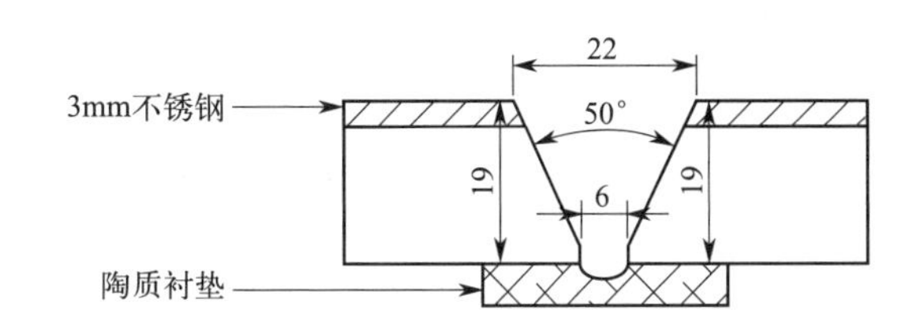

图 4　对接焊缝坡口示意图

艺要求的参数进行施工，尤其是对过渡层和复层焊接过程的控制。焊接过渡层和复层时，在保证焊缝熔合良好的情况下，尽可能减少基层母材的熔入量。为防止基层母材熔合到过渡层中，严格控制基层焊缝的厚度，基层焊缝焊后熔敷金属表面距离复层 1.5～2.5mm；过渡层焊后熔敷金属表面距复层顶面 1.5～2.5mm，保证过渡层焊缝的厚度不小于 2.5mm；复层焊接尽可能与母材表面平齐，焊缝余高不大于 2mm。焊接过程中，严格控制层间温度，对层间温度进行及时监测，防止因层间温度过高，降低焊接接头的塑韧性和耐蚀性。

5.2.6　焊缝检测

不锈钢复合桥面板过渡层焊接时，由于过大的线能量致使焊缝的熔合比增大，在基层与过渡层熔合线附近容易形成脆性马氏体，从而降低焊缝塑韧性，受到焊接热应力的影响，产生应力裂纹。为提高焊缝的焊接质量，在基层焊接完成后经无损检测合格后才能进行过渡层和复层的焊接；过渡层和复层焊接完成后，各层分别做着色渗透检测，确保无裂纹和其他缺陷后，再进行下一层的焊接。

6　质量控制

（1）成立以项目经理为组长的质量管理小组，建立质量保证体系，完善并落实各项质量管理制度，加强过程监控，确保施工质量符合要求。

（2）桥面板板块组拼定位时，需严格控制对接焊缝位置的相邻 U 肋间距。考虑到对接焊缝的收缩量，U 形肋间距在设计值的基础上放大 1.5～2.5mm 收缩余量。

（3）严格执行“三检制”。各工序自检、互检合格后，分别在生产过程单中自检栏和互检栏内盖章，证明自检和互检合格。由质检人员负责全面检验，未经检验合格的产品不准流入下道工序。检查合格后，方可转入下道工序。

（4）桥面板拼装胎架要定期进行测量复核，确保拼装胎架精度及受力稳定性。

（5）焊接前采用打磨机必须将待焊区域及两侧 20～30mm 范围内的铁锈、油污、氧化皮、底漆等杂物打磨干净，使钢板露出金属光泽，焊接前经现场技术人员检查后方能施焊。

（6）对接焊缝焊前调整对接口的错边量，保证对接口错边量不大于 1.5mm。

（7）桥面板在组装后的 24h 内焊接，如超过 24h，根据不同情况，对待焊区域进行清理或去湿处理。焊接环境温度不得低于 5℃，环境湿度不高于 80%，当环境温度低于 5℃或环境湿度高于 80%时，焊前在焊缝两侧各 100mm 以上范围内进行预热或去潮处理。烘烤温度为 80～100℃，距离焊缝 30～50mm 范围内测量温度，若焊接过程需要有较长时间暂停，续焊前需重新预热或去潮。

（8）焊接时严禁在母材的非焊接部位引弧，焊后将焊缝表面的熔渣及两侧飞溅清理干净。

（9）根据现场焊接条件，制作便携式防风棚，其主要作用是防止焊接时大风吹走保护气体、使焊缝产生气孔等缺陷。

（10）不锈钢复合桥面板的焊接质量控制关键在于施焊过程的控制，尤其是过渡层和复层焊接过程的控制。焊接过渡层，在保证焊缝熔合良好的情况下，尽可能减少基层母材的熔入量，即降低熔合比。

为防止基层母材熔合到过渡层中，应当严格控制基层焊缝的厚度，基层焊缝焊后熔敷金属表面距离复层1.5～2.5mm；由于过渡层焊缝同时熔合基层金属和复层金属且盖满基层焊缝及母材，过渡层焊后熔敷金属表面距复层顶面1.5～2.5mm，保证过渡层焊缝的厚度不小于2.5mm；复层焊接尽可能与母材表面平齐，焊缝余高不大于2mm。焊接过程中，严格控制层间温度，对层间温度进行及时监测。防止因层间温度过高，敏化温度区间停留时间过长，以及焊接热影响区的晶粒过度长大等现象的出现，保证焊接接头的塑韧性和耐蚀性。

（11）首节面板拼装及焊接后，项目部组织进行首件制验收。

7 应用实例

徐盐铁路新洋港斜拉桥是全线唯一重点控制性工程，钢梁架设的施工进度直接影响到徐盐高铁全线架梁铺轨的节点工期。该工程桥面板共分为54个节段，每个节段6片板单元，故全桥需拼装板单元270次，拼装工作量大。该工法在盐城特大桥中不锈钢复合桥面板单元施工中的运用，通过专用组拼、焊接施工胎架、支撑垫块、荷载压重约束等措施较好地控制了焊接变形，从根本上避免母材的焊接修补和火焰矫正的热输入。通过对焊接收缩量的预设，保证了桥面板组拼后几何尺寸，从而达到桥面整体拼装要求。截至目前，全桥施工已全部结束，桥面板各项检查、检测结果均满足规范要求，验证了该施工工法的科学性，为今后类似结构的焊接施工提供重要的参考价值。

8 应用照片

工程应用相关图片见图5～图8。

图5 拼装胎架

图6 桥面板单元组拼

图7 底部支撑系统布置

图8 顶部压重布置

空间钢结构施工用定型土工钢管撑组合垂直支撑体系施工工法

北京建工集团有限责任公司

迂长伟　董　巍　王益民　黄树青　杨　硕

1　前言

大跨度空间钢结构具有外形美观、结构轻盈等诸多特点，但在进行钢结构施工时，需要搭设大量的临时承重支撑。临时承重支撑通常使用钢管或型钢，组拼成格构式。由于工程结构形式不同，承重支撑的形式也不同，每种承重支撑在制作完成应用于本工程后，需经过接长或截短等拆改后再次制作，才能应用于其他工程。这一过程不仅花费人工，也极易造成材料的浪费，且多次切割对钢材的性能也产生不利影响。

北京建工集团有限责任公司针对大型空间钢结构应用组合式土工钢管支撑技术进行了深入研究，结合多个工程实践，总结出了“空间钢结构施工用定型土工钢管撑组合垂直支撑体系技术”，解决了大跨度空间钢结构施工难题，验证了施工工艺的科学性、合理性、经济性和可操作性，该成果取得了良好的经济效益和社会效益，对类似工程具有推广价值，特编制《空间钢结构施工用定型土工钢管撑组合垂直支撑体系施工工法》。

2　工法特点

（1）定型土工钢管撑组合垂直支撑结构体系作为钢结构工程的竖向临时承重支撑，基于定型土工钢管撑组拼的各种截面形式和尺寸的承重支架，强度大、稳定性好，适用于各种大跨度空间钢结构工程。

（2）定型土工钢管撑组合垂直支撑结构体系作为钢结构工程的竖向临时承重支撑，定型土工钢管撑工厂标准化生产，长度模数多，法兰盘节点高强度螺栓对接，拆装方便，可以满足工程不同支撑高度对接要求，施工效率高。

（3）定型土工钢管撑组合垂直支撑结构体系采用法兰夹板节点连接技术，可灵活适应用于各种截面形式和尺寸的承重支撑，并且避免了横、斜撑杆与主肢的焊接连接，杜绝了租赁钢撑退还时的赔偿修复费用发生。

（4）定型土工钢管撑组合垂直支撑结构体系作为钢结构工程的竖向临时承重支撑，定型土工钢管撑基于租赁，市场货源充足，周转使用，节约材料，同时现场施工绿色环保。

3　适用范围

适用于跨度 24m 以上、净空高度 20m 以上大型体育场馆、会展中心、机场航站楼、高铁站房等大跨度空间钢结构、重型桁架的竖向临时承重支撑、提升塔架、滑移轨道支撑等。

4　工艺原理

利用定型土工钢管撑组合垂直支撑体系将上部钢结构的荷载传递到下方的混凝土结构或独立基础

上。综合考虑支撑下部混凝土结构梁、柱位置，上部钢结构特点及荷载将组合式钢管支撑设计成单管、门式、三角形或四边形等多种截面尺寸，组合式钢管支撑体系设计应合理、实用，便于组装和拆除，整体稳定性应通过与原结构拉结或控制支撑体系自由高度，经计算确定。验算定型土工钢管撑组合垂直支撑体系下混凝土结构或独立基础的强度和最大承载力。如达不到设计要求，建议设计增加施工中的配筋率或采取其他技术措施。

5 施工工艺流程及操作要点

1. 定型土工钢管撑组合垂直支撑体系设计

根据钢结构结构形式、支撑用途及承载力要求计算确定定型组合垂直支撑体系的截面形式、截面尺寸及水平撑、斜撑规格，建议采用高强度螺栓通过法兰夹板节点连接。下部混凝土独立基础或原混凝土结构根据垂直支撑体系受力要求计算确定或复核。

2. 定型土工钢管撑组合垂直支撑体系测量放线

利用全站仪、经纬仪和水准仪等测量仪器对定型土工钢管撑组合垂直支撑体系基础及预埋件进行定位放线，并设置标高控制线。

3. 定型土工钢管撑组合垂直支撑体系基础及预埋件施工

（1）定型土工钢管撑组合垂直支撑体系基础采用混凝土独立基础，基础的规格及高度由计算确定。基础下地基应进行碾压夯实，经检测地基承载力应不小于 150kPa，否则应进行换填处理。

（2）定型土工钢管撑组合垂直支撑体系基础为原混凝土结构，应由原设计单位复核原结构是否满足要求，不满足应对原结构进行加固处理。

（3）定型土工钢管撑组合垂直支撑体系预埋件标高与基础顶标高平齐，每个基础内的预埋件标高偏差不得大于 2mm。

4. 定型土工钢管撑组合垂直支撑体系地面拼装

（1）组合式钢管支撑采用卧拼，在地面放置型钢胎架；

（2）组合式钢管支撑利用汽车起重机拼装成整体后再分段进行安装；

（3）组合式土工钢管撑之间通过法兰盘夹板利用高强度螺栓连接，水平撑和斜撑与法兰盘间夹板焊接。

5. 定型土工钢管撑组合垂直支撑体系安装

（1）组合式钢管支撑利用大型履带起重机车分段安装；

（2）组合式钢管支撑地脚利用 7 字板与预埋件间焊接固定；

（3）组合式钢管支撑分段安装过程中，严格控制整体垂直度，最大偏差值不大于 50mm。

6. 定型土工钢管撑组合垂直支撑体系施工监测

（1）定型土工钢管撑组合垂直支撑体系及基础沉降变形监测：由于屋盖钢结构自重影响，组合垂直支撑体系及基础将出现不同程度的沉降现象，需在钢结构安装定位时进行相应的调节，即根据组合垂直支撑体系及基础的沉降报告相应地进行标高补偿，以保证钢结构屋盖空间位置的准确性。

（2）定型土工钢管撑组合垂直支撑体系垂直度及弯曲变形监测：由于屋盖钢结构自重影响，定型土工钢管撑组合垂直支撑体系将出现不同程度的垂直度及弯曲变形。施工期间，利用全站仪、经纬仪持续监测定型土工钢管撑组合垂直支撑体系垂直度及弯曲变形，如达到预警值，应立即停止施工，分析原因，采取相应处理措施。

（3）定型土工钢管撑组合垂直支撑体系施工监测：施工监测主要为结构应力、位移和温度的监测，目的是获取主要杆件的应力和温度状况，从而控制钢结构及定型土工钢管撑组合垂直支撑体系在承受施工荷载和服役环境荷载时结构处于安全状态。

7. 定型土工钢管撑组合垂直支撑体系验收

定型土工钢管撑组合垂直支撑体系安装完成后，应组织监理单位、组合垂直支撑体系设计单位、施工单位根据专项施工方案进行验收，并形成书面验收记录。

8. 定型土工钢管撑组合垂直支撑体系卸载

定型土工钢管撑组合垂直支撑体系可采用整体分级卸载或分区分步卸载，卸载前应严格检查钢结构安装和焊接工作是否全部完成，质量是否合格，并填写检查记录，卸载过程中应加强对钢结构的测量监测和施工监测，卸载过程应遵循“分步、缓慢、均衡”的原则，核对每步监测结果，检查结构变化情况，确定结构是否正常，并填写监测记录，确认无误后继续卸载，直至卸载完成。

9. 定型土工钢管撑组合垂直支撑体系拆除

（1）定型土工钢管撑组合垂直支撑体系采用起重机（根据现场条件选择起重机型号）分段拆除；

（2）定型土工钢管撑组合垂直支撑体系整体拆除顺序由上而下分段拆除。

6 质量控制要点

（1）建立以项目经理为第一责任人的质量管理体系，定期开展质量统计分析，掌握工程质量动态，全面控制工程质量。实行工程质量岗位责任制，严格执行工程质量管理制度。

（2）编制钢结构施工安全专项施工方案，由施工单位、监理单位审批，并组织专家论证。

（3）编制定型土工钢管撑组合垂直支撑体系安装、拆除及钢结构卸载专项施工方案，由施工单位、监理单位审批。

（4）定型土工钢管撑进场应对外形尺寸、质量证明文件等进行验收，并现场抽样复试，不合格严禁使用。

（5）定型土工钢管撑组合垂直支撑体系法兰端面应保持平行，偏差不大于法兰外径的1.5%，且不得大于2mm。

（6）定型土工钢管撑组合垂直支撑体系法兰连接应使用同一规格的螺栓，安装方向应一致，螺栓紧固应对称、均匀地进行，法兰螺栓拧紧扭矩值应符合要求，紧固后外露丝扣外露长度应为2～3倍螺距。

（7）定型土工钢管撑组合垂直支撑体系节点焊接时，角焊缝质量不低于三级，并保证焊角高度不小于10mm。

（8）定型土工钢管撑组合垂直支撑体系现场安装，垂直度和侧向弯曲均不应大于50mm。

（9）钢结构施工过程中，应定期监测定型土工钢管撑组合垂直支撑体系垂直度和基础沉降变形。

（10）钢结构施工过程中，定型土工钢管撑组合垂直支撑体系应对应力、位移和温度进行施工监测。

7 应用实例

7.1 北京新机场南航基地第一标段机务维修设施项目

7.1.1 工程概况与技术难点

北京新机场南航基地第一标段机务维修设施项目机库屋盖为组合钢结构体系，由4道45°的斜向桁架、下沉式大门桁架、一字形桁架以及单层斜放四角锥网架构成。屋盖总面积39000.25m^2，平面尺寸404.5m×97.5m。平面上三边支承，一边开敞，大门开口边跨度222m+183m。整体结构上弦中心标高38.5m，门头桁架截面总高度11.5m，下弦中心标高27.0m；斜桁架及一字形桁架截面高度8.5m，下弦中心标高30.0m；桁架间斜放四角锥网架厚度4.25m，基本网格尺寸6.0m×6.0m，下弦中心标高34.25m（图1）。

机库屋盖钢结构采用整体提升的方法施工，定型土工钢管撑组合垂直支撑体系的设计、施工是本工程的难点。

7.1.2 施工技术方案的编制与实施

机库屋盖采用整体提升，因三边支承钢柱只承受部分屋盖结构的重量，无法作为屋盖钢结构提升的支点。因此，全部采用格构式承重支撑作为屋盖的提升塔架。根据屋盖结构特点，将提升塔架主要布置在刚度较大的门头桁架和斜桁架位置，共布置 31 组。

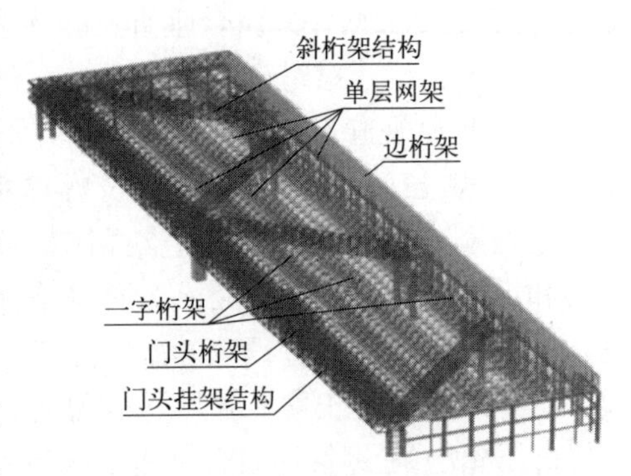

图 1 机库屋盖钢结构立体示意图

7.1.3 施工方法

提升塔架共计 31 组。分别为大门桁架提升塔架 10 组，大厅网架提升塔架 11 组，临时提升塔架 6 组，柱顶提升塔架 4 组。根据计算分析，提升反力较大塔架采用定型土工钢管撑组合垂直支撑体系。其中大门桁架 10 组、钢网架 4 组。

根据提升反力和位置的不同，定型土工钢管撑组合垂直支撑体系形式各有不同。本工程共有两种：一种位于大门桁架部位，采用四肢格构式，主管使用 $\phi609\times16$ 的土工钢管撑组拼而成。另一种位于大厅网架斜桁架部位，使用 $\phi609\times16$ 土工钢管撑组拼成三角形塔架，4 组三角形塔架组成四边形定型土工钢管撑组合垂直支撑体系。土工钢管撑之间采用高强度螺栓法兰夹板节点连接，三角形支架之间使用 $\phi140\times6$ 钢管拉结。相关图片见图 2～图 7。

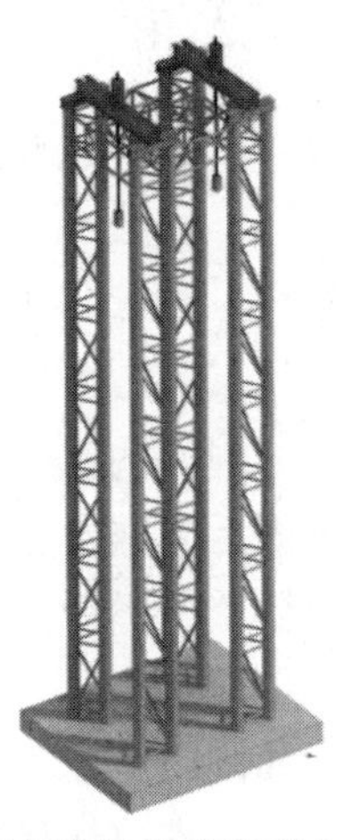

图 2 三角形组合式定型土工钢管撑组合垂直支撑体系轴测图和现场照片

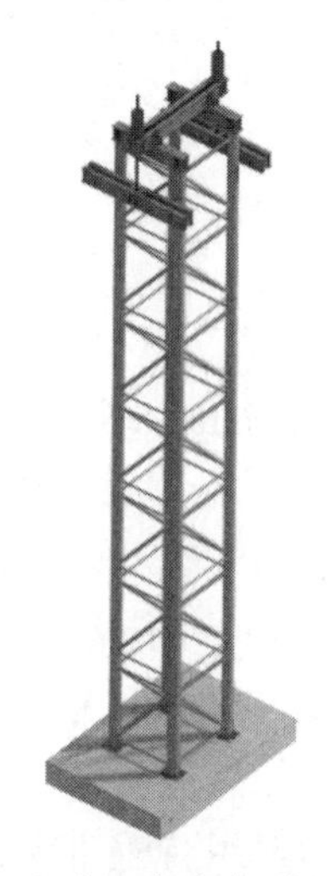

图 3 四边形组合式定型土工钢管撑组合垂直支撑体系轴测图和现场照片

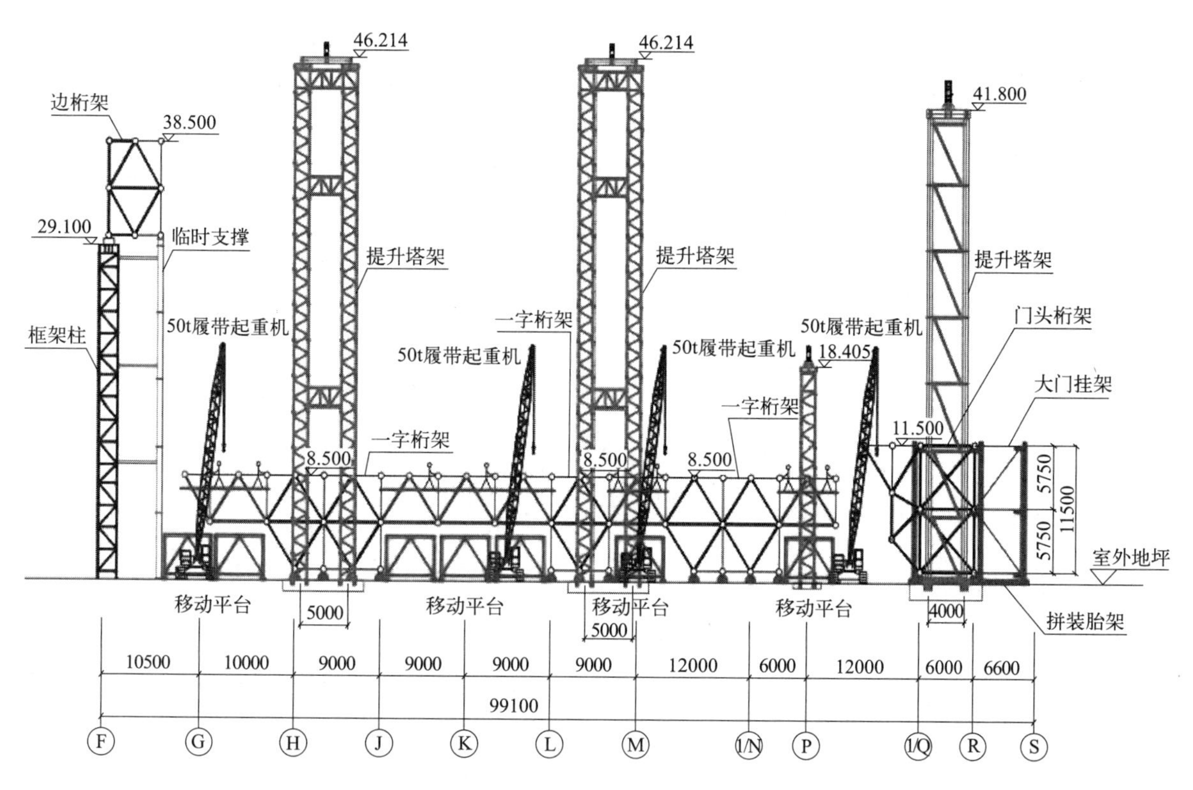

图 4 屋盖网架提升立面顺序示意图（一）

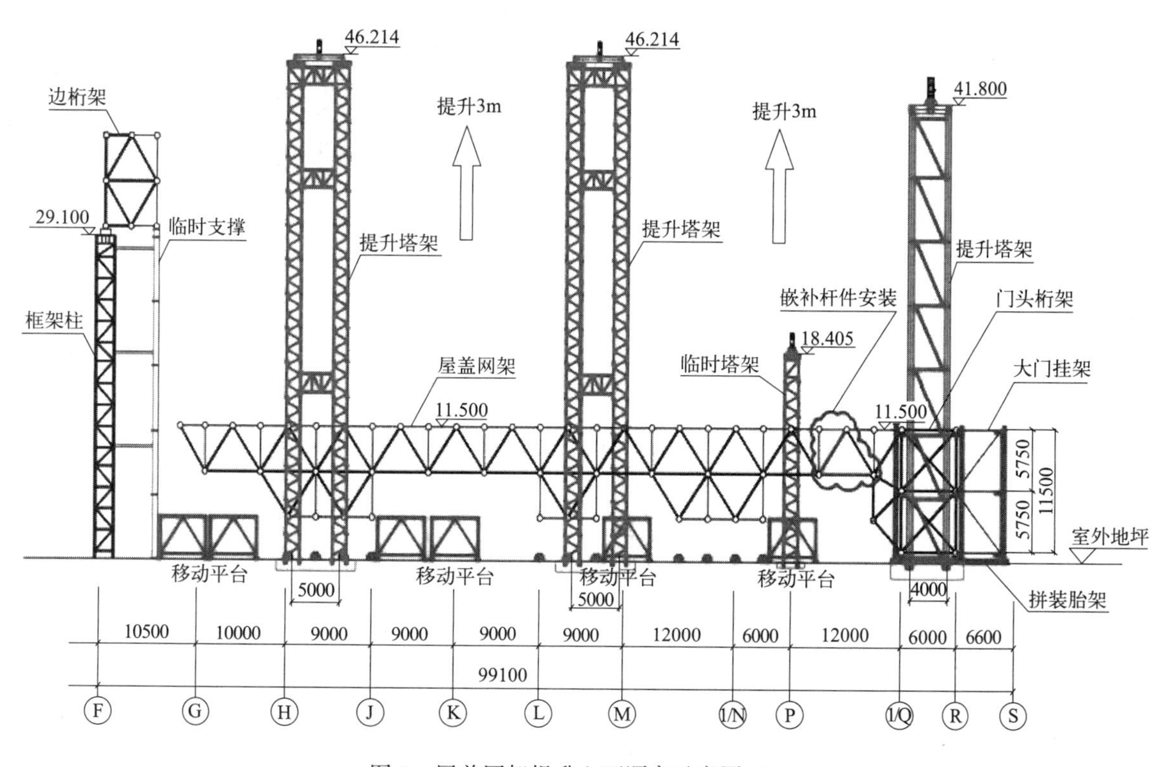

图 5 屋盖网架提升立面顺序示意图（二）

7.2 天津西站中央站房钢结构工程

天津西站中央站房屋盖结构为箱形截面构件交叉形成的联方网格筒壳结构。筒壳屋盖结构南北向长394.06m，顺轨向跨度为114m，矢高46m，矢跨比约为1∶3。拱脚处标高为+10.00m，拱顶最高点处

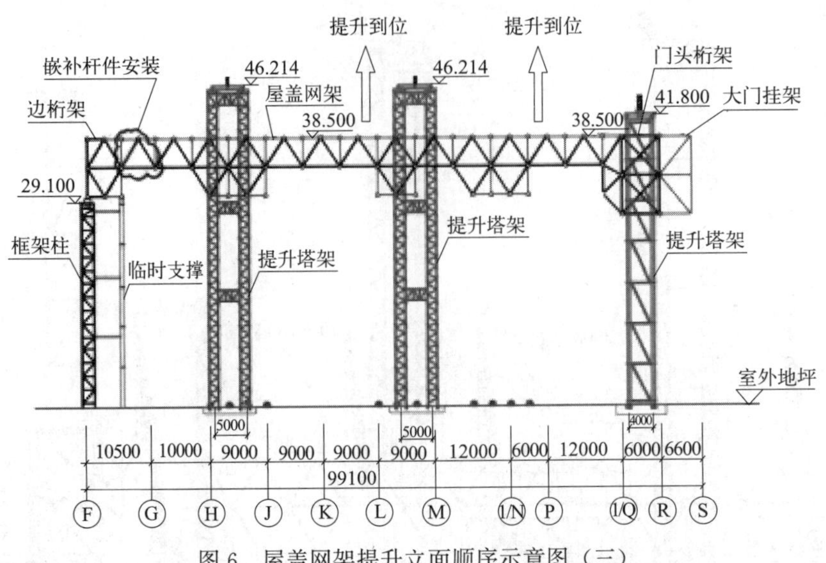

图 6　屋盖网架提升立面顺序示意图（三）

标高为+56.40m。屋盖结构箱形构件外形呈圆弧，截面由拱脚处□3800×1200×20×25 渐变至拱顶处□1000×2200×20×20。屋盖钢结构工程量为 18000t。屋盖结构采用分段提升的施工方法。两侧拱脚安装时，在拱脚悬臂端设置定型土工钢管撑组合垂直支撑体系，既作为拱脚支撑使用，又有部分塔架兼作提升点的支撑。

定型土工钢管撑组合垂直支撑体系由 ϕ609×16 的钢管组成，由 1m 和 6m 钢管组成标准节，每组标准节由三根圆管和圆管之间的系杆组成，系杆使用 ϕ133×12 的钢管，组合成满足现场需要的支撑高度。

图 7　屋盖网架卸载完成、支撑体系拆除现场照片

8　应用照片

相关图片见图 8～图 11。

图 8　组合式钢管支撑拼装

图 9　组合式钢管支撑安装

图 10　大门桁架用组合式钢管支撑塔架

图 11　组合式钢管支撑整体平面布置图

可周转高强度型钢组合式自爬升设备附着支撑柱施工工法

中建三局集团有限公司

孙新亚　周文武　李　超　方志强　钟　实

1　前言

随着现代超高层建筑施工方法的不断完善，采用自爬升施工设备作为超高层建筑施工的高空作业平台是唯一可供选择的施工方式，其主要利用附着在结构上的受力点通过导轨和液压设备进行顶升，实现平台的同步升高。在实际应用中，随着建筑层数的增加，其结构形式会进行调整，造成原受力点上部无结构构件，使自爬升施工设备缺少附着条件，最终造成自爬升施工设备无法一爬到顶。传统的解决方案主要有两种，其一是在爬升过程中将自爬升设备进行拆除改装，然后进行二次安装，此方案需占用较长工期，并且拆装安全隐患大，对现场施工造成较大影响。其二是在对应机位的垂直位置增加钢筋混凝土结构柱，为爬升设备提供附着点，此方案改变了原结构设计形式，增加较大的结构荷载，并且施工完成后需要进行破除，成本高，同时产生大量建筑垃圾，急需新的工艺改进。

本工法采用可周转高强度型钢组合式自爬升设备附着支撑柱施工方法，解决自爬升设备无受力点附着的问题，其加工便捷，施工速度快，无建筑垃圾产生，可尽早投入现场使用，使用过程中不易损坏，可实现周转利用，符合绿色施工要求，并具有一定的社会效益和经济效益。

本工法成功应用于安徽心脑血管医院（安徽省立医院南区）二期项目和华润置地·桃源里项目一期施工总承包工程，现场使用安全可靠，操作便捷，成本低，不占用工期，可周转使用。依据本工法核心工艺形成的《一种可周转式液压爬模附墙装置》已获实用新型专利。

2　工法特点

2.1　工艺便捷，施工效率快

支撑柱主要采用槽钢和钢板组合焊接而成，避免了传统提升方式所带来的二次安装或混凝土附着柱施工带来的问题，尤其是节约了施工时间，有效提高了自爬升设备的提升时间，加快现场施工进度。

2.2　综合成本低，周转率高

由于高强组合式钢柱在自爬升设备提升过程中周转使用，因此只需要根据自爬升设备导轨长度加工制作相应数量的钢支撑柱即可满足周转使用要求。完全避免了在每层都需设置混凝土柱及其后期破除所造成的资金浪费及利用率低的弊端，降低了自爬升设备的成本。同时在本工程使用过后，钢支撑柱可以调拨至其他项目进行回收使用，经济效益明显。

2.3　环保节能，拆除方便

传统处理方式中采用混凝土附着柱作为附着点，在工程结束后需要对混凝土进行拆除废弃，采用自爬升设备拆改二次安装方式，也会产生拆改废料，对资源和环境造成浪费和破坏。而钢支撑柱拆除方便，节约资源，符合绿色施工要求。

3　适用范围

本工法适用于自爬升设备附着处无法借助结构构件作为受力点附着的工程。

4 工艺原理

根据工程实际结构形式及自爬升设备的附着需要，以结构图纸设计及自爬升设备附着设计图纸为基准，设计钢支撑柱，然后利用建模软件进行受力计算，受力满足要求后，对钢支撑柱进行加工图深化并加工制作。在结构对应位置依据设计尺寸，预留孔洞作为钢支撑柱的固定点，最后用穿墙螺杆将钢支撑柱和结构进行紧固连接，然后自爬升设备进行爬升。此流程，组成了可周转高强度型钢组合式自爬升设备附着支撑柱施工体系（图 1）。

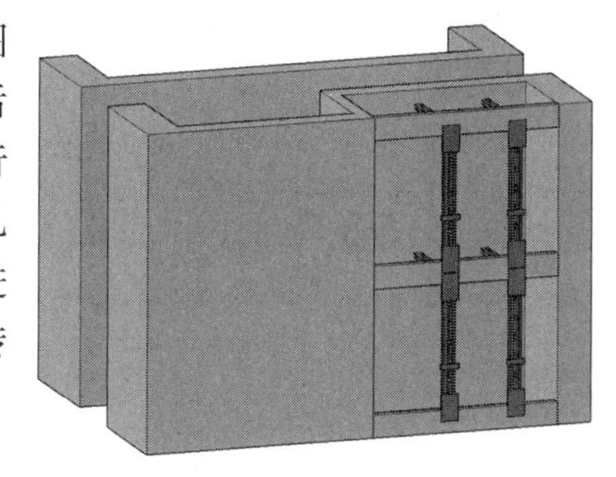

图 1 钢支撑柱附着安装示意图

5 施工工艺流程及操作要点

5.1 施工工艺流程

结构形式及设备爬升需求分析→结构尺寸及附着构件尺寸计算→钢支撑柱设计与建模验算→钢支撑柱钢材下料与加工→钢支撑柱连接点预留预埋→钢支撑柱起吊与固定安装→自爬升设备附着爬升→钢支撑柱拆除周转上层安装。

5.2 操作要点

5.2.1 结构形式及设备爬升需求分析

根据图纸所示结构形式，选择自爬升设备类型，并确定自爬升设备机位数量及在结构上的附着位置，结合图纸判断附着点垂直线自建筑结构底部至顶部是否皆满足附着条件，如无法满足，则需要进行钢支撑柱安装。

以安徽心脑血管医院（安徽省立医院南区）二期项目为例，F1～F12 层 35～37 号机位附着于剪力墙上，F13～F23 原附着剪力墙取消，变为空洞，无法满足附着条件。

5.2.2 结构尺寸及附着构件尺寸计算

根据图纸信息，计算附着点处无结构构件的空间尺寸，拟定钢支撑柱的设计高度加工数量，计算自爬升设备附着点高度，确定附着点在钢支撑柱的位置及周转需要的层数。以安徽心脑血管医院（安徽省立医院南区）二期项目为例，层高为 4300mm，连梁高 650mm，无附着点空间高度为 3650，附着点位置为楼层面下方 850mm。

5.2.3 钢支撑柱设计与建模验算工

依据附着所需钢柱尺寸及附着点位置进行钢柱加工图设计，并通过有限元仿真软件进行辅助支撑钢柱受力情况分析，计算结果满足受力条件可进行加工制作。

5.2.4 钢支撑柱钢材下料与加工

按设计尺寸进行钢材下料切割及焊接（图 2）。

图 2 钢材下料切割及焊接

5.2.5　钢支撑柱连接点预留预埋

采用圆钢管作为套管，按钢支撑柱与结构连接点坐标进行预埋套管预埋，同时准备穿墙连接螺杆及垫片（图 3、图 4）。

图 3　套筒预埋点

图 4　穿墙对拉螺杆

5.2.6　钢支撑柱连接点预留预埋

采用圆钢管作为套管，按钢支撑柱与结构连接点坐标进行预埋套管预埋，同时准备穿墙连接螺杆及垫片（图 5、图 6）。

5.2.7　自爬升设备附着爬升

利用塔式起重机起吊钢支撑柱，安装到位后，利用穿墙螺杆通过预埋套管固定钢支撑柱（图 7、图 8）。

5.2.8　钢支撑柱拆除周转上层安装

设备爬升完毕后，下层结构外露出的钢支撑柱进行拆除并吊运至上层进行再次安装。

要求。

图5　塔式起重机吊装钢柱

图6　穿墙螺杆固定钢支撑柱

图7　设备导轨爬升

图8　设备机位爬升

6　质量控制

（1）槽钢型号为20号，级别为Q235B，屈服强度≥235MPa，截面尺寸及参数必须符合相关规范要求。

（2）钢板和垫片均采用热轧中厚钢板制作，级别为Q235B，屈服强度≥235MPa，垫片规格为150mm×150mm，支撑钢柱使用钢板符合设计尺寸要求，符合相关规范的质量性能要求。

（3）采用性能等级为6.8的六角螺栓，公称抗拉强度600MPa，屈强比值为0.9，在施工过程当中，螺栓两端均采用双螺母，长度符合设计使用要求。

7 应用实例

7.1 安徽心脑血管医院（安徽省立医院南区）二期项目支撑柱运用桁架吊装

工程名称：安徽心脑血管医院（安徽省立医院南区）二期（安徽省合肥市）

应用效果：良好

7.2 华润置地·桃源里项目一期施工总承包工程项目支撑柱运用

工程名称：华润置地·桃源里项目一期施工总承包工程（安徽省合肥市）

应用效果：良好

7.3 合肥庐阳万象汇项目支撑柱运用

工程名称：合肥庐阳万象汇项目（安徽省合肥市）

应用效果：良好

大跨度屋面钢网架后装施工工法

河南二建集团钢结构有限公司、河南省第二建设集团有限公司

王庆伟　樊慧斌　孙玉霖　段常智　耿　睿

1　前言

垃圾电厂因其相似的生产工艺造成其结构体系大多相似，但又与火力发电、水力发电等传统发电厂的结构形式有较大差别。尤其是主厂房涵盖了大部分主要生产工艺单体，其内部四大功能单体：卸料厅（混凝土结构）、垃圾坑（混凝土结构）、锅炉间（钢桁架）、烟气间（钢桁架）一字排开，混凝土、钢结构施工在水平、垂直双维度交叉，内部工艺设备几乎填满了整个空间，土建施工、钢构安装、设备安装施工周期重叠，施工协调难度大，针对垃圾电厂钢结构施工方法进行总结，形成一定的施工经验，为类似工程提供参考，有利于节约工期，提高施工质量，具有很好的推广价值和意义。

本工法依托于新乡市生活垃圾焚烧发电项目、滑县静脉产业园生活垃圾焚烧发电项目。通过以 BIM 模型数据衔接数控机加工设备的钢结构精确加工技术；BIM 模拟制作、安装全过程综合深化设计技术；垃圾电厂锅炉间大跨度钢网架结合锅炉钢架后装法施工技术等一系列研究，最终形成了《大跨度屋面钢网架后装施工工法》。

2　工法特点

（1）系统全面地介绍了垃圾焚烧发电厂主厂房钢结构制作、安装施工关键技术，解决了现场多项施工工序中的难题，优化了施工过程中的安全和质量措施。

（2）借助 BIM 模型与加工设备的数据传输，提高加工效率，减少出错率，缩短工期，节约成本。

（3）工作灵活，场地空间可以交叉作业，可以灵活调整施工顺序，保证工期节点。在有限的工作空间，充分发挥各类起重设备的最优机械性能，避免出现机械不能到位导致无法吊装的情况。

（4）全面考虑现场环境，合理安排安装顺序，既保障施工质量又提升施工效率。

3　适用范围

本工法适用于垃圾电厂主厂房钢结构施工，也适用于环保能源发电项目、水泥厂等内部设备密集且设备先装、结构后装的工业建筑钢结构施工。

4　工艺原理

4.1　以 BIM 模型数据衔接数控机加工设备的钢结构精确加工技术

垃圾电厂主厂房锅炉间、烟气间主体结构多为钢管格构式钢框架，以参数化节点建立精确的 BIM 模型，为加工提供准确的切割线数据，直接以模型参数生成与数控切割生产设备匹配的加工指令程序，省去了传统加工制作中的放样、出图、识图、划线、切割等工序，极大提高了制作效率，减少了出错率，提高了零件加工精度。由于图纸与报表均以模型为准，而在三维模型中操作者很容易发现构件之间连接有无错误，所以它保证了钢结构详图深化设计中构件之间的正确性。同时模型软件自动生成的各种

报表和接口文件（数控切割文件），可以服务（或在设备直接使用）于整个工程。

4.2 BIM模拟制作、安装全过程综合深化设计技术

垃圾焚烧发电项目一般布局较为紧凑。各专业交叉作业多，相互掣肘。前期策划内容至关重要，比如：土建施工顺序、个别部位预留后施工、施工道路的布置、场地临时占用安排等来减小吊装机械；又或者厂区塔式起重机布置、施工场地布置优化等。

利用BIM全过程参与项目管理、决策。在前期策划阶段基本将整个工程在电脑上提前建设了一遍，将不同位置的构件与之对应的机械进行比选，提前将构件合理分段，减少了对大型机械的依赖，极大降低了工程成本，对整个施工组织和施工路线有更大的帮助。

4.3 垃圾电厂锅炉间大跨度钢网架结合锅炉钢架后装法施工技术

普通厂房的施工顺序是先施工厂房，待主体结构施工差不多甚至结束时再开始安装设备，但垃圾焚烧发电厂因内部设备巨大几乎充满所有内部空间，其工艺贯通、生产运行为第一建设目标，整个建设周期较短等多方面原因，垃圾电厂的整个施工建设是优先锅炉、烟气等大型设备的安装，后穿插厂房施工。钢结构施工时，内部设备基本已提前施工，提高了施工的难度与成本。

垃圾电厂锅炉间网架的第一个特点是跨度大、安装高度高。第二个特点是要等下部锅炉钢架施工基本结束才能开始，此时下部各种设备安装已就位，已经没有可以吊装的场地与条件。因此必须采用跨外吊装，机械选型较大，安装难度增大，事故风险增大。第三个特点是其开始施工时基本上是整个项目建设的后期，项目急于开始调试，因此要求锅炉间快速封闭断水，否则影响项目整体进度。造成工期从一开始就异常紧张的局面。因此锅炉间网架是整个垃圾电厂施工过程中最为关键、重要的环节。传统方法可以采用跨外使用大吊车分片吊装，也可以采用跨外吊装累积滑移等施工方法。本施工技术提供另一种安装思路，在锅炉间网架施工周期与坡道施工重叠，跨外没有分片吊装的场地，无法安装塔式起重机等特殊情况下，有很好的效果。在已施工完毕的锅炉钢架顶部搭设操作平台，利用两台锅炉之间的单轨吊进行上料，在锅炉上部拼装网架椎体，使用拟申报专利的“一种钢网架高空散装工具”与塔式起重机配合进行高空散装，加上该技术中网架的安装顺序及支点布置计算确保了整个施工工艺的完成。使得整个施工过程除起步架使用200t汽车起重机进行吊装后，其余没有使用大型起重设备，完全摆脱了下部设备对垂直运输的限制。

5 施工工艺流程及操作要点

5.1 工艺流程

工程策划→建立BIM模型→贯穿施工全过程的数字化管理→数据传递→构件精确加工→安装施工策划→确定安装方案（尤其是安装路线）→下部钢管格构式框架安装→上部钢网架安装。

5.2 操作要点

5.2.1 BIM在施工平面布置中起到的作用

在工程建设前期，施工平面布置是非常核心的技术管理措施，但在以前是在平面图上进行策划，这就容易忽略高度方向的空间关系，需要耗费很大的精力去考虑。使用BIM模型进行平面布置，更容易发现空间高度上的错落关系，对于机械站位、机械选型，提供更准确的信息，对整个施工组织和施工路线有更大的帮助。

5.2.2 利用BIM强大的数据处理能力进行精细化管理

根据起重机站位及机械性能将钢柱分段为4～5段，现场分段垂直安装，每段最长12m，最重约10t；钢梁为整段制作、安装，重量在5～7t。深化设计阶段通过BIM软件将模型构件进行分段，并下达车间加工图纸与构件清单，生成带有各种信息如构件编号、构件重量、构件长度、构件尺寸的构件布置图，供工程各施工工序的人员使用。将所有构件按用途、规格、子目等进行分类汇总形成构件分类表，供工程施工使用。

5.2.3 工程量计算

BIM技术在处理此类问题有巨大的优势。基于BIM建立的Tekla工程模型配备完善的型材截面数据库，建立模型的同时已经将构件信息（材质、重量、表面积等重要信息）保存，可自动生成各种报表。相关人员可灵活调用需要的数据，作为方案、采购、生产、安装，预算、结算依据。

各种数据信息汇总、统计、拆分对应瞬间可得。与传统方法相比，汇总分析能力大大加强，工作量小、效率高，准确性大为提高。查询模型能及时提供各类信息，协助决策者迅速做出准确的判断。

5.2.4 项目数字化管理

在数字物联网应用领域，我们借助数据平台，将工程进度计划与模型关联，材料进出场计划与模型关联，实现可视化，不同岗位的工程人员都可以从模型中方便快捷地调取所需信息。为构件编制二维码标识保证构件信息唯一性和可追溯性等，将构件与互联网相连接，手机端与电脑端无缝对接，现场与办公室实现无距离信息传输。

图1 烟气间网架整体吊装

5.2.5 大跨度钢网架结合锅炉钢架高空安装法

锅炉间与烟气间网架毗邻，安装工序上相互穿插。先行施工锅炉间起步架，在锅炉间东北侧以小开间区域起吊，然后将锅炉间东侧一列网架使用汽车起重机在烟气间内部吊装完成。此时开始烟气间网架吊装，将烟气间分成2片在地面拼装，整体起吊迅速完成烟气间网架安装（图1）。

与此同时，锅炉间网架完成起步架吊装及东侧一列网架吊装后，将进入高空散装阶段，此时厂房内部已充满设备，东、西侧的烟气间、垃圾坑已封顶，南、北侧的附屋、坡道也已经施工完毕，无拼装场地和吊装站位（图2）。

利用锅炉钢架顶部，搭设操作平台，借用锅炉中间的卷扬机进行上料，使用自制的“一种钢网架高空散装工具”（拟申报专利）与塔式起重机配合进行高空散装，加上该技术中网架的安装顺序及支点布置计算确保了整个施工工艺的完成（图3）。

图2 锅炉间网架进入散拼阶段

图3 使用一种钢网架高空散装工具进行网架安装

6 质量控制标准

（1）应首先进行认真的工艺策划和技术方案编制，并加强技术交底、过程监督和阶段性反馈总结，确保策划、方案的有效贯彻执行。

（2）在工程中所使用的制作和检测工具具有合格有效期和误差范围标签后方可使用。

（3）结构安装前应对构件进行全面检查：如构件的数量、长度、垂直度、安装接头处螺栓孔之间的尺寸是否符合设计要求等。

（4）检查焊接材料的质量合格证明文件、检验报告等。检查焊条外观，焊接时应选择合理的焊接工艺及焊接顺序，以减少钢结构中产生的焊接应力和焊接变形。

（5）对所有焊缝进行100％的外观检查，并做好记录，严禁有漏焊、裂纹、咬肉等缺陷。按规范和设计要求对下弦节点焊缝进行超声波探伤跟踪检测，对内部有超标缺陷的焊缝必须进行返修。

（6）为了保证整个施工过程的误差处于受控状态，施工中采用全过程定点跟踪测量方法，每部分结构都设置了测量控制点。

（7）地面起步单元榀网架拼装、焊接过程中，须随时测量、检查下弦网格尺寸及对角线，检查上弦网格尺寸及对角线，检查网架纵向长度、横向长度、网格矢高，如有偏差需要及时调整，不能累计偏差造成尺寸超限。

（8）吊装时，相邻支座高差不大于15mm，最高与最低点支座高差不大于30mm。钢网架总拼装及屋面工程完成后应分别测量其挠度值，且所测挠度值不应超过相应设计值的1.15倍（即≤127mm）。

7 应用实例

该工法的关键技术基于河南二建公司承建垃圾焚烧发电项目钢结构工程的成熟施工经验，在原有钢结构制作、安装专利技术的基础上，根据垃圾焚烧发电项目普遍特点，经过研究有效组合和改进了原有专利技术，正在进一步申请项关键专利技术，并在新乡市生活垃圾焚烧发电项目、滑县静脉产业园垃圾焚烧发电项目（图4、图5）上成功应用，不仅解决现场施工难题，而且具有很好的安全和质量效益。

图4 新乡市生活垃圾焚烧发电项目

图5 滑县静脉产业园生活垃圾焚烧发电项目

基于有限元法的 Q690D 悬桥钢板带高精度焊接工法

中建三局第一建设工程有限责任公司

张 义 颉海鹏 董 华 张 舟

1 前言

近年来国际国内建筑钢结构不断发展，高强度钢材尤其是 420MPa 以上级别钢材在国内的各种结构上逐步得以应用。在建筑钢结构中，Q690D 材质应用罕见，目前国内没有相关的设计、施工验收标准体系，在高强度钢焊接模拟及几何质量控制方面基本无量化成果。新型钢板带桥在国内应用前景广阔，在大型水利设备、施工钻井平台等领域有部分应用，但是使用环境、施工条件与建筑钢结构差别巨大，急需探索现场施工使用的合理的低合金高强度结构钢 Q690D 的中厚板焊接工艺。Q690D 级别高强钢在现场安装焊接的使用，具有很大的参考意义，拓宽了高强钢在建筑钢结构中的使用范围。

在焊接过程中，焊接试件受到不均匀加热并使焊缝区熔化，与焊接熔池毗邻的高温区材料的热膨胀受到周围冷态材料的制约，产生不均匀的压缩塑性变形。在冷却的过程中，已经发生压缩塑性变形的这部分材料同样受到周围金属的制约而不能自由收缩，并在一定程度上受到拉伸而卸载，最终焊接试件不可避免地产生残余应力与变形。焊接残余应力与变形的有限元计算是高度非线性的求解过程，涉及材料非线性、几何非线性和接触非线性，求解过程非常复杂。

Sysweld 是国际上最先进的大型通用有限元软件之一，它可以分析复杂的工程力学问题，准确地、高效地预测建筑钢结构或接头的焊接残余应力与变形，基于有限元计算软件 Sysweld，可开发面向工程应用的高精度材料模型和计算方法。运用所开发的计算方法，在设计阶段与制造阶段，对大型建筑钢结构与厚大接头的焊接应力进行了预测与调控，以缓解其层状撕裂产生倾向；并对厚板接头的角变形进行控制，以提高钢结构的装配精度。

依托大顶岭绿道（一期）工程Ⅱ标 EPC 项目，对低合金高强度结构钢 Q690D 的钢板带结构体系悬桥，采用有限元计算软件 Sysweld 前期数值模拟，对现场安装焊接施工工艺等进行研究，确保工程安全、快速施工的同时，降低施工成本，提高施工质量，积累相关经验，并形成系统完善的技术，为类似的 690MPa 级别高强度钢板带现场焊接施工工艺提供技术指导。

2 工法特点

（1）以 Sysweld 作为求解器对 Q690D 低合金高强钢厚板多层多道焊的焊接温度场及焊接变形进行数值模拟，获得不同热输入工艺参数下的温度场、应力场的分布情况和焊接变形值。

（2）采用上述数值模拟中的焊接参数焊接试板，并测量实际焊接变形及残余应力。

（3）比较热模拟应力场分布与实测残余应力偏差及焊接变形偏差。

（4）确定焊接反变形数值，焊接试板，确定最优焊接参数。

3 适用范围

本施工技术适用于 Q690 级别以上的中厚板高强钢钢板带的高精度焊接，可有效控制焊接后的残余应力及焊接变形。

4 施工工艺流程及操作要点

4.1 设计与施工综合技术研发与应用流程

建立有限元模型，合理划分网格→建立材料数据库及校核热源→设置不同焊接参数→计算得到温度场、应力场及焊接变形数值→采用前述焊接参数进行实际焊接→实测焊接残余应力及焊接变形→对比模拟结果及实测结果→选用合适焊接参数及反变形量→正式施焊。

4.2 建立有限元模型，合理划分网格

实际焊接采用平板对接焊的形式，基板尺寸为 150mm×250mm×40mm，开 V 形坡口，单边坡口角度 20°。采用气保焊打底，埋弧焊填充盖面的焊接方式，焊缝区域总共 14 层，其中，前 6 层为一层单道，后 8 层为一层两道，共计 22 道焊缝。使用 Visual-mesh 软件进行模型的创建和网格的划分。由于焊缝数量较多，计算量很大，必须尽量减少网格的数量，以保证在现有计算机设备配置下能够完成计算，同时提高计算速度。通过对整个模型划分不同的区域，在设置网格时可以采用变化的网格划分方法，即在靠近焊缝及热影响区的部位使用密集的网格，而在距离焊缝区域较远的位置网格尺寸逐渐变大，以提高计算效率，保证结果的正确性与完整性。因为焊缝及热影响区的温度变化梯度较大，为了更好地表现和反映真实温度场及应力场的变化情况，必须要采用尺寸更小的网格。建模及网格划分完成后，模型的 3D 单元数量总计为 43940 个。其中，最小的网格单元尺寸为 2mm，最大的尺寸为 20mm，并保证焊缝处网格尺寸为 2mm。

4.3 建立材料数据库及校核热源

使用 Sysweld 的配套软件 TOOLBOX 中的 Material-Data-Manager 工具进行材料数据库的建立。

4.4 热源校核

Sysweld 软件提供了三种内置热源模式：2D 高斯热源模型、双椭球热源模型以及 3D 高斯热源模型。双椭球热源为体积热源，主要分析了热源移动和热流分布的关系，将焊接热源分为两个半椭球，比较好地反映了焊接热源移动过程中的热流分布情况。本次试验采用气保焊打底，埋弧焊填充盖面的焊接方式，使用双椭球热源模型较为适合。在热源校核过程中，通过对热源系数进行调整修改，使模拟的熔池形貌与实际焊接的熔池形貌基本一致，说明得到了与实际情况基本相同的热源模型。

4.5 焊接参数的设置

本次试验通过设置每一道焊缝的开始时间和冷却时间，对道间温度进行控制，保证道间温度为 150～200℃之间，以达到为下一焊道预热的目的，与实际焊接过程相符。同时，环境温度设置为 20℃，进行自由换热。

4.6 计算得到温度场、应力场及焊接变形数值

在焊接过程中，焊接热源加载到焊缝单元上，使其被加热到熔化温度以上，形成一个椭球状分布空间，同时由于热量的传递使临近单元的温度也升高，随着热源向前移动，热源后方的节点温度分布逐渐形成一条长椭圆形轨迹；由于每一焊道的焊接热输入及散热条件不一样，所以各焊道的峰值温度有所差别，处于 2200～3550℃之间，但都经历了相似的焊接热循环过程。在焊接完成后的冷却过程中，焊件温度逐渐下降，直至温度均匀分布，等到焊道处温度冷却至 150～200℃之间时，开始下一焊道热源的加载。模拟的温度场分布与实际的焊接情况相似，得到了较为理想的温度场云图。

4.7 应力场

焊接残余应力主要集中在焊缝及其邻近的热影响区，最大的残余应力值达到了 342.95MPa，而远离焊缝区域的残余应力较小。

对模拟结果进行分析，取焊件上表面、20mm 厚度处和焊件底部残余应力数据，绘制残余应力曲线，可以看出在顶部和 20mm 厚度处残余应力呈驼峰形状分布，在经过起弧与熄弧区域后，纵向残余

应力基本处于一个平稳的状态，呈拉应力，最大残余应力值为408.3MPa，位于焊件顶部，低于Q690D钢的常温屈服强度690MPa。焊件底部的纵向残余应力则在起弧处和熄弧处呈现出很大的应力梯度，而在中间区域达到平稳状态。在焊缝及邻近区域呈正向的拉应力，峰值达到了462.3MPa，并在焊缝中心出现应力下降到的现象。在距离焊缝中心25mm处，应力急剧变化，纵向残余应力快速降低，直到变为压应力状态，随着距焊缝中心的距离增加，残余应力再逐渐增加，到基板边缘处约为0。

由焊件的横向残余应力分布曲线可知，平行于焊缝方向的横向残余应力呈帽状分布，且焊件底部的残余应力值明显高于20mm厚度处和焊件顶部的残余应力值，最大值达到了582.5MPa。同时，起弧段和熄弧段呈现出较大的应力变化。垂直于焊缝方向的横向残余应力沿焊缝中心呈对称分布，在基板边缘处为零，并在焊缝中心及其邻近热影响区呈现出复杂的变化趋势。底部的横向残余应力为拉应力，并在焊缝中心处达到峰值，为581.9MPa，而顶部的残余应力则在焊缝中心区域为压应力，两侧为拉应力，20mm厚度处的应力变化趋势则恰好相反，但峰值较小，这可能与多层多道焊复杂的热输入状况有关，导致残余应力的分布较为复杂。

使用盲孔法对实际焊件表面的熔合线、热影响区和基板处进行残余应力测量，对实测值与模拟曲线的比较，实测值与模拟值吻合较好，说明使用Sysweld软件对焊接残余应力分布进行模拟预测的可行性与准确性。

4.8 焊接变形

由焊件冷却后的焊接变形云图，可以看出，在焊缝及其邻近区域的焊接变形较大，这是由于母材金属受热膨胀后冷却收缩，而远离焊缝两侧的母材边缘向上翘曲，造成角变形。其中，最大的焊接变形值达到了14mm。同时，对焊件的横向、纵向变形云图进行比较可以发现，横向变形产生的位移远则大于纵向变形，这是由于母材板厚较大，导致板抵抗纵向收缩的能力增强。

4.9 采用前述焊接参数进行实际焊接

本工程位于山顶，焊接时温度较低且存在山风，焊接施工时，焊缝与周围环境温差大，焊缝金属冷却速度快，焊缝组织结晶速度加快，拘束应力增大，易出现冷裂纹。为确保焊接质量和安全，应采取如下措施。

4.9.1 防风、防雨措施

(1) 在施焊时间段内，施工现场的风速≥2m/s时，应及时搭设防风棚，降低施焊部位的风速，保证气体的保护效果，确保焊接质量。

(2) 当施焊现场有雨时，原则上应禁止施焊。若施工进度要求进行焊接时，应搭设防雨棚，保证焊接区域局部达到施焊要求。

(3) 搭设的防风棚应牢固，并应有足够的空间，便于工人的焊接操作。

(4) 搭设的防风棚应包围所施焊的焊缝。

4.9.2 去潮、去湿及焊接坡口清理措施

(1) 当环境相对湿度大于80%时，施焊前，应采用烘枪将待焊焊缝两侧各150mm范围内的水渍烘烤干（钢板表面不再有水渍）。

(2) 如雨后需要进行焊接施工时，在正式焊接前，应将待焊焊缝两侧各150mm范围内的水渍烘烤干。

(3) 焊前对坡口及周围区域进行打磨处理，使坡口面光滑、无锈蚀、无飞溅、无夹碳、露出金属本色。

4.9.3 预热措施

(1) 预热是防止冷裂纹的有效措施，预热的主要目的是增大热循环的低温参数，有利于氢的充分扩散。本工程预热温度为150～200℃。

(2) 采用烘枪对焊接区域进行预热。预热范围为焊缝两侧各100～150mm。

（3）用点温计或红外线测温仪在距离焊缝 30～50mm 范围内测量温度，要求达到预热温度的要求。

（4）预热时，可使用石棉布进行保温。前面采用烘枪预热，后面覆盖石棉布保温；或者厚板焊接时，正面进行预热或焊接，反面采用石棉布保温。根据现场实际情况，灵活运用。

4.9.4 层间温度的控制

（1）环境温度较低时，焊缝向相连母材的热传递及向空中散发热量的速度增快，使得焊缝的冷却速度加快，焊缝组织结晶速度加快，不利于焊缝中氢的扩散和逸出，同时焊接拘束应力增大，易导致冷裂纹的出现。为防止焊道因冷却过快产生冷裂纹，必须控制层间温度。

（2）一般层间温度为：100～150℃。在预热条件下，须控制层间温度在：预热温度 200℃；若层间温度低于预热温度时，应用 4.9.3 方法进行加热，达到要求。

（3）焊缝未焊接完成时，原则上不得中断焊接，若必须中断焊接，则必须至少将所焊坡口填充至坡口深度的 1/3 厚度后方可中断焊接，中断焊接前应先对所焊焊缝及焊缝两侧 100～150mm 范围内加热至预热温度以上，然后用石棉布对焊缝进行保温。在重新开始焊接时，应按 4.9.3 的方法进行加热，达到要求后方可重新开始焊接。

4.9.5 焊后缓冷

当环境温度低于 5℃时，除按上述要求进行焊前预热、焊接过程中控制层（道）间温度外，在焊后还应让焊缝缓冷，使焊缝中的氢充分扩散，避免因焊缝冷却速度过快，引起氢致冷裂纹现象的发生。焊缝焊接完后，应立即用石棉布将焊缝覆盖、包裹 2h，让焊缝缓慢冷却。

4.10 实测焊接残余应力及焊接变形

使用盲孔法对焊接残余应力进行测量，测量点的位置分别位于焊件的熔合线、热影响区和基板处，钻孔直径为 1.5mm，深度为 2mm。钻孔过程中使用静态应变仪采集释放的应变，根据测得的应变，使用计算公式进行计算即可得到所测点的纵向和横向残余应力。

4.11 对比模拟结果及实测结果

（1）焊接过程中每一道焊缝的热循环曲线大致相似，且峰值温度处于 2200～3550℃之间。

（2）焊接残余应力主要集中在焊缝及其邻近区域，最大的焊接残余应力值为 342.95MPa。使用盲孔法对实际焊件的残余应力进行了测量，试验结果与模拟结果吻合较好，验证了 Sysweld 软件进行数值模拟的准确性。

（3）焊接变形主要为角变形，最大变形值为 14mm，且由横向变形产生的变形量大于纵向变形产生的变形量。

5 质量控制

（1）建立健全质量控制制度，实行三检制度，坚持自检、互检、交接检制度，自检要做好文字记录；钢梁安装焊接完成由项目总工组织工长、质量检查员、班组长检查，并做出较详细的文字记录，不合格的产品不得进入下道工序施工。对于质量容易波动、容易产生质量通病或对工程质量影响较大的工序和环节要加强预控、中间检查和技术复核工作，以保证工程质量。

（2）严格把控构件制作质量，构件进场及时进行外观及焊缝检查、监测，保证构件质量合格。

（3）全部焊缝保持连续施焊，避免多次熄弧、起弧。穿越安装连接板处工艺孔时必须尽可能将接头送过连接板中心，接头部位均应错开。

（4）构件拼装焊接完成后应及时进行探伤监测，保证全部焊缝探伤合格后进行刷漆保护，防止构件生锈影响结构质量。

6 应用实例

大顶岭绿道（一期）工程Ⅱ标 EPC 项目悬桥钢结构的组成为桥台索板转换器部分，材质为 Q420C

和Q460C；1/5跨处斜撑部分，材质为Q420C和Q345B；桥面承重体系为两条钢板带，材质为Q690D，钢结构总用钢量约200t（图1）。

图1 项目整体效果图

桥台索板转换器构件2个，长8m×宽4.5m×高3m，主要板厚为30mm、40mm、60mm；斜钢支柱为箱形柱截面为□350（767）×300（580）×30×30；柱顶弧形支座构件长6.2m×宽2.4m，主要板厚为30mm、40mm、100mm；桥面钢板带长87m×宽0.75m，板厚为40mm。悬桥钢板带上铺设混凝土预制板，混凝土预制板标准块尺寸为：厚120mm×宽855mm×长2700mm（图2）。

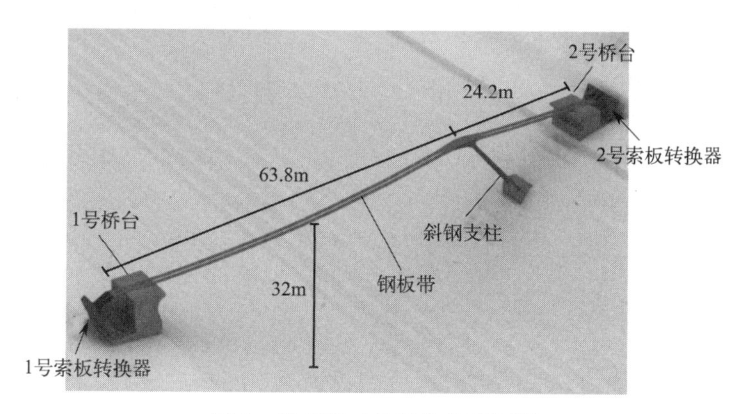

图2 钢板带式悬桥整体概况图

基于有限元法的Q690D悬桥钢板带高精度焊接技术在大顶岭绿道（一期）工程Ⅱ标EPC项目施工中研究与应用，对于高强度建筑结构钢的现场焊接，可以在施工前确定最合理的焊接参数，减少结构的焊接质量缺陷和受力不合理部位，对于薄弱部位可以有针对性地加固，最大程度保证结构稳定性，形成成熟完善的高强度低合金钢钢板带的高精度焊接技术，保证结构安全、工程质量和经济性，对其他类似工程具有借鉴和推广的作用，增强企业履约能力，为类似工程提供有力的指导和参考，得到了业主、管理公司、监理等参建各方的认可（图3）。

图3 钢板带结构体系的悬桥施工完成图

7 应用照片

相关应用见图 4～图 7。

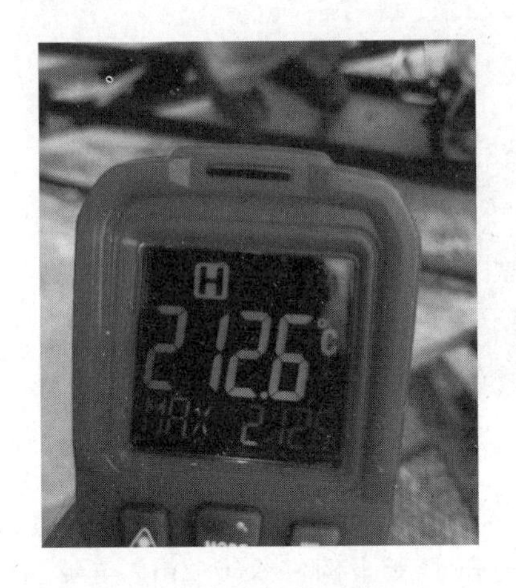

图 4　层间温度测量

图 5　埋弧焊

图 6　气保焊打底

图 7　焊渣清理

千吨级超宽多榀分离式钢桁架整体提升施工工法

中建三局集团有限公司

罗　衡　尹昌洪　刘继项　杨　丹　陆　丹

1　前言

随着社会的发展，建筑物的形式越来越复杂，造型新颖的建筑物日益增多。为满足建筑功能的需要，往往需要增加钢桁架以保证结构安全。而分离式钢桁架在施工过程中需要考虑大型起重设备和场地条件的限制，安装过程复杂、经济性差。中国建设银行成都生产基地项目5号、6号楼为集办公、休闲功能于一体的“空中花园”式商务中心，其两侧为独立的钢桁架体系，中部为铰接于桁架上的大跨度连系钢梁，以满足空中花园的建筑功能和采光要求。超宽多榀分离式钢桁架结构整体跨度42.5m，宽度47.5m，总重量达1300t。

项目结合本工程特点，在施工过程中总结出一套千吨级超宽多榀分离式钢桁架整体提升施工方法和思路，形成本施工工法，并通过技术查新认定为新技术。

2　工法特点

（1）降低高空作业风险：在地面可完成全部的分离式钢桁架拼装工作，能大大降低高空散装方案的空中坠落伤亡、高空落物伤人等风险。

（2）保证结构安装质量：通过计算机施工模拟技术，计算出构件安装过程中的变形以及安装就位的不同状态，找到结构受力薄弱部位，通过增加临时桁架对结构进行相应加固，满足施工质量要求。

（3）节约施工成本：整体同步提升相较于搭设胎架高空散拼方式节约了大量的拼装、楼板加固脚手架材料及人工成本，同时也节约了大量的工期成本。

3　适用范围

本工法通过在分离式钢桁架间增设临时桁架的方法形成“双向桁架体系”，解决了整体提升同步协调性的问题，为分离式钢桁架结构的整体同步提升提供了宝贵经验。

4　工艺原理

本工程分离式钢桁架结构宽度大，两侧桁架之间的连系钢梁与桁架铰接连接，在宽度方向相当于两端简支。组成两侧桁架的弦杆最大重量42t，现场塔式起重机及大型吊装设备均无法满足吊装要求。若采取整体提升的方案，连接结构并不是刚性整体结构，各提升点的不均匀拉力及位移会对结构产生不稳定性作用。因此分离式钢桁架结构整体提升的同步协调性是施工的重难点。

项目创新性地提出在大跨度连系钢梁立面设置三榀临时桁架，使之与两侧主桁架形成“双向桁架体系”，使整个分离式钢桁架结构形成刚性整体，从而实现分离式钢桁架结构整体提升的安装方案。该方案解决了分离式钢桁架结构整体提升的同步协调性问题，完美实现分离式钢桁架结构的整体提升安装，安全、质量、工期均得以保障。

总体思路为：(1) 根据计算机施工模拟计算结果，找出分离式钢桁架结构整体提升受力薄弱部位，并模拟设置临时桁架及临时杆件将分离式钢桁架结构转变为刚性整体结构，确认整体提升技术可行；(2) 根据施工模拟结果，对提升点、提升平台、下吊点等进行深化设计；(3) 在分离式钢桁架结构两侧劲性结构顶部安装提升平台及提升设备；(4) 在分离式钢桁架结构垂直投影的地下室顶板上放样拼装，同时安装临时桁架和临时杆件；(5) 将地锚与下吊点连接，钢绞线张紧进行预提升；(6) 正式提升至设计位置后对口焊接，完成分离式钢桁架结构的安装。

5 施工工艺流程及操作要点

5.1 施工工艺流程（图 1）

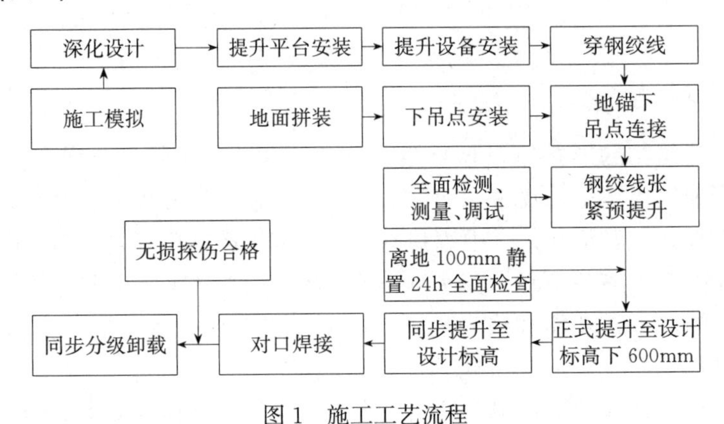

图 1 施工工艺流程

5.2 主要施工工艺操作要点

5.2.1 施工工况模拟

利用 Midas 软件，综合考虑恒载、提升动载、沉降等因素，计算并分析钢连廊在拼装、提升、与预留牛腿连接、卸载附加杆件及卸载提升点约束等所有施工阶段的受力状态，以及其对 5 号楼与 6 号楼主体结构的影响。进而明确施工工况，找到结构受力薄弱部位，通过模拟设置临时桁架及临时杆件将分离式钢桁架结构转变为刚性整体结构，确保整体提升技术可行。

此施工模拟可以用于指导现场施工，对结构位移变形较大的杆件在制作时进行预起拱处理，保证结构尺寸形态满足设计要求。

根据分离式钢桁架整体布置形式，在④轴～⑦轴之间的 32.350～37.750m 标高平面设置 3 榀临时桁架（图 2），并沿临时桁架下方在⑤轴、⑥轴的位置设置吊柱用于支撑 26.950m 标高平面的杆件，从而形成双向封闭的桁架体系。新增杆件中上下弦杆为 H600×250×15×20；其他杆件均为 H200×200×8×12，材质均为 Q345B。

图 2 临时杆布置图

5.2.2 对提升点、提升设备、提升平台、下吊点等进行深化设计

(1) 提升点深化设计：提升点的选择应首先充分考虑到被提升结构的受力体系特点，以不改变结构受力体系为原则，在提升过程及卸载完成后，结构的应力比以及变形情况均控制在规范允许范围内。本

工程钢连廊共设置 8 个提升点。

（2）提升设备深化设计：本工程采用的提升设备主要由液压提升器、液压泵站系统、柔性钢绞线、计算机同步控制及传感检测系统组成。采用 12 台 TLJ-2000 型穿芯式液压提升器作为提升机具，配置 2 台 60kW 的液压变频泵站为液压提升器提供液压动力，采用 144 根抗拉强度 1860MPa、单根直径 17.80mm、破断拉力不小于 360kN 的柔性钢绞线作为承重索具与提升索具，并配置 1 套 TLC-1.3 型计算机同步控制及传感检测系统（图 3、图 4）。

图 3　液压提升器与柔性钢绞线

图 4　液压变频泵站系统

（3）提升平台深化设计：5 号、6 号楼连廊提升平台下部水平短梁为 B900×500×30×30，竖向杆件为 B500×30，其余杆件均为 B550×400×30 箱形截面，所有杆件材质与连廊相同。提升平台与钢柱的连接为刚接，拉杆和劲性梁连接为刚接。斜腹杆的另一端位于短梁上以原结构混凝土柱边缘线外侧 500mm，拉杆按 45°布置，顶部扁担梁为梁边缘外挑 500mm（图 5）。

图 5　提升平台

（4）下吊点深化设计：5号、6号楼连廊TR1桁架选用200t型吊具作为下吊点；5号、6号楼连廊TR2桁架采用“翅膀牛腿”作为下吊点。200t吊具中的最大应力为273MPa，竖向最大变形为0.02mm，翅膀牛腿组合应力49.5MPa，均满足提升要求（图6、图7）。

图6　200t型吊具

图7　翅膀牛腿

5.2.3　钢桁架地面拼装

5号、6号楼连廊主要采用1台50t汽车起重机进行吊装施工，拼装顺序为先拼装两侧各两榀桁架（其中⑦轴、⑧轴桁架预留汽车起重机进出位置），并补装桁架之间水平横向和斜向连系杆，使桁架初步形成稳定体系。再拼装④轴、⑦轴间的大跨度连系钢梁和临时桁架，最后补齐⑦轴、⑧轴桁架剩余部分，完成钢桁架地面拼装。

5.2.4　预提升

提升前准备工作完成后，按照提升反力标准值的20%、40%、60%、80%、90%、95%、100%的顺序进行逐级预加载。每加载一次，检查无误后继续提升。提升时各组持续观察提升平台有无异常，提升临时杆件及下吊点周边杆件有无弯曲变形、焊缝是否撕裂、钢绞线是否绷紧，发现问题立即反馈，并由组长下令暂停提升，问题处理后继续提升。当分级加载至连廊即将离开拼装胎架时，可能存在各点不同时离地，此时应降低提升速度，并密切观察各点离地情况，必要时做“单点动”提升，确保连廊离地平稳，各点同步。直至提升连廊跨中脱离胎架约100mm，停止提升，停留24h全面检查、监测各设备运行及结构体系的情况。

5.2.5　正式提升

通过预提升过程中对桁架结构、提升设施、提升设备系统的观察和监测，确认符合模拟工况计算和设计条件。整体提升阶段采用“吊点油压均衡，结构姿态调整，位移同步控制”的同步提升控制策略。

整个提升过程中持续监测，确保相邻两吊点高差不超过50mm，否则汇报给提升组长，暂停提升并处理，提升速度控制在3～4m/h。当连廊观测点提升净高度分别为4m、8m、12m、16m、20m、24m时均需暂停提升一次，全面检查、测量，调平后继续提升。当连廊观测点提升至13.625m时，各提升小组检查下吊点与结构钢柱牛腿有无干涉（障碍），如有问题及时采取处理措施。待连廊观测点提升至标高25.125m（距离设计标高50cm）时，暂停提升、调平；再次提升时应降低提升速度，缓慢提升，精确提升至设计标高（下翼缘设计底标高为25.625m）时，再次测量、调平，精确就位。同时将液压提升系统设备暂停工作，保持结构单元的空中姿态（图8、图9）。

5.2.6　对口焊接

连廊提升就位后，进行桁架弦杆与预留结构牛腿的对口焊接，焊接采用CO_2气体保护焊，焊接工艺采用小电流多层多道焊，以达到细化金属晶粒、减少焊接残余应力的作用。焊接完成后进行100%超声波探伤，所有焊缝需满足一级焊缝的要求。

图 8　正式提升

图 9　提升就位

6　质量控制措施

6.1　相关措施

（1）连接及安装用的普通螺栓应按国家现行标准规定的 Q345 钢制成。

（2）焊接工艺应优先采用自动焊。焊条、焊丝、焊剂应针对不同钢种、板厚和坡口形式，按《钢结构焊接规范》GB 50661 的规定选用。

（3）钢构件必须按图加工，完成后各加工人员及有关人员均须签字验收。钢构件进场时，应提供质量合格证明。

（4）分离式钢桁架提升前，应对结构牛腿的平面位置和标高进行检查验收、复测校准；提升平台及提升设备使用前需经项目部组织验收后，方可使用。

（5）所有焊缝均须经过质检人员的检查，并及时进行探伤检测，检测合格方可进行下一道施工工序。焊缝表面焊波应均匀，不得有裂纹、夹渣、焊瘤、烧穿、弧坑和针状气孔等缺陷，焊接区不得有飞溅物。一级焊缝应进行 100%的无损检测。

（6）分离式钢桁架在提升过程中，采用全站仪＋激光反射贴片直接观测的方法进行动态测量监控。测量点需设置在提升点及理论挠度变形较大点处，以掌握桁架的整体变形。提升过程中，架设全站仪于任意位置，直接照准下弦底部的反射贴片中心得出某一时间段对应的三维坐标并做好记录，间隔一段时间再进行一次观测，比较屡次观测坐标值，将数值变化情况第一时间报告给现场技术人员。

6.2　桁架与结构钢柱牛腿对接质量保证措施

（1）利用全站仪测量钢柱上牛腿轴线位置，投影到地面，指导地面桁架拼装，以便提升后与牛腿对接轴线重合。

（2）在牛腿及桁架弦杆上焊接定位板，使对口错位减少。

（3）钢柱安装要按规范控制其标高和垂直度，特别是与桁架连接的钢柱吊装时，应严控其牛腿标高和垂直度。

（4）与桁架连接的钢柱安装完成后，认真测量记录其牛腿标高和垂直度，以便指导地面桁架的拼装。

（5）地面拼装桁架时，使用测量仪器进行跟踪测量保证拼装质量，特别是与钢柱连接的构件位置尺寸精度。

（6）拼装时，采用临时支撑加强桁架两端的上下弦杆，确保其相对位置，以方便对接。

7 应用实例

7.1 中国建设银行成都生产基地项目施工总承包工程

中国建设银行成都生产基地项目位于成都市高新区大源组团，项目建设用地约102亩，本次项目建设规划总建筑面积约为21.1万m^2，其中地下建筑面积约为6.6万m^2，地上建筑面积14.5万m^2。

本工程结构类型为钢筋混凝土框架-剪力墙结构、型钢混凝土结构；基础形式为独立基础、筏板基础；抗震设防烈度7度、结构使用年限50年。本工程建成后将是中国建设银行布局在西部地区、服务全行的业务运行枢纽、业务研发基地和后援支持保障中心。

中国建设银行成都生产基地项目5号、6号楼分离式钢桁架结构重约1300t，楼间整体跨度42.5m，宽度47.5m，由两侧独立的桁架体系与中间大跨度连系钢梁组成，其中两侧桁架体系均是由两榀平面桁架及连系钢梁组成的双层结构，中间大跨度连系钢梁与桁架弦杆铰接，跨度25m。项目结合本工程特点，在大跨度连系钢梁立面设置三榀临时桁架，使之与两侧主桁架形成“双向桁架体系”，整个分离式钢桁架形成刚性整体结构，解决了整体提升同步协调性问题，顺利完成了分离式钢桁架的整体提升。

7.2 招商银行金融后台服务中心

招商银行金融后台服务中心项目位于成都市高新区大源组团天府四街与益州大道交界处，由4栋独立地上建筑及2层地下室组成，其中四栋独立地上建筑分别为科研楼（后台服务楼）、倒班宿舍、数据中心、餐厅，规划用地面积为4.29万m^2，总建筑面积17.6万m^2。工程集科研、办公、住宿、餐饮等功能于一体，建成后将成为招商银行成都地区总部和全球数据储存处理中心。结构形式为框架剪力墙结构，设计使用年限50年，抗震设防烈度为7度。招商银行金融后台服务中心钢桁架结构两侧为独立的钢桁架体系，中部为铰接于桁架上的大跨度连系钢梁。为解决钢桁架结构整体提升时的刚性不足的问题，本工法创新性地提出在大跨度连系钢梁立面设置榀临时桁架，使之与两侧主桁架形成“双向桁架体系”，使整个分离式钢桁架结构形成刚性整体，从而实现分离式钢桁架结构整体提升的安装方案。该方案解决了分离式钢桁架结构整体提升的同步协调性问题，完美实现分离式钢桁架结构的整体提升安装，安全、质量、工期均得以保障。

大型复杂空间钢结构全螺栓连接加工精度控制工法

中建钢构武汉有限公司

刘欢云 金伟波 么忠孝 康 宁 李 亮

1 前言

现代钢结构体系呈现多样化，使得构件、节点及其施工技术越来越复杂，对深化建模和加工精度要求也越来越高。高强度螺栓以其方便快捷、抗震性能好、安装快、工期短的优势使其应用越来越普遍。但是数量巨大的高强度螺栓孔加工精度控制一直是钢结构建筑业的一个难题。以往施工中，遇到连接板之间螺栓孔群不吻合时只能采用扩孔器进行扩孔，影响施工进度，如遇过多扩孔量，也容易成为潜在的质量隐患。

现有的高强度螺栓孔群钢构件的加工工法为先制作单根构件，采用人工划线的方法进行单根构件上的孔群加工，单根构件制作好后进行焊接，最后进行所有构件的预拼装，用此方法高强度螺栓孔精度难以保证，孔群制作误差全部累积到预拼装阶段，遇到连接板之间螺栓孔不吻合时只能补焊重新制孔，预拼装返工率高，生产效率低。

2 工法特点

（1）工艺操作简单：空间曲面构件采用层次分析法建模，单根构件采用投影法制作，采用卧拼法进行循环预拼装，确保构件整体尺寸精度满足要求。

（2）高强度螺栓穿孔率高：通过采用预制工装连接板及后孔法，现场高强度螺栓孔群穿孔率可达到99%以上。

（3）制作效率高：本工法可实现多构件快速装配、快速制孔，制作效率显著提高。

3 适用范围

本工法适用于大型复杂空间栓接钢结构加工制作，对其他类型钢结构也有一定的借鉴意义。

4 工艺原理

深化设计阶段，对于连续光滑的曲面立体结构，为满足施工要求，需放样为间断的平面立体。深化建模依据设计对曲改直的基本要求，将制作、运输、吊装、安装及施工效率等因素对构件单元的要求进行统一，采用层次分析法，根据各因素的重要程度确定权重值，综合得到各构件单元最优的放样尺寸。在制作阶段，蝶形连接节点采用曲面投影法放地样线进行装配，焊接校正后复核各空间尺寸。高强度螺栓孔群结构件采取先装配焊接，整体矫正并预拼装合格后，在预拼装环节进行定位划线。桁架预拼装完成后，进行各项检测，合格后在构件现场接头位置进行对合线标记，以方便现场安装。使用数控钻床加工一批12～16mm厚的工装连接板，精度和质量要求同节点连接板，工装连接板和节点连接板叠合在一起采用龙门钻进行制孔，从而确保工装连接板和节点连接板加工精度相同。工装连接板按照图纸尺寸在预拼装平台上与构件点焊固定后，采用半自动火焰切割分离各预拼装构件。各构件返回车间采用摇臂钻配钻（工装连接板）制孔。制孔完成后，采用气刨拆除工装连接板，对构件表面进行打磨。

5 施工工艺流程及操作要点

5.1 施工工艺流程

复杂空间钢结构建模→蝶形节点加工制作→钢构件循环预拼装→预拼装尺寸校验→预拼装尺寸校验→工装连接板与构件点焊固定→工装连接板火焰切割→构件制孔→工装连接板拆除、构件打磨。

5.2 施工工艺操作要点

5.2.1 深化建模

深化建模根据结构设计、制作、运输、吊装各因素的实际要求状况，采用层次分析法确定各因素的最后调整值，得到钢结构放样尺度。

5.2.2 零件下料

各零件下料时不加放余量，左右两侧的牛腿翼腹板高强度螺栓孔暂不加工，插板上的安装螺栓孔在下料阶段加工。

5.2.3 零件组焊

（1）在操作平台上划出地样线，地样允许偏差不超过 1mm。

（2）在钢骨柱上划出蝶形板定位线，安装蝶形板，并复核各空间尺寸。焊接矫正合格后根据图纸尺寸安装加劲板等其他附属零件。

（3）根据地样线定位牛腿（图 1），并根据定位尺寸进行焊接。半成品验收尺寸允许偏差不超过±2mm，检验合格后根据生产部的预拼装安排吊至指定场地进行预拼装。产品连接板和工装连接板采用数控钻床进行加工，孔径允许偏差＋1.0mm。

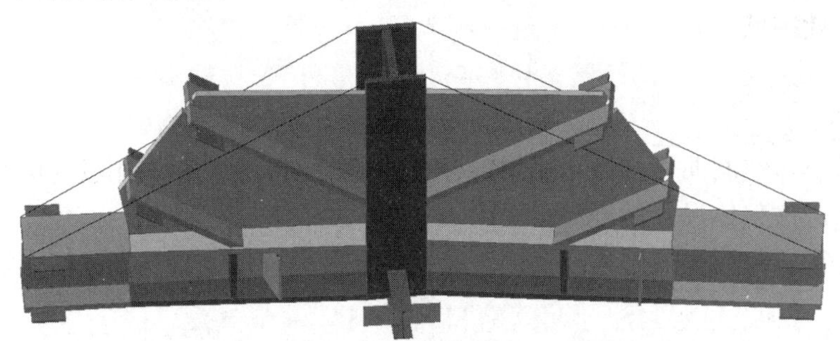

图 1 高强度螺栓孔群钢构件制作

5.2.4 钢构件预拼装

（1）桁架采用分单元连续循环匹配的预拼装方法进行预拼。

1）拼装基准面的确定：采用卧拼法进行预拼，根据每榀桁架的特点选择基准面，以利于控制拼装精度和质量。

2）地面基准线的划线：胎架设置时考虑现场焊接收缩，上、下弦之间适当加放收缩余量间隙，进行拼装划线。

（2）根据预拼桁架的实际水平投影尺寸，在平台上划出楼层顶板水平标高线、钢柱中心线、节点和杆件在平台上投影的 X、Y 方向的中心线及外形线等。

（3）将巨柱或巨柱牛腿吊上胎架，进行定位固定，定位时以胎架上的投影线为基准进行检查，必须对准楼层基准线、竖向中心线。巨柱牛腿定位后，依次将桁架下弦、桁架上弦、腹杆吊上胎架，进行定位固定。

5.2.5 尺寸检验及标记

桁架预拼装完成后，进行各项检测，合格后在构件现场接头位置进行对合线标记，以方便现场安装。所有接口对合线示意如图 2 所示。

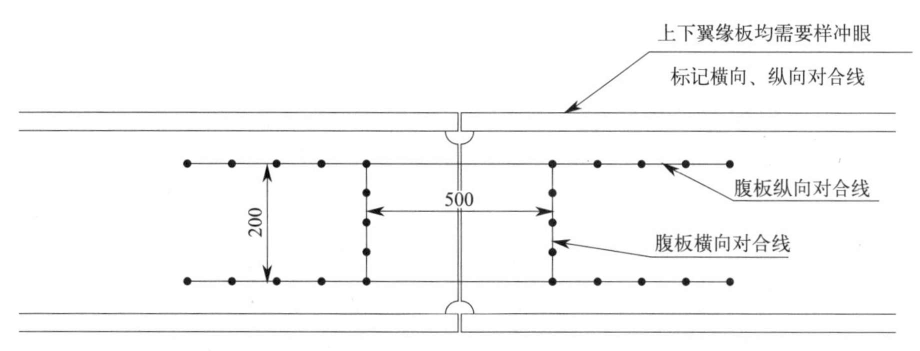

图 2　接口对合线示意图

5.2.6　工装连接板装配

（1）使用数控钻床加工一批 12～16mm 厚的工装连接板，精度和质量要求同产品连接板。

（2）工装连接板按照图纸尺寸在预拼装平台上与构件点焊固定后，采用半自动火焰切割分离各预拼装构件（图 3）。

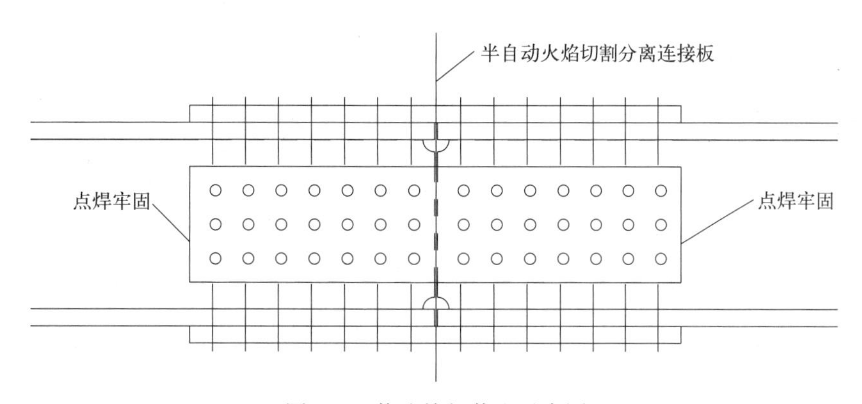

图 3　工装连接板装配示意图

5.2.7　制孔

（1）各构件返回车间采用摇臂钻配钻（工装连接板）制孔。

（2）制孔完成后，采用气刨拆除工装连接板，对构件表面进行打磨。

6　质量控制标准

工法实施过程中的质量控制要求见表 1。

质量控制要求　　**表 1**

项目	验收允许偏差(mm)	项目	验收允许偏差(mm)
成品构件尺寸	±2	腹杆间距离	2.0
地样	±1	弦杆间距离	2.0
孔径	±1	节点处杆件轴线错位	4.0
跨度间弦杆距离 L	−0.5～0	预拼装单位弯曲矢高	L/1500 且不大于 10.0

7　应用实例

7.1　郑州市奥林匹克体育中心项目

郑州市奥林匹克体育中心项目地下 2 层，地上共 5 层，混凝土看台最高点高度 31.885m，体育场屋盖钢结构平面近似为圆形，南北向跨度约 291.5m，东西向跨度约为 311.6m。主要钢材材质为 Q345B、Q420GJC。采用层次分析法的放样优化技术，保证构件尺寸精度。通过采用循环预拼装、预制工装连接板及后孔法，有效保证了现场安装精度，降低了制作返工量（图 4）。

图 4　郑州市奥林匹克体育中心项目效果示意图

7.2　合肥恒大国际金融中心

合肥恒大中心 C 地块塔楼位于合肥市滨湖新区华山路以东、成都路以南、衡山路以西、南宁路以北。C 地块塔楼是一栋高约 518m 超大型城市综合体地标，518m 超高层主楼打造安徽第一座摩天地标，以竹节作为主体造型。结构体系为巨型框架-核心筒-环带桁架结构体系。单道环带桁架长度为 126m，重量约 700t。通过采用循环预拼装、预制工装连接板及后孔法，避免了现场扩孔，保证了施工质量。

7.3　郑阜高铁界临特大桥

郑阜高铁界临特大桥加劲梁钢桁梁采用再分式桁架，桁高 14m，节间距 16m。在中支点位置采用曲弦方式和混凝土梁相接。钢桁结构上弦杆采用箱形截面，尺寸 0.8m×0.8m，板厚为 24～28mm。腹杆采用工字形截面，高 0.8m，翼缘板宽 0.8m，腹板厚度 20～28mm，翼缘板厚度 24～28mm。再分腹杆采用工字形截面，高 0.8m，翼缘板宽 0.4m，腹板厚度 16mm，翼缘板厚度 16mm。上平联采用 X 形构造，工字形截面，两端平联高 0.47m，翼缘板宽 0.6m，板厚 20mm，其余平联高 0.47m，翼缘板宽 0.5m，板厚 16mm。全桥对称设置 4 道横联。钢结构用钢量 1100t。通过采用预制工装连接板及后孔法，确保高强度螺栓孔群精度满足设计要求（图 5）。

图 5　郑阜高铁界临特大桥项目

8 应用照片

工程相关图片见图6～图11。

图6 拼装胎架

图7 桁架预拼装

图8 工装连接板

图9 尺寸测量

图10 配钻制孔

图11 现场安装

双向预应力索撑屋盖结构加强滑移及张拉施工工法

中建八局新型建造工程有限公司

马 棚 申健平 姚熠霏 沈耀伟 钟 涛

1 前言

江东·国际能源中心项目的屋盖结构为双向预应力索撑结构，属于典型的大跨钢结构滑移施工，其中预应力屋盖位于结构屋顶中央，屋盖与屋顶内圈桁架及钢柱相连，整个屋盖结构由方箱形杆件与预应力拉索组成，所用材质均为Q355B，总约330t，整个屋盖跨度为39.6m×39.6m，且屋盖下方中空，跨度较大且具有一定拱度，屋盖最高处为78m，屋盖最高处与最低处相差仅1.5m。本项目屋盖跨度较大，整个屋盖结构下方中空并距地面高度较大，难以在高空中搭设拼装平台进行屋盖拼装，整个屋盖结构为渐变起拱结构，屋盖箱形杆件下方为预应力拉索，拉索与箱形杆件形成屋盖桁架，整个屋盖结构需在施工完成后通过拉索加载一定预应力，确保屋盖结构起拱度，且预应力拉索双向均需设置。特殊的双向预应力索撑屋盖结构，结构设计和施工都需要专门研究和论证。

中建八局新型建造工程有限公司总结出双向预应力索撑屋盖结构加强滑移及张拉施工工法，该技术被认定为“达到国际先进水平”。通过调查研究、效益类比、模拟试验、优化创新，总结提炼形成本工法。本工法解决了双向预应力索撑屋盖结构体系施工中张拉施工困难、滑移稳定、技术措施耗费大等难题，确保了此类型结构体系施工过程中进度、安全、质量要求。

2 工法特点

（1）本工法研制出一种新型的小型内套圆管劲板，适用于交叉杆件与支撑杆件的连接，且圆管内径尺寸较小、十字形竖向内衬加劲板施焊困难或无法施焊的情况。具备施焊方便、加工效率高、焊接质量可控等优点。

（2）本工法把常规的一个方向设置拉索张拉施加预应力改为采用先对南北向拉索进行张拉施加预应力后对东西向拉索进行张拉的方式，避免在滑移过程中滑道承受推力。

（3）本工法采用在结构中庭搭设悬挑拼装平台方法进行施工，以及研制出新型高空组合挂式吊篮这一专利，满足工期要求、降低施工难度。

（4）本工法把整个屋盖分为从西至东分10个单元进行“分片拼装、累积滑移”，并在屋盖两侧设置嵌补区，减少在滑移过程中因为屋盖下挠变形的影响。

3 适用范围

本工法适用于结构中空的大跨度预应力钢结构的滑移施工，尤其适用双向预应力索撑结构的滑移施工。

4 工艺原理

江东·国际能源中心项目屋盖选择高空拼装，累积滑移施工方案，减少屋盖施工与主体结构的施工冲突；创新采用滑移施工阶段索力的平衡及辅助临时拉索加强措施，解决滑移施工阶段结构水平变形推力过大的问题。由于屋盖结构为双向预应力拉索结构，索力分布复杂，针对张拉施工阶段索力传递进行分析，确定每次张拉索力及每根拉索的张拉顺序，确保张拉施工完成后，索力值及结构造型符合设计要求。

5 施工工艺流程及操作要点

5.1 施工工艺流程

主要施工工艺流程见图 1。

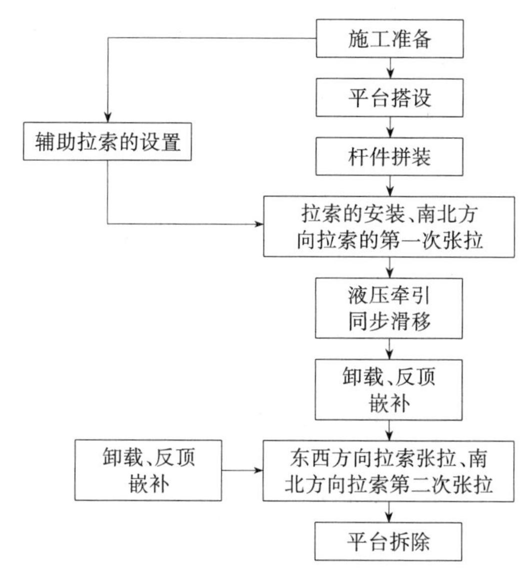

图 1 主要施工工艺流程

5.2 主要施工方法及操作要点

5.2.1 施工准备

(1) 施工前应检查基础工程的质量状况，保证基础承载力符合设计要求。同时，应该对现场场地的环境及周围建筑物进行综合评估，确保施工安全。

(2) 在正式进行滑移施工前，需要完成所有的制作工作。所有的结构构件应该经过质量检查，同时做好连接部分的防水密封措施。各构件之间的拼接完全紧固，并进行预应力张拉以达到预期的稳定性能。

(3) 滑移施工过程中，需要用到滑移机械设备。对机械设备进行检查和调试，确保其正常运行，并且根据实际情况，制定相应的安全规范和操作规程。

5.2.2 平台搭设

由于结构斜屋面已安装完成，本结构采用在结构中庭西侧搭设悬挑拼装平台方法，提供高空拼装场地，为保证施工过程安全，拼装平台已进行施工模拟计算，符合施工阶段的使用要求。

悬挑拼装平台约 5m 宽，在柱子位置设置斜撑，屋盖拼装支点设置在该位置，其余位置用钢梁连接成操作平台。

5.2.3 杆件拼装

考虑到拼装阶段，悬挑平台跨度较大，平台梁承受荷载后，平台变形的风险较大，因此每榀杆件共设 4 个胎架支点，支点间距均为 13.2m，两侧支点位于结构桁架上，跨中两个支点与平台斜撑位置重合，确保荷载能传递至结构承担。平台周边结构已进行施工模拟技术，施工阶段传递的荷载不会对结构造成影响。

研发出一种新型的小型内套圆管劲板，在确保交叉杆件支撑点受力满足要求的同时，优化焊接部位，提高加工效率，解决“构件隐蔽部位焊接质量难保证”的加工制作难题（图 2）。

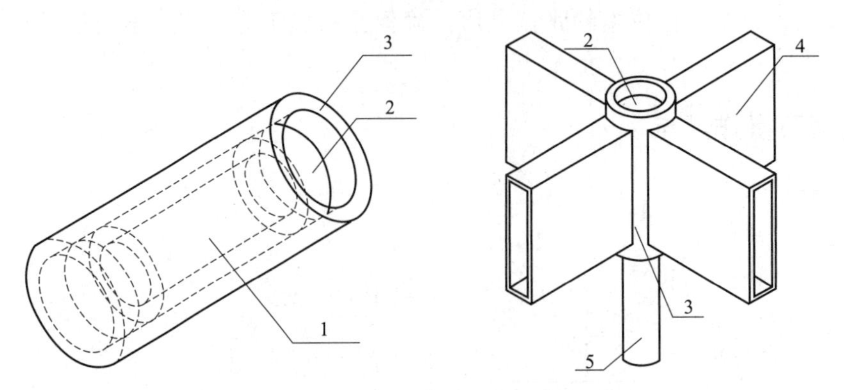

图 2　一种新型的小型内套圆管劲板示意图

1—内部小型圆管劲板；2—圆盖板；3—外部圆管；4—交叉杆件；5—支撑杆件

5.2.4　拉索的安装、南北方向拉索第一次张拉

1. 拉索的安装

在拼装平台上拼装第一片分片屋盖，拼装完成后，东西方向结构预应力拉索穿入索夹，不加载预应力；拉设南北方向结构预应力拉索并进行第一次拉索张拉预紧 10%预应力，同时注意在第一、二、九、十四个分片屋盖下方拉设 2 根临时水平拉索，并张拉预紧 10%～15%的预应力，加强水平张力控制。

2. 辅助拉索的设置

本项目结构双曲预应力屋盖，由于两侧边缘屋盖结构杆件起拱矢高过低，最高仅为 835mm，屋盖结构两侧拱度较低，两侧单元滑移时的水平推力较大，为平衡滑移施工起见，屋盖结构两侧拱度较低位置垂直于滑移方向的水平变形推力，原预应力拉索结构下方增设水平辅助拉索节点，保证滑移施工期间屋盖结构为自平衡体系。考虑到临时拉索拉力需要准确传递至每榀杆件中心，要求临时拉索中心线与杆件中心线平面方向重合，同时也需要避开结构拉索并保证水平张拉，因此临时拉索耳板沿用结构拉索耳板，并设置在结构拉索下方，可保证临时拉索索力能通过结构耳板传递至杆件，并避开结构拉索与杆件中心线重合（图 3、图 4）。

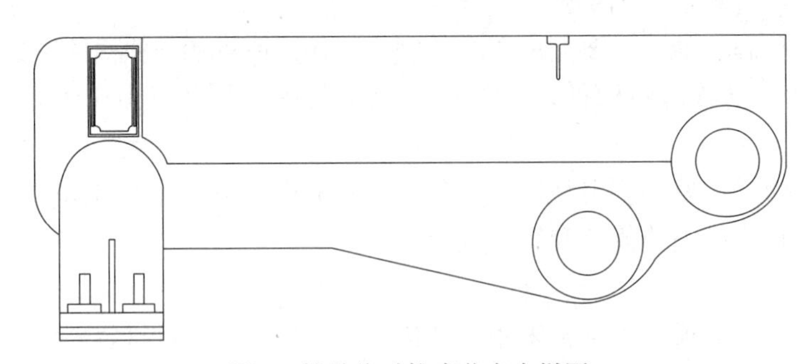

图 3　辅助临时拉索节点大样图

3. 杆件拼装过程南北向索力加载

杆件拼装过程中加载索力的目的是控制滑移单元造型，保证滑移单元卸载胎架后，通过加载南北向索力平衡结构杆件垂直滑移方向的水平变形推力，避免滑道承受推力，形成“临时张弦梁结构”，达到一种安全的自平衡状态。此阶段南北向拉索的索力值仅需满足平衡滑移单元水平变形推力的需求。

5.2.5　液压牵引同步滑移

由于拼装平台宽度仅为 5m，受平台拼装空间限制，现场将预应力屋盖结构从东到西划分为 10 个屋盖分片拼装单元，两端为吊装嵌补区，最重屋盖分片重约 25t，分片跨度最长为 39.6m，分片屋盖从东

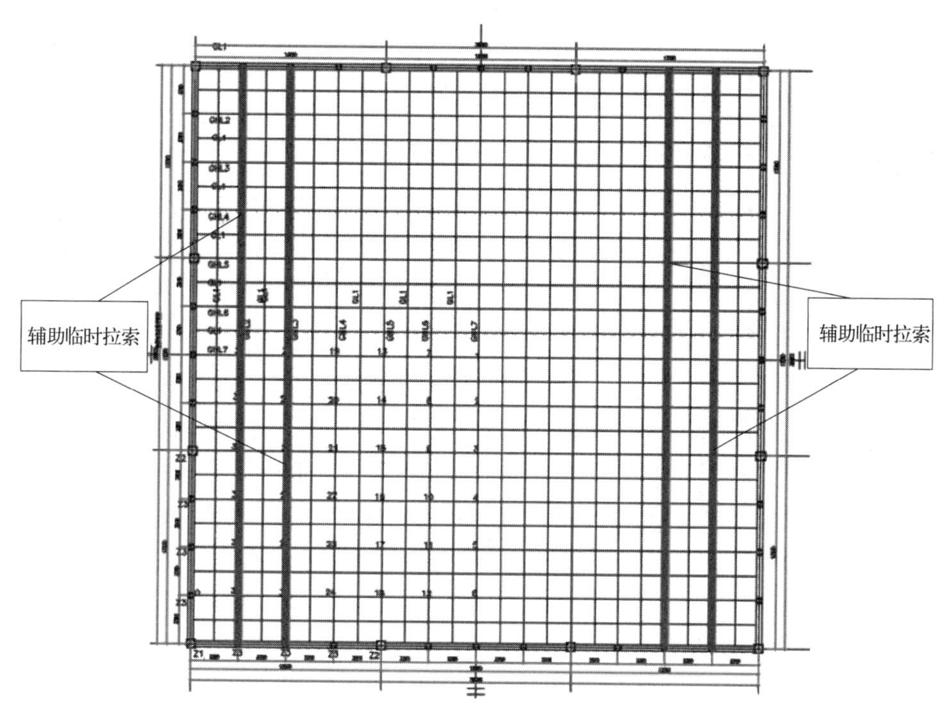

图 4　辅助临时拉索平面布置

至西分别按进行编号划分（图 5）。

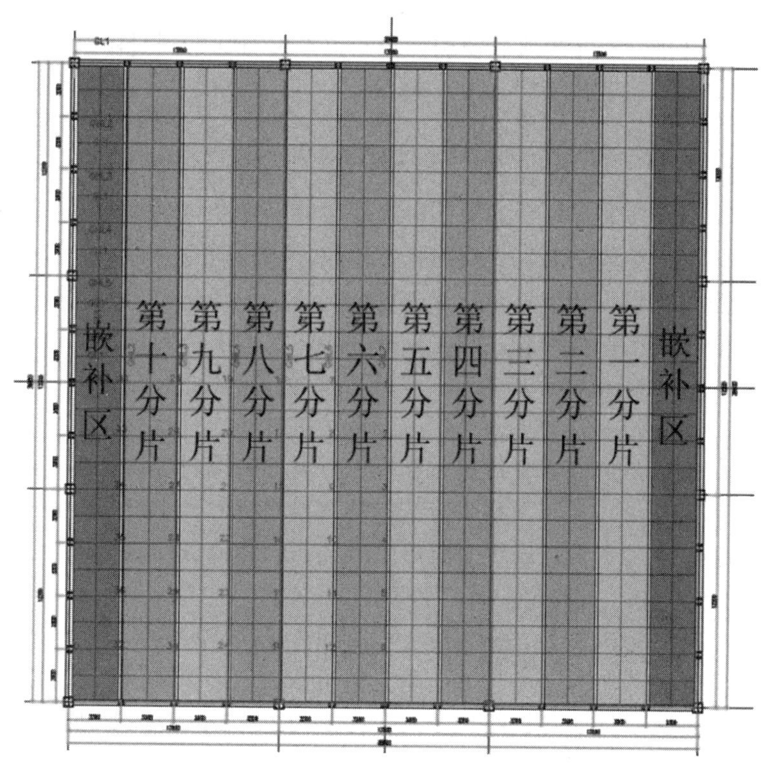

图 5　预应力屋盖拼装分片

5.2.6　卸载、反顶嵌补

1. 卸载分区及顺序

本结构临时拉索及反顶支撑点如图 6 所示，本结构卸载均同步进行，不进行分区；辅助临时卸载同步进行，待嵌补区杆件全部安装焊接完成，张拉全部结构拉索预应力后，反顶支撑点卸载同步进行。

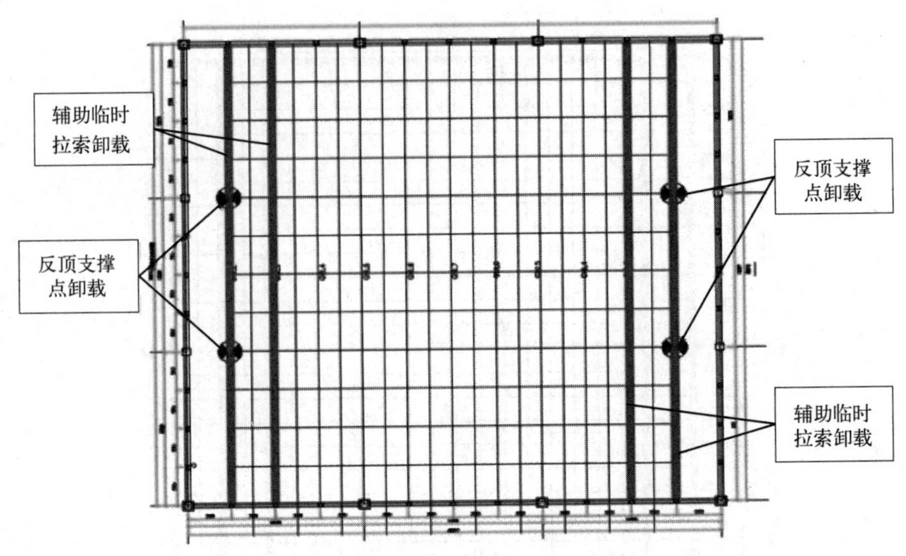

图 6　反顶支撑点及临时拉索位置

由于屋盖支座至屋盖杆件空间有限，等标高滑移虽不会有碰撞，但支座锚杆高度已超过拉索耳板，因此支座安装需通过液压千斤顶将屋盖抬高 250mm，支座安装完成后，再下落屋盖安装。液压千斤顶设置在距支座耳板 300mm 处，共 12 个液压千斤顶支点。

2. 临时拉索卸载要求

临时拉索卸载要求第十片分片屋盖拼装滑移就位，屋盖结构两侧反顶后，安装南北两侧杆件的支座，并已安装、焊接验收合格，安装完成后使用挂式张拉平台对辅助临时拉索进行卸载，卸载期间对屋盖结构进行定点周期观测，卸载期间结构应无较大下挠变形，若变形超过施工模拟预期值，应立即停止临时拉索卸载，并检查各支座及反顶支撑点的受力情况。

3. 反顶支撑点卸载

反顶支撑点卸载为卸载液压千斤顶，卸载前应确保嵌补区杆件与屋盖结构已安装焊接完成，并已张拉全部结构拉索预应力，完成结构安装、焊接、张拉验收，卸载期间应对屋盖节点观测监控，并针对屋盖结构的坐标变化判断反顶支撑点卸载是否正常进行，若结构在卸载期间一直随千斤顶下落并超过施工模拟预期值，应立即停止反顶支撑点卸载，并检查杆件连接点的下挠变化异常处及支座、拉索耳板受力情况。

4. 卸载部位及方法

该项目采用液压千斤顶卸载方法，其优点在于施工方便，卸载时容易控制其卸载速度。且设备承载力大，卸载速率可控。直接用液压千斤顶把屋盖结构整体顶起找形，卸载临时拉索，安装、焊接两侧嵌补区杆件及支座，结构拉索张拉完成后，缓慢收落千斤顶，卸载完成。

5.2.7　东西方向拉索张拉、南北方向拉索第二次张拉

1. 拉索张拉阶段

东西向拉索张拉阶段，由于补充了一个方向的完整预应力，索撑结构体系的内力状态逐渐靠近设计状态，南北向拉索索力减少，原本下挠的结构体系会回拱，由于此阶段对东西向拉索索力影响较大，需反复进行施工模拟分析，确定各索的张拉顺序及张拉索力值，以保证所有拉索的索力状态及造型靠近设计状态。东西向拉索张拉施工完成后，南北向索力减少，可能会出现索力无法满足设计要求的情况，可对南北向拉索再进行一次索力补拉，补充南北向拉索索力，确保各拉索索力到达设计规范要求。

2. 新型高空组合挂式吊篮使用

本屋盖张拉结构主要在高空使用吊篮进行，而传统挂式双吊篮往往存在两吊篮不相通、内部可操作空间狭小、整体稳定性差，需要不断调整吊篮位置以满足不同部位的施工要求，甚至部分部位存在施工

盲区的情况，存在一定的质量安全隐患。因此项目成员决定使用一种新型高空组合挂式吊篮，在确保高空作业安全可靠的同时，优化可操作空间，保证高空作业的安全可靠性。解决“传统挂式吊篮操作空间狭小和安全性能差”的高空作业难题，确保张拉进度正常推进。

5.2.8 平台拆除

嵌补阶段箱形杆件安装、拉索张拉完工后，预留两侧的嵌补区的 T 形梁后装，用于悬挑平台拆除塔式起重机吊钩下放孔，待悬挑平台拆除后，再安装 T 形梁。

平台拆除应先拉设生命线，拆除时先用塔式起重机钩吊住拆除部分，后割开拆除部分连接节点，拆除后先将平台构件放落于 17 层西侧走廊，再将平台构件割成 3m 一节后从孔洞吊出。

6 质量控制标准

本工程安装工期紧张，施工工序穿插较多，为确保质量目标的实现，在建立健全质量保证体系和质量管理流程的基础上，针对本工程的具体特点，确定了质量保障措施。

质量保障措施 **表 1**

控制分项	控制阶段	主控内容	控制措施
钢结构	生产加工	原材料	确保原材料进厂质量符合要求，对原材严格按取样制度进行取样检测
		焊接	焊接材料选择，工艺评定是否合理，工人水平是否达标，焊接措施是否到位
		拼装	拼装截面尺寸是否超差，控制措施是否落实到位
	现场拼装焊接	测量	测量基准点复核、测量设备检测、测量人员培训交底、预留偏差量是否合理、过程及时复测、纠偏
		拼装	拼装工人严格按基准点位拼装，测量人员及时配合，对偏差进行调整，焊接收缩预留量是否合理、到位
		焊接	焊接材料选择，工艺评定是否合理，工人水平是否达标，焊接措施是否到位
	成品保护		制定成品保护措施是否到位，现场有无按措施执行，检查制度是否落实

7 应用实例

江东·国际能源中心项目双曲预应力屋盖的施工，通过本工法的技术使用，对拉索的耳板进行优化，确保了滑移施工的可行性和整体结构的安全性，通过悬挑拼装平台安装和新型高空组合挂式吊篮的使用，提高了施工效率，缩短了施工工期（图 7、图 8）。

图 7 项目效果图

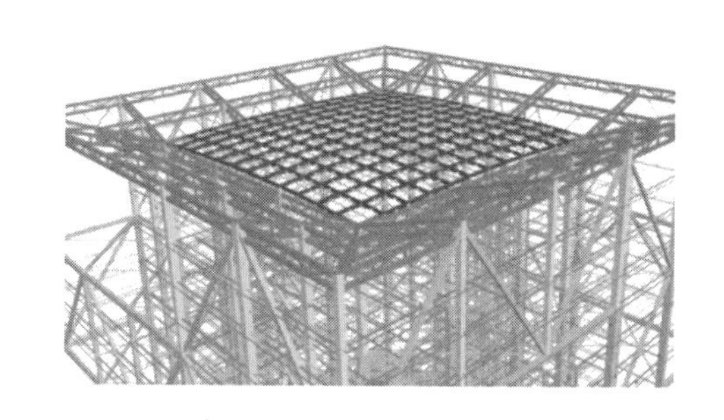

图 8 项目结构示意图

通过本工法的技术使用，该项目节省了大量吊装机械的使用的同时，解决了双向预应力索撑屋盖结构安装校正困难、滑移施工工序周期冗长、张拉施工慢、施工难度高等问题，得到了各方的一致好评，创造了良好的社会效益及经济效益。

8 应用照片

工程应用见图 9～图 12。

图 9　屋顶中空结构悬挑拼装平台安装

图 10　屋盖构件在平台上安装

图 11　南北方向拉索的张拉施工

图 12　累积滑移施工

“Y形柱＋型钢超限梁”劲钢结构施工工法

中建八局第二建设有限公司

李永明　张龙凯　马登华　梁龙龙　刘　洋

1　前言

龙门石窟数字展示中心位于洛阳市龙门石窟景区内，该项目下沉广场内设计有21组9m跨度的“Y形柱＋型钢超限梁”劲钢结构，Y形柱高度为4.4m，截面尺寸为0.7m×0.7m（长×宽），型钢混凝土超限梁尺寸为2.1m×0.7m（高×宽），内置型钢H800×300×12×20，型钢下部无钢柱支点，钢梁采用螺栓连接，分段之间采用焊接连接，焊缝等级1级。

本工法通过对钢结构的模拟分析，过程精心策划，根据混凝土和钢结构特点，在型钢混凝土梁模板下设置临时钢结构支撑、在模板内设置钢梁垫块，Y形柱与型钢超限梁分两次浇筑的方式，其中针对Y形柱不易振捣密实的问题，设置振捣孔，针对超限型钢梁采用分层浇筑的方式确保安全。该工法确保了方案的可实施性，同时提高了施工安全性，保证了混凝土浇筑成型质量，取得了良好的实体效果。中建八局第二建设有限公司经过对龙门石窟前区综合整治项目（二期）龙门石窟数字展示中心EPC项目“Y形柱＋型钢超限梁”劲钢结构施工的探索和研究，逐步形成了本工法。

2　工法特点

（1）利用Tekla软件对钢结构进行分析，根据施工条件对超长钢梁分段加工，现场吊装后再拼接，解决不利施工条件下的钢结构构件运输、吊装问题；采用BIM技术模拟施工，分析施工工艺的可操作性。

（2）利用独立临时钢结构门字架解决钢梁无钢柱支撑问题。

（3）通过优化混凝土配合比，采用细石＋自密实混凝土，提高混凝土流动性和自密实性。

3　适用范围

本工法适用于“Y形柱＋型钢超限梁”的劲钢结构施工。

4　工艺原理

“Y形柱＋型钢超限梁”劲钢结构采用钢结构临时支撑和普通钢管脚手架相结合的支撑方式，针对超长钢骨无钢柱支撑的问题，提出在型钢混凝土梁模板下设置临时钢结构支撑、在模板上设置专用钢梁垫块的方式解决，不影响模板支设和钢筋绑扎；浇筑方式采用Y形柱与型钢超限梁分次浇筑的施工方式，采用自密实混凝土，Y形柱设置单独振捣孔，保证浇筑质量。

5 施工工艺流程及操作要点

5.1 工艺流程（图1）

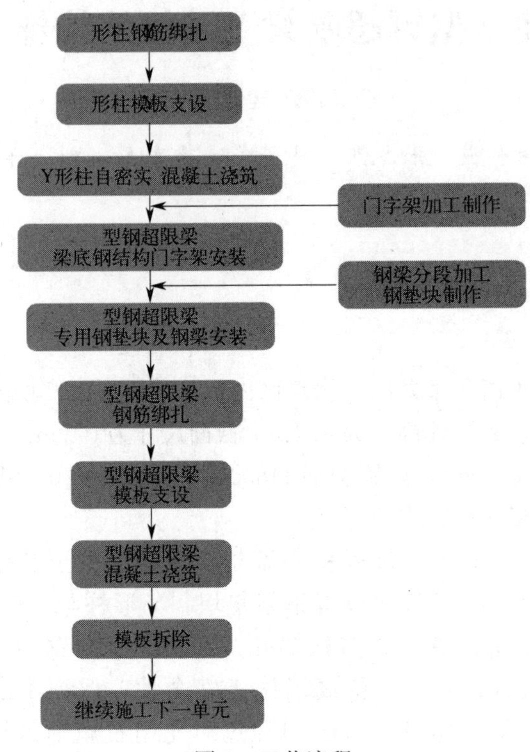

图1 工艺流程

5.2 操作要点

5.2.1 施工准备

（1）编制“Y形柱＋型钢超限梁”劲钢结构专项施工方案。

（2）编制“Y形柱＋型钢超限梁”劲钢结构浇筑作业指导书。

（3）组织对项目施工技术管理人员和班组长及操作人员的技术交底，掌握工序穿插、模板支撑体系、混凝土浇筑施工的操作要点。

5.2.2 Y形柱钢筋施工

1. 钢筋加工

（1）钢筋加工前，由专业工程师编制钢筋制作方案和钢筋配料表，并向作业班组进行技术交底。

（2）按照设计图纸，编制钢筋下料单，钢筋加工的形状、尺寸必须符合设计要求。钢筋表面洁净、无损伤，油渍、漆污和铁锈等在使用前清除干净，带有粒状和片状锈的钢筋不得使用。

（3）所有钢筋制品由合格的专业人员制作，并对加工的产品、加工设备定期检查和不定期巡查；对加工人员的操作进行考核。

（4）Y形柱弯折的特殊部位钢筋按1∶1的比例在制作台上放出大样；现场技术人员对加工者进行现场指导、验收。

2. 钢筋绑扎

（1）用粉笔划好箍筋间距，箍筋面与主筋垂直绑扎，并保证箍筋弯钩在柱上四角相间布置。

（2）为防止柱筋在浇筑混凝土时偏位，在柱筋根部以及上、中、下部增设钢筋定位卡。

（3）钢筋接头按照50％错开相应距离。

（4）柱钢筋绑扎应该在模板安装前进行。

(5) 箍筋的接头（弯钩叠合处）应交错布置在四角纵向钢筋上；箍筋转角与纵向钢筋交叉点均应扎牢（箍筋平直部分与纵向钢筋交叉点可间隔扎牢），绑扎箍筋时绑扣相互间应成八字形。

3. 钢筋连接

(1) 主筋连接时采用直螺纹套筒连接，钢筋规格和套筒规格必须一致，钢筋和套筒的丝扣应干净、完整无损。

(2) 连接套筒的位置、规格和数量应符合设计要求。带连接套筒的钢筋应固定牢，连接套筒的外露端应有保护盖。

(3) 滚轧直螺纹接头使用管钳连接，检验使用专用力矩扳手；连接时，将待安装的两根钢筋端部的塑料保护帽拧下来露出丝口，并将丝口上的水泥浆污物清理干净，将两个钢筋丝头在套筒位置相互顶紧。

5.2.3 Y形柱模板支设

采用15mm厚覆膜木模板，次龙骨选用木方，竖向方柱的主龙骨采用加固件，斜杆的主龙骨采用普通钢管 ϕ48mm×3.0mm，最低一道主龙骨距底面200mm，最上一道距顶面不超过200mm。为保证混凝土浇筑质量，在斜杆模板上方开三个200mm×200mm振捣孔，混凝土浇筑后及时封闭振捣孔。Y形柱加固形式见表1，BIM模型见图2。

Y形柱加固形式 **表1**

序号	柱截面尺寸(mm)	次龙骨(材料)	次龙骨间距(mm)	主龙骨(材料)	主龙骨间距(mm)	备注
1	700×700	40mm×80mm木方	180	加固件或钢管 ϕ48mm	400	方柱及斜杆

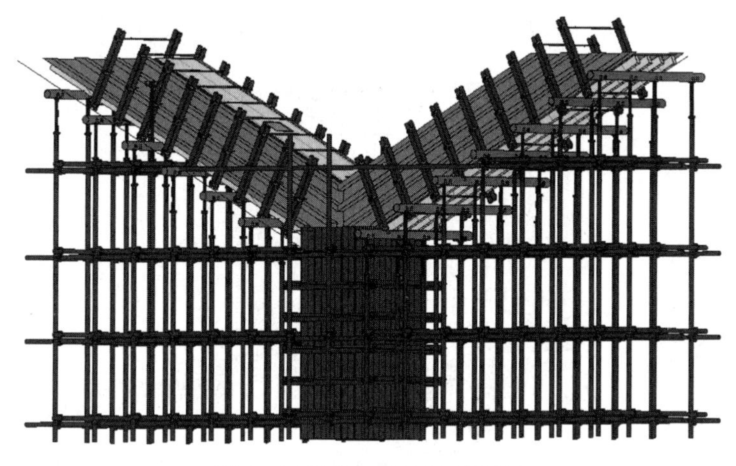

图2 Y形柱加固BIM模型图

5.2.4 Y形柱混凝土浇筑

"Y形柱+型钢超限梁"劲钢结构的混凝土分两次浇筑，第一次浇筑前支撑体系搭设完成，模板安装至梁底模板完成，然后浇筑Y形柱部分，混凝土终凝后安装型钢梁、绑扎梁钢筋，梁侧模板加固完成后，再浇筑型钢超限梁部分混凝土。

竖向结构柱浇筑可以从预留振捣孔和两根斜杆上口作为浇筑孔，混凝土采用自密实混凝土，确保浇筑成型质量，浇筑前应准备两台振捣棒，其中一台提前插入竖向结构柱，浇筑过程中边浇筑边提起。在Y形柱竖向结构柱浇筑完成后及时封闭振捣孔，然后逐步浇筑斜杆部分，直至浇筑完成。待Y形柱混凝土终凝后继续下一步型钢超限梁结构施工。

5.2.5 型钢超限梁梁底钢结构门字架安装

为了传递悬挑钢梁的荷载，在钢梁下方每隔一跨布置一个型钢门字架，型钢的水平构件和竖向构件均采用 H300×200×10×14。型钢立柱布置在 Y 形柱两侧，横梁布置在型钢超限梁下方，横梁上设置型钢垫块作为支撑悬挑钢梁的支点，型钢垫块上在需要放置钢筋的位置提前开孔，确保梁底钢筋顺利穿过。型钢构件之间通过焊接连接，型钢立柱与地面通过提前预埋的地角螺栓进行固定（图 3、图 4）。

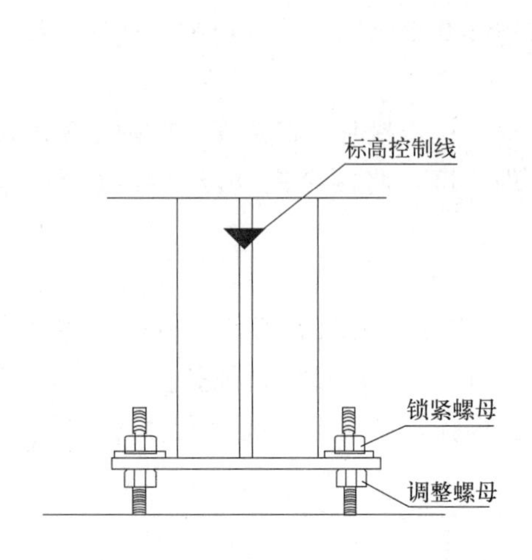

图 3　型钢门字架立柱安装示意图

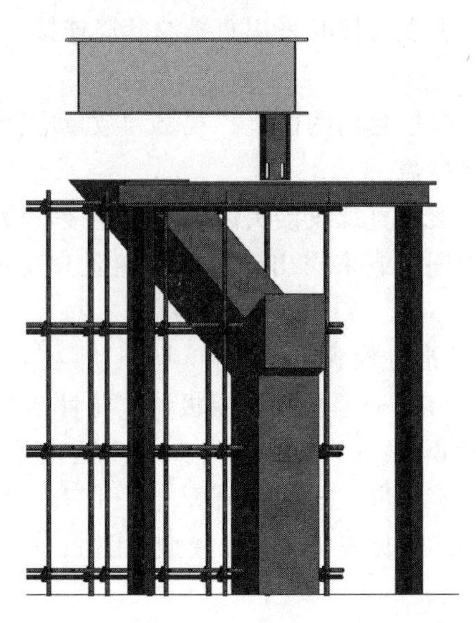

图 4　型钢门字架安装 BIM 模型图

5.2.6　型钢超限梁钢筋施工

型钢梁固定完成后开始进行梁钢筋绑扎。梁拉筋通过钢结构深化阶段预留的小圆孔进行安装和绑扎，梁底钢筋在型钢垫块位置需要通过提前预留的小圆孔，保证梁底钢筋贯通（图 5）。

图 5　梁钢筋安装 BIM 模型图

5.2.7　型钢超限梁模板支设

梁模板采用 15mm 厚覆膜木模板，加固时采用 40mm×80mm 木方做次龙骨、两根 ϕ48.3×2.9 双钢管做主龙骨，用 ϕ16 对拉螺杆，间距 400mm×400mm 扣紧钢管。

梁底部设置立杆与顶丝进行顶撑，立杆之间采用钢管进行连接，并与周边立杆进行相连，严禁出现独立杆件现象；当梁跨度较大时按设计要求起拱。相关要求及图片见表 2、表 3，图 6～图 8。

梁侧模板支撑设计　　**表 2**

梁截面(mm)	梁侧次龙骨间距(mm)	主龙骨间距(mm)	梁侧 ϕ16 对拉螺杆排数
700×2100	150	400	每 400mm 一道

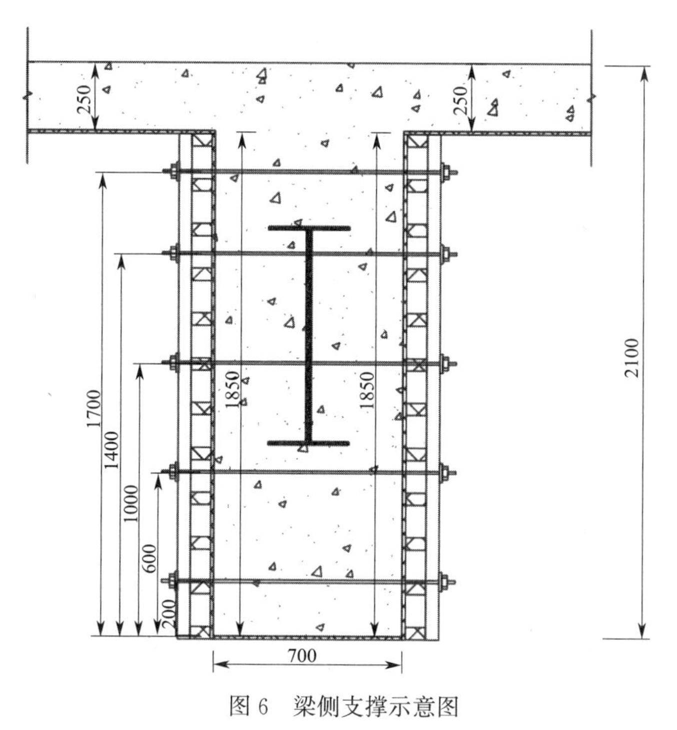

图6　梁侧支撑示意图

梁底模板支撑设计　　**表3**

项目	梁截面尺寸(mm)	斜杆角度	分区	支撑材料及间距	主次龙骨材料、规格及间距
方案	0.7×2.1	27°	倒三角区 梁顶标高 底板面	采用钢管扣件支撑架，梁底立杆单独支设不共用，梁底不设立杆，梁底两侧立杆间距1400mm，跨度方向间距300mm，竖向步距1200mm，立杆自由端高度不超过500mm	次龙骨采用40mm×80mm木方，垂直于梁截面方向，次龙骨间距100mm；主龙骨采用两根8号槽钢，平行于梁截面方向，主龙骨间距350mm
			正三角区 梁顶标高 底板面	采用钢管扣件支撑架，梁底立杆与架体共用立杆的前提下，梁底再增设2道立杆，梁底两侧立杆间距1400mm，两道立杆垂直于地面，梁跨度方向立杆间距为300mm，短向间距不大于400mm，竖向步距1200mm，立杆自由端高度不超过500mm	次龙骨采用40mm×80mm木方，垂直于梁截面方向，次龙骨间距100mm；主龙骨采用双钢管ϕ48mm×3.6m，平行于梁截面方向，主龙骨间距350mm
梁侧模板	梁侧次龙骨采用40mm×80mm木方，次龙骨间距150mm，主龙骨间距400mm，采用ϕ16对拉螺杆，间距400mm×400mm加固，梁侧面板为12mm厚覆面木胶合板，梁底面板为15mm厚覆面木胶合板				

5.2.8　型钢超限梁混凝土浇筑

（1）浇筑方式采用汽车泵浇筑，混凝土采用普通混凝土即可。

（2）在混凝土泵送前，先用适量的水湿润泵车的料斗、泵车及管道等与混凝土接触部分，经检查管路无异常后，再用与混凝土同强度等级水泥砂浆进行润滑压送。

（3）每层浇筑均采用斜向分层浇筑方法，并遵循"斜向分层，薄层浇筑，循序推进，一次到位"的要点。

（4）顶板梁浇筑混凝土期间，必须设专人在安全区域看护支撑架和模板，出现情况立即停止浇筑混凝土。

（5）混凝土入模时尽可能地低，避免混凝土对模架的冲击力，混凝土出管高度到落地点高度控制在1m以内。

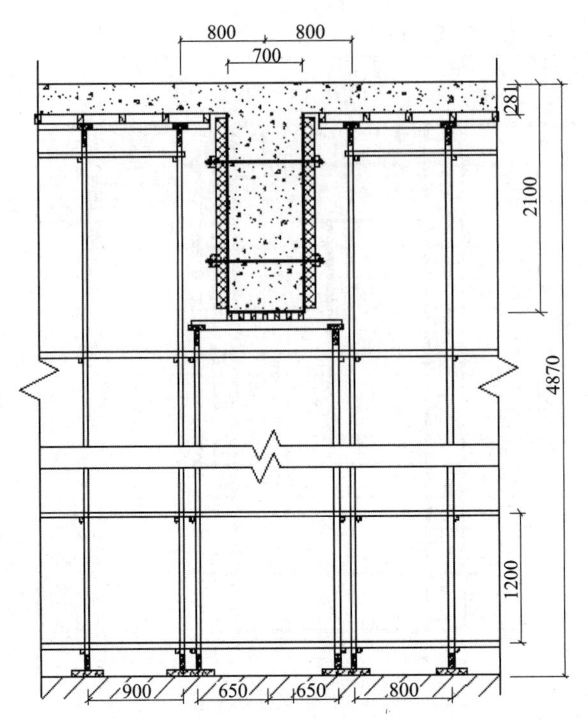

图 7　700mm×2100mmY 形柱倒三角区梁模板梁底支撑示意图

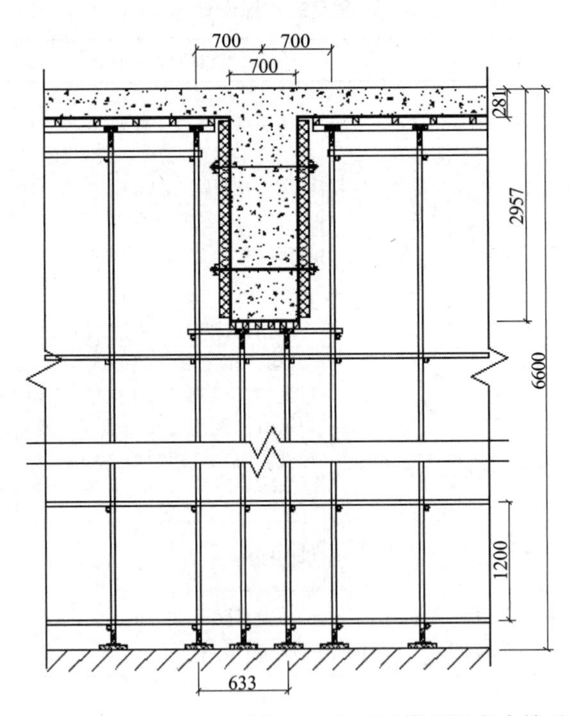

图 8　700mm×2100mmY 形柱正三角区梁模板梁底支撑示意图

6　质量控制措施

6.1　钢结构制作焊接质量保证措施

（1）焊接为钢结构制作工程的特殊工序，焊接前必须编制焊接工艺文件，并经总工及监理批准后实施。

（2）焊接质量的控制应以总工挂帅，组织焊接责任工程师、技术人员、质检人员成立焊接质量监控小组，对焊接质量计划及质量检验计划并对焊接全过程进行监控。

(3) 焊接人员要求：参与本工程的所有焊工（含定位焊工）必须经过培训取得上岗证书，并在其允许范围内工作。焊工在焊接过程中应严格遵守工艺操作规程，并对其焊接的产品质量负责。对焊前准备不符合技术要求的构件，焊工有权拒绝操作并报主管工程师。

(4) 焊接前必须经过工序交接，确保构件组装合格后再转入焊接工序。

(5) 焊接过程应派专人监督检查，厚板焊接全过程要求必须有监控小组至少两名成员旁站监督，保证焊接参数在焊接工艺文件允许的范围内。主要检查内容如下：

1) 焊接前必须去除施焊部位及其附近50～100mm范围内的氧化皮、渣皮、水分、油污、铁锈和毛刺等影响焊缝质量的杂质，显露出金属光泽。

2) 焊前检查焊缝的坡口形式、角度、间隙、钝边，焊接区清理情况，引熄弧板的设置，焊工资质，焊接预热温度及范围，焊接材料的烘干及保管等。

3) 焊接过程中检查焊接规范参数、层间温度控制情况、焊接顺序、边振边焊工艺执行情况等。

4) 焊后检查焊缝的外观形状、焊缝的允许偏差、后热及缓冷措施、焊后消应力处理、焊缝的无损检测等。

(6) 焊接完毕焊工必须在焊缝的端部打印焊工钢号，并做好施工记录。

(7) 所有要求进行无损检测的部位，由操作人员在完成必备条件后向质检组申报，填写委托单。质检组在焊后24h后完成探伤，并将结果返回生产部门。

(8) 焊缝的所有测试报告、焊接记录等均应形成书面资料归档。

6.2 钢结构安装质量保证措施

(1) 钢构件进场后应对变形情况、尺寸、涂层脱落情况等进行验收。

(2) 钢结构安装前应对轴线和标高、钢梁的规格和精度、偏差进行检查。

(3) 钢结构吊装时，应严格按照施工方案进行吊装作业。

(4) 钢结构安装应严格控制节点、构件安装误差、现场焊缝，主构件、次构件的标高、弧度、弯曲等。

(5) 钢结构表面应干净，结构主要表面不应有疤痕、泥沙等污垢，安装完后应对涂层损坏处进行恢复。

6.3 模板工程质量保证措施

(1) 搭拆支架必须由专业架子工担任，并按现行国家标准考核合格，持证上岗。

(2) 施工前由项目负责人对施工人员进行安全技术交底。

(3) 支模应按规定的作业程序进行，模板未固定前不得进行下一道工序。严禁在上下同一垂直面上装、拆模板。结构复杂的模板，装、拆应严格按照施工组织设计的措施进行。

7 应用实例

龙门石窟前区综合整治项目（二期）龙门石窟数字展示中心EPC项目主要建设集散广场、接待大厅、球幕影院、数字影厅、数字化展示厅和配套服务设施等，最终建成数字电影、全息影像、洞窟本体3D打印、馆藏文物、互动体验等展示模块（图9）。

图9 龙门石窟数字展示中心EPC项目

本工法在龙门石窟数字展示中心EPC项目成功应用，获得建设单位和监理单位的一致好评，保证了施工进度，节约了施工成本，提高了工程质量，确保施工过程中的安全性、经济效益、社会效益，具有广泛的推广价值。

8 应用照片

成型效果见图 10。

图 10 成型效果

大跨度异形屋面网架分级多步累积顶升施工工法

中建三局集团有限公司

郑　佳　吴钢杰　尹昌洪　刘继项　杨　丹

1　前言

在体育场馆结构设计中为满足建筑功能的需要，屋面往往需要增加大跨度钢结构以保证结构安全。大跨度钢结构在施工过程中因受到场地条件限制需要考虑大型起重设备，安装过程复杂、经济技术指标差。

本工法结合青海省海东市体育中心屋面钢网架的施工实践，研究总结出了一套大跨度异形屋面网架分级多步累积顶升施工技术，这种施工工艺解决了大跨度钢结构吊装结构安全问题，能有效地解决既有塔式起重机起重能力有限、现场不具备大型吊装设备进场及支撑胎架安装不便、结构本身高差及场地高差导致的拼装不便等问题，保障了大跨度网架施工质量与安全，并使其施工成本得到有效降低（图 1、图 2）。

图 1　海东体育中心效果图

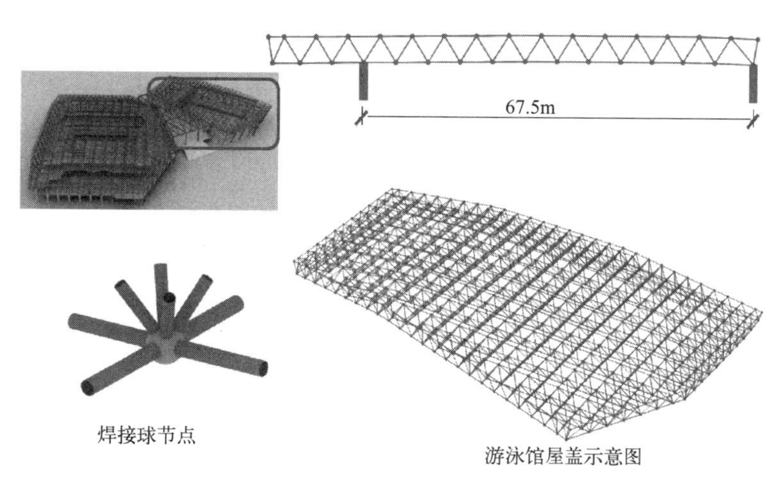

图 2　游泳馆屋面网架布置图

2 工法特点

2.1 减少高空作业

楼面拼装使大部分的人工操作均在楼面完成，各项安全措施易于设置，能大大降低传统方案高空坠落伤亡、高空落物伤人等风险。

2.2 减少整体拼装措施材料

拼装区域存在土建结构同层不同标高或不同楼层拼装面，若采用一次顶升整体就位时，所有拼装胎架需要搭至标高最高点。多步累积顶升可根据不同标高拼装面进行分区域低位拼装，在施工过程中顶升到相应高度后扩大顶升范围，累积顶升最终实现整体顶升。相比一次顶升安装，多步累积顶升施工方法能节约大量措施材料。

2.3 保证安装质量

通过计算机施工模拟技术，对大跨度异形网架分级多步累积顶升体系进行多阶段施工模拟，计算结构在静载作用以及动态施工过程中的安全性与可靠性，满足施工安全要求。本工法通过设计分析，计算出构件安装过程中的变形，对构件进行预起拱，同时通过对施工过程中的变形与应力监测，与施工模拟数据进行比较，分析可能产生的原因并对施工预设值进行调整，满足施工质量要求。

2.4 节约工期

顶升施工速度快，与传统高空拼接的方式相比能提高一倍以上的效率，且顶升前和顶升后均不占用总包施工的关键线路和资源，对减少总体工期有巨大贡献。

3 适用范围

本工法适用于大跨度屋面异形钢结构在有限场地及不同高程拼装楼面顶升安装，解决了现场场地、结构高程差限制，高空施工难度大的问题，为大跨度复杂空间钢结构施工提供了宝贵的施工经验。

4 工艺原理

4.1 液压顶升工作原理

顶升系统主要由千斤顶、支撑架以及稳定支撑三个部分组成，同时多个顶升系统作业时又增加了液压油缸同步控制系统来实现多个顶升点的同步性。实际是共同实现重物的垂直运动。

4.2 分级多步累积顶升工作原理

分级多步累积顶升以液压顶升原理为基础，通过将顶升拼装区域中土建结构同层不同标高、不同楼层进行分区拼装，网架跨度过长及坡度较大处分块拼装，拼装完成后先顶升最低拼装网架分区（块），顶升至相邻最低拼装网架分区（块）后进行补杆焊接形成整体，增加顶升点，扩大顶升范围，继续顶升至相邻最低拼装网架分区（块）后进行补杆焊接形成整体，增加顶升点，扩大顶升范围，依此多步累积顶升，分级增加顶升重量，逐步扩大顶升范围将顶升区网架全部形成整体，最终实现整体顶升就位。

4.3 外围网架安装

外围网架采用分块吊装法进行安装，外围悬挑网架分块安装时一边支撑在原有结构支座上，悬挑端支撑在格构支撑胎架上，安装过程中形成稳定结构体系，待分块吊装与顶升网架全部就位后，然后再吊装网架与顶升网架分界处补装杆件，将整个网架连接形成整体达到设计结构要求，完成整个屋面的安装。

5 施工工艺流程及操作要点

5.1 施工工艺流程（图3）

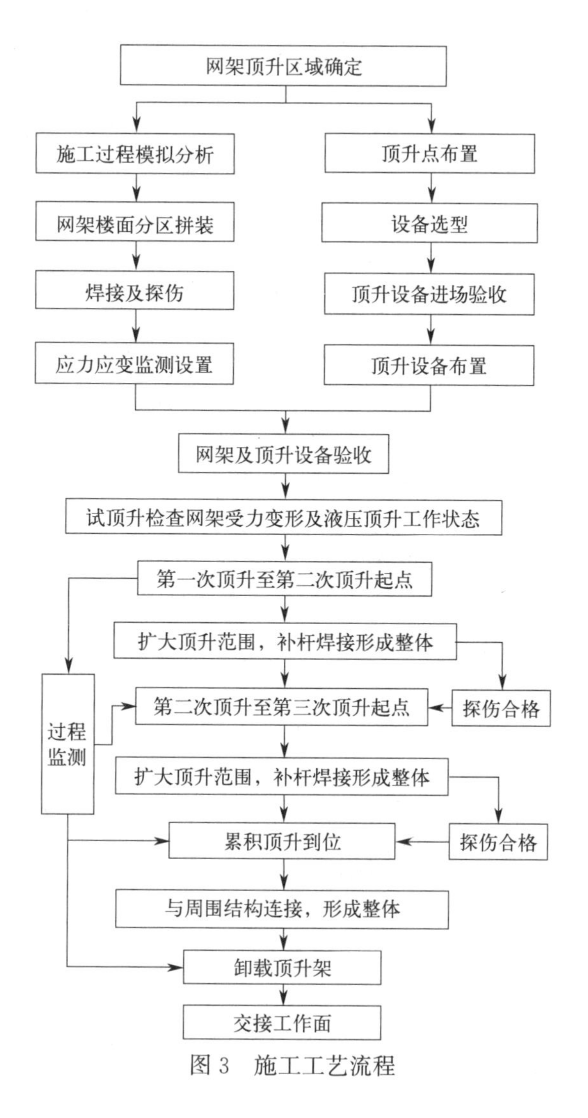

图3 施工工艺流程

5.2 施工过程模拟分析

由于屋面网架由6个异面组成，顶升区存在4个异面导致在顶升过程中存在水平分力，为了避免施工阶段出现过程荷载组合值过大而影响顶升过程安全，施工前采用有限元分析软件 Midas Gen 对游泳馆三次顶升过程进行结构计算。

通过模拟分析，顶升网架施工过程中最大竖向位移在顶升架卸载之前最大值为－3mm，最大水平位移为0.8mm；最大组合应力为16.34N/mm^2，Q345钢材的材料强度设计值为295N/mm^2，满足强度设计的要求。

通过模拟分析，结构施工完成时最大竖向位移为－22.57mm（位移最大值出现在中部，中部跨距约56m，结构位移小于跨度的1/1600，满足设计要求）；最大水平位移为－4.51mm 最大组合应力为45.33N/mm^2，Q345钢材的材料强度设计值为295N/mm^2，满足强度设计的要求。

5.3 分级多步累积顶升施工工艺

1. 顶升点技术措施

按照顶升点布置图的位置设置顶升架，在顶升架所在地面上铺设一块20×1500×1500的钢板以起到加固地面的作用；同时用水准仪测量标高，并在顶升架上设置侧向定位钢丝绳（配捯链）以便需要时进行水平位置微调。

对于上托架的顶升点和钢网架的下弦球的连接，在网架下弦球下设置 319×16 的圆管（高度 300～500mm，Q345）与四块限位板与顶升架共同抵抗水平分力。焊接球正好坐落在圆管上方限制球水平位移，圆管中心与球中心在同一条直线上。

2. 分级多步累积顶升施工流程

游泳馆网架跨度达到 67.5m，结构采用大跨度中空结构，中空部分网架采用液压顶升施工降低高空作业风险。游泳馆顶升网架拼装楼面存在游泳池、戏水池、平台三个结构功能区，对应－2.2m、－1.2m、－0.4m 三个不同标高。顶升部分网架存在 3%、4%、6%、12%四个不同坡度。顶升部分网架根据拼装楼面结构分游泳池里拼装与游泳池外拼装两个分区。游泳池里分区网架存在 3%、4%、12%三个不同坡度，跨度为 48.75m，若整体拼装网架离地达到 4m，将游泳池分两块拼装，降低高空作业风险，方便拼装施工作业。游泳池两个顶升拼装分块，一层平台一个顶升拼装分区，总共三个顶升拼装区。第一次顶升游泳池逆坡度方向最低分块网架，与游泳池另一分块连成整体。增加顶升点，扩大顶升范围，第二次顶升游泳池整个网架与一层平台拼装网架形成整体。增加顶升点，扩大顶升范围，第三次将顶升区网架整体顶升到位。外围网架采用分块吊装法进行安装，外围悬挑网架分块安装时一边支撑在原有结构支座上，悬挑端支撑在格构支撑胎架上，安装过程中形成稳定结构体系，待分块吊装与顶升网架全部就位后，然后在吊装网架与顶升网架分界处补装杆件，将整个网架连接形成整体达到设计结构要求，完成整个屋面的安装。

3. 分级多步累积顶升过控制措施

（1）应保证各个顶点受力均匀。

（2）为使结构累积顶升过程中，各台液压顶升器顶升速度相等，计算机控制系统通过位移传感器反馈数据，对顶升过程进行调整控制。

（3）根据预先计算得到的顶升工况顶升支座反力值，在计算机同步控制系统中，对每台液压顶升器的最大顶升力进行设定。当遇到顶升力超出设定值时，顶升器自动停止顶升，以防止出现顶升点荷载分布严重不均，造成对结构件和顶升设施的破坏。

（4）通过液压回路中设置的自锁装置以及机械自锁系统，在前一阶段顶升完成后下一阶段顶升前、顶升器停止工作或遇到停电等情况时，顶升器能够长时间自动锁紧钢绞线，确保顶升构件的安全。

（5）每个顶升架在顶升至 6m 时，在 5m 处增设 4 根圆管斜撑，10m 处增设 4 根缆风绳。增强架体稳定性，抵抗施工过程中的水平分力。

5.4 施工过程监测

1. 分级多步累积顶升过程位移及应力及应变监测

（1）为监测钢网架顶升产生的变形，顶升过程中在顶升点处粘贴反光贴使用高精度全站仪进行位移监测记录，线坠辅助监测水平位移。根据施工模拟计算在跨中应力应变最大处设置传感器进行应力应变监测，连入传感器数据采集仪对分级多步累积顶升过程中的应力应变进行数据收集。

（2）对顶升过程中标准节加节及顶升架卸载前后变化进行数据收集和分析。

2. 监测数据的分析以及反馈

通过对施工期间所有监测点的监测数据记录，并进行必要的数据处理，利用图形来显示已建成结构每个监测区间的度量值，显示结构在每个测量点的实际位移变形。

同时对比施工模拟软件模拟分析中所预期的相应数值。相对预设值和真实值进行直观的比较，如分级多步累积顶升产生的应力或变形与施工模拟数据偏差过大，及时补强杆件并报设计院分析原因。

6 质量控制

（1）钢结构构件用的钢材质量应分别符合现行国家标准，钢材必须有出厂合格证和检验报告。

（2）连接及安装用的普通螺栓应按现行国家标准《碳素结构钢》GB/T 700 中规定的 Q345 钢制成。

（3）焊接工艺应优先采用自动焊。焊条、焊丝、焊剂应针对不同钢种、板厚和坡口形式，按《钢结构焊接规范》GB 50661 的规定选用。

（4）钢网架必须按图加工，完成后各加工人员及有关人员均须签字验收。钢构件进场时，应提供质量合格证明。

（5）钢网架安装前，应对钢网架支座预埋件的平面位置和标高进行检查验收、复测校准；顶升架及安全措施使用前需经项目部组织验收后，方可使用。

（6）所有焊缝均须经过质检人员的检查，并及时进行探伤检测，检测合格方可进行下一道施工工序。焊缝表面焊波应均匀，不得有裂纹、夹渣、焊瘤、烧穿、弧坑和针状气孔等缺陷，焊接区不得有飞溅物。一级焊缝应进行 100%的无损检测，二级焊缝应进行抽检，抽检比例应不小于 20%。

7 应用实例

青海省海东市体育中心工程位于海东市乐都区职教城片区，体育场共三层，屋顶标高平均高度小于等于 30m，体育游泳馆分体育馆与游泳馆，屋顶标高平均高度小于等于 24m。主体采用钢筋混凝土框架结构，体育场屋盖采用钢桁架结构体系，体育游泳馆采用屋架采用大跨度钢网架结构体系。

分级多步累积顶升施工工法游泳馆屋面大跨度钢网架安装，实施情况良好。这种施工工艺解决了大跨度钢结构吊装结构安全问题，能有效解决既有塔式起重机起重能力有限、现场不具备大型吊装设备进场及支撑胎架安装不便、结构本身高差及场地高差拼装不便等问题，保障了大跨度网架施工安全，并使其施工成本得到有效降低。

8 应用照片（图 4～图 11）

图 4 施工过程（一）

注：顶升区网架游泳池底和一层平台分区拼装，游泳池底分两块拼装。

图 5 施工过程（二）

注：游泳池底网架试顶升完成后开始第一次顶升。

图 6 施工过程（三）

注：第一次顶升至游泳池底与另一分块相接处，补杆焊接将游泳池底两块连接形成整体，增设顶升点，准备第二次顶升。

图 7 施工过程（四）

注：第二次顶升至一层平台分区相接处。

图 8　施工过程（五）

注：游泳池底顶升网架与一层平台网架补杆焊接形成整体，增加顶升点，扩大顶升范围，准备第三次顶升。

图 9　施工过程（六）

注：游泳馆网架外围分块吊装。

图 10　施工过程（七）

注：游泳馆网架第三次顶升完成，顶升网架就位，补杆焊接与周围网架形成整体。

图 11　施工过程（八）

注：拆除顶升架，移交工作面。

大倾角圆弧穹顶屋面金属板滑移式吊装就位施工工法

中建八局新型建造工程有限公司

李 松 占 锋 薛奥迪 刘 岩 周 拓

1 前言

国内钢结构建筑中，楼板常采用压型金属板，吊装方式一般为塔式起重机吊装金属板至施工楼层面后，人工对散板进行安装。当施工面为大倾角圆弧穹顶屋面且结构标高较高时，使用传统方法吊装金属板会出现捆装压型金属板在大倾角结构表面不易固定，需用塔式起重机进行单板吊装，在倾斜屋面进行吊装时，可能会出现金属板重心偏移而导致金属板脱落或破损，工人在倾斜面上施工的安全风险较大的同时还会增加大量临时支撑与人工的投入。

针对以上问题，项目研发小组讨论研究出一种大倾角圆弧穹顶屋面金属板滑移式吊装就位施工技术，形成了《穹顶结构的大倾角屋面压型钢板施工方法》的专利，此技术的应用有效降低了在大倾角面上压型金属板施工难度，优化掉了传统脚手架以及大量支撑的使用，可移动爬梯有效减少了工人的移动频率，降低了发生安全事故的可能且施工质量得到了各方单位的一致好评，故对此施工方法进行技术总结后形成此工法。

2 工法特点

（1）本工法创新采用了一种斜坡吊装装置，解决了大斜屋面金属板安装过程中难以临时吊装固定的难题，避免了人工搬运散板，保证了工人操作的安全性。

（2）本工法吊装装置具备滑动变位功能，从而可以将金属板吊装至施工面任意位置。

（3）本工法将人工操作爬梯和临时吊装装置有效结合，从而解决了大斜角屋面金属板铺设过程中人员无法站位的安全难题。

3 适用范围

本工法适用于大倾角屋面金属板吊装，尤其适用于大倾角圆弧穹顶屋面金属板吊装。

4 工艺原理

穹顶顶部中心位置安装上下两层水平支架，中部安装单层水平支架，将竖向爬梯固定于顶部上层支架和中部支架上，固定位置以及爬梯底部安装滚轮以保证爬梯可以在水平方向移动。吊索装置固定于顶部下层支架，能够保证爬梯的滑动和压型金属板吊装过程可以同步进行。

水平滑动吊索装置和爬梯到达预定位置，将吊钩下放，被勾住的压型金属板从穹顶底部滑上屋面，待压型金属板到达预定位置后工人在爬梯上进行解钩、固定。重复此过程，直至完成整个压型金属板的施工过程。

5 施工工艺流程及操作要点

5.1 施工工艺流程（图 1）

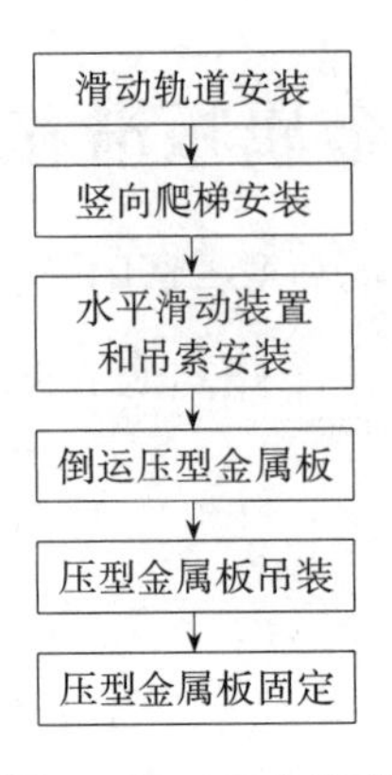

图 1 施工工艺流程

5.2 操作要点

5.2.1 滑动轨道安装

支撑架由钢圆管组成，水平与竖直杆件间进行焊接连接，为了使支架方便拆卸，竖直杆与钢梁夹具连接，其中上部支撑架设置两道水平杆，中部支撑架设置一道水平杆。

5.2.2 竖向爬梯安装

爬梯及临时支撑由角钢和圆钢组成。首先爬梯底部安装具有自锁功能的双滚轮，使爬梯既可以横向推移又可以锁定。安装爬梯时滚轮处于锁定状态。爬梯采用分段安装。将横向已安装完成钢梁作为爬梯安装的支撑点，爬梯从结构底部开始依次向上部进行安装、焊接，每一段爬梯焊接完成后需用小的临时支撑将钢梁与爬梯点焊固定，防止出现侧向倾翻的现象。全部完成后自下而上依次用气割割除爬梯临时支撑（图 2）。

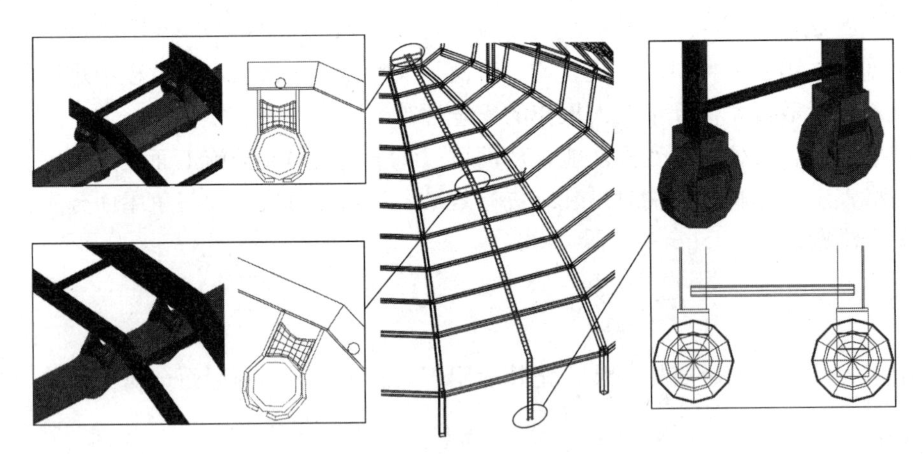

图 2 竖向爬梯安装

5.2.3 水平滑动装置和吊索安装

水平滑动装置采用轴承、夹具和支撑架水平杆抱箍式连接，吊索具由两个滑轮及麻绳组成。首先在顶部上支架与爬梯间安装水平滑动装置，将滑动装置调至锁定状态，然后顶部下支架安装吊索具，最后中部支架与爬梯间安装水平滑动装置（图 3）。

5.2.4 倒运压型金属板

利用塔式起重机捆装压型金属板进行倒运，将其放置于下方混凝土屋面上。

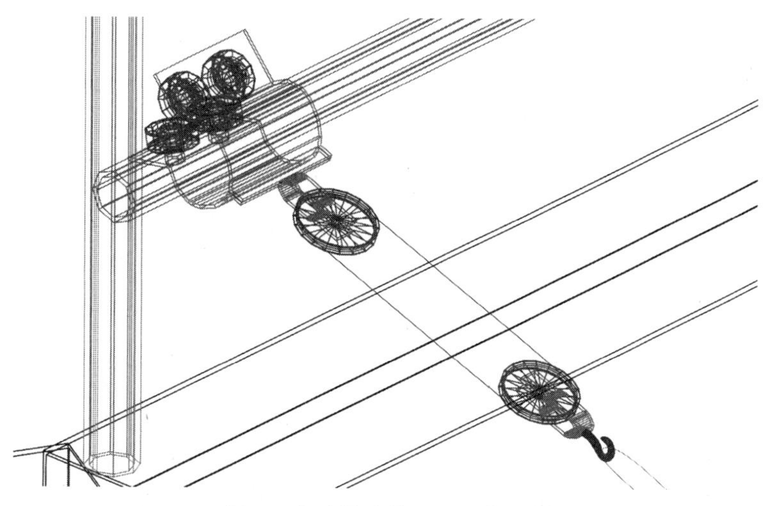

图3 水平滑动装置和吊索安装

5.2.5 压型金属板吊装

首先用塔式起重机将压型金属板吊装至预定吊装位置的下部，然后调整已安装好的吊索的位置和爬梯位置，将吊索吊钩下放，勾住金属板吊装孔进行吊装。

5.2.6 压型金属板固定

压型金属板就位后，站在爬梯上的工人对其进行点焊固定、解钩。

6 质量控制标准

相关内容见表1、表2。

质量检查项目及检查方法 **表1**

序号	检查项目与要求	检查数量	检验方法
1	分段爬梯间焊缝	20%	超声波探伤检测
2	爬梯与水平钢梁间的支撑焊缝	100%	目测观察焊缝质量
3	爬梯水平滑动装置与双滚轮是否能同步移动	100%	用钢卷尺测量轴承与双滚轮的直径 测量工装夹具的半径与夹具销轴的长度与直径
4	夹具质量	100%	对夹具和夹具销轴进行受力试验。 建模对比夹具装置在人和爬梯作用下是否符合安全标准

质量保证措施及要求 **表2**

序号	关键及特殊过程	质量保证措施与要求
1	水平杆滑动装置与爬梯滚轮设置	爬梯水平方向滑动过程中要确保滑轮与滚轮同步移动，选择相同外径尺寸滑动装置与滚动装置的同时还要检查装置的灵敏度，可以通过添加润滑油的方式来确保同步移动
2	分段爬梯间的焊接	先对焊缝外观质量进行目测，保证焊缝不出现未熔合的现象，后对20%的焊缝进行超声波检测
3	爬梯临时支撑焊接	对焊接完成的临时支撑进行目测检查，不能出现未熔合的现象
4	自制夹具的安装	(1)对所使用夹具进行径向拉力载荷试验，对夹具销轴进行剪力试验。 (2)建模分析、对比夹具可承受最大载荷值与爬梯、工人的载荷值，确保施工安全性

7 应用实例

7.1 工程实例一

中山大学·深圳建设工程（Ⅱ标）项目位于深圳市光明新区公常路以北，康弘路以东，羌下二路以西。其中图书馆为一栋 10 层结构，地上 9 层加屋面檐口层共 10 层，建筑高度 93.30m，总建筑面积 6.8 万 m^2（图 4）。

图书馆屋面穹顶钢结构位于图书馆檐口层上部，整个穹顶钢结构底标高＋63.900m（檐口层顶标高），结构顶标高＋93.30m，穹顶钢结构总高度为 29.4m。钢结构体系由倒三角方管桁架、平面方管桁架、桁架之间方管连系梁、方管梁及 H 形梁顶盖组成。倒三角方管桁架最大跨度约 64m，平面方管桁架最大跨度 57.1m，桁架内空跨度约 46m，整个穹顶钢结构总用钢量约 480t，主要结构形式及截面形式见图 5。

图 4　图书馆示意图

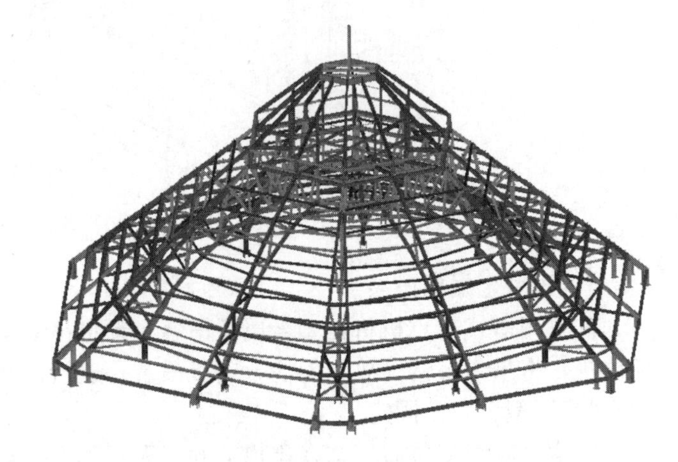

图 5　结构形式

中山大学·深圳建设工程项目穹顶压型金属板安装应用了此施工方法，此工法优化掉了塔式起重机单板吊装而节省了大量的吊次，通过安装可移动爬梯装置，大大减少了爬梯的安装量，创造了很大的经济效益，施工质量和安全也得到很好的保证。

7.2　工程实例二

江东·国际能源中心项目位于海南省海口市江东大道江东新区起步区。穹顶位于结构屋顶中央，穹顶与屋顶内圈桁架及钢柱相连，整个穹顶由方箱形杆件与预应力拉索组成穹顶结构，所用材质均为 Q355B，总约 330t，整个穹顶跨度为 39.6m×39.6m，且穹顶下方中空，跨度较大且具有一定拱度，穹顶最高处为 78m，穹顶最高处与最低处相差仅 1.5m。

江东·国际能源中心项目穹顶结构压型金属板安装应用了此工法（图 6），使用了支撑架、爬梯、滚轮和吊索组合，解决了由于施工面坡度较大，工人安全性得不到保证以及压型金属板不易固定的问题，机械使用方面用滑轮吊具代替了大型吊装设备。在计划工期内保质保量地完成了施工任务，施工过程中无质量、安全事故发生，取得了良好的经济效益及社会效益。

图 6　现场实施效果图

8 应用照片

工程相关图片见图 7～图 10。

图 7　可移动爬梯安装

图 8　压型金属板安装

图 9　下弦压型金属板安装

图 10　上弦压型金属板安装

曲线形景观桥大型空间网格结构胎架支撑（原位拼装）施工技术

山西四建集团有限公司

杜晓莲　王　鹏　庞艳亮　彭志伟　台夏乐

1　前言

本工法依托于临县人行景观桥（玄月桥）工程形成。临县人行景观桥（玄月桥）位于临县南门桥和新城桥之间，单跨123m，总长155m，属于特大桥。桁架结构分为上下两层，由正三角＋倒三角变曲率空间网格组成，上、中、下三层杆件顺桥向不断变曲，支点桁高9.195m，跨中桁高11.673m，其中上层桁架高度从6.696m渐变至8.5m，下层桁架高度从2.5m渐变至3.17m。桁架结构平面宽度从支点处8.0m渐变至跨中10.155m。桁距5.125m，钢桁架采用钢管桁架相贯节点结构形式，节点复杂，焊接难度大（图1）。

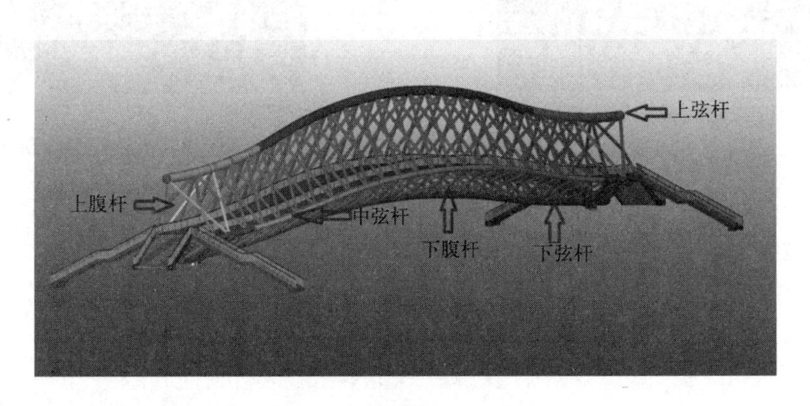

图1　景观桥BIM模型

关键技术：（1）大型曲线形景观桥胎架支撑采用焊接球空间网格结构，胎架体系的曲率变化与尺寸根据桥梁线形设计。胎架为多层网格结构，作为下弦、中弦杆定位支撑；上弦杆的拼装以下部桥面系作为操作平台，同时设置精调装置。胎架支撑体系将桁架桥普遍存在的高空操作转化为平面作业，提升了动载焊缝与涂装质量。

（2）景观桥弦杆精确定位采用精调装置，通过胎架焊接球定位精调装置角度，该装置立柱与胎架焊接空心球对接焊，立柱顶部焊接月牙板，在弦杆连接节点两侧处设置精调装置，其作用是对景观桥管桁架弦杆精确定位。

（3）借助软件，对桁架桥梁结构体系转换过程进行模拟，精确分析出不同方案下杆件的应力、应变变化，对比筛选有利的卸载方式，卸载过程中实时监测分析支座位移、杆件应力及倾角变化情况，进一步保证了桥梁卸载过程安全。

2　工法特点

（1）创新性：曲线形景观桥大型空间网格结构胎架支撑（原位拼装）施工技术采用焊接球空间网格

结构，胎架支撑体系结构轻巧、灵活，适用于各种异形结构，较好地实现桥梁整体线形，用临时空间结构来很好地解决永久空间结构施工安装问题。将桁架桥普遍存在的高空操作转化为平面作业，提升了动载焊缝与涂装质量。研发了一种精调装置，提高了曲线形景观桥桁架弦杆定位精度。

（2）精确性：工法中设置精调装置，与焊接球节点配合使用，在拼接节点两侧分别设置，保证了弦杆的拼接精度，限制了节点处杆件位移。

（3）科学性：采用有限元分析软件对不同卸载方案过程中，各杆件的应力、应变对比，选择卸载过程中，杆件各项控制指标变化均匀、变化小的有利卸载方案。卸载实施过程中，对应力变化大的部位贴应变片，支座处设置倾角仪，实时监测卸载过程中杆件的工作状态。脱胎后，将检测数据与计算数值对比，二者基本吻合。

（4）安全性：胎架体系经过严密的设计计算，并且考虑足够的安全冗余度进行焊接球、杆件等选型、选材。首先保证胎体空间结构自身稳定的前提下，有效支撑桁架梁体系，为操作人员提供可靠的操作环境。

（5）便利性：胎架支撑结构体系简单明了，构件型号统一，施工节点做法一致，故安装简便、易操作。

（6）经济性：空间网格胎架体系为桁架梁安装、检测提供了操作空间，节省了机械租赁、人工工时消耗等费用，减少临时结构搭设时间，胎架体系可实现周转使用，具有较好的经济效益。

（7）绿色环保：空间网格胎架体系使用完毕后，所有的构件均可拆除全数回收，构件运至类似施工现场进行选择后即可再次使用，该体系中焊接球、杆件的可周转性强。

3 适用范围

适用于多层焊接球景观桥施工。

4 工艺原理

胎架结构采用了空间网格结构的原理，采用多层焊接球网格结构（底部设置网格柱，减小网格用量），胎架体系的曲率变化与尺寸是根据桥梁线形设计的，并在网格结构的球节点上焊接了有助于下部结构主弦杆精确定位的精调装置，实现了杆件的精确定位，同时限制桁架桥杆件的轴向位移，也便于卸载；针对桁架上部结构桁高较高情况，设计了专用定位装置，上部桁架杆件在下部结构安装完成后进行安装。采用有限元分析软件，对桁架桥梁结构进行多种卸载方式模拟，精确计算出不同方案下杆件的应力、应变变化，对比筛选应变较小的卸载方式，并根据模拟情况提供监测方案，实时采集并监测卸载阶段的支座位移、杆件应力变化及倾角，实现大跨度桥梁施工向设计体系的安全转换。

5 施工工艺流程及操作要点

工艺流程见图 2。

5.1 场地截流

选择枯水期在桥梁原位拼装场地内进行截流，截流采用土石围堰进行，围堰高度为 500～800mm，高宽比为 1∶2，具体高度要根据现场实际水位进行调节。

5.2 胎架设计

原位拼装胎架形式采用焊接球空间网格结构，采用强度为 Q345b 杆件，Q345b 焊接空心球，半球支座、支座化学锚栓及精调装置构成。

胎架设计：焊接球网格结构胎架共分为上中下弦三层及胎架柱，胎架体系的曲率变化与尺寸根据桥梁线形设计，胎架上弦球节点与景观桥下弦节点相吻合，在胎架中弦、上弦球节点上设置精度调节装置，用于支撑人行桥下部结构的中弦及下弦杆件，在桁架桥线管拼接点两侧均设置精调装置，桁架桥上弦杆的拼装以桥面系统作为操作平台，现场临时焊接型钢支撑托架，托架焊于中弦、下弦倒三角有竖腹杆位置的横梁，使景观桥河道范围内的每个节点都能够有效支撑。

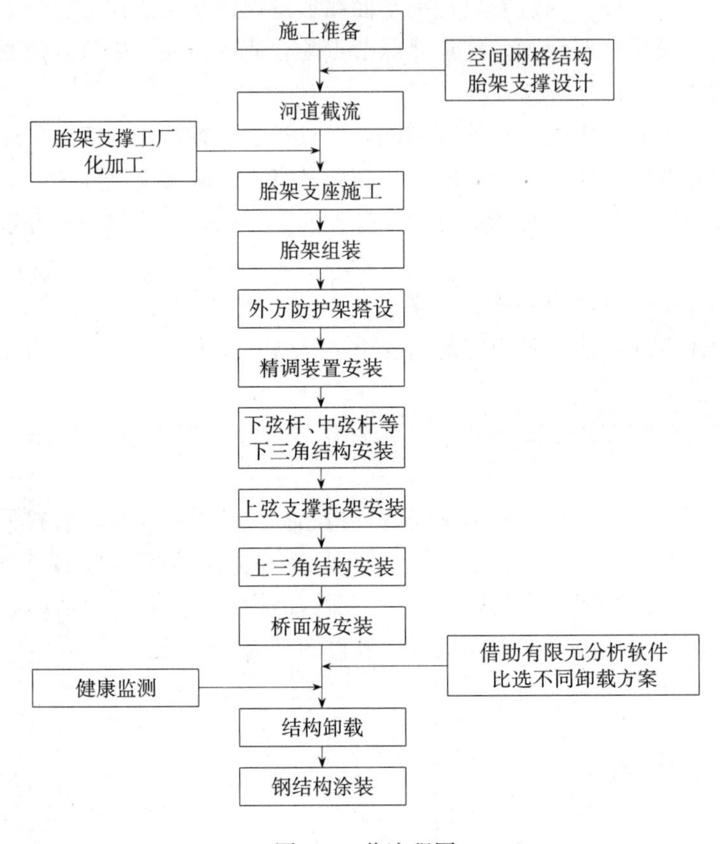

图2　工艺流程图

胎架长度为97.376m，分三段，每段长度分别为35.875m、23.063m、35.875m，网架柱下部支座采用半球节点，支座球底部焊接钢板就位于河道上，支座采用化学锚栓固定。

在现场用全站仪准确定位胎架支座位置，胎架中弦、上弦同时可作为操作平台，在胎架结构的中弦、上弦铺设脚手板，作为操作人员站位及上部通道。

5.3　胎架加工

胎架线形设计：胎架的线形是根据桥梁下部结构的线形进行设计的，胎架中弦的标高线形为桁架桥下部结构下弦位置，胎架上弦的标高线形为桁架桥下部结构中弦位置，提前确定根据建筑恒载及施工活载计算出胎架材料用量及具体规格尺寸。

5.4　胎架组装

胎架采用原位拼装方式，第一步用全站仪精确定位支座底板位置并将支座底板采用化学锚栓固定在河道混凝土地面上；第二步将半球节点焊接于支座底板；第三步拼装胎架网架柱，柱焊接于半球；第四步依次拼装网架柱上部三层胎架，胎架全部就位后重新复核线形及尺寸，检查调整标高后，在胎架中弦结构上铺设架板（50mm厚）。为防止刚性平台沉降引起胎架变形，胎架旁应建立胎架沉降观察点。在施工过程中结构重量全部荷载施加于胎架上时观察标高有无变化，如有变化应及时调整，待沉降稳定后方可进行焊接。空间网格胎架组装如图3所示。

5.5　外防护架搭设

外防护脚手架采用双排1.5m×1.5m形式，搭设高度高出胎架上弦结构1.2m，以便桥面弦杆部分的安装及焊接，脚手架上铺设架板，脚手架高度随桥面弦杆的坡度进行调节（图4）。

图 3　空间网格胎架组装

图 4　外防护脚手架实体

5.6　精调装置组装与就位

曲线形桁架桥下部结构的下弦、中弦杆每根杆件设置两个精调装置，精调装置底部与胎架的焊接空心球对接。精调装置采用 Q235B 材质，上部采用月牙板，月牙板宽度要能满足桁架结构杆件宽度为宜，厚 20mm。调节装置高度为 200～500mm。两处精调装置的中间位置即为桁架桥杆件对接位置。精调装置的作用主要是满足桁架桥精确定位，同时作为固定支撑架限制了桁架桥杆件位移（图 5、图 6）。

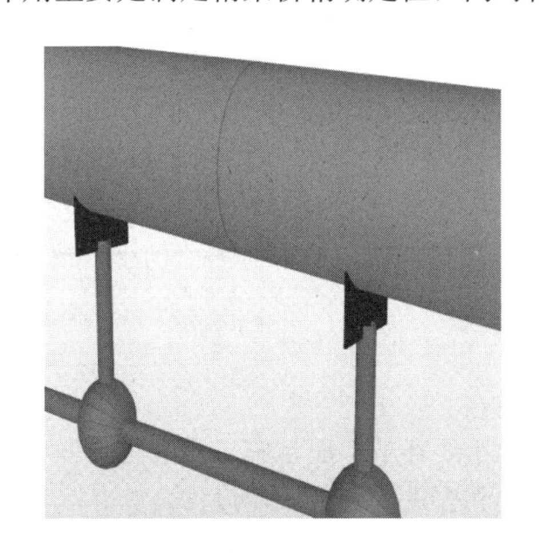

图 5　精调装置模型图

图 6　精调装置实物

5.7　景观桥桁架安装

胎架支撑安装验收后，进行桁架桥下弦杆分节吊装、焊接。之后采用相同方案安装桁架桥中弦杆。上、中弦杆就位无误后，安装竖杆和横杆，之后安装下弦杆与中弦杆之间的腹杆、平联。桁架上弦杆的拼装以桥面系统作为操作平台，现场临时焊接型钢支撑托架，托架焊于中弦、下弦倒三角有竖腹杆位置的横梁，托架就位校正后，进行桁架桥上弦杆安装。之后安装上弦腹杆，最后安装桥面板及楼梯。

5.8 结构卸载方案对比

采用软件进行空间建模计算，计算模型中钢桁架杆件均按梁单元模拟，各杆件重量按照设计重量取值，建三维有限元杆系计算模型。在模拟时，将胎架临时支撑直接替换为相应的支座，计算时通过给各支座施加竖直向下的位移荷载来模拟实际中胎架脱离主体结构的过程。

借助有限元分析软件，对两种卸载方案模拟分析。方案一：胎架单次卸载高度 2cm，共分 10 步，并实时分析钢桁架桥卸载每一步的应力值。

分析整个卸载过程应力云图发现，桥梁结构构件都在材料弹性范围之内。卸载后结构最大内力变化较大；在卸载过程中应力变化先逐渐增大，到卸载完成时又有一定的减小。其中胎架卸载高度达到 40mm 时，整个结构拉应力达到最大值，最大应力值达到 187MPa。最大拉应力出现位置在靠近支座的下弦杆及上弦 X 形腹杆。胎架卸载高度达到 60mm 时，整个结构压应力达到最大值，最大应力值达到 201MPa。卸载完成后，最大拉应力出现在跨中下弦，应力值为 104.69MPa。最大压应力出现在跨中上弦，应力值为－100.003MPa。

方案二：卸载方式为从跨中向支座方向连续反复进行，直至结构完全脱胎。第一步：对中弦，下弦胎架接触的所有节点施加 Dz 方向的约束；第二步：撤掉跨中下弦及跨中中弦的 Dz 方向的约束；第三步：撤掉跨中中下弦左右对称的六个约束；第四步：以此类推，左右对称地分步撤掉中下弦节点的约束，直至整个结构完全脱胎。

分析整个卸载过程应力云图发现，桥梁结构构件都在材料弹性范围之内。卸载后结构最大内力变化较大；在卸载过程中应力变化逐渐增大。待卸载完成结构稳定时的内力与设计相差不大。当胎架卸载完成后，结构完全脱胎时，整个结构拉压应力达到最大值，最大拉应力出现在跨中下弦，组合应力值为 104.69MPa，最大压应力出现在跨中上弦，应力值为－100.003MPa。

5.9 健康监测

结构卸载实施过程中，对桁架桥进行实时检测。卸载前将应变计粘贴于上、中、下杆件跨中位置，同一杆件上对称粘贴两个作为一组。取同组数据的平均值作为有效的监测数据。倾角仪设置在桥体下弦杆支座处的上表面，采集桥体跨中下挠产生的支座位置下弦杆转角变量。检测的目的，一方面在卸载过程中，预防突发情况，及时预警，另一方面采集实际数值，与理论计算值对比。

5.10 监测值与计算值对比分析

结构卸载完成后，将采集的监测数据整理汇总，在相同工况下，与计算值对比分析。

结论：监测值与模拟控制值基本吻合，数值相差 0.00001°。

主桥卸载应力应变监测结果比对分析结论：跨中下弦拉应力 96.793MPa＜105MPa，中弦拉应力 41.143MPa＜52.5MPa，上弦压应力 94.2229MPa＜100MPa，故杆件拉压应力监测值均小于模拟值。

6 质量控制

6.1 桁架吊装就位验收

桁架在安装后测量方法的选择和确定，是工程质量保证的重要环节，而且施工测量是延伸和连续的工作，在实施操作时必须拥有丰富的测量实践的技术专业人员和先进的测量仪器设备。

本工程安装测量，首先要通过计算，确定结构安装的轴线，以及设计图纸上几何尺寸规定的测量数据，会同设计、监理确定，施工原则为：以设计标高、轴线为基准；施工测量方法：以全站仪结合其他方法进行全面测量。

6.2 焊缝质量验收

（1）焊缝外观检查的内容

1）表面形状，包括焊缝表面的不规则、弧坑处理情况、焊缝的连接点、焊脚不规则的形状等；

2）焊缝尺寸，包括对接焊缝的余高、宽度，角焊缝的焊脚尺寸等；

3）焊缝表面缺陷，包括咬边、裂纹、焊瘤、气孔根部收缩等。

（2）焊缝外观检查质量要求

1）所有焊缝表面应该均匀、平滑，无折皱、间断或未焊满，并与母材平缓连接，严禁有裂纹、加渣、焊瘤、烧穿、弧坑、针状气孔和熔合性飞溅等缺陷；

2）一级焊缝不得存在未焊满、根部收缩、咬边和接头不良等缺陷，一级焊缝和二级焊缝不得存在表面气孔、加渣、裂纹和电弧擦伤等缺陷。

6.3 除锈和涂装验收

构件涂装应严格按有关国家标准和公司质量保证体系文件进行半成品、产品检验、不合格品的处理，计量检测设备操作维护等工作，从施工准备、施工过程进行全面检测，及时预防不合格品的产生，具体保证以下检验项目必须按工艺规定进行。

7 应用实例

临县人行景观桥（彩虹桥）工程施工过程中采用曲线形景观桥大型空间网格结构胎架支撑（原位拼装）施工技术，建造过程流畅，各项质量指标均达标，无安全事故，景观桥成型符合设计要求，节约工期，胎架支撑体系可周转使用，绿色环保。目前已投入使用，各项技术指标均满足规范及设计要求。临县人行景观桥（彩虹桥）工程的建成，是曲线形景观桥大型空间网格结构胎架支撑（原位拼装）施工技术科学、合理、可行、高效的又一次印证。

8 应用照片

工程相关图片见图7～图10。

图7　下弦安装

图8　中弦安装

图9　横杆、竖杆安装

图10　斜腹杆安装

巨型钢柱外挂式大型塔式起重机自爬升支撑系统设计施工工法

中建八局新型建造工程有限公司

李荣才　熊自强　张　超　李　渊　左　炫

1　前言

广商中心项目地上部分采用巨型框架-钢支撑加偏心支撑结构体系的全钢结构超高层建筑，与传统超高层建筑不同，设计无核心筒，主要通过8根巨型钢柱向地基传递竖向荷载，主要钢材材质最高等级Q460GJD，最大板厚为120mm，总用钢量约5.5万t，建筑高度375.5m。

对于支座附着在钢柱上的支撑体系，当两柱之间距离较大时，无法使用传统含有三个或四个水平受力支座的支撑体系，加之随着建筑高度增加，柱截面变小，双下撑式的支撑体系反力过大，仅通过柱体加固不能满足施工的安全要求，整个塔楼施工完成每台塔式起重机共需15次爬升，因此，如何解决支撑体系强度稳定性、支撑体系高效转运及钢柱截面收缩情况下动臂塔式起重机爬升施工问题，从而降低施工成本，提高施工效率及经济效益，是摆在我们面前的技术问题。

针对以上问题，项目研发小组研究发明了"一种六支座下承支撑式塔式起重机支撑体系""动臂塔式起重机设备及其施工方法""附着面收缩情况下动臂塔式起重机爬升辅助结构"和"适应于塔式起重机附着面收缩状态的塔式起重机支撑架"专利，解决了支撑体系高效转运及钢柱附着面截面收缩时塔式起重机爬升难题，增强了支撑系统强度，保证了施工安全，提高了安装工效，并总结出《巨型钢柱外挂式大型塔式起重机自爬升支撑系统设计施工工法》。

2　工法特点

2.1　一种六支座下承支撑式塔式起重机支撑体系

本技术中的超高层建筑巨柱外附着自爬升式塔式起重机在国内超高层建筑施工中采用尚属首次，研发出一种支撑体系采用两个水平受力支座和四个斜撑支座，运用两个水平受力支座与主体结构连接，解决附着点距离较大占用空间较大的问题。采用四根下斜撑支撑形式，形成稳定的空间结构体系，减小单根斜撑受力，分担支座反力，降低主体结构加固难度。支撑体系间采用螺栓连接实现分开吊装，提高了安装效率。

2.2　动臂塔式起重机设备及其施工方法

提供一种塔式起重机支撑体系垂直转运施工方法，在塔式起重机标准节顶升踏步位置设置的小吊机，将塔式起重机支撑架于中线断开分为两部分，使用小吊机分别对支撑架的两部分进行倒运，倒运完成后再使用高强度螺栓将支撑架拼装成一个整体。该方法可以有效地提高塔式起重机爬升的效率，节省塔式起重机租赁费。

2.3　附着面收缩情况下动臂塔式起重机爬升辅助结构

在附着面收缩工况下调节塔式起重机底座连接螺栓孔位，保证了动臂塔式起重机的垂直度精确性。且其使用的动臂塔式起重机支撑架可以进行循环使用，降低了需重新生产加工不同尺寸的支撑架所造成的人力、材料浪费。

3 适用范围

本工程所使用技术主要应用于：超高层建筑巨柱外附着自爬升式塔式起重机的施工，尤其适用无核心筒的巨型框架体系超高层建筑钢结构施工。

4 工艺原理

（1）本新型塔式起重机支撑架结构水平投影形式为外八形，由两道支撑主梁和动臂塔式起重机 C 形框底座构成，采用四根下斜撑支撑形式，形成稳定的空间结构体系，减小单根斜撑受力，分担支座反力，降低主体结构加固难度。其中 C 形框底座靠近附着点的钢梁延伸至支撑主梁与其焊接固定，两道支撑主梁通过连接件与巨型钢柱连接。

（2）塔式起重机支撑架于中线断开分为两部分，使用时通过高强度螺栓拼装成一个整体，在标准节顶升踏步位置设置小吊臂，用其对支撑系统倒运及安装，提高安装效率。

（3）根据动臂塔式起重机于整个爬升过程中附着面收缩尺寸的大小，在支撑主梁上的固定马凳新增加一定数量的连接螺栓孔，其孔位间距可根据每次收缩尺寸进行调整。

5 施工工艺流程及操作要点

5.1 施工工艺流程

施工工艺流程见图 1。

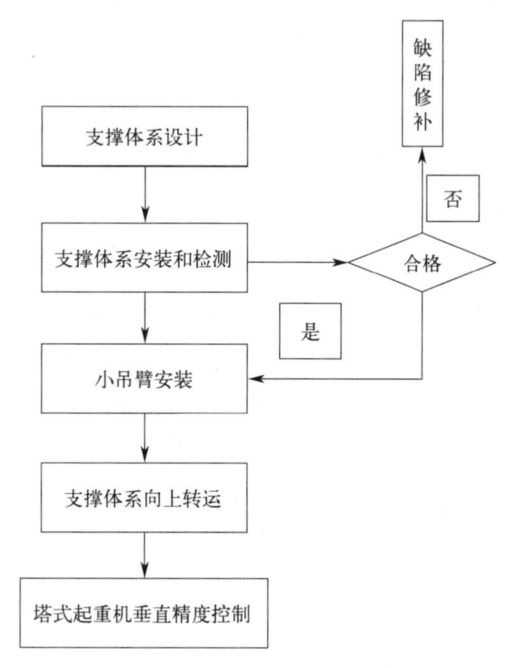

图 1 施工工艺流程

5.2 操作要点

5.2.1 支撑体系设计

对于塔式起重机支座附着在主体结构柱上的支撑体系，由于两柱之间距离较大，无法使用传统含有三个或四个水平受力支座的支撑体系时，运用水平斜梁和水平斜梁端部两个水平受力支座与主体结构连接，解决附着点距离较大占用空间较大的问题。采用四根下斜撑支撑形式，形成稳定的空间结构体系，减小单根斜撑受力，分担支座反力，能够通过主体结构加固的方式保证塔式起重机的安全使用。

塔式起重机支撑体系主梁以及下部下压杆设置在楼板面以上，中部下压杆位于楼层中间，当其位于部分层高较大的楼层时，需要设置挂笼方便焊接人员进行操作（图 2）。

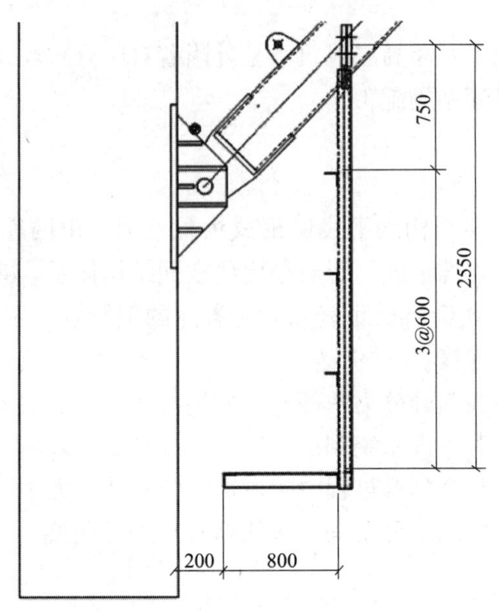

图 2 焊接处挂笼布置示意图

因底部下压杆长度过大，销轴连接处正常操作危险性较大，所以于销轴连接处设置一个小挂笼作为操作平台，下压杆上设置操作人员行走通道。钢梁的三角形区域焊接角钢并于上部铺设格栅板，于外侧使用插销式 1.2m 高防护栏杆，并在底部 0.2m 高设置踢脚板作为操作人员行走通道、工作站位及防护（图 3）。

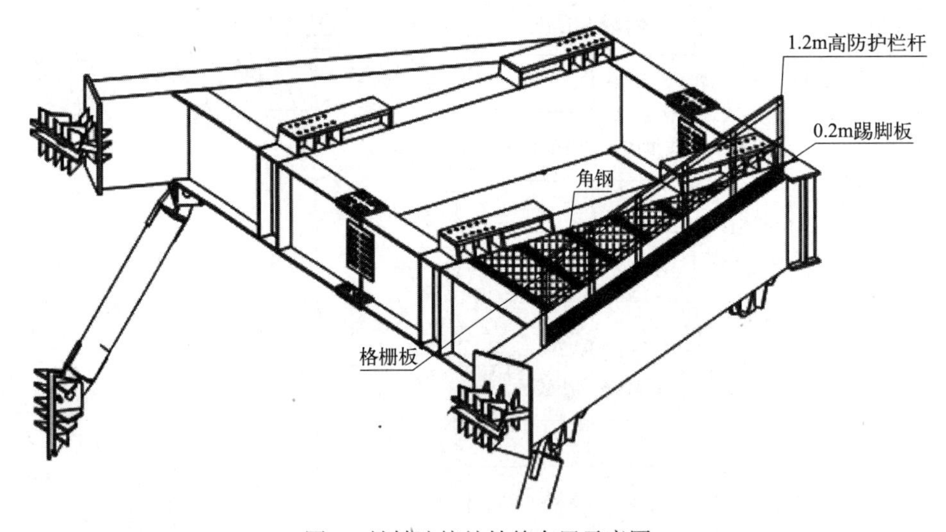

图 3 销轴连接处挂笼布置示意图

5.2.2 支撑体系安装和检测

支撑体系安装：每台塔式起重机配 3 套支撑系统，塔式起重机首次安装时，需安装第一道支撑系统与第二道支撑系统，塔式起重机爬升前，需安装第三道支撑系统，后期塔式起重机支撑系统由最下方一道支撑系统拆除重新安装，固定支撑钢梁与钢柱之间采用焊接连接。

（1）预拼装：在地表面将一侧的连接耳板、主承重梁、水平撑杆及竖向撑杆拼装成整体（图 4）。

（2）将此侧支撑体系调运至安装位置，调整钢梁、下压杆的端头与钢柱距离，要求钢梁、下压杆的两端距钢柱/轴线距离偏差在 2mm 以内，焊接固定（图 5、图 6）。

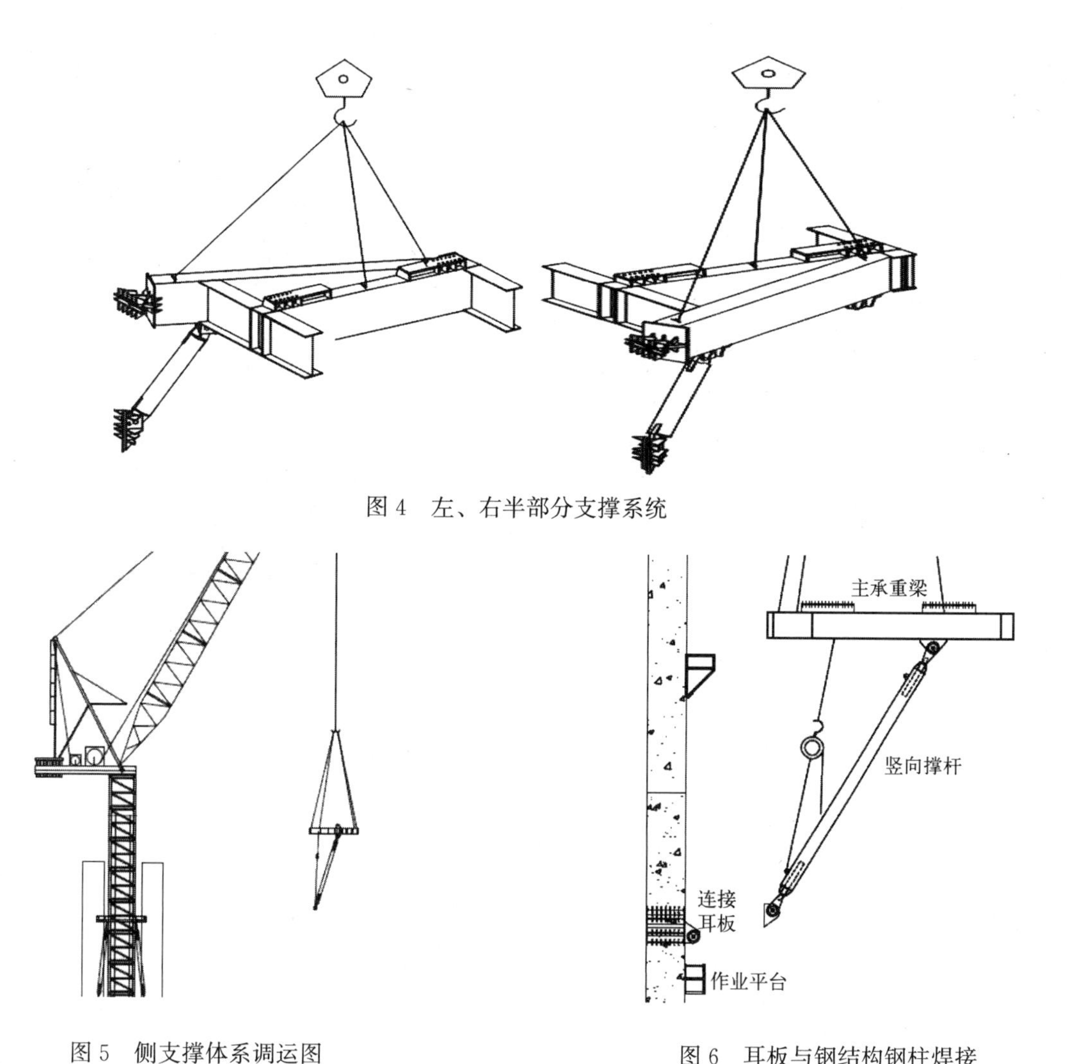

图 4　左、右半部分支撑系统

图 5　侧支撑体系调运图

图 6　耳板与钢结构钢柱焊接

(3) 安装C形框，锁紧C形框，调整C形框上端面平整度，要求高度误差在2mm以内（图7）。

(4) 待钢梁焊接固定完成后，验收第一道支撑系统，要求C形框的高度误差在2mm以内，钢梁两端距钢柱/轴线距离偏差在2mm以内。

5.2.3　连接件焊接检测

焊接作业前根据《钢结构焊接规范》GB 50661—2011规定，进行本工程焊接工艺评定。以钢板厚度、种类分别进行各位置、坡口形式、焊接方法及组合等的评定工作，焊接完成按规定进行焊缝检测。

5.2.4　小吊臂安装

小型吊机（DY25t，简称：小吊臂）安装在塔式起重机回转以下一节标准节位置进行吊载。该吊机分为两台，在吊载时相互配合进行换钩、调平、就位等工作。吊机采用支撑平台与标准节顶升踏步进行挂耳连接，四个直角支架通过高强度螺栓与标准节塔身锁紧，外侧各有三个支撑杆与下方踏步进行连接，确保小平台在吊载受力时保持稳定状态（图8）。

小吊臂底座为四块直角抱箍（C形框），与塔式起重机标准节进行抱箍，使用M30高强度螺栓进行连接。

5.2.5　支撑体系向上转运

在第一个标准节四角栓挂20t捯链连接支撑梁，连接点采用吊环螺栓与卸扣连接，受力支撑梁端部拴四条ϕ32钢丝绳。小吊臂向上起钩，内侧捯链向下放绳，使支撑梁呈倾斜竖立状态。将牵引绳下放采用牵引绳控制支撑梁移动方向，预防移动过程中与主体结构发生碰撞。将C形框与支撑梁螺栓连接，但不能将螺栓拧紧，连接支撑梁中间连接板，并将螺栓紧固，将C形框调整水平，控制在8mm以内。采用同样方法吊装另一片支撑梁（图9）。

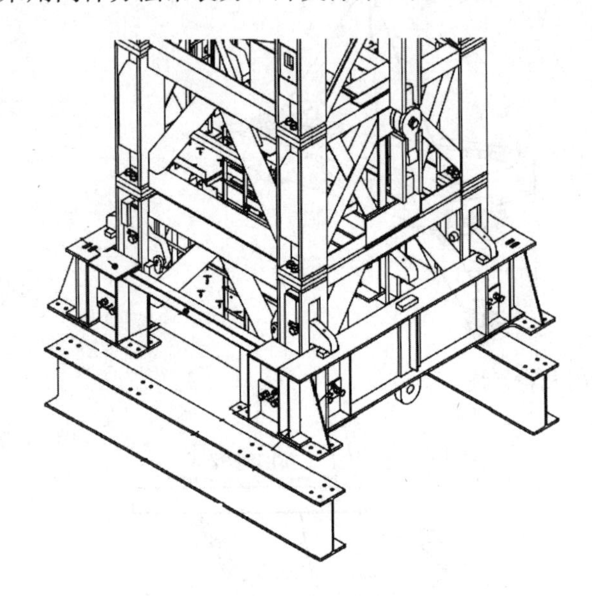
图7　C形框示意图

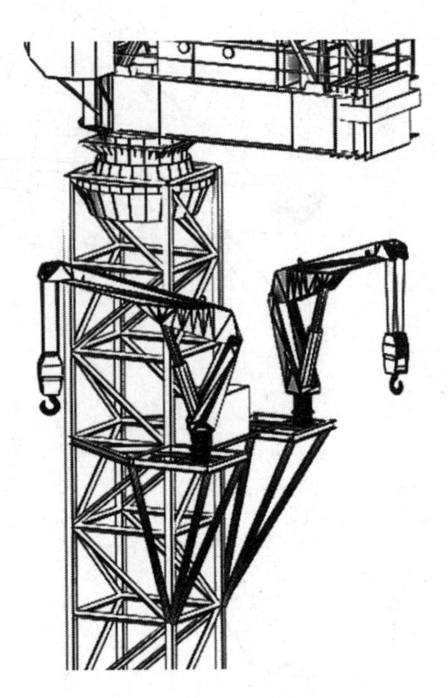
图8　小吊臂整体效果

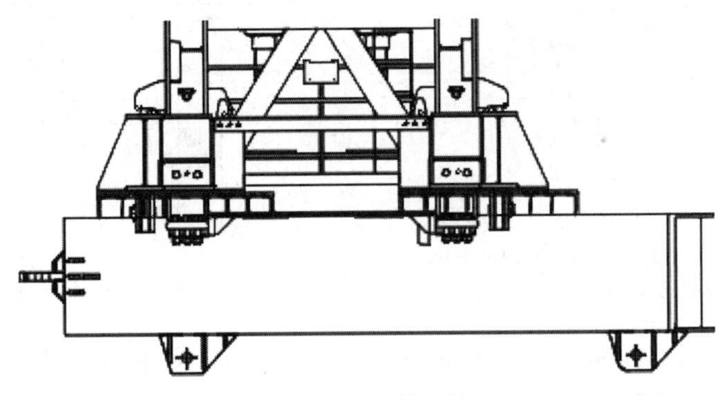
图9　吊点布置

5.2.6　塔式起重机垂直精度控制

根据动臂塔式起重机于整个爬升过程中附着面收缩尺寸的大小，在支撑主梁上的固定马凳新增加一定数量的连接螺栓孔，其孔位间距可根据每次收缩尺寸进行调整（图10）。

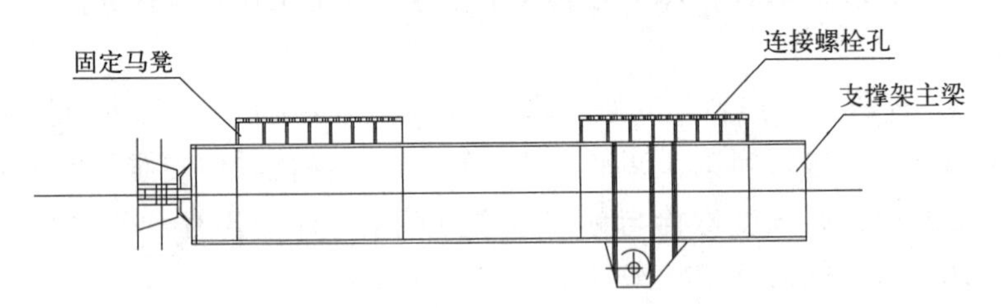

图10　塔式起重机垂直精度控制示意图

1. 附着面收缩时支撑架安装

在动臂塔式起重机爬升过程中遇到附着面收缩时，将支撑架吊运至安装标高，然后使支撑架主梁及其连接耳板贴近收缩后的附着面，由于塔式起重机和附着面会有一个相对位移，这时根据实际情况选择连接螺栓孔位置，移动C形框进行塔式起重机固定，保证塔式起重机的垂直度（图11）。

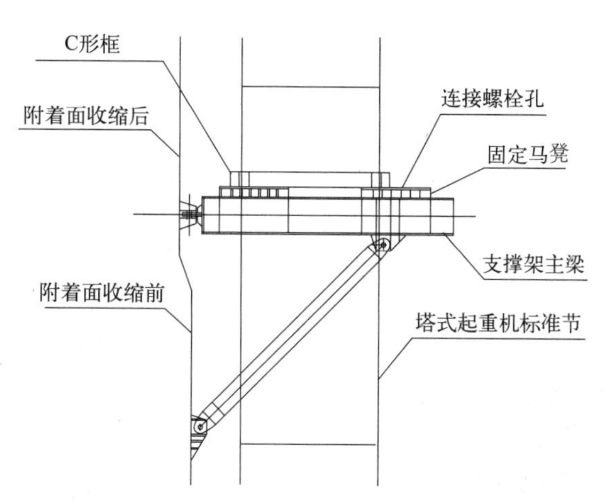

图 11　塔式起重机爬升附着面收缩时支撑架附着

2. 垂直度测量方法

（1）将起重臂旋转至与外挂架主梁平行方向（东西方向），测量南北方向塔身垂直度，要求在塔式起重机两道夹持之间塔身垂直度误差在 2‰以内，夹持以上塔身垂直度误差在 4‰以内。

（2）将起重臂旋转至与外挂架主梁垂直方向（南北方向），测量东西方向塔身垂直度，要求在塔式起重机两道夹持之间塔身垂直度误差在 2‰以内，夹持以上塔身垂直度误差在 4‰以内。

该施工方法在动臂塔式起重机爬升过程中，面对附着面不断收缩的情况，通过在固定马凳上增加连接螺栓孔，在附着面收缩工况下调节连接螺栓孔位，保证了动臂塔式起重机的垂直度精确性。且其使用的动臂塔式起重机支撑架可以进行循环使用，降低了需重新生产加工不同尺寸的支撑架所造成的人力、材料浪费。

6　质量控制

（1）吊装作业前，施工总承包技术人员组织相关人员进行质量培训，使受训人员充分熟悉安装图纸，了解施工过程的质量要求。

（2）各部件在装车运输过程中，部件与车体之间用硬木支垫，部件与硬木之间铺垫地毯，绑扎紧固使用的捯链及钢丝绳与部件接触部位铺垫软物，防止塔式起重机部件损坏。

（3）严格按照塔式起重机说明书的要求进行作业。

（4）吊装过程中吊索具不得与相关附件发生干涉挤压。

（5）吊装过程中应保证被吊物稳定后才允许进行下一步吊装程序。

（6）各部件在吊装过程中牵引绳操作人员要全过程控制空中姿态，确保准确就位。

7　应用实例

广商中心项目占地面积 6909m^2，建筑设计高度 375.5m，地上 60 层，地下 5 层，总建筑面积 199296m^2，其中，地上建筑面积 166951m^2，地下建筑面积 32345m^2。人防建筑面积 2992m^2。项目采用巨型框架-钢支撑加偏心支撑结构体系，与传统超高层建筑不同，设计无核心筒，主要通过 8 根巨型钢柱向地基传递竖向荷载。

通过研究巨型钢柱外挂式大型塔式起重机自爬升支撑系统设计施工关键技术，基于项目全钢结构建筑的特点对塔式起重机支撑体系进行优化，对塔式起重机爬升及支撑体系转运安装方案进行改进，提供一种高效、新型的施工技术，提高了塔式起重机的安全性能和使用效率，节省了大量的人工和机械成本，提高经济效益，保障了现场作业人员的人身安全。

8 应用照片

工程相关图片见图 12～图 15。

图 12 塔式起重机支撑系统

图 13 塔式起重机支撑系统左右单元螺栓连接

图 14 塔式起重机支撑倒运支点设置

图 15 塔式起重机支撑倒运

大跨度结构滚轴式滑动支座安装工法

安徽省工业设备安装有限公司

牛健平　郝国峰　陈涛涛　徐　松　蒯　杰

1　前言

钢结构工程在建筑领域应用越来越广泛，当两个以上钢结构单体之间通过大跨度钢梁连接时，由于沉降不均匀、热胀冷缩等产生的结构应力得不到释放，设计单位大多采用钢梁一端为固结安装、一端为滑移安装。目前大跨度钢结构钢梁连接多为成品式的滑动支座，成品滑动支座加工周期较长、制作成本较高、现场安装难度大。如何解决这一难题，我公司通过应用BIM技术进行模拟安装，滑移安装方式为滚轴式水平方向移动，滚轴式支座安装工艺确保了大跨度结构滑移连接点的稳定性、钢梁结构应力得以释放，同时解决了次构件（檩条、隅撑、系杆等）因结构应力得不到释放而产生变形。

2　工法特点

（1）滚轴式支座制作简便、周期短、安全可靠。

（2）滚轴式支座稳定性好、结构应力得以释放，完全避免了厂房的结构因应力带来的整体结构性问题。

（3）滚轴式支座安装方便、成本低。

3　适用范围

本工法适用于大跨度钢结构钢梁一端为固结安装、一端为滑移安装。

4　工艺原理

（1）滚轴支座由槽床、滚轴、挡板等组成，利用槽床中的四组滚轴，作为钢梁支撑滑移件。

（2）槽床通过焊接的方式固定在滑移一端钢柱牛腿上。

（3）四组滚轴涂放好润滑脂置于槽床内部，钢梁通过滚轴滚动产生水平位移（图1）。

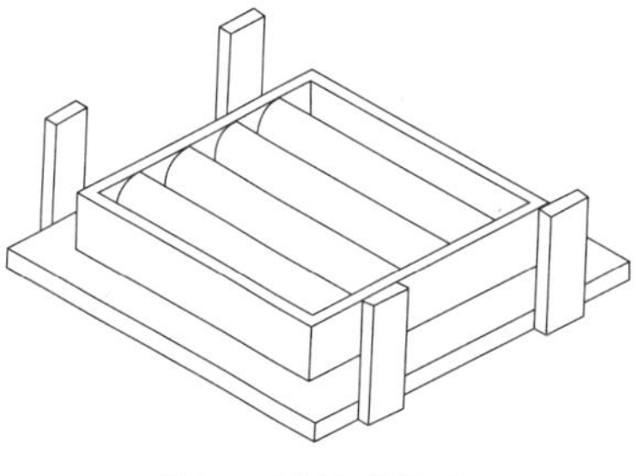

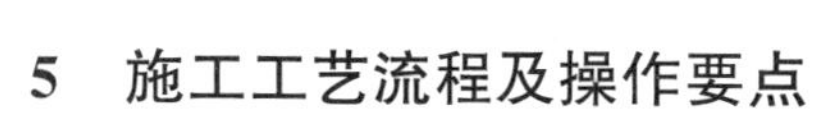

图1　滚轴式槽床

5　施工工艺流程及操作要点

5.1　BIM技术模拟安装

利用BIM技术针对滚轴式滑动支座进行模拟安装，同时利用BIM技术在三维演示中进行虚拟安装及滑动支座的精准定位，可直观解决滚轴与横梁接触面是否存在水平误差及安装位置的偏差，利用BIM技术模拟安装确定滚轴式支座构造、位移量。

5.2　材料准备与加工

滚轴需经过车床加工，其表面粗糙度不小于Ra12.5、尺寸240mm×60mm，槽床尺寸570mm×

385mm，底板需经刨床粗刨，其表面粗糙度不小于 Ra25。

5.3 槽床的制作与焊接

现场槽床制作好后在现场安装，焊接完善时待冷却后刷上防腐用品。

5.4 滚轴固定

现场在焊接槽床后将 ϕ240×60mm 的滚轴依次放入焊接好的槽床中，每个槽床放置 4 组滚轴，提高横梁接触面，为了提升结构钢梁滑移性、增加使用寿命，在放入的同时用润滑脂涂满整个滚轴，确保结构后期的滑动效果并提高滚轴的耐磨性。

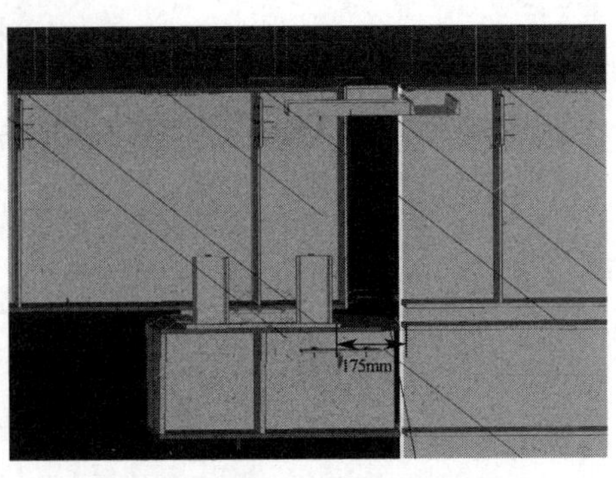

图 2 槽床与立柱间的距离

5.5 检查验收

(1) 检查槽床固定的位置（图 2）。

(2) 检查槽床焊缝的技术要求及焊渣的清理和防腐处理。

(3) 检查安放的滚轴是否生锈及工业黄油的涂刷。

(4) 检查槽床两边的槽钢挡板焊接及尺寸要求。

(5) 检查后期钢梁吊装就位后是否符合设计要求。

(6) 检查后期钢梁吊装完善后是否存在偏移及滚轴与钢梁接触面是否有空隙。

6 质量控制

6.1 质量技术要求

(1) 本项目施工主要是大跨度钢梁滚轴式连接结构，钢梁与立柱牛角处焊接的滚轴槽床及滚轴相接触。

(2) 这种滚轴式连接结构，后期钢梁的连接点可以消除厂房整体热胀冷缩带来的应力，连接点后期在滚轴的作用下可以相对地移动。

6.2 质量保证技术措施

(1) 滚轴式连接点，消除了后期大跨度轻钢结构的应力。

(2) 整个钢结构连成一体，整体性能好，整体连接点在后期使用过程中有着良好的稳定效应。

(3) 本实用大跨度的钢结构厂房滚轴式支座安装后，使得钢梁在天气及温度变化的情况下，允许有一定滑移范围空间。

7 应用实例

7.1 实例一

工程名称：芜湖宇培新型装配材料有限公司年产 50 万方建筑工业化构件生产基地钢结构项目

工程概况：本项目主体结构设计基础 50 年，设计使用年限 50 年。本工程建筑结构安全等级为二级，厂房地基基础设计等级为丙级。本工程抗震设防烈度为 6 度，建筑抗震设防为丙类。设计地震分组为一组，局部单跨辅房抗震等级为三级，抗震构造措施为三级等。该工程厂房檐口高度最高 25.5m，最大跨度为 40m。

7.2 实例二

工程名称：安徽省报废汽车综合利用项目一期工程

工程概况：15 号楼综合办公楼四层、框架结构；12 号、14 号、16 号、17 号、18 号、19 号、20 号一层、框架结构；3 号、4 号、5 号、6 号、7 号、8 号、9 号、10 号、11 号、13 号、钢构厂房独立基础。

本工程抗震设防烈度为 7 度，抗震等级为三级，安全等级为二级，建筑抗震设防类别为丙类，地基基础设计等级为丙级。屋面防水等级为Ⅱ级，地上耐火等级为一级。结构设计使用年限为 50 年。

7.3 实例三

工程名称：日照宝华新型材料有限公司 2×120 万 t/年连续平整酸洗生产线项目钢结构安装工程。

工程概况：该项目新建厂房总建筑轴线面积：40000m^2，结构形式钢结构。本工程结构安全等级为二级，主体结构的合理年限为 50 年，抗震设防烈度为 7 度，设计基本地震加速度值 0.10g，设计地震分组第三组，建筑场地类别为二类。

8 现场施工照片

工程应用照片见图 3～图 8。

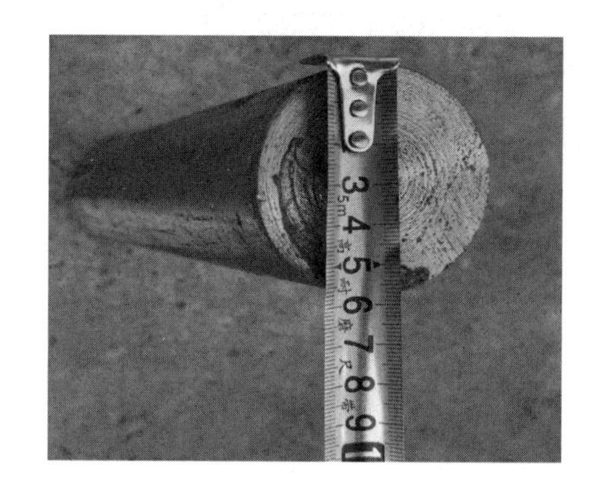

图 3 滚轴示意照片（一）

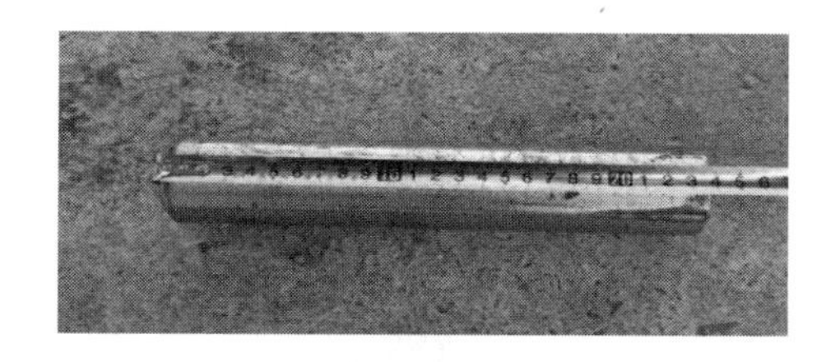

图 4 滚轴示意照片（二）

图 5 滚轴放置图片

图 6 槽床位置照片

图 7 现场钢梁成型照片

图 8　项目鸟瞰图

大空间重载荷组合异形柱数字孪生控制施工工法

中建八局第一建设有限公司

张一品　卢光智　冯　奇　汪阜阳　张　地

1　前言

伴随钢结构建筑的快速发展钢结构的结构安全和施工安全性成为重中之重。传统的钢结构控制方法都是采用电阻应变片对钢结构的应力应变进行监测，其受温度变化的影响较大，往往只对钢结构的应力应变进行监测较为片面。

基于此背景研究开发了大空间重荷载组合异形柱数字孪生控制施工工法，用于对异形钢结构、大跨度钢结构和大悬挑钢结构施工中的安全控制。无线应变仪和动态采集仪，不会因温度变化造成给影响，数据更加稳定，同时本控制方法会对钢结构应力应变、变形、振动多方面进行监测，实现对钢结构安全性的控制。

2　工法特点

（1）大空间重荷载组合异形柱数字孪生控制施工工法同时对钢结构应力应变、形变、振动等多方面进行监测，面面俱到。

（2）大空间重荷载组合异形柱数字孪生控制施工工法采用无线应变仪和动态采集仪对钢结构的应力应变及振动进行监测，受温度的影响较小。

（3）大空间重荷载组合异形柱数字孪生控制施工工法操作简单，不会对工期造成影响，同时保证结构安全和施工安全。

3　适用范围

本工法可广泛适用于钢结构工程的安全控制中，尤其是异形钢结构、大跨度钢结构和大悬挑钢结构。

4　工艺原理

大空间重荷载组合异形柱钢结构由一根异形柱支撑整个结构，以达到整体的建筑效果，上部结构荷载由异形柱单独承担，对结构的整体稳定性和结构安全性具有非常高的要求（图 1）。

针对此种情况采用无线应变仪，预先布置在相应的测点，以监测异形柱周边钢构件在各个不同的施工阶段测点位置应力应变的变化；采用水准仪结合全站仪，预先在主要控制位置布置测点（靶标），以检测异形柱周边在各个不同的施工阶段测点位置挠度位移的变化；采用动态采集仪，以检测在施工过程中结构的自振频率和局部加速度响应值。

施工中及时监测收集大空间重荷载异形柱钢结构的应力应变、振动、形变数据，建立一套预警机制，结合数字模型，保证钢结构在各个施工阶段的应力应变、加速度、变形等参数的变化在允许范围之内，达到大空间重荷载组合异形柱钢结构的数字孪生控制，确保整体安全性。

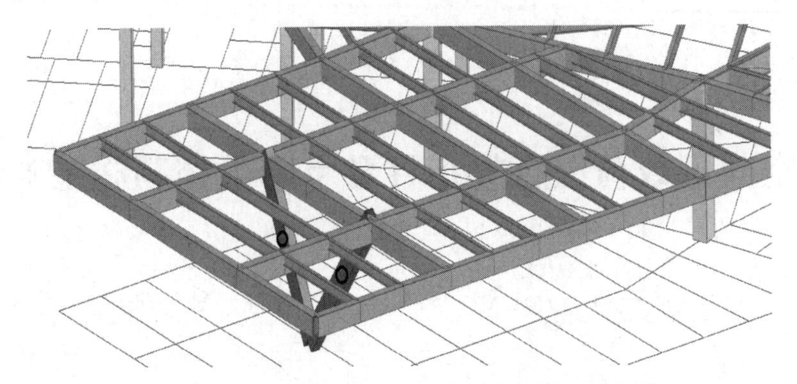

图 1　大空间重荷载组合异形柱钢结构模型示意图

5　施工工艺流程及操作要点

5.1　施工工艺流程

大空间重荷载组合异形柱数字孪生控制施工技术工艺流程如图 2 所示。

5.2　操作要点

5.2.1　建立预警机制

(1) 应力应变预警机制：与工程原设计单位进行沟通研讨，以原设计盈建科模型应力比计算结果为依据，对整个施工过程中的应力应变结果进行预警。

(2) 加速度预警机制：与工程原设计单位进行沟通研讨，参考相关规范中城市展览馆峰值加速度限值依据要求取 $0.150m/s^2$，以此限值对整个施工过程中的加速度实测结果进行预警。

(3) 变形预警机制：与工程原设计单位进行沟通研讨，以原设计盈建科模型变形计算结果为依据，对整个施工过程中的变形结果进行预警。异形柱两边变形限值为 22.2mm，变形预警值按设计要求或规范限值要求，设定时可设三级，分别取规定限值的 50%、70%、90%。

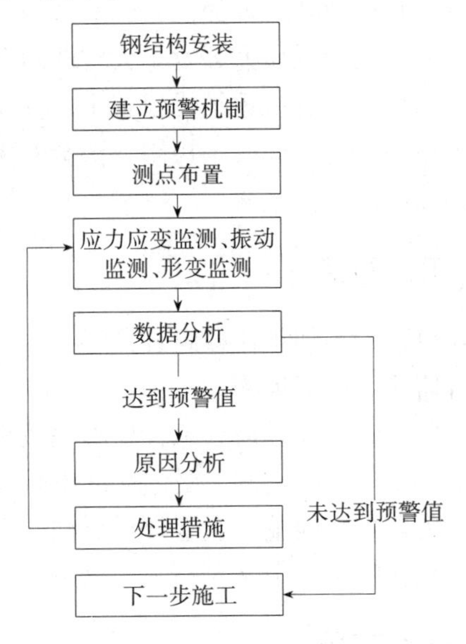

图 2　大空间重荷载组合异形柱数字孪生控制施工工艺流程

5.2.2　测点布置

1. 应力应变监测点布置

采用无线应变仪，监测异形柱的应力应变。通过数字模型分析异形柱受力情况，确定应力最集中位置，在此处安装无线应变仪，应力应变共计布置 8 个测点，由两部分组成。一部分位于异形柱一边柱上端部位置、每个面布置一个测点，具体如图 3 所示，另一部分位于对应一边异形柱顶部相交位置钢梁处，如图 4 所示。

2. 振动监测点布置

采用动态采集仪，以检测在施工过程中结构的局部频率及加速度响应值。通过数字模型分析结构的受力情况，确定结构整体振动频率处，在此处安装动态采集仪。共布置 2 个振动测点，2 个测点位于钢结构悬臂的最远端的钢梁处，测点具体分布情况如图 5 所示。

3. 变形监测点布置

采用水准仪结合全站仪，预先在主要控制位置布置测点（靶标），以检测异形柱周边在各个不同的施工阶段测点位置挠度位移的变化。共布置 2 个变形测点，2 个测点位于异形柱上端部，测点具体分布情况如图 6 所示。

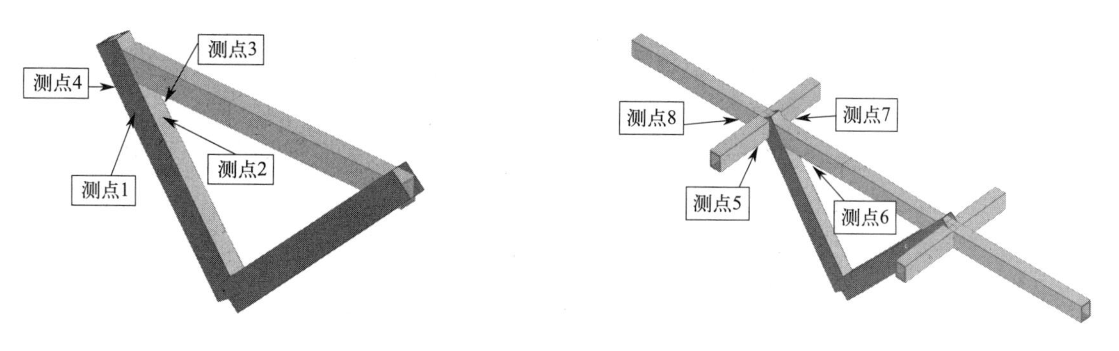

图 3　异形柱一边应变测点布置示意图

图 4　钢梁应变测点布置示意图

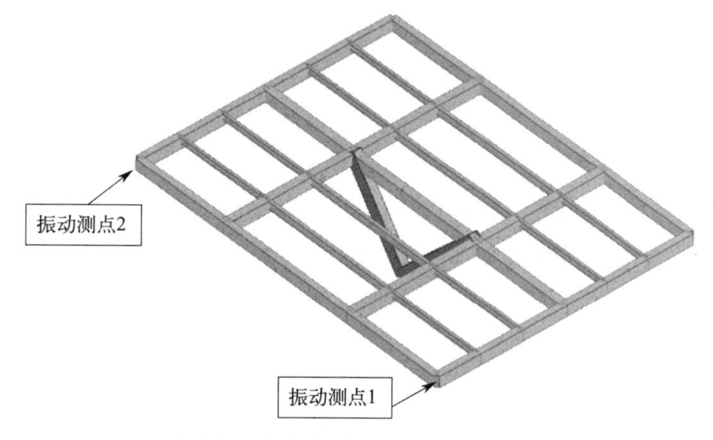

图 5　钢梁振动测点布置示意图

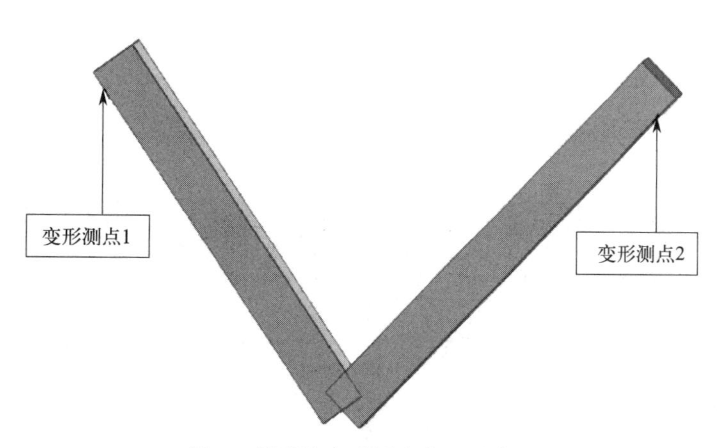

图 6　异形柱变形测点布置示意图

5.2.3　钢结构监测

异形柱安装完成后、上部钢梁逐层安装前后、胎架卸载等关键过程必须进行监测收集数据；结构全部安装完成后至荷载完全稳定期间必须定期展开监测并收集数据，可按照一周一次的频率进行监测。监测时利用笔记本电脑通过无线接收器连接无线应变仪和动态采集仪，运行软件以获取钢结构构件的应力应变数据和振动数据，在不远处架设全站仪，通过观察预先留设的标靶获取结构变形数据。

5.2.4　数据分析及处理措施

监测完成后整理应力应变、振动、形变数据，结合结构受力模型，形成数据变化曲线，和原始数据及上次监测的数据进行对比，判断是否达到预警值，未达到预警值即可进行下一步施工，若达到预警值应结合模型和监测数据判断出问题原因及时反馈至现场，现场第一时间采取措施，保证安全性，达到数字孪生控制的效果。

6 质量控制

（1）无线应变仪需要提前在钢结构上焊接安装座，安装座为成对的螺栓螺母，安装时两个安装座必须保持高度一致，同时安装方向要和钢构件的方向保持一致。

（2）焊接安装座时应避免焊渣溅射到安装座上方的螺栓上，以防止无线应变仪无法安装。

（3）无线应变仪安装时将仪器上的开孔对准安装座的两个螺栓，轻轻放下，调整好方向的高度后使用螺母固定。

（4）无线应变仪安装完成后应做好保护，避免受到日常施工作业破坏。

（5）用于变形监测的靶标应提前设置，设置好后必须做好保护，禁止施工活动对靶标造成损坏或使其移位。

（6）监测中传输数据使用的导线、线材应整理清晰，统一搁置在隐蔽位置，避免受到施工活动影响，同时做好防水防雨措施。

（7）监测中采集的数据必须及时保存，与上次监测的数据进行对比分析。

（8）必须每日检查监测点和靶标的情况，确保其完好性，保证数据的真实性和有效性。

7 应用实例

中科合肥智慧农业协同创新研究院项目总承包施工工程项目位于合肥市长丰县，工程总建筑面积9.5万m^2，地下2层混凝土框剪结构，地上5层钢框架结构。

复旦大学附属儿科医院安徽医院项目总建筑面积为191805m^2，钢框架结构。

以上两个项目均成功应用了大空间重载荷组合异形柱数字孪生控制施工技术，在不耽误工期的前提下，确保结构安全性和施工安全性。

8 应用照片

工程相关图片见图7。

图7 相关图片

自动扩展式预应力抗浮锚杆施工工法

中建八局第一建设有限公司

张一品　卢光智　冯　奇　汪阜阳　张　地

1　前言

伴随着中国城市化进程的不断加快和城市建设用地的稀缺，地下空间的建设如今在朝着更深、更大的方向发展。越来越多的大型地下交通枢纽、多层地下商场、地下车库、地下人防工程不断涌现，伴随而来的是地下室抗浮工程面临巨大的挑战。普通的抗浮设计多以灌注桩或预应力管桩作为抗浮措施，灌注桩或预应力管桩的桩身长度一般较长，工序复杂，施工周期长，成本高。

基于此背景，公司技术人员研究开发了自动扩展式预应力抗浮锚杆施工工法，此工法具有承载力高、变形量小、经济效益高、施工工期短等优点，可以完美解决上述问题。

2　工法特点

（1）自动扩展式预应力抗浮锚杆端部的扩大头为变直径钢筋笼，水泥浆充盈后形成短桩，增加了杆体与注浆体的接触面积，使交界面上的粘结摩擦阻力作用加强，预应力钢筋、钢筋笼和注浆体整体受力，大大提高了锚杆的抗拔承载力。

（2）通过张拉为锚杆提供预应力，可使锚杆不出现裂缝或者使裂缝推迟出现，提升了锚杆的整体刚度，增强了耐久性。

（3）与高压喷射扩孔或机械式扩孔等多种施工辅助工法相结合，能够适用于更广泛、更复杂的地质条件。

（4）工法中用到的变直径钢筋笼可以在工厂定型化生产，构件的整体观感好，质量可靠，同时省去了现场制作的工序，大大节约了工期。

3　适用范围

本工法能够广泛适用于地下压力水位埋藏深、建筑占地面积大、基础埋藏深，上部建筑层数少、结构自身重量不足以抵抗地下水上浮力的结构物或构筑物的抗浮施工。

4　工艺原理

自动扩展式预应力抗浮锚杆（图1）的工艺原理就是当锚杆钻机钻进至设计深度后采用高压旋喷扩孔或者机械扩孔，扩孔完成后清孔和成孔检测，之后下放变直径钢筋笼锚杆杆体总成，调整好位置后拉动约束绳拔出限位销，端部变直径钢筋笼将会自动扩展开，达到设计直径。随后高压灌注水泥浆，待锚杆水泥浆结石体达到90%强度后实施预应力张拉并锁定。

5 施工工艺流程及操作要点

5.1 施工工艺流程

施工工艺流程如图 2 所示。

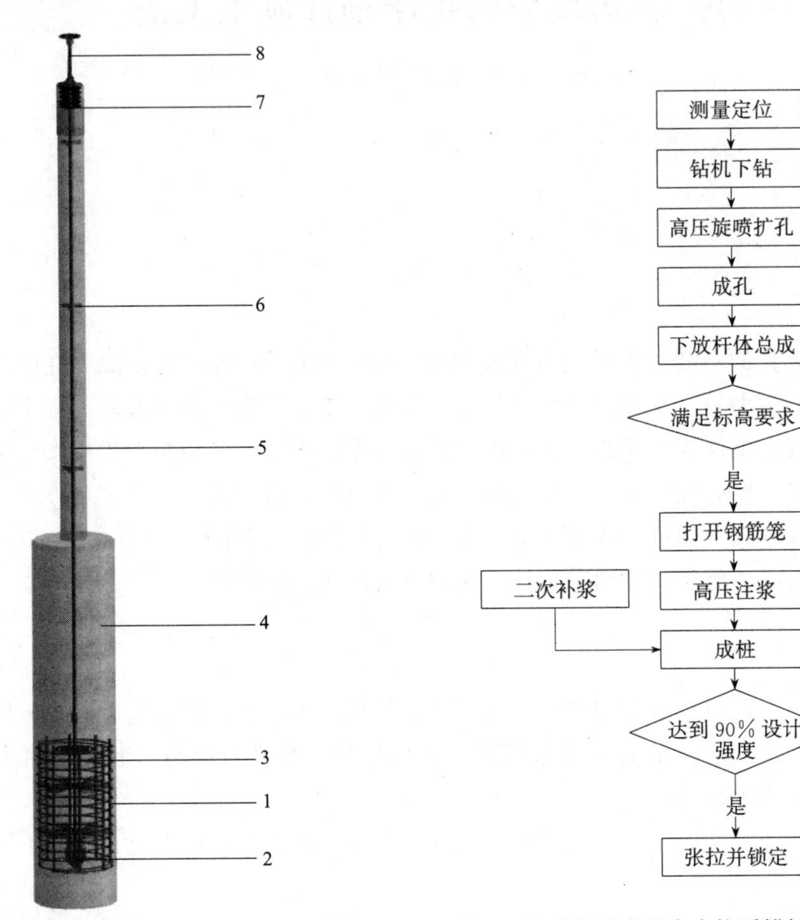

图 1 自动扩展式预应力抗浮锚杆结构示意图

1—变直径钢筋笼；2—导向帽；3—扣件；
4—结石体；5—预应力钢筋；
6—对中支架；7—间接钢筋网片；8—结构筏板

图 2 自动扩展式预应力抗浮锚杆施工工艺流程

5.2 操作要点

5.2.1 测量定位

根据控制点和锚杆平面布置图进行锚杆测放，并做锚孔孔位放点标记。测放务必准确，要求测放过程中做好记录，检查无误，由总承包单位复查定位准确性后报监理审核。在抗浮设计范围外设置固定点，并用测量控制点标牌标注清晰，供测放、恢复、检查使用，以保证在施工过程中能够经常进行复测确保孔位的准确。锚杆定位偏差不宜大于 20mm。最后用水准仪测定每根抗浮锚杆的标高并做施工记录。

5.2.2 钻机下钻

钻机施工前对场地进行平整，对不利于施工机械运行的松散软土进行适当处理，雨期施工采取有效排水措施。在确定锚杆孔位后，钻机对孔位、找方位、调平钻机，调整钻杆距离，锚孔深超过锚杆长度应小于 500mm，锚孔偏斜度不应大于 1%，成孔过程中采用湿作业成孔，钻机钻孔时，注浆与钻孔两道工序合二为一，即钻孔完成时旋喷注浆作业同时完成。一旦发生孔内事故，应争取一切时间尽快处理，并备齐必要的事故打捞工具。

5.2.3　高压旋喷扩孔

（1）扩孔是本工艺的重点，正式施工前，需在相同地质条件下试验，确定扩孔施工参数，确保扩孔的直径、扩孔长度及扩大头水泥土的强度满足设计要求。

（2）采用直径250mm的钻头钻至设计深度。如地层条件较差，塌孔严重时，采用套管钻工艺。

（3）钻孔钻进至扩大头顶面，用高压聚能泵将清水以每分钟200mm的速度从上往下进行扩孔。

（4）用水灰比0.45的水泥浆（水泥为42.5级普通硅酸盐水泥）同时从孔口往孔底扩至设计的扩大头处。同时将扩大头泥浆清理挤出，扩孔到底部后开始提钻对扩大头进行复喷，提升离开扩大头后水泥浆液喷射压力调整为10MPa，以免压力过高，将孔壁射穿，复喷至锚杆顶部后结束。

5.2.4　下放杆体总成

1. 杆体总成组装

依据图纸设计，提前组装完成5～10组变直径扩大头抗浮锚杆总成，放置于旋喷钻机周围，便于检查验收及杆体总成下放。

杆体组装步骤如下：

变直径钢筋笼依据图纸在加工厂进行定制，生产过程应全过程严格把关产品质量，确保杆体总成下放后约束绳能够完全拉动，使变直径钢筋笼能够顺利展开。变直径钢筋笼进场时应对各构件及材料进行质量检查验收，以确保满足质量和精度要求。

（1）构件材料检查：首先对预应力螺纹钢筋、变直径钢筋笼、间接钢筋网片、对中支架、高强度螺母、导向帽、注浆管进行检查。

（2）自动扩展式预应力抗浮锚杆首件制作。

（3）首件验收：自动扩展式预应力抗浮锚杆首件制作完成要进行首件验收，并根据首件验收总结对后期工厂化生产做出指导性意见。

（4）工厂化生产：生产厂家要有专门产品质量检验员对生产的产品逐个检验，并张贴检验合格证书。

2. 杆体总成下放

（1）结合设计的杆体长度和现场实际，采用机械配合人工将锚杆吊入孔中，安放时避免锚杆扭曲、弯折。下锚过程中若遇杆体无法下至孔底时，应将杆体拔出，查清原因，重新扫孔后再下锚。

（2）杆体下至孔位后，应测量顶部标高，到达设计位置后应采用吊筋固定，以防杆体在混凝土底板中的锚固长度不够或影响混凝土底板受力钢筋的安放。

（3）钢筋插入时若发现孔壁坍塌，应重新清孔，直至能顺利送入锚杆为止。

（4）下放后检查杆顶标高及垂直度是否满足图纸要求，如不满足要求，须及时进行调整。

5.2.5　打开钢筋笼

锚杆杆体总成位置及标高调整完成后，拉动约束绳拔出限位销，端部扩大头的钢筋笼将展开，弹簧将钢筋笼撑开到750mm直径。

5.2.6　高压注浆

（1）成孔及锚杆安置完成，经检查合格后应尽快注浆。

（2）水泥根据需要添加减水剂保水剂及其他早强剂。高压旋喷注浆体的抗压强度不应小于8MPa，浆体强度检验采用的试块每50根锚杆不少于1组，每组不少于6个试块。

（3）水泥浆搅拌均匀，具有和易性、低泌水性和可注性。

（4）注浆前先检查注浆管路，后采用压力注浆方法进行连续注浆。

（5）灌注水泥砂浆、水泥浆导管与螺纹钢筋固定一起放入锚孔，注浆管到孔底的距离≤300mm，导管应能承受压力不小于9.0MPa，能使水泥砂浆顺利压灌至钻孔底部扩大头锚固段。浆液应自下而上连续灌注，且孔内应顺利排水、排气。

（6）当孔口溢出浆液与注入浆液颜色和浓度一致时或混凝土、水泥砂浆灌注高度达到锚杆施工面标高上方0.8～1.0m后方可停止注浆。

（7）注浆浆液应搅拌均匀，随拌随用，在初凝前用完，未使用前做好防护以防止石块、杂物混入浆液。

5.2.7 二次高位补浆

注浆完成6h内可对缺浆锚杆进行二次补浆，确保锚孔顶端浆体密实。锚杆施工完成后15d内为锚孔内水泥浆的养护时间，在养护期内，不得碰撞锚杆。

5.2.8 成桩

锚杆灌注浆体强度达到不低于设计要求的强度90%后凿除泛浆找平至锚杆施工面标高（进入结构底板不低于50mm）。

5.2.9 实施张拉并锁定

锚固浆体强度达到设计强度的90%后施加预应力并锁定。在施加预应力前将锁定预应力用的钢垫板及高强度螺母刷环氧树脂防腐漆不小于280μm厚，垫层施工完成后安装锚固配件与结构底板整体浇筑。

6 质量控制（表1）

质量管理内容　　表1

序号	制度名称	制度内容
1	技术交底制度	项目经理部在施工中应严格进行技术交底制度，对每个分部分项工程、每道工序的施工都应进行层层的技术交底
2	原材料、成品及半成品的验证和验收制度	原材料、成品、半成品的质量好坏直接影响工程质量，因此在施工中应严格要求，把好进场时的验证和进场复检关。 原材料、成品、半成品在进场前应对供货方提供的质检资料、产品合格证、样品进行验证，必要时可取样试验，合格后方可进场。 材料成品、半成品进场后，按照相关规范标准进行复验，合格后应按材料的特性及要求分别进行存储，并做好标识。不合格者不得在工程中使用，也不得在现场堆放，必须立即清运出场
3	施工工序的"三检"制度	施工过程中应严格坚持自检、互检、专职检验制度，并做好记录，作业班组在自检的基础上进行班组之间的互检，工序交接时要由质量员、工长、班组长共同进行验收，合格后方可进行下道工序的施工
4	质量否决制度	在施工过程中不合格的分部、分项工程坚决推倒重新施工，不合格的施工工序不准转入下道工序的施工，并及时进行返工直至合格。坚决实行质量一票否决制度
5	严格执行技术复核制度	（1）项目技术负责人要对施工中采用的技术文件、技术资料等进行复核，准确无误后方可用于工程施工。 （2）重要工序的施工应进行技术复核，柱基等隐蔽验收工程应经验收合格后方可进入下道工序。工程的测量放线应由专职测量员进行放测后再由工长、质量员进行复核，经复核合格后方可用于施工控制。 （3）重要部位隐蔽工程应先由项目质量管理小组自检后，再请建设单位、监理单位、设计单位、质监站等检查合格并签字认可后才能进行下道工序的施工
6	施工人员持证上岗制度	（1）项目的施工技术人员必须通过业务考评并取得上岗证。 （2）班组施工操作人员应取得相应技术等级，并经过培训合格后方可进入现场施工
7	多层次的质量检查制度	（1）项目质检组对分部分项工程进行跟踪检验和验收，对不合格产品坚决推倒重来。 （2）公司每月进行一次检查，对工程质量进行复核，并解决质量管理中存在的问题。 （3）公司根据工程进展情况对基础工程进行检查复核，对工程质量进行确认
8	推行样板引路制度	为确保工程质量一次性达到合格标准，在桩基工程施工前先进行样板施工，并请设计、建设、监理单位共同进行评定。样板确定后，在大面积施工中应按样板中确定的工艺、施工程序、质量标准组织施工，并按样板的质量标准进行检查、验收

7 应用实例

中科合肥智慧农业协同创新研究院项目总承包施工工程项目位于合肥市长丰县，工程总建筑面积 9.5 万 m^2，地下室 4.3m^2，设计 3758 根自动扩展式预应力抗浮锚杆进行施工。本工法弥补了预应力管桩材料费用相对较高，施工进度相对较慢的缺点，取得了较好的社会效益。该工法在本工程的应用中，可实际节省费用 3812220 元，缩短工期 10 天。

8 应用照片

工程相关图片见图 3～图 6。

图 3 高压旋喷钻孔

图 4 高压注浆

图 5 锚杆杆体总成组装验收

图 6 锚杆杆体总成下放

钢结构住宅工程塔式起重机附着施工工法

中国建筑第八工程局有限公司

李　俊　刘凯之　慎旭双　陈佳佳　陈大权

1　前言

近年来装配式建筑发展迅速，市场占有率正逐步提高。装配式建筑的体系建立包含设计、生产、施工等多个层面的建设，新型结构体系的产生必然要创新配套的施工方法，而如何通过施工技术创新将现浇体系优良的施工工艺应用到装配式施工中是当前施工技术管理人员的时代责任。

为此，本工法结合装配式钢结构建筑的结构特点和钢结构先行的施工特点，综合经济效益、安全施工等因素进行了塔式起重机附着施工的策划，详细介绍了丰台槐新项目塔式起重机附着于钢框架小截面箱形柱的节点做法和安装工艺及措施。该工法适用性强、附着位置选取灵活、无须预先进行钢构件加强，尤其适用于不利因素导致附着位置变动时的塔式起重机附着。该工法经过北京市住房和城乡建设委员会组织专家鉴定，总体达到国际先进水平。

2　工法特点

（1）采用结构柱外包焊接套管的方式做到柱身的局部加强，合理增大套管长度和壁厚可提高附着体系的强度。当钢柱截面过小时，附着点应选取最靠近钢梁的位置，套管端头焊接于钢梁上，形成外包短柱。

（2）在附着板背部、销轴穿孔耳板的对应位置设置通长加劲折板，有利于分散附着拉力，提高附着加强体系的承载能力；同时提高了附着板悬挑部位的平面外刚度，防止局部失稳。

（3）外包套管为销轴穿孔耳板的安装提供富足的作业面，通长加劲折板与销轴穿孔耳板同步安装，相对于箱形柱内设加劲隔板的做法更灵活，提高了安装容差率。

（4）附着板与钢柱设计为钢肋条连接，拆除附着板时通过切割钢肋条保护柱身母材。

（5）该工法适用性强、附着位置选取灵活、无须预先进行钢构件加强，尤其适用于不利因素导致附着位置变动时的塔式起重机附着。

（6）相对于传统附着柱身整体加强，钢柱外局部补强的做法节省了柱身整体增加板厚和内设加劲肋的费用投入；相对于现场柱内灌混凝土，节省了灌浆费用并规避了高空施工的安全风险。局部补强部分在塔式起重机拆除后可以回收，节约成本。

3　适用范围

本工法适用于在装配式钢结构住宅等建筑体系中的小截面钢柱上进行塔式起重机附着。在国家大力推行装配式建筑的时代背景下，本工法区别于传统现浇结构体系对塔式起重机附着做法进行针对性的改进，顺应国内建筑行业的发展趋势，有良好的应用前景。

4　工艺原理

本工程为装配式钢结构住宅，结构形式为钢框架-支撑，钢柱均为箱形柱。因本工程结构特点，无传统现浇混凝土结构体系中的柱、板、剪力墙等构造，所以传统的塔式起重机附着做法不适用于本工程。本工法结合工程结构特点，在塔身周边箱形钢柱上选取附着点，并针对箱形柱截面较小的特点设计了相应的补强构造，与附着杆连接节点共同形成了一套附着体系。

本附着体系由焊接套管、通长加劲折板、钢肋条、销轴穿孔耳板组成，通过合理设计的焊缝系统和安装工艺流程最大程度提高附着体系强度、保证附着体系受力合理并保护钢柱母材。

5 工艺流程及操作要点

5.1 施工工艺流程

图纸放样确定附着钢柱→现场实测确定附着点标高→钢柱上划定标高线→焊接附着板与钢肋条预制组件→焊接预制［形组件→焊接销轴穿孔耳板→焊接通长加劲折板→附着体系验收→安装附着杆→塔式起重机拆除后拆除附着体系。

5.2 操作要点

5.2.1 附着钢柱选取

根据塔式起重机站位图及塔式起重机附着杆布设方式、长度、角度等技术参数要求，选取附着钢柱及附着杆布设方式（图 1）。

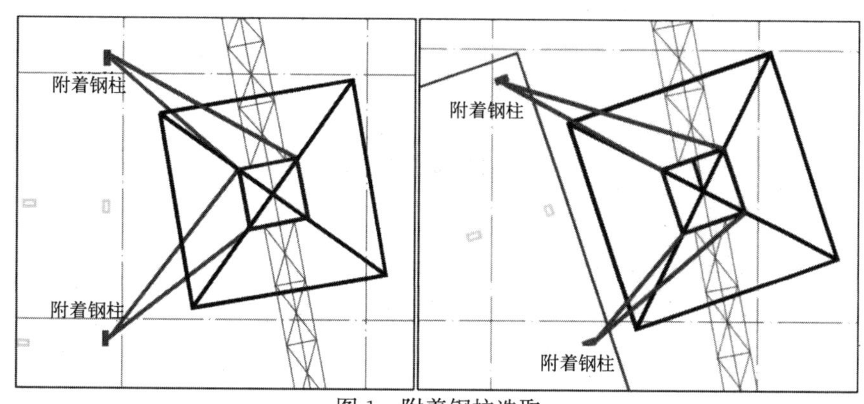

图 1 附着钢柱选取

5.2.2 附着体系结构设计

附着体系由焊接套管（附着板＋［形组件）、通长加劲折板、钢肋条、销轴穿孔耳板组成，实现小截面箱形柱的补强、提供塔式起重机附着杆的连接点（图 2、图 3）。

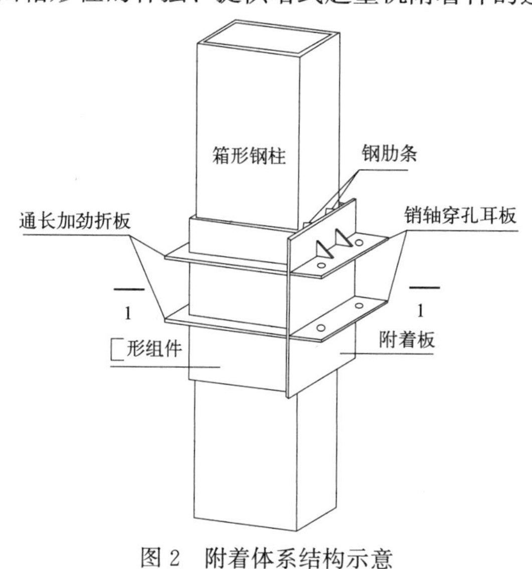

图 2 附着体系结构示意

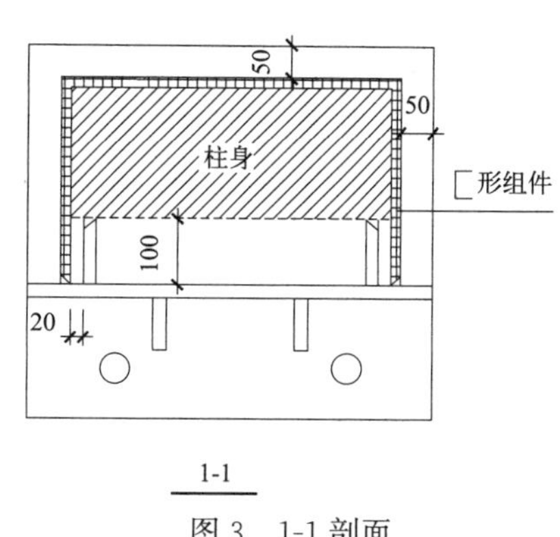

图 3 1-1 剖面

当钢柱截面过小，自身刚度不满足塔式起重机施工荷载作用下的抗剪与抗扭作用时，附着点应选取最靠近钢梁的位置，适当加长焊接套管长度、加大套管壁厚，使套管底端（顶端）与钢梁上翼缘（下翼缘）贴紧，将套管端头焊接于钢梁上，形成外包短柱。

5.2.3 附着体系焊缝设计

附着体系焊缝分为加工焊缝与现场安装焊缝两部分。[形组件与附着板＋钢肋条预制组件为加工厂内制作，加工焊缝均为坡口焊，并在构件相应位置预留现场施焊坡口。为保证 [形组件与钢柱紧密贴合，要求焊接完毕后将 [形组件腔内焊缝打抹光滑。为减少附着体系拆除过程中对钢柱母材的损伤、减少拆除工作量，[形组件与钢柱采用间断角焊缝连接（图 4）。

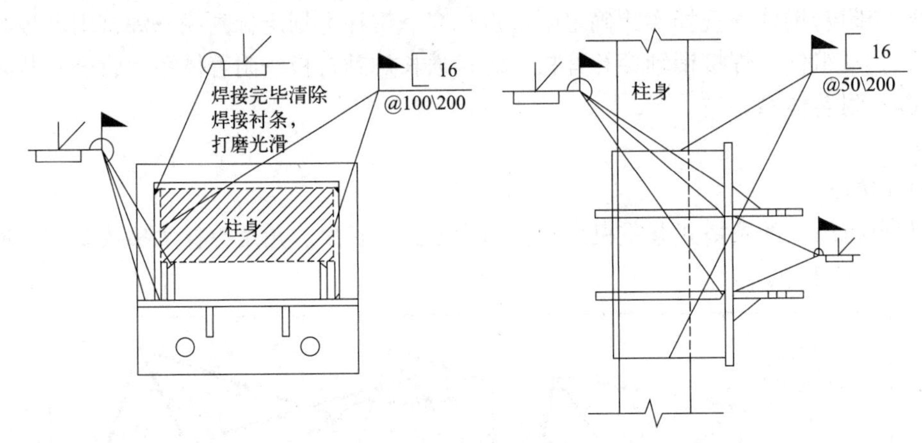

图 4 附着体系焊缝示意

5.2.4 附着体系安装

附着体系安装前首先在钢柱上划出标高控制线，确保安装精度。首先安装附着板与钢肋条的预制组件，钢肋条坡口向外，将钢肋条焊接到柱壁上。然后安装 [形组件，[形组件与附着板坡口焊接，与柱壁间断角焊缝焊接。复核标高后，安装销轴穿孔耳板及配套加劲板，耳板及加劲板均采用坡口全熔透焊接（图 5）。

最后根据销轴穿孔耳板的安装位置，在附着板正后方安装通长加劲折板，加劲板与 [形组件角焊缝焊接，与附着钢板采用坡口全熔透焊接（图 6）。

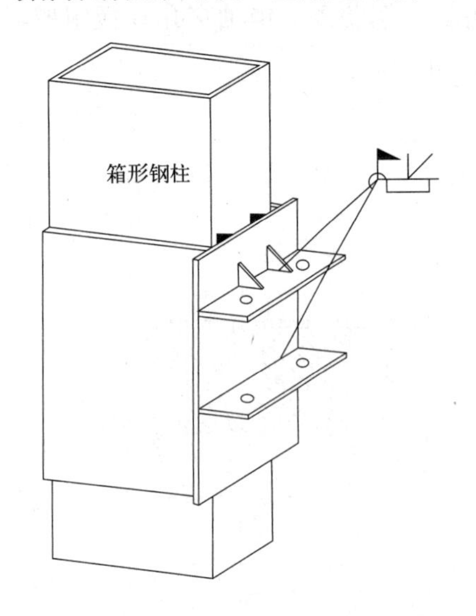

图 5 安装销轴穿孔耳板及配套加劲板

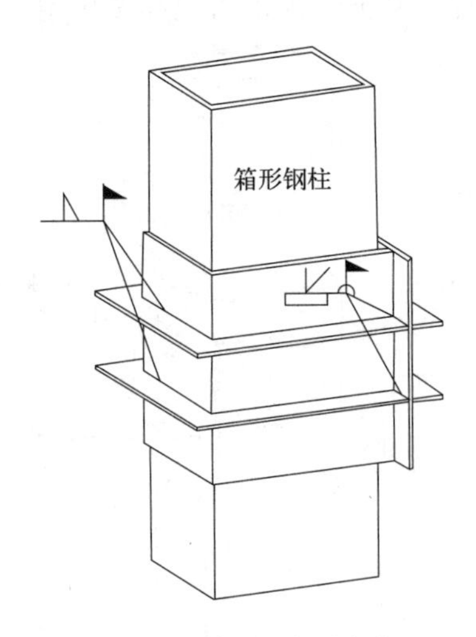

图 6 安装通长加劲折板

5.2.5　施工后的拆除作业

主体结构施工完毕后拆除塔式起重机，之后拆除本塔式起重机附着体系。利用气割机先割除附着钢板，再割除［形组件，拆除作业应控制割枪进深，不得伤及钢柱母材，残留的钢板利用砂轮打磨光滑。

6　质量控制

（1）附着体系所用钢板材质均选用 Q235B。

（2）附着体系的深化设计要紧密配合现场塔式起重机站位、附着杆的形式、钢柱的截面及其与塔式起重机的相对关系进行，保证附着体系的使用功能。

（3）附着体系深化设计及加工过程中应充分考虑现场坡口焊施焊方向，预留正确的坡口朝向，保证现场顺利施工。

（4）［形组件内腔焊缝要打磨光滑，保证其安装后与柱身紧密贴合。

（5）附着体系要在现场全熔透坡口焊缝进行无损探伤、检测合格后方可投入使用。

（6）销轴穿孔耳板安装前要通过现场实测实量进行定位，保证塔式起重机附着杆的水平度满足相关标准要求。

（7）附着体系拆除时应控制割枪进深，不得伤及钢柱母材。

7　应用实例

7.1　丰台槐新装配式公租房项目

北京丰台槐新装配式公租房项目的梁、柱、墙板、阳台板、楼梯、雨棚、栏杆等均为预制构件，故预制构件用量比例达到 100%，预制率为 78%。公租房结构形式为钢框架-支撑，总用钢量约 8500t。本项目设置的 4 台塔式起重机均需附着，因本项目钢框架体系无剪力墙，传统现浇体系附墙件做法不适用本项目。因此，结合装配式建筑的结构特点与钢结构先行的安装特点，综合经济效益、安全施工等因素进行了塔式起重机附着施工的策划，应用本工法实现了装配式钢结构建筑施工中塔式起重机的附着。经项目施工验证，本工法设计合理、适用性强，具有很强的应用前景。

7.2　杭州金茂装配式住宅项目

杭州金茂装配式住宅项目包含 3 幢（分别为 7 号、9 号、11 号楼），总建筑面积为 20000m^2 的钢管束商品住宅项目。楼板采用钢筋桁架混凝土现浇板。本项目设置的 3 台塔式起重机均需附着，因本项目外墙墙体抗拉性能差，传统现浇体系附墙件做法不适用本项目。因此，结合本装配式建筑的结构特点与钢结构先行的安装特点，综合经济效益、安全施工等因素进行了塔式起重机附着施工的策划，应用本工法实现了装配式钢结构建筑施工中塔式起重机的附着。经项目施工验证，本工法设计合理，适用性强，具有很强的应用前景。

8　应用照片

工程相关图片见图 7。

图 7　附着细部做法

特殊条件下三心圆柱面网壳山墙起步悬挑扩拼施工工法

山西建筑工程集团有限公司

杨秀刁　王保省　郭占峰　郝明霞　郝永利

1　前言

山西焦化煤场全封闭项目，采用正放四角锥三心圆柱面网壳结构形式，两端山墙封闭采用正放四角锥平板网架。平面尺寸为272m×130m，建筑面积为35468m^2，网壳高度53m，网格尺寸4.8m×4m，网壳厚度4m，山墙网架厚度2m，节点形式为螺栓球节点，下弦柱点支承，柱点间距8m（图1)。

常用的煤场、料场改造采用的施工方法有：滑移胎架法、制作安装起步跨结合高空散装法。考虑到现场施工条件的限制，在不影响堆料的占地位置、斗轮机的不间断运转及运料车辆（火车）的通行，将以往应用的三心圆柱面网壳施工方法进行调整，将山墙部位网架作为起步跨，逐步悬挑扩拼完成网架的安装，具有施工速度快、成本低、质量易保证、安全性能高等特点。

图1　工程效果图

我单位组织技术人员通过实践应用，圆满地解决了施工中存在的问题，并总结出《特殊条件下三心圆柱面网壳山墙起步悬挑扩拼施工工法》，于2018年经山西省住房和城乡建设厅组织的鉴定委员会专家鉴定，技术达到国内领先水平。

2　工法特点

2.1　设计与施工相结合提出稳定支撑体系

提出建立稳定支撑体系理念，在拼装过程加强侧向稳定性与抗倾覆，多措并举，通过多方案模拟验算对比及原设计验证后，确定沿跨度方向在结构两端对称拉结缆风绳增强已安装部分的侧向稳定性；确定在网壳内弦增设临时支撑、采用两端山墙柱面网壳阶梯递减的安装方法降低抗倾覆力矩，保证山墙结构稳定性。

2.2　研发提出一种空间网壳结构山墙起步安装方法

以两端山墙及与山墙相连的三个柱间距网壳组成三面稳定体作为悬臂段，地面拼装小拼单元或散件，两端筒壳网架以阶梯状递减，逐排依次拼装至下弦1个网格、上弦2个网格后不再递减，完成筒壳部分的初次合拢，以两端悬臂段同时向中间拼装。采用本方法大大提高场地使用率，避免了场地紧张造成窝工停工现象的出现。

2.3　提出了山墙与网壳共同受力体系

山墙仅作为独立封闭体系，对下部结构有利，但会增大山墙安装难度、增加措施费用；山墙与网壳共同受力，下部结构受力增大，但对结构安装有利，采用山墙起步安装方法宜采用山墙与网壳共同受力体系。

设计增加山墙与屋面筒壳连接的临时补强杆件构成整体稳定结构，强化了悬臂段的刚度和稳定性，有效控制了悬臂拼装时结构的变形和安装精度。

2.4 工厂化生产与装配式安装理念

构件在工厂标准化下料、除锈、喷涂验收合格后，构件分类打包、编码，形成二维码，运输至现场分区、分类堆放，按照施工单元进行拼装、吊装，实现了构件工厂化制作、现场装配式施工，施工速度快、便于信息化管理、安全性能高。

3 适用范围

本工法适用于施工场地情况复杂且有限的煤场、料场改（扩）建项目的大跨度三心圆柱面螺栓球网架工程施工。

4 工艺原理

根据施工工期要求，结合现场实际情况，合理划分施工段及安装区域。以两端山墙及与山墙相连的三个柱间距网壳为起步跨，起步跨逐排向上进行拼装，为保证结构整体稳定性，需在山墙内侧最下层球节点处间隔设置支撑架；两端筒壳网架以阶梯状递减，至下弦 1 个网格、上弦 2 个网格后不再递减，继续逐排向上完成起步跨拼装后，再沿长度方向逐排悬挑扩拼。

5 施工工艺流程及操作要点

5.1 施工工艺流程

施工工艺流程见图 2。

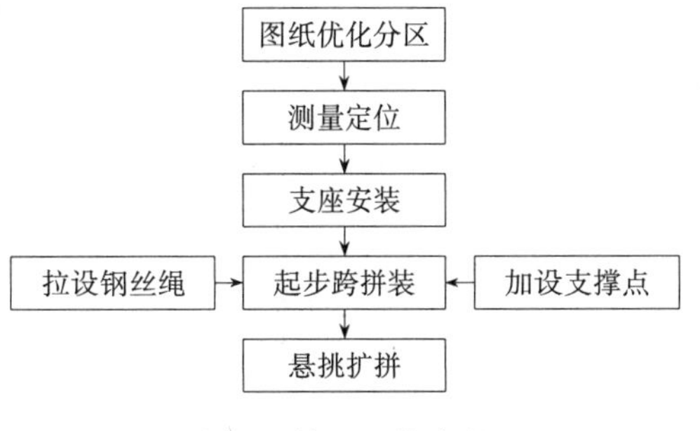

图 2 施工工艺流程

5.2 操作要点

5.2.1 图纸优化分区

由于本工程规模较大，为了提高施工效率，确保施工进度，将其划分为 6 个施工区域，即 6 个检验批，分阶段分批次运输构件至现场安装，大大降低了现场场地的占用率，在保证工期的同时也更大限度地确保了料场的基本运转。

5.2.2 测量定位

根据业主提供的基准点引伸到网架的各支座，根据支承点的复杂性和较高的要求，采用高精度全站仪建立平面控制基准网，激光扫平仪和全站仪进行平面控制基准的竖向传递，电子水准仪建立高程控制基准网，全站仪测天顶距法进行高程控制基准的竖向传递，电子水准仪进行校核，以此实现全方位的测量放线。

5.2.3 支座安装

（1）柱顶支座的安装：根据轴线及标高控制点，在埋件上划出支座的十字交叉线，安装时，支座的中心线与十字交叉线对齐，复核支座上表面中心点的坐标，将支座点焊在埋件上。对于橡胶支座与预埋件之间采用四周围焊的方法连接，为控制焊接变形，采用合理的焊接顺序对称布置焊接点，分段焊接。

（2）边支座的安装：严格控制过渡板的安装，保证过渡板上螺栓群的中心线与埋件上的十字交叉线对齐，其他安装步骤与柱顶支座的安装类似。

5.2.4 起步跨拼装

（1）起步跨位置：根据本工程的结构特点，起步跨选取在两端山墙及与山墙相连的 1～4 轴（32～35 轴）三个柱间距处。由于设计时考虑山墙受力充分，山墙下部与屋面网壳之间没有连成一体，为了增加山墙网架整体稳定性及刚度，在山墙两端各增加了 7 根施工临时杆件。起步跨拼装完成就位后，再将临时杆件去掉。

（2）起步跨安装

起步跨从山墙两端开始，逐网格向上进行安装，两侧筒壳网架同时进行安装，为消除起步跨安装过程中的累计误差，保证起步跨整体稳定性，起步跨两侧筒壳网架呈阶梯形进行安装，由长度方向三个柱间距（下弦6个网格，上弦7个网格），逐步过渡到下弦1个网格，上弦2个网格。

用2台25t吊车、1台50t吊车配合施工，在地面进行山墙第一层网架拼装，拼装完成后吊装就位。为保证整体稳定性，在山墙面第一层网格内侧球节点间隔设置支撑点，安装两侧三个柱间筒壳第一层网架。

起步跨第二层网架拼装，从山墙两端支座处向中间进行拼装，同时安装两侧筒壳第二层网架，两侧筒壳网格以阶梯状递减。继续逐层向上安装，两侧筒壳网架以阶梯形式安装至下弦1个网格、上弦2个网格后不再递减，继续逐层向上格向上进行安装，直至起步跨网架安装完成。

（3）拉设钢丝绳

当山墙起步跨拼装到第七排球节点处，高度大约24m时，为满足山墙整体稳定性，间隔设置了3个拉结点，根据拉结点反力设置两侧缆风绳及地锚，通过软件进行验算，验算结果均满足要求。

5.2.5　悬挑扩拼

悬挑扩拼是从已拼装就位的起步跨处，将在地面拼装好的小拼单元或散件（单根杆件及单个节点）直接吊装至设计位置进行安装。在悬挑扩拼过程中，根据施工进度，与甲方协调场地堆料的挪移，确保工程的顺利施工。悬挑扩拼的顺序：

拼装顺序一：由两端支座处沿跨度逐排进行拼装；

拼装顺序二：沿长度方向由山墙处逐排向外进行拼装。

6　质量控制

（1）施工前认真审图，编制切实可行的技术操作规程及作业指导书，把施工难度大、安装复杂的部位作为技术交底的重点，技术交底要以书面形式进行，并经交底人和被交底人签字，确保交底到施工班组的每个人。

（2）施工队伍是保证安装质量的关键环节，选用技术熟练、有丰富施工经验的人员操作，特种作业人员必须持证上岗。

（3）严格把控进场的原材料与构配件的质量，查看原材料、构配件的质量合格证明文件，核对其品种、规格、型号是否符合设计、规范和标准的要求，并按要求对螺栓球、高强度螺栓、杆件进行抽样复试，经检测合格后方可使用。

（4）加强施工过程质量控制，把“三检制”落到实处。网架吊装前必须进行一次全面检查，查看螺栓是否拧紧，测量安装的允许偏差、挠度是否满足设计和规范要求。

（5）螺栓球节点应将所有接缝用油腻子填嵌严密，并应将多余螺孔封口。

7　应用实例

实例一：

工程名称：山西焦化股份有限公司煤场全封闭项目

工程信息：煤场封闭采用三心圆柱面网壳，结构形式为正放四角锥螺栓球节点网壳，平面尺寸272m×130m，网架长度方向中部设1m宽伸缩缝。网架高度为44.5m，网格尺寸4.8m×4m，网架厚度4m。支承形式为内弦柱点支承。应用面积：35468m^2。

实例二：

工程名称：山西灵石启光2×350MW低热值煤发电项目干煤棚工程

工程信息：结构形式为正放四角锥螺栓球节点网架，采用三心圆柱面网壳结构，平面尺寸：

174m×103m，弧顶高度 39m，网壳厚度为 3.2m，网格尺寸 4m，网壳面积 23500m^2。应用面积：23500m^2。

实例三：

工程名称：新建兴保铁路冯家川煤炭储运装系统钢网壳大棚工程

工程信息：新建兴保铁路冯家川煤炭储运装系统钢网壳大棚工程，结构形式为正放四角锥螺栓球节点网架，采用三心圆柱面网壳结构，平面尺寸为 136m×84m，支座间距为 6.8m，网壳弧顶高度 42m。应用面积：18000m^2。

8 应用照片

工程相关图片见图 3～图 6。

图 3 加设支撑管，拉设钢丝绳

图 4 山墙起步拼装

图 5 起步跨拼装

图 6 悬挑扩拼

网架结构综合支架施工工法

中建安装集团有限公司

雷业新　杨仪威　倪琪昌　燕　雕　杨　亮

1　前言

本工法主要介绍了发动机厂房钢排架、钢网架结构体系下的机电综合支架施工方法。

目前国内大部分钢排架、钢网架厂房采用多柱支撑的焊接球节点斜放四角锥钢管网架，网架分为两层，焊接球节点分为上弦球和下弦球两种，厂房内机电管线综合支架主要利用多柱支撑的焊接球节点斜放四角锥钢管网架的结构特点，采用钢板＋管卡的连接件与网架焊接球上的预留钢板进行连接，来固定综合支架，形成悬吊架，承载各类机电管线。

网架结构综合支架构件规律性强，能够成批量地预制，安装人工成本低，支架与网架采用螺栓连接，安装过程简化，便于安装，安装工作效率高，坚固可靠，受力明确，形式新颖美观。

2　工法特点

（1）构件规律性强，能够成批量预制，预制机械化程度高，安装人工成本低，工期短。由于多柱支撑的焊接球节点斜放四角锥钢管网架具有网格划一的特点，因此网架结构综合支架形式规格统一，由高强度螺栓、综合支架连接钢板、高强度圆钢U形卡、镀锌方管等相关配件构成。其中综合支架连接钢板、高强度圆钢U形卡，镀锌方管等配件都可以成批量进行预制，且预制时机械化程度高，能够有效降低人工成本，缩短工期。

（2）综合支架与网架采用螺栓连接，安装过程简化，便于安装，安装工作效率高。综合支架与网架采用高强度螺栓进行连接，安装过程简化，大大提高了支架安装的工作效率，因厂房内地坪为环氧地坪，安装时不能动火，此安装方式安装时不需要焊接，使用高强度螺栓固定，简化了安装步骤。

（3）受力明确，结构可靠性高，形式新颖美观。综合支架主要利用多柱支撑的焊接球节点斜放四角锥钢管网架的结构特点，采用钢板-管卡的连接件与网架焊接球上的预留钢板进行连接，受力于整个网架，受力明确，采用高强度螺栓进行连接，结构可靠性高，机械化加工的配件规格统一，形式新颖美观，美观程度高。

（4）综合造价低。由于综合支架相关配件构件规律性强，能够成批量预制，预制机械化程度高，降低了安装的人工成本，安装过程简化，大大提高了支架安装的工作效率，缩短了工期，间接费用又可减少，综合造价低。

3　适用范围

本工程所使用技术主要应用于：筏板大体积混凝土施工，保证其施工工期及质量。

4　工艺原理

厂房网架采用多柱支撑的焊接球节点斜放四角锥钢管网架，焊接球与杆件直接焊接连接，所有汇交杆件的轴线必须通过球中心线。网架分为两层，焊接球节点分为上弦球和下弦球两种，厂房内机电管线综合支架主要利用多柱支撑的焊接球节点斜放四角锥钢管网架的结构特点，采用钢板-管卡的连接件与网架焊接球上的预留钢板进行连接，用以固定综合支架。

网架分为上下两层，焊接球节点分为上弦球和下弦球两种，网架结构剖面图如图1所示。

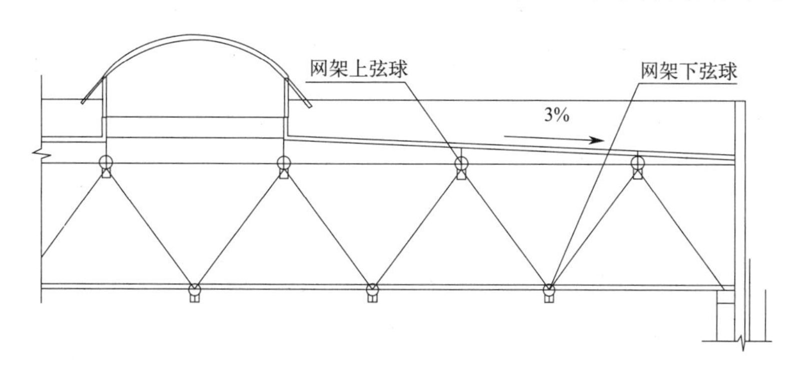

图1　网架结构剖面图

厂房内机电管线综合支架主要利用多柱支撑的焊接球节点斜放四角锥钢管网架的结构特点，采用钢板-管卡的连接件与网架焊接球上的预留钢板进行连接（图2、图3）。

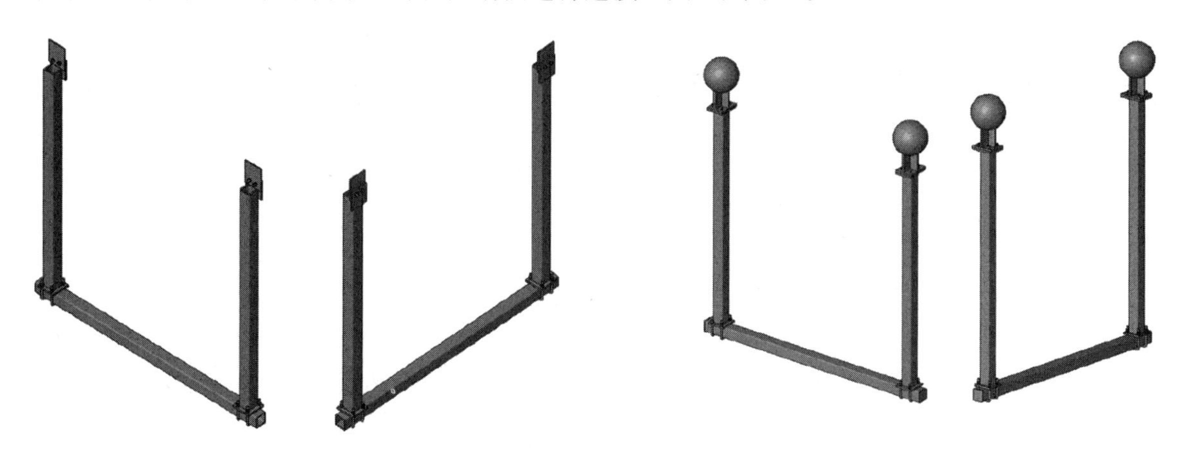

图2　网架上弦球综合支架　　　　图3　网架下弦球综合支架

5　施工工艺流程及操作要点

5.1　施工工艺流程

负荷计算→施工准备→配件下料→拼接施焊→焊缝检查→外观处理、打磨→支架组装→吊装安装→验收。

5.2　网架结构综合支架安装施工操作要点

5.2.1　负荷计算

施工前技术人员根据设计图纸和专业软件，对网架综合支架进行优化。

5.2.2　施工准备

（1）准备综合支架安装所需要的材料和机械设备。

（2）相关材料进场时要进行进场验收，所有构配件都必须具有合格证和相应的检验报告。

（3）下料前，首先复核对应的上、下弦球标高、结构预留钢板尺寸，螺栓孔尺寸，螺栓孔间距等是否一致，上、下弦球结构预留钢板方向是否一致，确保下料符合要求。

5.2.3 配件下料

(1) 镀锌方管下料：联合厂房网架结构综合支架共计有三种形式，分别为网架上弦球综合支架、网架下弦球综合支架、靠墙（柱）综合支架。三种形式的综合支架立柱和横担均采用镀锌方管，由于网架上弦球水平间距下弦球水平间距均为 4m，故综合支架横担镀锌方管的长度也为 4m，综合支架立柱长度根据每一轴线综合支架标高进行确定。

(2) 镀锌方管两端封堵：镀锌方管下料完成后，采用 2mm 厚镀锌铁皮对镀锌方管两端进行封堵，既起到了防尘的作用，又符合美观的要求。

(3) 综合支架连接件钢板、圆钢管卡下料。

5.2.4 拼接施焊

(1) 支架组装焊接时要先划出定位线，组对时先电焊，经复查合格后再进行满焊；焊接质量必须符合焊接质量标准，焊缝高度必须达到：不得有夹渣、裂纹、未焊透等。

(2) 支架的焊接应有合格的焊工施焊，管道支、吊架焊接后应进行外观检查，不得有漏焊、欠焊、裂纹、烧穿、咬边等缺陷，焊缝附近飞溅物应予清理。在安装后镀锌层破坏部分及时补刷。

(3) 支架焊接时焊缝要满焊，除设计注明外，焊缝宽度均不得小于 4mm。

(4) 联合厂房上弦球综合支架立柱钢板与方管焊接时，将方管焊接在上弦球预留钢板一侧，焊接左右两边与下方三处接触点。

5.2.5 外观处理打磨补漆

拼装焊接完成后对拼接件外观进行打磨处理，对于焊接导致镀锌层破坏的部分及时进行处理和补刷。

5.2.6 支架组装

(1) 支吊架采用的高强度螺栓、圆钢 U 形管卡，注意螺栓露丝长度及垫片安装符合质量要求。

(2) 严禁使用有缺口、裂纹、规格尺寸不一致的螺栓、管卡（图 4）。

5.2.7 支架安装

(1) 上、下弦球综合支架安装时严格按照图纸进行安装。

(2) 综合支架与上弦球、下弦球结构预留钢板均用高强度的螺栓连接，安装时注意螺栓露丝长度及垫片安装符合质量要求；严禁使用有缺口、裂纹、规格尺寸不一致的螺栓。安装时使用升降车进行安装，方便快捷（图 5）。

图 4 综合支架组装

图 5 综合支架安装

6 质量控制标准

（1）做好材料进场检验工作，着重控制镀锌方管厚度和高强度螺栓的检验，保证所有材料性能必须满足设计和施工要求。

（2）做好材料保管、存储工作，存储于相对干燥的环境。

（3）方管搬运过程中，轻拿轻放，注意材料的保护，集中堆放在指定区域，严禁乱扔、乱堆放。

（4）施工前，施工人员要充分熟悉施工图纸、技术规范和验收标准，编制严密、准确施工技术方案。

（5）加强施工过程管控，保证施工工序正确，确保每个工序都符合相关要求。

（6）严格执行质量管理制度，做质量检验记录，使全过程始终处于受控状态。

（7）加强施工人员质量意识，加强技术人员现场指导，加强监理与质量检查部门的检查和监督。

（8）支吊架焊缝必须饱满，保证具有足够的承载能力，外观检查应无漏焊、裂焊等缺陷，焊接后应对焊接变形进行矫正，焊缝必须除锈和清理焊渣，并及时涂刷防锈漆作防锈处理。

（9）支吊架应按设计要求制作，其组装尺寸偏差不得大于 3mm。

（10）支架焊接时焊缝要满焊，除设计注明外，焊缝宽度均不得小于 4mm。

（11）支架安装完成后表面应整洁，不得有污垢、掉漆现象。

（12）管道支架安装完成后需进行相应的成品保护工作，防止其他作业污染或损坏已安装完成的支架及管道。

7 应用实例

7.1 实例一

宝鸡吉利 GEP3 项目机电安装工程项目总建筑面积 6.8 万 m^2，其中联合厂房 5.8 万 m^2，辅助用房 1 万 m^2。本项目作为吉利集团在陕西落地的第一个项目，建成后将与整车厂形成互相配套。厂房网架采用多柱支撑的焊接球节点斜放四角锥钢管网架，共计有综合支架 1426 副，其中镀锌方管 5660m，钢板 135m^2，高强度螺栓 11408 套。

宝鸡吉利 GEP3 项目机电安装工程项目综合支架系统中，综合支架总价预算为 690 万元，其中安装费用约 200 万元，根据本应用制定的施工方案、完善管理体系，大大缩短施工周期，加快安装速度，减少机械台班使用，降低人工成本，缩短施工工期，经效益核算，实现直接利润约 30 万元。

7.2 实例二

宝鸡吉利发动机零部件有限公司机电安装工程包括给水排水、供暖、电气、通风空调、动力仪器、自控专业的安装、调试以及设备采购、包装、运输、装卸、就位、安装、调试等。

7.3 实例三

吉利汽车西安基地机电安装工程包括冲压车间、焊装车间、联合站房、厂区工程及其相关设备材料的供货和安装。其中，在焊装车间及冲压库厂房也应用了此项工法并且取得了良好的效果。

8 应用照片

工程相关图片见图 6～图 9。

图6　立柱镀锌方管下料

图7　立柱预制

图8　下弦球综合支架实物图

图9　现场实物图

亚洲最大高铁站聚碳酸酯飞翼中空板自防水施工工法

中建三局第一建设工程有限责任公司

李保卫　刘　海　周鹏飞　胥超明　秦亚楠

1　前言

建筑屋面采光通常采用玻璃材料，但玻璃自重大、易碎，导致安装不便且容易出现安全隐患。聚碳酸酯中空板在具有足够透光率的情况下，还具有自重轻、强度高的特点，在建筑屋面采光中聚碳酸酯中空板正取代玻璃成为建筑屋面采光的新型材料，应用越来越广。

本工程雨棚屋面系统采用双飞翼聚碳酸酯中空板，板厚 30mm 共 8 层结构，板宽 1.2m，板长 7～12m，板材连接处自带双翼，飞翼长度 55mm，面积约 6 万 m^2。聚碳酸酯"飞翼"中空板屋面安装采用铝型材底座作为支撑，中空板板材之间使用铝型材扣盖固定的方式进行安装，施工效率高、防水效果好，值得推广以及相似工程借鉴。

2　工法特点

聚碳酸酯中空板一般采取 U 形连接做法，板间连接处使用带防水胶条的铝合金扣条作为上部扣盖进行固定，缝隙采用密封胶密封，施工工艺较为繁琐，且密封胶受施工环境因素影响大，因施工不当及破坏开裂等原因容易造成屋面漏雨，进而损害屋面系统的整体防水性能。

本工程采用带有双飞翼的聚碳酸酯中空板安装工艺，有效改善了传统做法的不足之处。首先，将飞翼中空板临时固定在龙骨上，待检查合格后正式固定。其次，在飞翼上穿入密封胶条，使用螺栓将扣盖固定在铝型材龙骨上。最后，使用密封胶条将中空板端头进行封闭，几字形连接片将屋脊两侧中空板端头连接，并使用铝合金板将屋脊两侧 400mm 范围内进行封闭。双飞翼经铝合金扣盖安装压实后形成严密的封闭系统，即使密封胶渗水，由于飞翼阻挡，也无法漏水，不需要设置漏水槽。施工工艺简单易操作，大大降低了漏雨隐患，施工效率得到大幅提高。

3　适用范围

本技术适用于各类采光雨棚屋面系统的安装。

4　工艺原理

中空板带飞翼，安装扣盖后在节点部位形成封闭系统，即使节点封闭系统失效，由于飞翼阻挡，也无法漏水。

5　制作工艺流程及操作要点

5.1　施工工艺流程

测量放线→支撑檩托安装→屋脊龙骨安装→L 形支托安装→铝型材龙骨安装→飞翼中空板安装→扣盖安装→铝合金扣件端盖安装→质量验收。

5.2 操作要点

5.2.1 施工准备

（1）熟悉聚碳酸酯中空板屋面系统结构图纸。

（2）熟悉屋面工程技术规范要求。

5.2.2 测量放线

根据提供的建筑物轴线、标高以及轴线基准点、标高水准点复测屋面钢梁轴线及标高。将轴线和标高引测至屋面钢梁顶部，并标记出支撑檩托的位置，误差控制在 1.5mm。

使用全站仪、水准仪、卷尺对龙骨和檩托中线放线，确定龙骨和檩托位置，并复测檩托处钢梁的结构标高，将复测数据反馈给制作厂调整檩托的长度，以此解决钢结构的安装误差，确保屋面安装后符合设计要求的排水坡度，杜绝了屋面局部凹陷凸起的质量问题。

5.2.3 檩托安装

首先根据放线位置安装檩托，檩托采用四周角焊缝围焊方式固定在屋面钢梁上，焊脚高度 5mm，安装后复测檩托标高，误差控制在 2mm 内。檩托安装应确保间距符合图纸要求，满足受力和美观要求。

然后在檩托钢板上安装尼龙垫片，防止檩托与铝型材龙骨直接接触发生化学反应，影响屋面结构安装。檩托上设置长圆孔，便于次龙骨在檩托上安装时调整误差。

5.2.4 主龙骨安装

主龙骨为钢龙骨，在屋面的屋脊和天沟处安装主龙骨，主龙骨通过方管立柱支撑在钢梁上。安装时应控制好主龙骨与方管立柱的中心线相重合，主龙骨、方管立柱、钢梁之间均采用角焊缝四周围焊，焊脚高度 5mm。主龙骨安装的标高和中线影响屋面排水坡度，安装时拉设通线，使龙骨保持顺直，安装后使用水准仪测控主龙骨标高及中线，误差控制在 2mm 内（图 1）。

图 1 屋脊龙骨安装

5.2.5 L 形支托安装

在主龙骨侧方安装 L 形钢支托，用于支撑次龙骨。L 形支托间距 1.2m，2 件 L 形支托和圆管檩托三点一线，直线坡度为屋面排水坡度，L 形支托与主龙骨采用角焊缝四周围焊，焊脚高度 5mm。安装时应重点控制 L 形支托定位和标高，误差控制在 2mm 内。支托上设置长圆孔，便于次龙骨在檩托上安装时调整误差（图 2）。

5.2.6 次龙骨安装

次龙骨为铝型材龙骨，安装时首先将密封胶条和不锈钢螺栓穿入次龙骨的预留卡槽内，然后将次龙骨安装在两端的 L 形支托上，次龙骨中部支撑在圆管檩托上，最后使用卡槽内不锈钢螺栓将次龙骨与 L 形支托、圆管檩托进行临时固定，使用水准仪精确校正后拧紧螺栓。卡槽内密封胶条通长布置，上铺中空板，确保中空板安装后节点处为密封腔，避免漏雨隐患。

图2 L形支托安装

5.2.7 焊缝及防腐处理

待主、次龙骨验收合格后，首先进行焊缝清渣和打磨处理，并且对主、次龙骨有锈蚀的地方进行打磨处理，然后进行底漆、中漆和面漆涂刷。涂刷时应控制好涂刷的厚度和表观质量，防止出现流坠现象。

5.2.8 飞翼中空板安装

安装前清除铝型材龙骨安装面上的杂物，检查中空板两侧飞翼是否有损坏、折断、变形等情况。

首先将聚碳酸酯中空板四周的保护膜揭起，防止出现聚碳酸酯板材上所覆保护膜不能与密封条很好地结合，影响防水效果。然后对聚碳酸酯板的安装进行试拼，并将聚碳酸酯板临时固定在龙骨上，检查尺寸是否合格，待检查合格后，正式固定。

5.2.9 扣盖安装

扣盖安装分为飞翼中空板固定扣盖安装及屋脊处封口扣盖安装。飞翼中空板固定扣盖安装，首先在飞翼上穿入密封胶条，然后使用螺栓将扣盖固定在铝型材龙骨上，扣盖紧密压实中空板两侧飞翼，螺栓柱头使用硅酮结构耐候密封胶进行封堵。

屋脊处封口扣盖安装，首先使用密封胶条将中空板端头进行封闭，几字形连接片将屋脊两侧中空板端头连接，最后使用铝合金板将屋脊两侧400mm范围内进行封闭。铝合金板在屋脊两侧安装防水套件进行密封防水，扣盖连接处搭接20mm，搭接错缝使用硅酮结构耐候密封胶进行密封。

5.2.10 质量验收

（1）檩托及龙骨安装精度及焊接质量验收；（2）阳光板、扣盖安装的平整度、严密性质量验收；（3）结构胶的密封性、完整性质量验收。

6 质量控制

6.1 材料质量保证措施

（1）对物资供应商、分承包商的资质进行认真审核，考察其类似工程质量水平和质量保证能力，检查其是否适应本工程的施工任务，为决策者提供参考意见。对第一批进场物资和陆续进场物资的供应过程、使用过程进行监控，使其质量保证能力始终处于受控状态。

（2）未经检验和已经检验确认不合格的材料、半成品、构配件、工程设备等，不得投入使用。

（3）材料标识：进场材料必须有明确的标识，以表明其状态。标识包括材料名称、规格型号、生产厂家、检验状态等，检验状态分为待检、合格、不合格、已检结论待定。不合格材料必须做出明确标示，由物资部门组织退场。不合格物资退场须填写不合格物资退场记录，物资、质量、使用单位等相关人员签字确认。

（4）现场材料封样：每一类工程材料第一次进场验收合格后，进行封样，作为材料的实物标准，使工程材料质量状态具有可追溯性。

6.2 安装质量保证措施

（1）认真学习掌握施工规范和实施细则，施工前认真熟悉图纸，逐级进行技术交底，施工中做好原始记录，各工序严格进行自检、互检，重点是专业检测人员的检查，严格执行上道工序不合格、下道工序不交接的制度，坚决不留质量隐患。

（2）所有特殊工种上岗人员，必须持证上岗，持证应真实、有效，并检验审定，必要时对施工人员进行考试、培训等，从人员素质上保证质量。

（3）配齐施工中需要的机具、量具、仪器和其他检测设备，并始终保持其完善、准确、可靠。仪器、检测设备均应经过有关权威方面检测认证。

（4）主檩条连接立柱的焊接焊缝允许误差按相关要求检查，误差超过时需进行调整、更换，以满足误差范围檩条的施工要求。

7 应用实例

7.1 新建北京至雄安新区城际铁路雄安站站房及相关工程主体结构工程

新建北京至雄安新区城际铁路雄安站站房及相关工程主体结构工程雨棚阳光板屋面系统采用聚碳酸酯飞翼中空板，板厚30mm共8层结构，板宽1.2m，板长7～12m，板材连接处自带双翼，飞翼长度55mm，铝型材底座规格150mm×240mm×3mm，铝型材扣盖规格130mm×3mm，铝型材底座使用氟碳喷涂圆管支撑在钢结构主体上，中空板布置面积60000m^2。聚碳酸酯飞翼中空板安装采用铝型材底座作为支撑，板材之间连接处使用铝型材扣盖固定的方式进行安装。此施工方法使用中空板自带飞翼进行防水更大效率的避免漏雨风险，减少中空板连接处固定扣盖的打胶密封工序，缩短施工时间，降低高空作业的危险性。此加工方法适合聚碳酸酯中空板的安装，对类似中空板的安装具有良好的借鉴与推广作用。

7.2 新建常德经益阳至长沙铁路汉寿南站、益阳南站、宁乡西站项目

新建常德经益阳至长沙铁路汉寿南站、益阳南站、宁乡西站项目，地上3层，局部4层，站房平面尺寸约为234m×210m，建筑高度为30.775m，其中主体钢结构用钢量约10000t。钢结构焊接作业跨越雨季、冬季，现场焊接作业难度大。该项目采光顶面积30000m^2，采用聚碳酸酯飞翼中空板自防水施工技术，有效解决了屋面系统的漏雨问题，取得了明显的经济效益和社会效益。

基于强化学习和有限元方法的焊接机器人巨柱焊接施工工法

中建三局第一建设工程有限责任公司

肖　俊　张宝燕　董　华　柳长谊　刘　海

1　前言

在一般焊接过程中焊接工艺如电流、电压、坡口等参数大多根据经验，经常由于上述工艺不同导致焊接过程中引起的残余应力和残余变形对结构的刚度、抗疲劳性能、应力腐蚀开裂速度、结构的加工制造精度、尺寸稳定性、使用性能等方面影响较为显著，所以利用算法优化得到最优的焊接工艺就显得尤为重要。随着大型有限元分析软件和仿真模拟技术的发展，能够基于此为实际焊接施工带来新的可靠方法。

沈阳宝能环球金融中心项目二阶段工程 T1 塔楼，地上建筑面积约 341223m^2，地下 5 层，地上 113 层，结构高度 518m（装饰构架高度 568m），钢结构总用钢量约 8.7 万 t。为提高焊接质量和施工效率，采用基于强化学习和有限元方法的焊接机器人巨柱焊接施工方法进行巨柱焊接，用焊接机器人代替部分焊工，减少了焊工的投入。

2　工法特点

（1）强化学习：对每种工艺参数和焊接质量基于强化学习算法寻找对应的关联规则，利用人工智能对焊接内部缺陷进行预判的功能，进行一场数据挖掘检测，可通过焊接设备的工作参数，识别焊接行为的状态和变化趋势，在发生焊接缺陷前进行预警，保障焊接质量。

（2）有限元校核：通过利用有限元软件对温度场和残余应力进行分析，根据仿真结果对强化学习得到的焊接参数进行评估，若焊接参数校核不通过可以进行大量重复模拟，可以有效减少直接试焊带来的人力、物力及时间的浪费。

（3）温度场分析：研究焊接温度场是为分析焊接力学、焊接变形及焊接质量控制奠定基础。通过有限元方法热分析对由强化学习得到的焊接参数，如不同的板厚、焊接速度、焊道数、电流、电压、坡口形式等焊接参数及工艺对焊缝区域特征点热循环曲线的影响，以此分析焊接参数的变化对焊缝区域温度分布的影响。

（4）焊接残余应力分析：在对钢板焊接过程进行热分析后，对其进行残余应力场分析。由于焊接过程中热源的高度集中性及散热过程焊件温度场的不均匀性，不可避免地产生一定的焊接残余应力与变形。焊接残余应力的存在是造成结构刚度降低、疲劳性能减弱、应力腐蚀开裂速度增长的重要因素，严重影响着焊接结构的使用性能及使用寿命，同时焊接残余应力引起的残余变形对结构的加工制造精度、尺寸稳定性、使用性能影响巨大。因此，通过有限元方法研究不同板厚、不同焊接速度、不同坡口形式等诸多焊接参数对残余应力的影响，以此分析应力变化的趋势和分布。

3　适用范围

本施工方法适用于钢结构焊接，特别是超高层巨柱焊接。

4 工艺原理

（1）通过强化学习，对焊接参数进行训练、预测和参数辨识，输出相对较优的焊接参数。

（2）根据强化学习输出的焊接参数，利用有限元分析进行参数校核。在有限元分析软件里建立对应的模型，输入对应的材料参数，设置边界条件，施加对应的高斯热源，利用生死单元法模拟实际焊接过程，对焊接温度场、应力场和变形的分布进行分析。根据有限元仿真计算结果，对温度场、残余应力、残余变形进行评估，从而对计算用到的焊接参数进行校核。若校核不通过，继续进行步骤（1）操作，直到有限元仿真计算结果校核通过为止。

（3）有限元方法校核通过后，焊接机器人使用该确定的焊接参数进行试板试焊，完毕后对焊接质量进行检测。

（4）试板焊接质量检测通过后，进行焊接工艺评定。

（5）焊接工艺评定完成后，进行现场焊接施工。

5 施工工艺流程及操作要点

5.1 施工工艺流程

施工工艺流程见图 1。

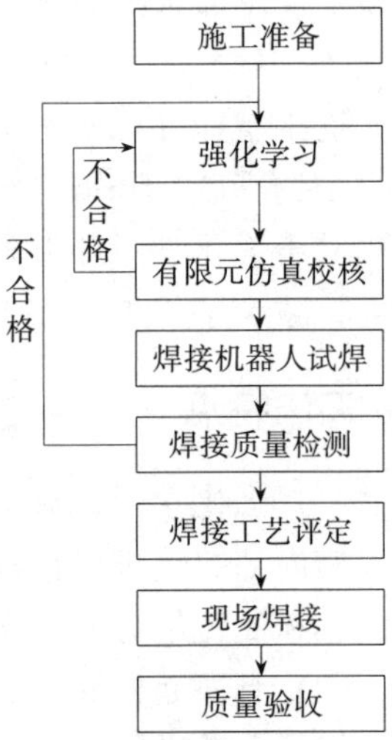

施工准备
强化学习
不合格
有限元仿真校核
不合格
焊接机器人试焊
焊接质量检测
焊接工艺评定
现场焊接
质量验收

图 1 施工工艺流程

5.2 操作要点

5.2.1 施工准备

（1）熟悉结构图纸。（2）熟悉相关规范要求。（3）试板、构件加工制作、运输。

5.2.2 强化学习

（1）进行焊接参数及工艺等基础研究，确定焊接工艺参数对焊道成型的影响：对于所选的焊缝，进行数据采集和试验测量，工艺参数为：焊道截面积、焊道形状、干伸长度、焊接电流、焊接电压、送丝速度、焊接速度、焊丝直径、焊接摆动角度、保护气体类型和流量大小等。

（2）寻找工艺参数与焊接质量的关联规则：对每种工艺参数和焊接质量基于强化学习算法寻找对应的关联规则，在此基础上进一步实现利用人工智能对焊接内部缺陷进行预判的功能。得到工艺参数与焊接质量的关联规则后，利用神经网络算法，训练内部缺陷识别分类器，对设定工艺参数是否会造成内部缺陷进行预测。其后进行数据挖掘检测，可通过焊接设备的工作参数，识别焊接行为的状态和变化趋势，在发生焊接缺陷前进行预警，保障焊接质量。

（3）焊接工艺的专家系统的建立：利用数据库的知识，建立基于焊接工艺的专家系统库。

5.2.3 有限元仿真校核

（1）根据实际模型进行尺寸确定，利用有限元软件选用合适的单元类型，建立焊接仿真模型，输入强化学习所得到的焊接参数，设置母材和焊材的材料参数及模型边界条件（图 2）。

图 2 焊接有限元模型图

（2）采用双椭球热源或者高斯热源模拟实际焊接热源，利用生死单元法模拟实际焊接过程的进行。

（3）对温度场、残余应力、变形的分布和大小进行充分评估分析，校核深度学习得到的焊接参数的合理性。

5.2.4　焊接机器人试焊

根据强化学习和有限元方法校核得到的焊接参数，进行焊接机器人试焊，并进行工艺评定（图 3）。

图 3　焊接工艺评定

5.2.5　现场焊接

根据焊接作业指导书，进行巨柱现场焊接。

5.2.6　质量验收

根据相关规范和质量检测要求，完成焊接质量验收（图 4）。

图 4　质量验收

6　质量控制措施

（1）建立由项目经理直接负责，专职质检员中间控制，专职检验员作业检查，班组质检员自检、互检的质量保证组织系统。

（2）认真学习掌握施工规范和实施细则，施工前认真熟悉图纸，逐级进行技术交底，施工中健全原始记录，各工序严格进行自检、互检，重点是专业检测人员的检查，严格执行上道工序不合格、下道工序不交接的制度，坚决不留质量隐患。

（3）正式焊接前进行培训考试，考试合格方可从事焊接。

（4）配齐施工中需要的机具、量具、仪器和其他检测设备，并始终保持其完善、准确、可靠。

（5）风速对焊接质量影响较大，必须确保优良焊接环境。

7 应用实例

本工法在沈阳宝能环球金融中心 T1 塔楼得到应用，采用基于强化学习和有限元方法的焊接机器人巨柱焊接施工方法进行部分巨柱焊接，减少了焊工的投入，提高了现场的施工效率，对类似项目施工有借鉴和推广意义。

复杂变截面箱形柱优化设计制作工法

九冶建设有限公司、河南九冶建设有限公司

罗长城　邵　楠　何重技　何　强　高　帅

1　前言

钢结构建筑为了保证建筑的承载性能和抗震性，建筑的主体结构框架大多采用外包混凝土箱形柱或外涂防火层箱形柱与箱形梁和H形钢梁连接。主体框架箱形柱有等截面与变截面结构。特别是超高层建筑，为减少主体抗震能力、降低成本，主体框架箱形柱要经过多次板厚及截面过渡。从建筑设计角度，这种变截面箱形柱结构合理可靠，但相对等截面箱形柱的制作有一定的难度。特别是复杂变截面处的加工工艺如有不妥，变截面位置将产生较大的应力集中，形成质量隐患。

为此，我们对加工材料、设备、加工的方法进行了探索和研究，形成工法，有效保证了箱形柱的加工质量，取得了良好的效果。

本工法采取简单有效的措施完成箱形柱的制作及装配，包括：采用先变截面后直段的施工方法，在坡口端头预留顶紧点进行顶紧装配，提高了组装精度及效率；变截面箱形柱身组装时，采用BIM技术对混凝土梁钢筋精准定位，梁钢筋与钢构柱连接时设计采用钢筋套筒焊接。研发了一种“专用平台胎具＋千斤顶”变截面箱形柱专用组装胎具，控制焊接变形。该技术简单巧妙且有效地保证了变截面箱形柱的组装精度。

2　工法特点

（1）技术措施简单有效，质量保证效率提高。本工法对腹板的坡口形式进行改进，由间隙装配改成局部顶紧装配，既能保证外形尺寸，又能确保焊接间隙的大小一致，解决了变截面部位的外形尺寸和焊缝全熔透问题；采用BIM技术对混凝土梁钢筋精准定位，采取钢筋套筒与立柱现场对接焊的方式，解决了传统的立柱加工时焊接好套筒，现场再进行钢筋安装困难的问题，有效提高了安装效率和钢筋套筒连接强度。

（2）效益良好、节能环保。该工法技术使箱形柱变截面部分的施工工艺有了质的提升，使箱形柱变截面部分的焊接质量合格率达到100%，主柱连接部位螺栓一次穿孔率达100%，能耗及工耗降低，生产效率显著提高，具有良好的经济效益及节能环保效益。

（3）工艺简单易操作，无需特殊设备、工具及措施，易于推广应用。

3　适用范围

本工法适用于各类大中型的多层钢结构和高层钢结构建筑主体300mm×300mm以上，1500mm×1500mm以下变截面箱形柱的加工制作。

4　工艺原理

变截面箱形柱与混凝土梁钢筋连接工艺：采用BIM技术对混凝土梁钢筋精准定位，梁钢筋与钢构柱连接时采用钢筋套筒焊接。钢筋套筒与立柱现场对接焊的方式，解决了传统的立柱加工时就焊接好套筒，现场再进行钢筋安装困难的问题，有效提高了安装效率和钢筋套筒连接的可靠性。同时采用多台高效双丝埋弧焊焊接工艺，有效保证了钢构件焊接质量、提高了焊接效率。工法关键技术应用的基本原理：

（1）采用半自动切割机进行坡口切割，切割时两边端头预留 10mm 作为装配时的顶紧点，切割完成后进行打磨清理，从而保证坡口的角度、深度一致，焊接部位干净、清洁。

（2）对大口径直段、小口径直段和变截面部分分别进行组对焊接，探伤合格后进行二次组对焊接。用控制分段焊接质量来保证整体焊接质量的方式进而确保整个项目的质量。

（3）变截面部分通过端头预留的 10mm 装配的顶紧点进行顶紧装配，保证变截面两边熔透焊缝焊接间隙大小和角度，间隙下方加装衬板引弧，气保焊进行打底焊接，埋弧焊进行填充盖面焊接。

（4）大口径直段、小口径直段和变截面部分组焊完成后再利用胎具进行二次装配，确保箱形柱几何尺寸偏差小于 2mm，保证制作质量、提高生产效率。

（5）采用 BIM 技术对混凝土梁钢筋精准定位，梁钢筋与钢构柱连接时设计采用钢筋套筒焊接。

5 施工工艺流程及操作要点

5.1 施工工艺流程

施工工艺流程见图 1。

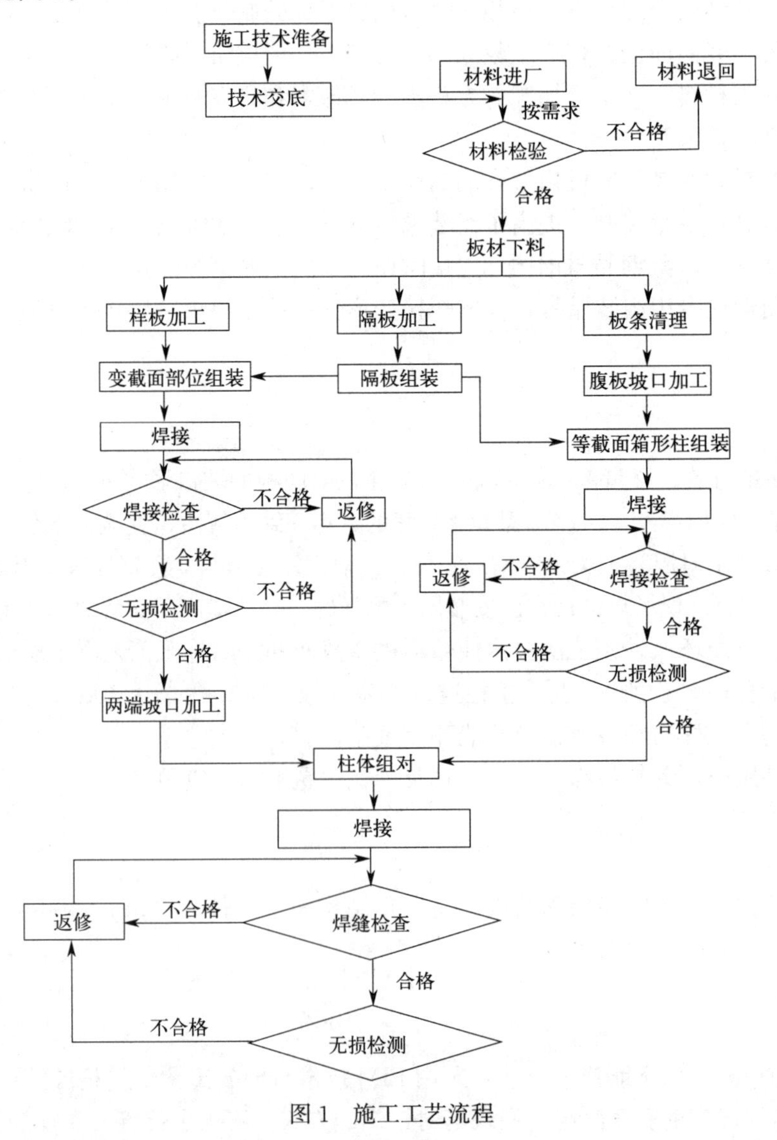

图 1 施工工艺流程

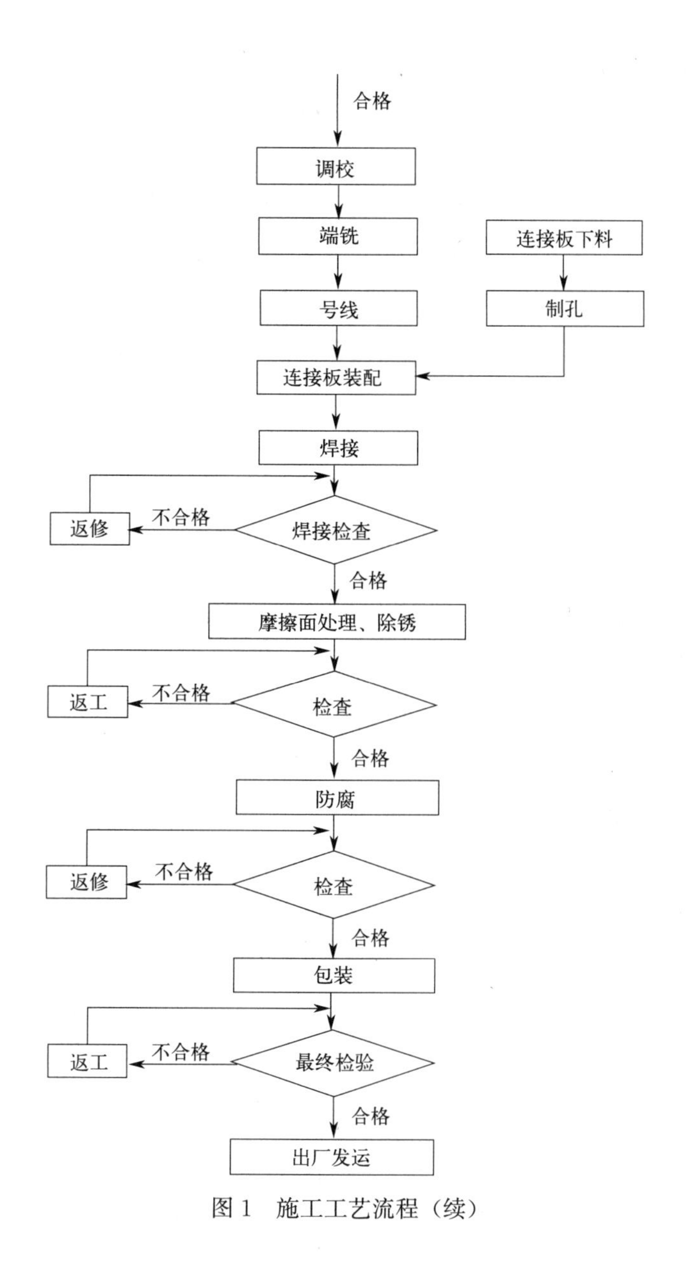

图1　施工工艺流程（续）

5.2　操作要点

5.2.1　制作前准备

1. 技术准备

（1）开工前必须认真熟悉制造图、工艺指导书，技术要求以及相关标准规范，特别要重点审查和校对图中的尺寸、数量等是否正确。

（2）认真学习质量标准文件中的各种规范和评定标准，熟悉各项制造精度、安装精度和各项技术要求。

（3）掌握制作工艺、熟悉制作流程以及各项技术措施和质量控制指标。

（4）认真进行技术交底，并做好书面交底记录，明确质量责任，质量管理责任制度。

（5）技术交底是针对重点、难点进行详细讲解，明确易出错部位避免出现管理死角。

（6）按照设计要求，进行焊接工艺评定，编制焊接工艺指导书。利用 Tekla 进行详图拆分，制作柱子三段拆分详图，为后续分段制作提供相应条件。

2. 加工设备器具准备

（1）机具设备使用前，对设备性能应进行全面检查确认，保证设备完性能可靠、完好无损，能完全满足箱形柱加工工艺需求。

（2）各种吊具、胎具在使用前，都必须先测试，确认其安全可靠、完全满足要求，方可正式使用。

3. 材料准备

（1）施工用主、辅材料必须进行入场验收，并做好记录；需要复检的板材，必须在具有资质的单位进行检验。

（2）入场检定合格材料，按型号、材质、等级，分类码放，便于领用，防止混用。

（3）不同品种的钢材，不允许代用；同品种需要代用时，必须按规范要求，办理合法代用审批手续后，方可变更代用。

（4）焊丝焊剂及涂装材料，应具有出厂质量证明书，并应符合箱形柱设计要求和国家现行有关标准的规定。

4. 人员准备

（1）开工前，按施工设备和条件、进度要求，按工种、技能合理配备操作人员。

（2）操作人员上岗前，必须经过安全技能培训，特种作业人员必须持证上岗。

（3）对所有操作人员进行现场焊接技能测试，达到制作要求后上岗。

5. 环境条件

（1）当手工电弧焊焊接作业风速超过 8m/s（五级风）、气体保护电弧焊及药芯焊丝电弧焊风速超过 2m/s 时，应设防风棚或采取其他防风措施。制作车间内焊接作业区有穿堂风或鼓风机时，也应按以上规定设挡风装置。

（2）焊接作业区 1m 范围内的相对湿度不得大于 90%。

（3）当焊件表面潮湿或有冰雪覆盖时，应采取加热去湿除潮措施。

（4）焊接作业区环境温度低于 0℃时，应将构件焊接区各方向大于或等于 2 倍钢板厚度且不小于 100mm 范围内的母材，加热到 15℃以上后方可施焊，且在焊接过程中均不应低于这一温度。

（5）焊接作业区环境超出上述规定但必须焊接时，应对焊接作业区设置防护棚和采取必要的加预热措施，并由施工企业制定出具体焊接方案，连同低温环境时的焊接工艺参数、技术措施等报监理和业主焊接工程师确认后，方可实施。

6. 检测器具准备

各种测量器具必须经过合法单位检定合格，并在合格检定内，否则不得在加工制作检测工中使用。检测器具使用前必须进行现场完好确认，使用后必须进行妥善保管，保证检测数据准确可靠。

5.2.2 加工制作

1. 下料

（1）根据图纸、工艺指导书、技术文件和国家现行有关标准的规定，检查和复验钢材的规格、厚度、材质及其外观质量情况和变形情况是否满足需求。

（2）根据图纸和来料尺寸对方板进行排料，减少材料浪费，按照排料图使用多头切割机进行切割，需要二次加工的在排料时预留加工预量，切割后使用记号笔做好标识，防止使用混乱。

（3）隔板和衬板下料应保证垂直度和平面度，隔板梁长边加工 45°坡口，短边装配衬板，如有间隙，可以提前进行填补焊接。

（4）连接板和样板按照尺寸进行排料，要精心安排排料零件的形状位置，把同厚度的各种不同形状的零件通过模型 1∶1 放样排板，降低材料损耗，采用数控切割机进行切割下料。

（5）所有下料尺寸经过检查，符合图纸技术要求以及规范规定后，按编号、使用顺序和部件所在的位置和规格进行分类堆放，避免加工制造过程中造成混乱。

2. 隔板加工制作

（1）隔板四面进行清理、修整，保证边缘没有毛刺、氧化铁等杂物，钢板平整方正无变形。

（2）衬板下完料后清理氧化铁，清理后进行校正，使其平直，长边进行单边加工，确保弯曲度小于0.5mm。

（3）隔板中间加工透气孔，如柱心需要灌注混凝土，隔板中间按照图纸要求开灌浆孔。

（4）非电渣焊部位的隔板四周开2mm钝边45°坡口备用。

（5）电渣焊部位隔板使用胎具装配，将隔板与衬板进行组装，组装完成后按照需求进行加工，使含衬板方向长度+1mm，衬板外侧直线度小于0.5mm，保证电渣焊焊道两边的隔板能够与柱子翼板紧密接触，避免焊接时漏浆。

3. 变截面部位装配

（1）变截面腹板两个斜边进行坡口切割，两端头预留10mm作为顶紧点。

（2）将翼板放置在平台上，按照其位置布置固定相应隔板，然后安装两侧腹板，腹板与翼板顶紧装配。

（3）隔板与腹板形成的焊道，使用气保焊进行焊接，焊接完成后，在腹板两侧坡口位置装配垫板（焊接引弧板）。

（4）另一侧腹板两坡口边按照避开隔板位置优先加装垫板，加装完垫板，装配直变截面相应腹板位置，利用压板进行压紧。

4. 箱形柱直段的装配

（1）腹板按照熔透要求分为两部分，全熔透部分采用坡口加垫板的形式，非全熔透部位按照钝边加坡口的形式。

（2）将清理干净的翼板平置在平台上，以对接部位为基准划线，划完线后进行复核，合格后按照线进行装配隔板，隔板装配合格后装配两侧腹板。

（3）隔板非电渣焊焊缝焊接后，电渣焊焊缝腹板对应位置钻焊接孔，然后顶紧装配最后一面翼板（盖板）。

5. 组焊

焊接必须由持合格证书且技术熟练的焊工来施焊。厚板焊接前必须预热，预热温度根据要求选定。定位焊和正式焊接前，对于板厚≥32mm时，预热温度≥100℃。对焊缝采用液化石油气加热，测量时采用红外线测温仪测量。预热可以是整个工件整体加热，也可以是焊缝附近局部加热。

6. 端铣

（1）构件摆放时，将构件放上工作平台后，靠紧顶紧面，应用中心找正。即：杆件一侧与顶紧面紧密接触，中线连线垂直于端铣机作业面，且保证两端点在同一水平面上。

（2）杆件找正后，首先应用侧面和顶面液压将杆件固定，以防止位置发生变化。其次，应进行试铣是否锁紧，锁紧后方可进行正常端铣。端铣时应严格控制吃刀量，以保证端铣质量和设备使用性能。

（3）端铣后，要对端铣面的平面度、倾斜度进行检查。若超出规定范围，则应调整后进行二次端铣。

7. 变截面箱形柱身组装

变截面箱形柱分上中下三部分，中间为变截面部分，上下两部分为等截面箱形部分，对接位置按照5mm间隙，45°开制坡口，在坡口内侧加装垫板，加装合格后将三部分按照图纸放置进行组装，每道对接焊缝2mm预留收缩余量，固定好后进入焊接工序（图2）。

8. 无损检测

需要检测的焊缝使用超声波进行检测，超声波设备需要每年进行一次校验，确保使用的设备处于有效控制范围内，在使用前按照被检测物的厚度选取对应的检测探头，按照规范使用相应的对比试块按照工艺制作检测对比曲线，曲线按所用探头和仪器在试块上实测的数据绘制而成，该曲线族由评定线、定量线和判废线组成。评定线与定量线之间（包括评定线）为Ⅰ区，定量线与判废线之间（包括定量线）

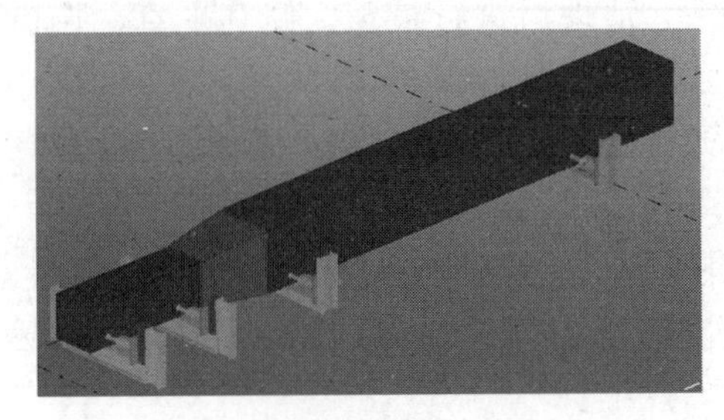

图 2　装配模具示意图

为Ⅱ区，判废线及其以上区域为Ⅲ区。超声检测技术等级分为 A、B、C 三个等级。一般选择 B 级或按设计图样规定。

9. 返修与调直

（1）返修

1）探伤确定缺陷长度及位置，刨除缺陷前应预热至原始预热温度＋50℃。

2）如缺陷长度过长，应分段刨除，防止裂纹缺陷延伸，且缺陷两端各延长 50mm 刨除。

3）如裂纹较短，在刨除中寻找裂纹有难度，可大致沿熔合线进行，在接近裂纹深度后减小刨除量，裂纹出现后应沿裂纹方向进行清除，注意观察，多数裂纹下面都存在夹杂、未熔合等焊接缺陷，应彻底清理干净。

4）按预热温度测量要求测量温度，若温度低于初始焊预热温度＋50℃，应火焰加热做温度补偿后方可进行返修焊。

5）返修焊必须连续完成，不可中断。

6）返修部位按原工艺要求重新进行热处理，同一部位焊缝返修不得超过 2 次，超过 2 次的应先报焊接工程师，待出具具体方案后再行返修。

（2）调直

调直采用火焰进行调直，在调直过程中控制温度在 900℃以下，防止过热导致材料晶体组织改变。

10. 连接板制孔装配

（1）连接板制孔

1）加工螺栓孔的方法应能保证螺栓孔的精度，孔壁表面粗糙度的允许偏差符合相关规范要求。

2）螺栓孔孔距的允许偏差应符合相关规范的要求。加工时，应根据实际情况考虑数控加工和模具加工。

3）螺栓孔孔距的超过相关规范允许的偏差要求时，可以考虑采用铰刀进行修正，或者采用与母材材料相匹配的焊条进行补焊，补焊完成后重新进行钻孔，杜绝采用火焰切割孔。完成后进行检查，检查合格后转让装配工序。

（2）连接板装配

1）划线，柱子装配划线（必须以划针划线）时应以端铣一端为基准连续划完，同时，根据柱身筋板及牛腿焊接量，考虑适当留出焊接收缩量。不能采用分段划线的方法，使积累误差过大。

2）按照划线以及连接板偏移量定位安装连接板，存在底板的按照划线使用半自动切割机进行切割，装配柱底板，然后装配加强筋，根据焊脚大小，预留 1～2mm 焊接收缩量。转入焊接工序，进行焊接修磨。

11. 涂装

（1）变截面箱形柱的除锈和涂装应在制作质量检验合格后进行。

（2）构件表面的除锈方法和除锈等级应符合相关规范的规定。

（3）当材料和零件采用化学除锈方法时，应选用具备除锈、磷化、钝化两个以上功能的处理液。

(4) 构件表面除锈方法和除锈等级应与设计采用的涂料相适应。

(5) 涂料牌号、涂装遍数、涂层厚度均应符合设计要求和规范规定。

(6) 涂装时的环境温度和相对湿度应符合涂料产品说明书的要求。构件表面有结露时不得涂装。涂装后4h内不得淋雨。

(7) 施工图中注明不涂装的部位不得涂装。安装焊缝处应留出30～50mm暂不涂装。

(8) 涂装应均匀，无明显起皱、流挂，附着应良好。

(9) 涂装完毕后，应在构件上标注构件的原编号。大型构件应标明重量、重心位置和定位标记。工厂制作和现场制作的构件均应在完成涂装和编号后，将构件置于适当位置有序摆放和妥善保管。

6 质量控制标准

(1) 对施工人员进行理论、技能及质量意识培训，经专项考核合格后方可能进行变截面箱形柱制造施工，实际技能考核为定员定岗考核，即规定指定人员只能对指定部位或零部件的施工。对管理人员进行质量培训，实行全员质量监督制度。

(2) 建立质量管理制度，明确人员相应的权限、职责、职能等，达到相互协调、相互配合。

(3) 施工前检测所有施工设备是否符合要求，性能是否稳定，监测、检验设备及工具是否经过校准且误差是否符合相关标准要求。

(4) 施工前编制变截面箱形柱施工工艺、焊接作业指导书，焊接工艺通过焊接工艺评定。

(5) 所有原材料均严格按要求验收，确保合格品入场。

(6) 变截面箱形柱制造严格按施工工艺执行，相关人员坚守施工现场，监督施工工艺的正确执行，并做好实时施工记录。各工序相互监督，确保上道工序遗留问题不转到下道工序。

7 应用实例

7.1 新疆维吾尔自治区新华书店物流基地项目

本工程为一栋大型存储型物流中心建筑，地下一层地上三层，为钢框架体系，建筑长162m，宽143m，建筑高度24m。我公司制作钢结构约9100t，主要由钢柱、钢梁、隅撑、楼梯等组成。钢柱分为箱形柱、圆管变径柱和拼接H形柱。其中箱形柱从底层到顶层需要变径2次，按照设计要求，变截面部分隔板上下600mm范围内角焊缝进行全熔透焊接，内隔板要求为四面全熔透焊缝，对装配精度和间隙要求高，工期紧，焊接量大。

7.2 新疆医科大学钢结构项目

新疆医科大学新校区项目钢结构由地下车库、主体钢结构及连廊钢结构三部分组成，钢结构体量大，节点繁多，钢构件数量大，实物量1500t，施工内容为钢结构连廊、钢梁、钢结构屋面、铝镁锰板金属屋面、钢结构雨棚、玻璃雨棚、汽车坡道雨罩等螺栓及其他连接零件、预埋附件、钢结构防火涂料。其中连廊钢柱钢梁均为箱形钢结构，截面大，节点多，且要求全熔透部位多，部分梁需要通过牛腿变径。

7.3 新疆大学图书馆钢结构

本工程地下一层，地上五层，总建筑面积6.13万m^2，结构高度27.35m，地上建筑面积49558.21m^2。地上部分为钢结构，采用钢框架结构形式，实物量约1200t。该项目钢柱为箱形结构，截面大，变径多，钢板厚度达到了54mm，焊接难度大、任务重，且冬季施工温度低、结构易变形、工期紧、冬施时间长、制造精度高。按照工法施工，保证焊接质量优良的情况下，顺利完工。

8 应用照片

工程应用照片见图3～图8。

图 3　隔板安装

图 4　隔板电渣焊

图 5　主角焊缝焊接完成

图 6　直段端铣完成

图 7　变截面箱形柱与混凝土梁钢筋连接

图 8　变截面箱形柱项目应用

200m高空异形弯曲结构悬臂安装施工工法

中建三局第一建设工程有限责任公司

刘 海 秦亚楠 张江涛 崔 灏 肖能文

1 前言

目前我国高层及超高层建筑结构的发展日新月异，钢结构在高层及超高层建筑的应用也越来越多，在建和已建的超高层项目中，悬挑结构的应用数不胜数。

沈阳宝能环球金融中心项目T2塔楼46～49层悬挑钢结构总重约220t，约150吊次，单根最重约为6t。在悬挑钢梁上预先安装双夹板，钢梁就位后，进行双夹板和高强度螺栓的安装。然后使用捯链连接悬挑钢梁及上层钢梁牛腿，松钩后，使用5t捯链校正坐标、标高并焊接。最后，吊装次梁完成作业。此安装方法施工方便、安全可靠，施工方式特殊，与高空悬臂施工相匹配，极大地提高了施工安全与效率。

2 工法特点

（1）根据钢梁的重量选用适当的捯链；（2）制定合理的部署及工期安排，保证捯链的最优资源配置；（3）悬挑钢梁以及上层牛腿处需设置相应挂点；（4）安装悬挑钢梁时不需要另设支撑；（5）悬挑钢梁的安装位置须精准控制，确保安装精度。

3 适用范围

本工法适用于所有高空悬挑工程，操作方便、施工便捷，特别适用于质量标准高、精度控制严格的钢结构工程。

4 工艺原理

（1）在距离悬挑钢梁牛腿中300mm以外设置挂篮吊点，吊点焊接于压型板埋件上，从而保证施工作业的安全；（2）钢梁就位后，进行双夹板和高强度螺栓的安装，临时固定悬挑钢梁；（3）使用捯链，分别连接钢梁与上层牛腿，调节钢梁位置，精度控制准确。

5 施工工艺流程及操作要点

5.1 施工工艺流程

施工工艺流程见图1。

5.2 操作要点

T2塔楼46～49层悬挑钢结构总重约220t，主要的安装方式为悬空安装，拉设捯链，次梁连接测校焊接。钢梁吊装就位后，使用捯链进行校正。

弧形梁区域采用单夹板连接，全部连接成整体后，进行焊接，焊接顺序为由上至下，并保留最下面一道焊接口不焊接，直到所有焊口完成焊接后一段时间后再进行焊接，以防应力过大造成撕裂。

其总体安装流程为依次从南至北安装悬挑钢梁及次梁，角部悬挑钢梁待两侧结构形成框架进行安装；以 46 层为例，每两层施工完成后，安装造型曲线梁（图 2）。

根据下一楼层上的埋件轴线和标高控制线，在土建核心墙钢筋开始绑扎前，把埋件初步就位，预埋件安装时，如果遇到竖向或水平钢筋阻挡，在土建绑扎钢筋时，及时调整竖向或水平钢筋的位置（图 3）。

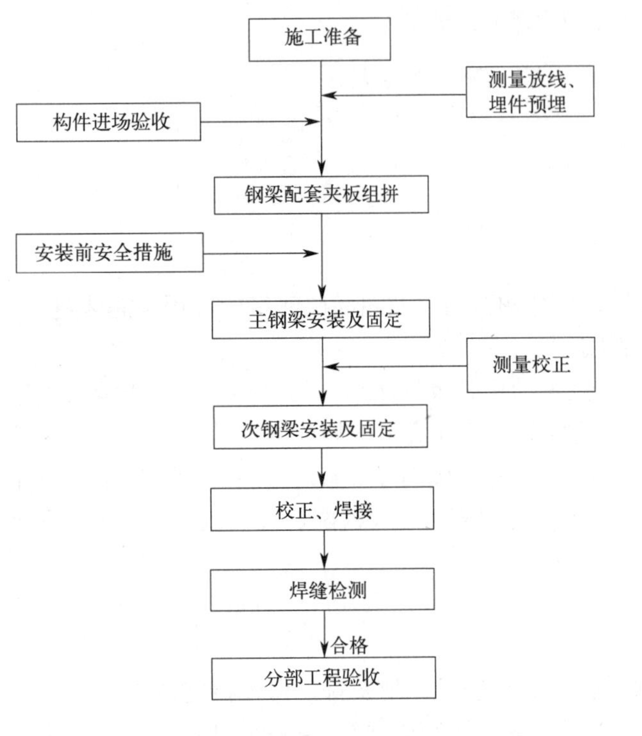

图 1　施工工艺流程

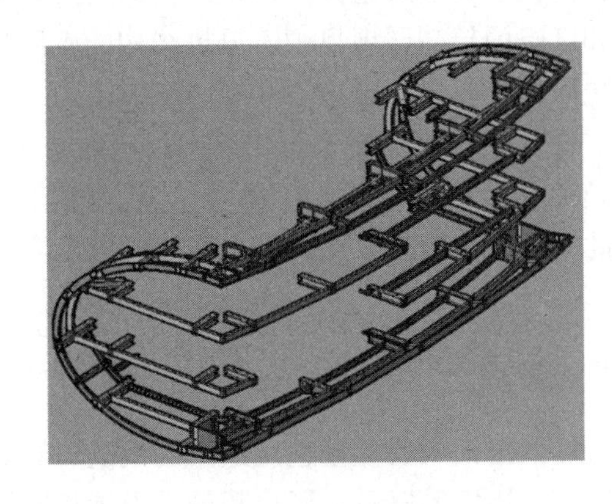

图 2　总体效果图

在钢梁、劲性柱处预留牛腿，保证悬挑钢梁施工的顺利进行，同时保留捯链的连接点，牛腿图见图 4。

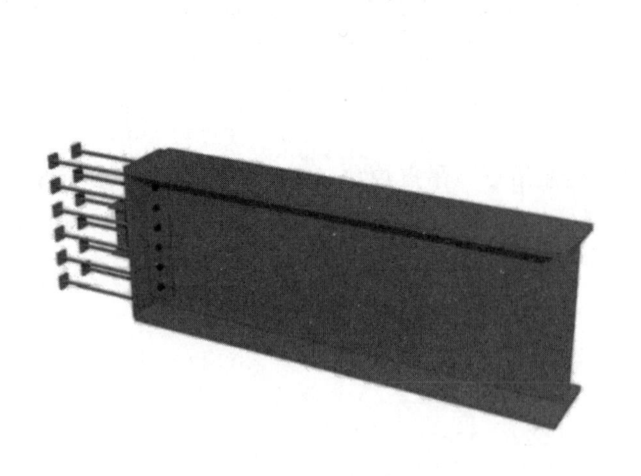

图 3　预埋形式

图 4　钢梁、劲性柱连接预留牛腿

悬挑部分钢梁待外框外架爬升后进行安装（悬挑钢梁最长约 7m，重约 4.6t）。在距离悬挑钢梁牛腿中 300mm 以外设置挂篮吊点，吊点焊接于压型板埋件上，保证施工作业的安全，除此之外，还应搭设安全网。应将夹板与钢梁组拼在一起，随后进行悬挑主梁的吊装，待校正后安装悬挑次梁及附属构件。双夹板预先安装于悬挑钢梁上与钢梁一同吊装，吊装就位后，人员在挂篮内进行双夹板及高强度螺栓的安装。使用捯链连接悬挑钢梁及上层钢梁牛腿；松钩后，使用 5t 捯链进行坐标、标高的校正，随后移交焊接作业。

钢柱吊装后，钢梁牛腿的定位，通过全站仪测出牛腿三维坐标，控制坐标及标高值。先在已完成的楼板上，根据柱轴线放出钢梁的轴线，再利用水准仪复测钢梁标高；利用混凝土柱轴线及钢梁牛腿轴线，使用红外线水平仪放线的方法复测水平坐标。

钢梁对接焊缝（横焊、平焊）及与埋件焊缝（立焊）均为全熔透一级焊缝。焊接时应注意增加 CO_2 气体流量保护，提高抗风能力，形成对焊接熔池的渣—气联合保护。焊接完毕需进行焊缝检测，若合格即可进行验收（图 5）。

图 5　F46 层主梁安装完毕

6　质量控制

（1）建立由项目经理直接负责，专职质检员中间控制，专职检验员作业检查，班组质检员自检、互检的质量保证组织系统。

（2）认真学习掌握施工规范和实施细则，施工前认真熟悉图纸，逐级进行技术交底，施工中健全原始记录，各工序严格进行自检、互检，重点是专业检测人员的检查，严格执行上道工序不合格、下道工序不交接的制度，坚决不留质量隐患。

（3）所有特殊工种上岗人员，必须持证上岗，持证应真实、有效，并检验审定。

（4）配齐施工中需要的机具、量具、仪器和其他检测设备，并始终保持其完善、准确、可靠。仪器、检测设备均应经过有关权威方面检测认证。

（5）测量校正采用高精度的全站仪、激光铅直仪、激光水准仪等先进仪器进行测量，确保安装精度。所有仪器均通过有关检测部门进行检测鉴定，合格后才能够投入使用。所有量具都与制作单位进行核对，确保制作安装的一致性。

7　应用实例

本工法在沈阳宝能环球金融中心 T2 塔楼得到应用，安装过程为：在悬挑钢梁上预先安装双夹板，钢梁就位后，进行双夹板和高强度螺栓的安装。然后使用捯链连接悬挑钢梁及上层钢梁牛腿，松钩后，使用 5t 捯链校正坐标、标高并焊接，最后安装次梁。本工程应用此工法，极大地节省了塔式起重机的利用时间，提高了其工作效率，对类似高空悬臂项目有借鉴和推广意义。

20m 超长悬挑钢结构裙楼支撑架安装及卸载施工工法

中建三局第一建设工程有限责任公司

肖能文　秦亚楠　刘　海　肖　承　方　雄

1　前言

目前我国高层及超高层建筑结构的发展日新月异，建筑高度正在不断刷新，其中钢结构在高层及超高层建筑的应用也越来越多，在建和已建的超高层项目中，大跨度悬挑钢结构的应用多不胜数。但在美观的同时，施工难度也随之上升一个台阶。

沈阳宝能环球金融中心项目 T2 塔楼，北裙房与 T2 连接，位于塔楼北侧，结构标高为 33.9m，总计 6 层。由于裙房东西两侧为悬挑结构，因此在东西两侧各设置一个格构式胎架，用于支撑上部结构，之后进行钢柱及主桁架的安装再进行次构件及附属构件的安装，逐层向上安装，直至安装完成，最外侧桁架及悬挑结构在地面拼装完成后整体吊装。安装完成后，采用软切割方式进行释放，逐级卸载。

此安装方法施工方便、安全可靠，施工方式特殊，与大跨度悬挑钢结构施工相匹配，极大地提高了施工安全与效率。

2　工法特点

（1）通过受力计算设计胎架材料及尺寸，确保钢桁架完好拼装。

（2）根据深化设计设置相应支撑胎架，以保证大跨度桁架安装过程桁架受力均匀。

（3）通过堆场散拼＋整体吊装的施工方法，减少高空散拼的操作平台等措施。

3　适用范围

本工法适用于所有大跨度悬挑钢结构工程，操作方便、施工便捷，特别适用于质量标准高、精度控制严格的钢结构工程。

4　工艺原理

（1）在加工厂需做好钢构件的分段，以便现场安装；

（2）根据受力计算搭设合适的支撑胎架，并将其安装在纵横向桁架交汇投影处；

（3）在地面进行桁架拼装，吊装时通过 3 个吊点找重心，将整片悬挑桁架立设于结构和支撑胎架上方；

（4）安装完成后，采用软切割方式进行释放，逐级卸载，完成支撑胎架的拆除。

5　施工工艺流程及操作要点

5.1　施工工艺流程

施工工艺流程见图 1。

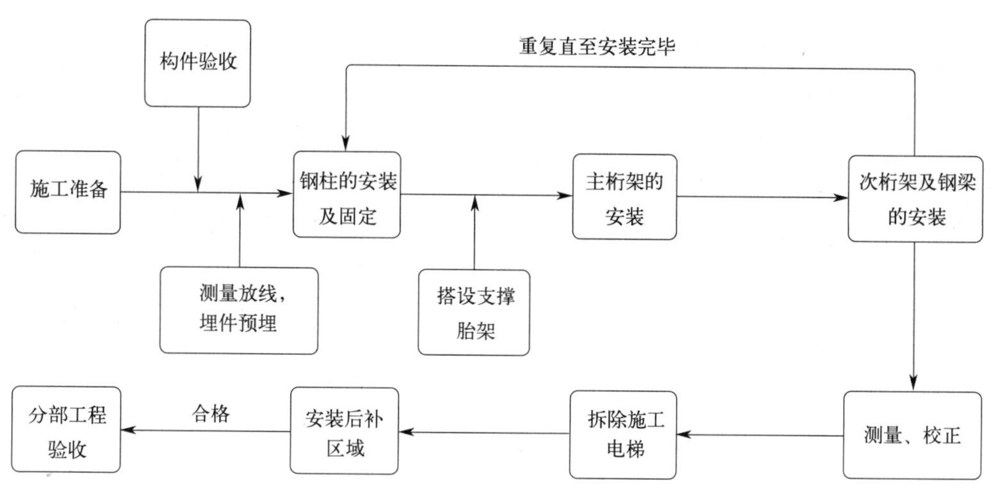

图 1　施工工艺流程

5.2　操作要点

北裙房与 T2 连接，位于塔楼北侧，结构标高为 33.9m（图 2）。主要施工方法采用塔式起重机与汽车起重机相结合方式进行吊装，所有钢柱用塔式起重机进行安装，中间后补区域为电梯洞口，待所有钢构件安装完成后进行施工电梯的拆除，在施工电梯拆除后进行后补洞口的施工。根据塔式起重机和汽车起重机起重性能将钢柱分为 5～6 节，钢柱用塔式起重机安装，主桁架用塔式起重机安装，其他构件用汽车起重机进行安装。

根据塔式起重机及汽车起重机的工况分析，F3 层桁架及 20t 以上钢柱采用 M760 塔式起重机进行安装，其他采用汽车起重机进行安装。搭设支撑胎架，胎架立柱间距为 1.5m，每节高度为 1.2m，由 H 型钢及角钢组成。

图 2　北裙房效果图

先吊装钢柱中间的主桁架，待焊接完毕，吊装次桁架，随后进行悬挑主桁架的吊装，吊装时通过 3 个吊点找重心，将整片悬挑桁架立设于结构和支撑胎架上方，拉设捯链；随后进行次构件及附属构件的安装，逐层向上安装，直至安装完成，并进行钢柱等部位探伤（图 3、图 4）。

安装完毕后，进行施工电梯的拆除，在施工电梯拆除后进行后补洞口的施工。该部分进行吊装时，采用 220t 汽车起重机站在北侧进行安装，作业半径为 23m，臂长最高处达到 57.2m，吊重满足要求，汽车起重机作业时，北侧路面由总包单位填平至同一标高，并坚固可靠。安装完成后，采用软切割方式进行释放，逐级卸载，完成支撑胎架的拆除。

图 3　主桁架吊装

图 4　次桁架的吊装

6　质量控制

（1）建立由项目经理直接负责，专职质检员中间控制，专职检验员作业检查，班组质检员自检、互检的质量保证组织系统。

（2）认真学习掌握施工规范和实施细则，施工前认真熟悉图纸，逐级进行技术交底，施工中健全原始记录，各工序严格进行自检、互检、重点是专业检测人员的检查，严格执行上道工序不合格、下道工序不交接的制度，坚决不留质量隐患。

（3）所有特殊工种上岗人员，必须持证上岗，持证应真实、有效，并检验审定。

（4）配齐施工中需要的机具、量具、仪器和其他检测设备，并始终保持其完善、准确、可靠。仪器、检测设备均应经过有关权威方面检测认证。

（5）测量校正采用高精度的全站仪、激光铅直仪、激光水准仪等先进仪器进行测量，确保安装精度。所有仪器均通过有关检测部门进行检测鉴定，合格后才能够投入使用。所有量具都与制作单位进行核对，确保制作安装的一致性。

巨型钢板墙超厚钢板防变形焊接施工工法

中建三局第一建设工程有限责任公司

刘　海　秦亚楠　汪星新　张欣欣　杨庆华

1　前言

钢结构在高层及超高层建筑的应用越来越多，在建和已建的超高层项目中巨型钢板墙应用极为广泛。

沈阳宝能环球金融中心项目 T1 塔楼钢板墙竖向一层一节共分 24 节，竖向两层一节共 9～10 节，分为 795 片，单片最大质量 27t，单片最大长度为 11.82m，单片宽度最大为 3.6m。板厚度≥20mm 的钢板，竖向缝采用安装螺栓连接，并单面坡口焊接；厚度＜20mm 的钢板，竖向缝采用高强度螺栓连接。

中建三局第一建设工程有限责任公司在本工程钢板剪力墙焊接施工中采用临时支撑固定，焊接约束板约束，多人、分段、退焊方式焊接，电加热控制温度使得应力逐级释放的方法来进行施工。利用多人、对称、跳焊的施工方法，能够大大削弱钢板墙因焊接不均匀受热产生的应力而导致的变形。此焊接方法对比传统焊接方法具有施工方便、安全可靠的特点，为超高层的高质量施工提供了保障。

2　工法特点

（1）临时支撑加设主要综合考虑钢板墙受力特点、结构形式及与顶模挂架位置关系等因素灵活布置。

（2）根据钢板墙不同厚度以及安装位置来设计焊接约束板。

（3）根据钢板墙不同高度和焊缝位置来划分不同区段，并采用“多人，多段，退焊”的作业方式。

（4）使用电加热温度控制使得应力可以逐层逐级地释放，有效提高了焊接变形与焊缝质量。

（5）开设双面坡口，减少焊接应力及变形。

3　适用范围

本工法适用于超高层巨型钢板墙的焊接施工，采用多道保障措施，多种施工工艺，有效减小了巨型钢板墙在焊接过程中造成的变形误差，特别适用于质量标准高、精度控制严格的超高层钢结构工程。

4　施工工艺流程及操作要点

4.1　施工工艺流程

施工工艺流程见图 1。

4.2 操作要点

4.2.1 钢板墙安装措施

安装钢板墙前必须将操作平台搭好（图 2），并设置好爬梯、笼梯、防坠器。钢板墙吊装时及时连接夹板，使用缆风绳、临时支撑进行固定。

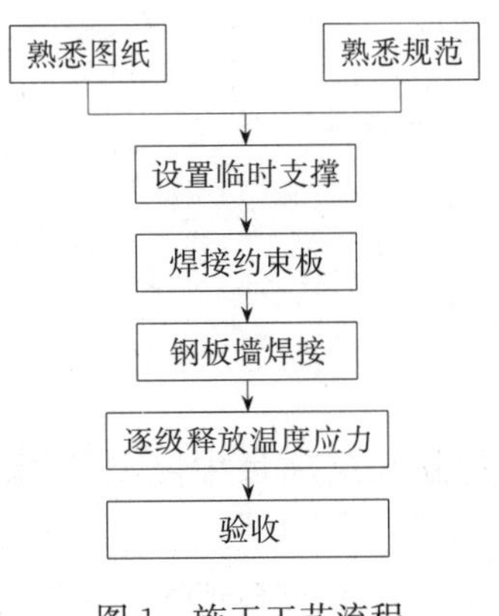

图 1 施工工艺流程

图 2 设置操作平台

钢板墙分段构件形式比较特殊，根据不同构件外形，设置不同的测量控制点。根据内筒钢结构安装顺序，角柱测校后进行钢板墙安装，一个片区一侧钢板墙安装完成后进行整体校正，最后校正钢梁。对同一层有高强度螺栓和钢柱连接钢板墙时先进行高强度螺栓施工，再进行焊接施工。在施工竖向对接缝位置的高强度螺栓时，会影响钢柱的垂直度，因此需要进一步对柱进行跟踪校正。

当高强度螺栓紧固完成后，对这一片区的剪力墙进行整体观测，并做好记录。根据记录的偏差值大小及偏差方向，决定对焊前偏差是否还需要进行局部尺寸调整以及确定焊接顺序、焊接方向，施焊前对班组进行交底。

钢板墙垂直度测量：采用经纬仪或铅垂线配合三角尺对钢板墙侧面垂直度进行测量。

钢板墙标高测量：将水准仪架设在钢柱连接耳板上，利用标高控制点对钢板墙顶部两端进行测量或在地面标出钢板墙底部向上 500mm 位置，根据图纸计算出该位置标高值，通过现场标高实测值与理论值对比标高差确定标高调整值，经复核和验收后方可进行下一步工作。

4.2.2 内支撑设置

临时支撑加设主要综合考虑钢板墙受力特点、结构形式及与顶模挂架位置关系等因素灵活布置在钢板墙上设置内支撑。根据钢板墙不同厚度以及安装位置来设计焊接约束板（图 3、图 4）。

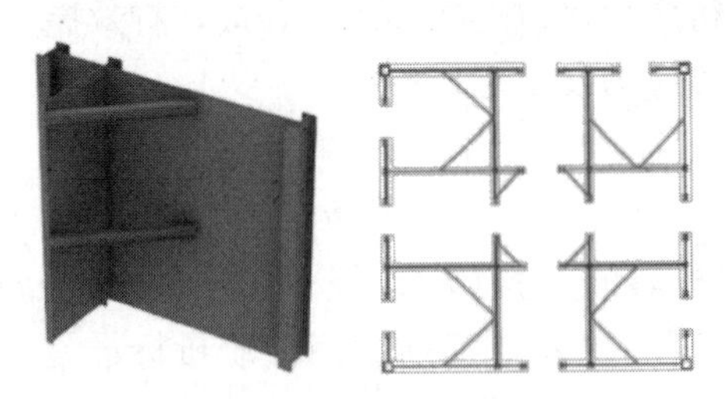

图 3 焊接约束板设置

钢板墙竖向焊缝采用多人、分段、退焊的方式进行。一节钢板墙高度达 2～3 层，每条竖向焊缝在每层内设置 3 名焊工。整体顺序为“先两边后中间”，先由 1A、1B、1C、1D、1E、1F 共 6 名焊工同时施焊两侧的 2 条竖向焊缝，焊接完成后，再由 2A、2B、2C 共 3 名焊工同时施焊中间的竖向焊缝（图 5）。

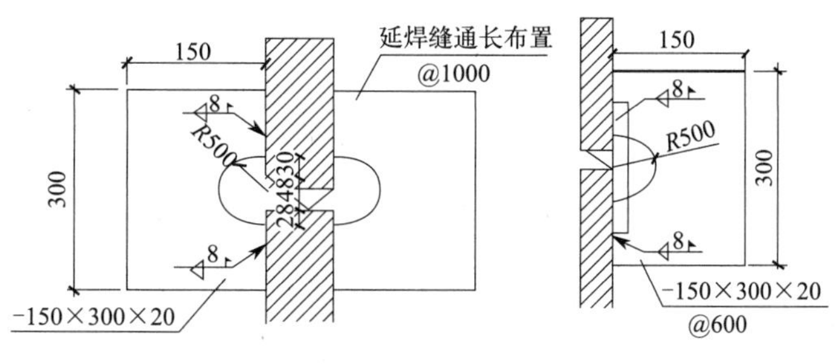

图 4　钢板墙焊接

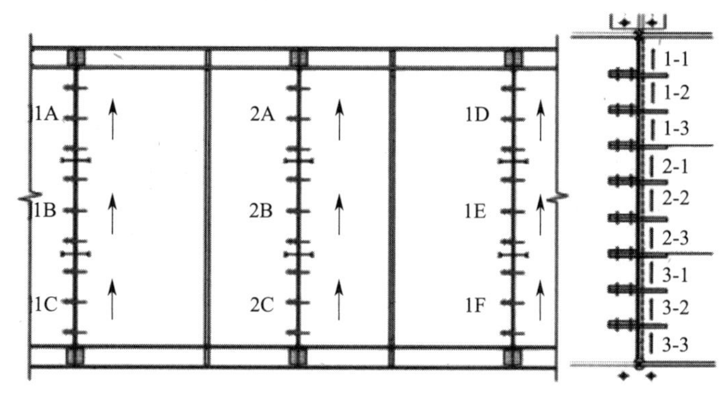

图 5　竖向焊缝焊接顺序

5　质量控制

（1）建立由项目经理直接负责，专职质检员中间控制，专职检验员作业检查，班组质检员自检、互检的质量保证组织系统。

（2）认真学习掌握施工规范和实施细则，施工前认真熟悉图纸，逐级进行技术交底，施工中健全原始记录，各工序严格进行自检、互检、重点是专业检测人员的检查，严格执行上道工序不合格、下道工序不交接的制度，坚决不留质量隐患。

（3）所有特殊工种上岗人员，必须持证上岗，持证应真实、有效。

（4）配齐施工中需要的机具、量具、仪器和其他检测设备，并始终保持其完善、准确、可靠。仪器、检测设备均应经过有关权威方面检测认证。

（5）测量校正采用高精度的全站仪、激光铅直仪、激光水准仪等先进仪器进行测量，确保安装精度。所有仪器均通过有关检测部门进行检测鉴定，合格后才能够投入使用。所有量具都与制作单位进行核对，确保制作安装的一致性。

（6）在焊接部位搭设防护棚。特别是 CO_2 气体保护焊，风速对焊接质量影响较大，必须确保优良焊接环境。

360°直立锁边屋面板安装工法

安徽省工业设备安装有限公司

牛健平　张建斌　徐　松　蒯　杰

1　前言

钢结构围护系统的屋面板安装时，由于搭接板区域抵抗变形能力较弱，在风力及重力作用下更易发生塑性变形，从而导致屋面系统失效。我公司通过几个钢结构工程实践，采用360°直立锁边的方式安装屋面板，成功解决了困扰屋面板安装的技术难题，保证了施工质量，增强了抗风性和防水性，取得了良好的经济效益、社会效益和环境效益。

2　工法特点

（1）本工法360°直立锁边屋面板安装工艺，操作简便、固定可靠。

（2）本工法360°直立锁边屋面板连接采用板与直接360°卷边连接，然后通过支架和屋面檩条连接，从而彻底解决了屋面板由于螺钉穿透屋面而造成的漏水问题。

（3）本工法360°直立锁边屋面板波峰高度大于65mm，直立肋边隔离，雨水从每块之间独立排水，解决了低坡屋面积水、排水的困扰，提高了长距离平缓屋面的适用性。屋面板随着热胀冷缩可以自由滑动（提高抗变形能力），完全避免了传统打钉屋面板因温度变形得不到释放而造成的漏水问题。

（4）本工法360°直立锁缝屋面板支架采用可滑移安装技术（图1），屋面板随着热胀冷缩可以自由滑动、应力得不到释放，既提高抗变形能力又增强了防水性（长时间屋面板的伸缩变形会导致螺钉孔扩张）。

图1　屋面可滑移支架

（5）本工法360°直立锁边屋面板的搭接应用了高强高锌层的支架，该支架同屋面龙骨直接固定，一个支架配4颗自攻钉，牢固稳定；屋面板之间的搭接部分通过与该支架的360°机械咬合固定方式，不易脱落，因此抗风效果好。

3 适用范围

本工法适用于大跨度钢结构平缓屋面板安装。

4 工艺原理

360°直立锁边 470 型屋面板安装：先铺设保温棉调整后用滑动支架固定在檩条上，再铺设屋面瓦，在第一块屋面瓦铺上之后，滑动支架的两个滑片勾住第一块屋面板的公肋后通过射钉固定在屋面檩条之上，第二张屋面瓦的母肋套住上一张屋面瓦的公肋及滑动钩片后，同样通过滑动支架的两个滑片勾住此块瓦的公肋固定在屋面檩条上。最后通过电动咬边机将公肋母肋咬合起来形成 360°咬合高约 65mm 的直立肋边。

5 施工工艺流程及操作要点

5.1 施工工艺流程

施工准备→彩钢压型板材料进场及制作→屋面保温棉铺设（VR 贴面）→屋面瓦安装→屋面瓦固定→屋面瓦搭接→检查验收。

5.2 操作要点

5.2.1 施工准备

彩钢板现场使用高空压瓦机械压制，直接从地面压制成型输送至屋面，准备开始安装时，要注意确保所有的材料正面朝上，且所有的搭接边朝向将要安装的屋面这边，否则不仅要翻转钢板，还必须使钢板调头。以山墙边做起点，由左而右（或由右而左）依顺序铺设。

5.2.2 彩钢板进场及安装制作

（1）在固定第一块钢板之前，要确保其位置的垂直和方正，并将它正确地落在与其他建筑构件相关的位置上。

（2）当第一块钢板固定就位后，在屋顶的较低端拉一根连续的水准线，这根线和第一块钢板将成为引导线，以便于后续钢板的快速安装和校正。

（3）做好测量，同时使双坡屋面板的安装模数一致，两侧波峰对应成线，避免两波错缝，影响后续施工。

（4）屋脊位置安装金属堵头，贴好胶泥注好不干胶，同时保证安装平齐、紧密，避免因大风大雨导致雨水倒灌室内。

（5）屋面收边板和墙面泛水板搭接长度为 150mm，屋面所有泛水板搭接长度均为 200mm，泛水板均需封胶二道，并以一排铆钉，间距 40mm 连接搭接部位。

5.2.3 滑动支架敷设

在施工中安装屋面滑动支架应固定在屋面檩条及保温棉上面的中心位置即可，后期整体屋面安装可整体滑移左右 32mm，滑动支架固定在檩条上间距为 1500mm 一个，同时支架的数量多少决定着屋面板的抗风能力（图 2）。

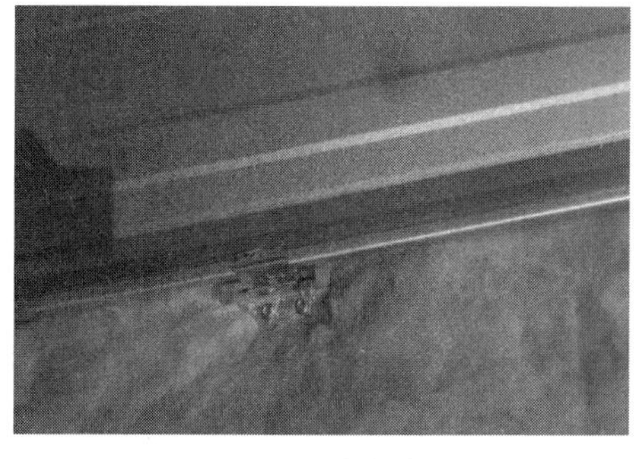

图 2 滑动支架敷设

5.2.4 屋面板边注胶

压瓦机在压瓦输送过程中屋面板成型与注胶一次性完成，注胶采用的是专用密封胶。注胶完成后，要做好注胶搭接处的成品保护。屋面系统完成后应及时做好屋面清理工作。

5.2.5 保温棉及彩钢板铺设

屋面保温棉铺设时保证接缝紧密，纵向将保温棉贴面贴合并往上翻卷，使用订书钉将其连接紧固，保证钉距100～150mm。

5.2.6 检查验收

(1) 防水层不得有渗漏或积水现象。

(2) 卷材铺设方法和搭接顺序要符合设计要求，搭接正确，接缝严密，不得有皱折、鼓泡和翘边现象。

(3) 刚性防水层表面平整、光滑、不起砂、不起皮、不开裂，锁边缝位置正确。

(4) 屋面瓦片要平整、牢固，瓦片排列整齐、平直，搭接合理、接缝严密，不得有残缺瓦片和多余瓦片。

(5) 天沟、檐沟、泛水和变形缝等构造要符合设计要求。

(6) 检查屋面无渗漏、积水和排水系统是否畅通，应在雨后或者持续淋雨2h后进行。

6 质量控制标准

6.1 质量技术要求

(1) 本项目施工主要目的是提供一种470型屋面360°直立锁边连接结构，板材与板材的搭接形式在经过机械咬合注胶后，板与板的连接经卷边为360°直立锁边复合而成。

(2) 这种470型屋面360°直立锁边连接结构，包括可滑动支座、两块待拼接的屋面板。两块待拼接的屋面板分别拼放于可滑动支座的左右两侧，由可滑动连接片360°锁边连接。

(3) 所述的可滑动支座包括钢板底座、限位卡、可滑动连接片；钢板底座包括用于连接固定的水平板和开设横向条状限位孔的竖直板，可滑动连接片的底部卡入限位孔中并保持在限位孔中滑移，可滑动连接片顶部为360°弯折部；限位卡卡入限位孔卡入可滑动连接片之后的空隙中对可滑动连接片进行定位；两块待拼接的屋面板分别贴放于可滑动连接片顶部左右两侧，顶部360°翻折，形成锁边连接。

6.2 质量保证技术措施

(1) 屋面360°咬口，杜绝屋面漏水现象。

(2) 整个屋面连成一体，整体性能好，整体连接经过试验测试，正向承载能力达到3.09kN/m^2，反向风载承压能力2.09kN/m^{2}的承载能力。

(3) 本实用新型中的可滑动支座安装后，取下限位卡后，使得屋面板在天气变化的情况下，允许有一定滑移范围空间。

(4) 屋面板有效宽度：470mm；展开宽度：600mm，有效利用率：78.3%，对于现场板材压制利用最大化，而且可以实现现场加工，大大减少运输过程的损耗。

7 应用实例

7.1 实例一

工程名称：芜湖宇培新型装配材料有限公司年产50万m^{3}建筑工业化构件生产基地钢结构项目

工程概况：该工程厂房檐口高度最高25.5m，最大跨度为40m。芜湖宇培新型装配材料有限公司年产50万m^{3}建筑工业化构件生产基地项目施工界面1号PC车间、2号PC车间及露天跨的钢结构工程。

7.2 实例二

工程名称：安徽省报废汽车综合利用项目一期工程

工程概况：本工程屋面防水等级为Ⅱ级，地上耐火等级为一级。结构设计使用年限为五十年。

7.3 实例三

工程名称：皖新黄山阅生活城市文化综合体项目施工总承包。

工程概况：总建筑面积约 10793m²，建筑结构高度 21m，地上 3 栋 5 层建筑群，地下 1 层，地下室面积约 2592m²，本项目主体工程为钢结构，单跨最大跨度为 14m。包含本项目主体工程、地下工程、安装工程（机电安装、消防工程等）、幕墙工程等。

8 现场施工照片

工程应用见图 3～图 6。

图 3　彩钢板压制照片

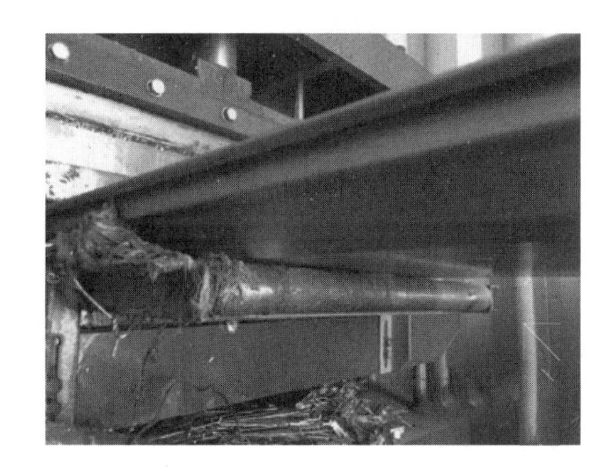

图 4　板材注胶过程照片

图 5　屋面板安装照片

图 6　360°锁边机

保温层在钢结构构件上固定的施工工法

山西二建集团有限公司

杨丽军　邢　武　符溶胜　孙艳茹　阎　昕

1　前言

太忻双碳产业科技园规划展示中心项目，位于山西省太原市阳曲县大盂镇，为装配式钢结构建筑。总建筑面积 2.65 万 m^2，地上 1.85 万 m^2，地下 0.8 万 m^2。

随着建筑市场的日益发展，钢结构工程越来越受到重视，钢结构建筑的广泛应用也带来了诸多新的问题。比如外墙保温施工过程中保温层与钢结构构件的连接问题。为解决本工程超厚保温层与钢梁、钢柱等构件的连接、固定问题，我单位不断讨论、探索新的施工方法，并总结出《保温层在钢结构构件上固定的施工工法》。

2　工法特点

项目部根据钢结构构件可焊的特点，在构件上提前焊接螺杆，保证保温层安装的效率和质量。

（1）通过 BIM 策划和现场试验比选出最优施工方案，成功解决了保温层在钢结构构件上的连接与固定问题。

（2）螺杆长度根据保温层厚度提前切割，适用于钢结构上各种厚度的保温层施工。

（3）连接螺杆在保温层施工前通过焊接与钢结构构件连接，有利于检查螺杆焊接质量及拉拔力检测。

（4）通过螺母的紧固将保温层固定于构件上，方便检查保温层与构件贴合程度和螺母紧固程度。

（5）螺杆的外侧在拧固螺栓之后，采用塑料隔热帽进行封堵保护，以达到整个装置阻断冷热桥的目的。

3　适用范围

本工程所使用技术主要应用于装配式钢结构工程的保温施工。

4　工艺原理

（1）传统的保温层与主体构件的连接通常采用保温钉，保温钉通过膨胀方法与结构有效连接。本工程主体结构为框架钢结构，无法通过膨胀螺钉固定。

（2）将螺杆垂直于钢结构构件表面焊接至构件上，使两者成为一个整体，从而解决螺杆与结构构件连接的问题（传统保温施工采用保温钉锚固连接）（图 1）。

（3）保温层粘贴（安装）过程中，螺杆穿过保温层，并在保温层外侧安装绝热垫片和螺杆配套螺母，通过紧固螺母将保温层牢牢固定于构件上（图 2）。

（4）在保温层粘贴和保温层抹面过程中，分别使用两种胶浆将螺杆与结构焊点、螺母端部封闭，避免后期出现锈。

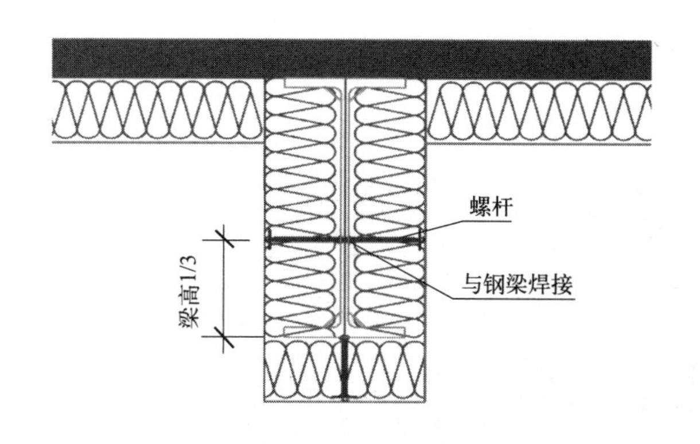

图 1　钢结构固定螺杆安装图

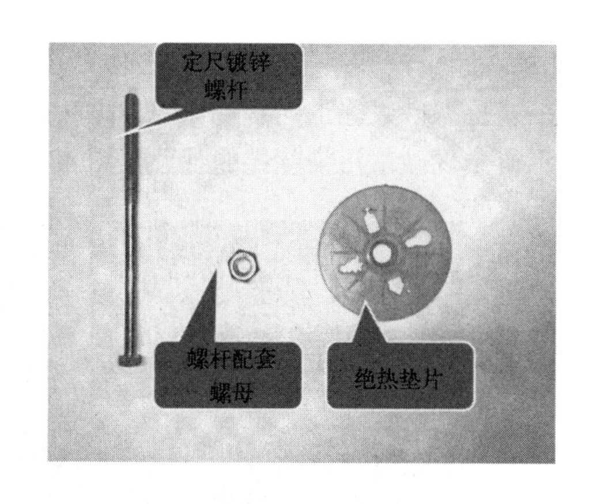

图 2　配套螺母及绝热垫片图

5　施工工艺流程及操作要点

5.1　施工工艺流程

BIM 排布策划→构件焊接点放线→螺杆焊接→焊接质量验收→保温层施工→第一遍抗裂砂浆施工内压耐碱网格布→垫片安装，螺母紧固，切除多余丝杆→紧固质量验收→第二遍抗裂砂浆施工→扣装断桥绝热套。

5.2　操作要点

5.2.1　采用 BIM 技术进行焊接模型布置

采用 BIM 技术进行钢梁焊接点位置分布模型的策划工作。将螺杆设置在钢梁腹板高度 1/3 处。螺杆水平间距不大于 350mm。通过 BIM 模型的整体排布，可以提前进行螺杆材料数量的计算与位置的排布，减少施工损耗（图 3）。

5.2.2　构件焊点放线

（1）钢结构中最常见的构件为钢梁、钢柱，螺杆焊点在构件布置纵向间距不大于 350mm。

（2）横向焊点的距离根据构件截面尺寸决定：构件截面小于等于 400mm 的，顺构件纵向在构件居中位置焊接一排螺杆即可。构件截面大于 400mm 的，以螺杆间距不大于 350mm 为原则布置。

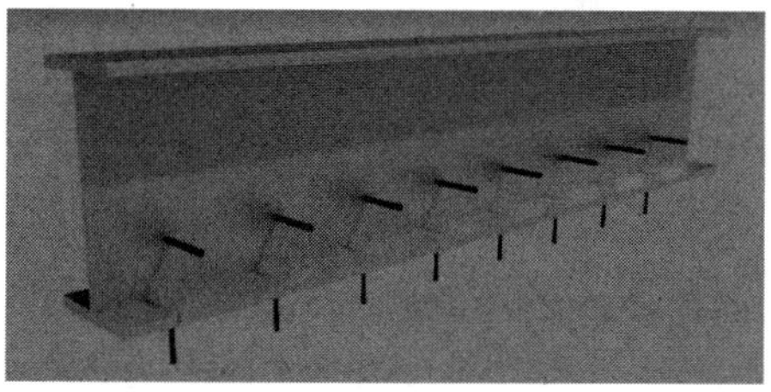

图 3　BIM 模型排布图

5.2.3　焊接螺杆

（1）螺杆焊接完毕应与钢结构构件成 90°角，误差不得大于 5°；

（2）螺杆焊接过程中必须挂工程线，保证焊接螺杆的整体观感质量；

（3）螺杆宜选用 6～8mm 通丝螺杆。

5.2.4　焊接质量验收

检查焊接处焊渣是否清理干净，抽检焊接是否牢固。确认检查合格后方可进行下一步的施工。

5.2.5　保温层施工

（1）钢结构构件的保温层同大面积保温层一同施工，相互错缝搭接。大面积保温板施工至构件焊接螺杆部位时，要提前根据现场情况做出相应调整，不得将保温板接缝留在螺杆及螺杆 80mm 范围内，设计为两层保温板的第一层除外。

（2）保温板背面涂抹粘接砂浆的面积在满足规范要求面积的前提下，还要在螺杆位置的保温板背面涂抹粘接砂浆，保温层与构件贴合时粘接砂浆能满包螺杆焊点。

5.2.6 第一遍抗裂砂浆施工

第一遍抗裂砂浆施工同常规保温薄抹灰施工，需要重点注意的是：在抹灰过程中注意对螺杆丝扣的保护，不得出现砂浆污染丝扣的现象（图4）。

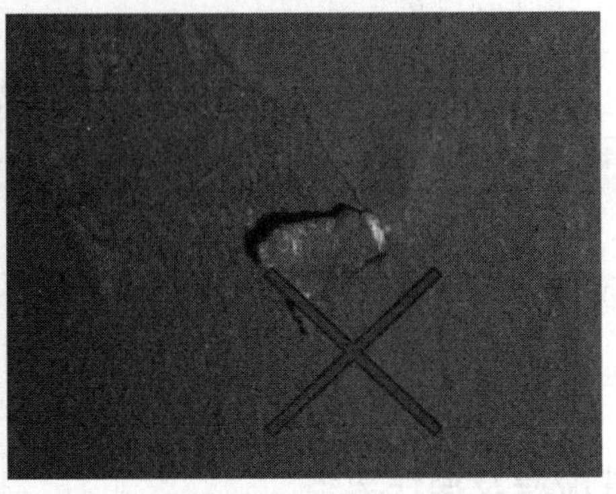

图4 抗裂砂浆施工效果对比

5.2.7 垫片安装、紧固螺母、切割多余螺杆

根据保温层面层施工要求，螺母紧固剖面位置要略低于保温层的整体平面，切除多余螺杆，保证保温层平整度要求。

5.2.8 紧固质量验收

随机抽取螺母进行紧固，螺母松动的需重新拧紧；靠尺检查墙面平整度，拧紧的螺母及螺杆不得高出保温层面层。

5.2.9 扣装保温绝热套

螺母紧固完成后，螺母外侧扣装一个塑料绝热保护套，其内径略大于螺母直径，可以有效阻断内部热量通过金属丝杆与螺母的热量传递。

5.2.10 第二遍抗裂砂浆施工

等底层抗裂砂浆表干（可碰触）后再抹一层3～5mm厚的抗裂砂浆，抗裂砂浆的总厚度应控制在6～10mm。面层抗裂砂浆应完全覆盖耐碱网格布，表面平整度满足涂料和拉毛涂料饰面的相关要求。

6 质量控制标准

（1）保证螺杆焊接质量是控制保温层与构件连接的前提，焊接人员必须为取得焊工证书的专业人员；焊接前先进行试焊，确定技术参数、工艺参数后再进行大面积焊接作业；焊接完成后要进行焊接质量抽检验收。

（2）落实各类人员的职责；确定本项目质量管理重点，制定相应的质量控制措施，严格执行，确保项目质量目标的实现。施工前对所有管理人员及工人进行技术交底及培训，培训完毕进行考试。

（3）为了保证螺杆与岩棉保温层的锚固嵌合质量，螺杆焊接完毕必须与构件表面成90°夹角。

（4）在切割、焊接螺杆过程中及保温层施工过程中注意对螺杆的成品保护，不得破坏丝扣。确保保温钉螺母与绝热垫片能与螺杆贴合紧密，既可以保证保温层施工的质量，又可以确保整个保温层体系隔热保温的要求。

（5）进入雨期施工后，设专人收听气象预报，了解近两天的天气情况，特别是大雨的气象预报，随时掌握气象变化情况，以便提早做好预防工作。螺杆的保存应注意防雨防潮，螺杆焊接完毕应及时进行保温层的施工，避免长时间外露导致锈蚀。

（6）螺杆与螺母应出自同一厂家，必须配套，避免出现因螺杆螺母不配套而导致螺杆滑丝现象，影响螺母紧固质量。

（7）施工中注意对断热桥保护帽的成品保护，保证其完整性与牢固性。

7 应用实例

本施工工艺应用于太忻双碳产业科技园规划展示中心项目，项目定位为省内第一座零碳建筑。为达到展示馆超低能耗的要求，建筑外墙保温材料采用了380mm厚的岩棉板，地下室顶板保温采用200mm厚岩棉。相较传统建筑保温层与主体结构的连接与固定，超厚岩棉在钢结构上的连接与固定较为困难。需要项目部根据被动式节点的设计对保温层的施工工艺进行改进。

通过本施工方法的应用，解决了保温层与钢结构构件连接与固定的难题，实现了本项目双碳节能的设计意图与特点。总结形成的工法具有良好的示范效应，受到了业主与社会各界的一致好评，具有良好的应用前景和推广意义。

8 应用照片

工程现场应用照片见图5～图8。

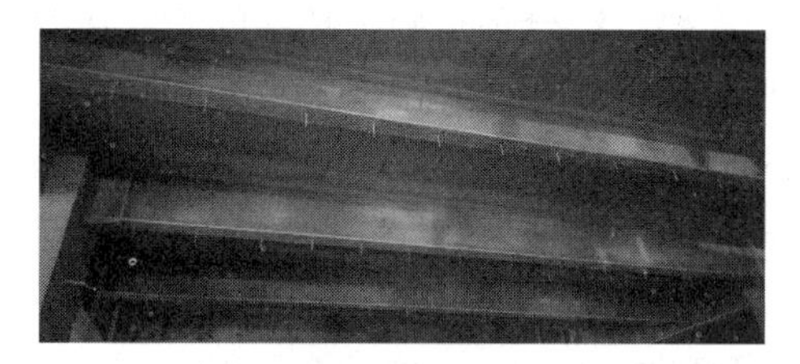

图5 钢梁保温涂料施工后的效果

图6 保温层与螺杆安装效果

图7 梁侧保温层施工效果

图8 顶板钢梁保温层最终安装效果

钢管自密实混凝土施工工法

山西二建集团有限公司、太原理工大学

张　志　张金平　陈振海　王　琳　吕慧霞

1　前言

现代建筑工程对建筑材料和建筑结构的要求越来越高。钢管混凝土能够适应现代工程结构向大跨、高耸、重载发展和承受恶劣条件的需要，符合现代施工技术的工业化要求，因而越来越广泛地应用于工业厂房、高层和超高层建筑、拱桥和地下结构，并已取得良好的经济效益和建筑效果。

本工法实施于山西省首个装配式钢结构高层住宅项目晋建·迎曦园1号楼的矩形钢管自密实混凝土柱的施工。1号楼楼长21.2m，宽15m，结构为装配式隐框＋支撑钢结构住宅体系。抗震设防烈度为8度，装配率达91%。地下2层为人防层，层高3.6m，地下1层为储藏及设备用房，层高3.3m，地上1～34层为住宅，层高2.9m，建筑高度99.80m，总建筑面积11224.02m^2。地上部分采用钢框架-中心支撑结构；包括钢管混凝土柱、H型钢梁及H型钢支撑、钢筋桁架楼承板；预制飘窗、预制钢筋混凝土楼梯。

由于大直径钢管自密实混凝土柱浇筑通常存在空鼓的弊病，必须防止在浇灌时裹入不易排出的气泡产生空洞或缝隙，对整体施工带来了极大的挑战，目前建筑市场上此案例较少。山西二建集团有限公司为解决上述问题，对钢管自密实混凝土柱的浇筑工艺进行研究、改进和创新。通过编制《钢管自密实混凝土施工工法》，确保达到钢管内部不出现窝气现象。该工艺的应用对促进钢管自密实混凝土浇筑施工的技术发展、提高工程质量、降低工程成本等方面发挥重要的作用，提高企业的施工技术水平的同时，也为国家编写钢管自密实混凝土浇筑施工标准提供依据。

2　工法特点

本工程利用自密实混凝土的高流动、抗离析、间隙通过和不需振捣就能自动流平填充密实性能节省人工劳动强度。同时，在浇筑过程中，通过对自密实混凝土各项性能的控制及浇筑过程振捣工艺的改进，有效避免了浇筑过程中裹入空气导致的空洞、裂缝问题。完成效果得到建设单位和监理单位的一致好评，具有极大的应用推广价值，社会效益显著。

3　适用范围

本工法适用于不同直径、不同形状的钢管混凝土结构。

4　工艺原理

自密实混凝土本身具有高流动、抗离析、间隙通过和自填充密实的性能。为防止在浇灌时裹入不易排出的气泡产生空洞或缝隙，在实际施工过程中，通过控制配合比，留设排气孔及相应浇筑措施的使用让钢管自密实混凝土浇筑施工达到“易于浇捣、密实而不离析和安全有效”的效果。

5 施工工艺流程及操作要点

5.1 工艺流程

技术准备→钢管柱内清理→接浆→分段浇筑→柱顶补足、收平→检测检验。

5.2 主要施工方法

5.2.1 技术准备

（1）骨料：为保证浇筑过程中混凝土能穿过窄小的空隙（隔板排气孔），自密实混凝土采用中粗砂、5～16mm 的颗粒级配石子。

（2）外加剂：自密实混凝土相对于普通混凝土而言，水泥浆体更丰富，拌制用水量更大。为了降低胶凝材料的用量和保证混凝土具有足够的强度，在混凝土配制过程中掺用高效的减水剂，以降低用水量和水泥用量，获得较低的水灰比，使混凝土结构具有所需要的强度。

（3）扩展度：自密实混凝土坍落扩展度与屈服应力有关，反映了拌合物的变形能力和流动性。坍落扩展速度反映了拌合物的黏性，与塑性黏度相关；坍落扩展快，反映黏度小，反之，黏度大。扩展度应控制在 550mm±75mm，坍落扩展速度一般在 3～12s；坍落扩展后，粗骨料应不偏于扩展混凝土的中心部位，浆体和游离水不偏于扩展混凝土的四周。施工中自密实混凝土的扩展度不宜过大，能有效流动填充柱内空间即可。本工程扩展度为 600mm；初凝时间为 6h。

5.2.2 清理、接浆

自密实混凝土浇筑前，应将钢管柱内的杂物和积水清理干净。为防止混凝土下落后离散无浆和新老混凝土接触处不粘接，浇捣前柱底必须接浆，接浆厚度 50mm 左右。砂浆所用水泥、细骨料、外加剂的配合比必须与自密实混凝土所用相同。

5.2.3 分段浇筑

由于钢管自密实混凝土浇灌时往往存在裹挟气泡导致窝气这一致命问题，为解决这类问题，浇筑时采取了相应的改进措施：

（1）钢管内自密实混凝土的浇灌采用立式高抛免振捣法。混凝土浇筑前用水湿润料斗，将漏斗插入钢管柱，采用塔式起重机＋料斗进行浇筑，浇捣时把漏斗底口放置在柱顶模板内测沿导管均匀灌筑混凝土。当抛落的高度不足 4m 时，用插入式振捣棒密插短振，逐层振捣。振捣棒垂直插入混凝土内，要快插慢拔，振捣棒应插入下一层混凝土中 5～10cm。管外配合人工木槌敲击，根据声音判断混凝土是否密实，每层振捣至混凝土表面平齐不再明显下降，不再出现气泡，人工查看透气孔表面泛出灰浆为止。最终内隔板排气孔溢浆和混凝土冒出气泡不再下落方能停止。

（2）对矩形钢管柱高 6.3～9.45m 范围内的浇筑速率不小于 0.15m^3/min。浇筑过程中应随时关注排气孔出气和冒浆情况，每个出气孔冒浆后查看混凝土的浇筑量，观察其与理论数据是否有误差。施工缝应留置在每节钢柱顶以下 500mm 处。

（3）准确统计每个构件混凝土的实际浇筑量，与方案计算的该构件的混凝土量进行对比，发现异常，及时采取混凝土振捣、柱体振动等排气措施以保证混凝土浇筑密实。

5.2.4 柱顶补足、收平

混凝土浇筑后，静停过程中因气泡溢出导致混凝土沉降，可在浇筑时适当提高所要求的标高，也可在混凝土初凝前补充浇筑至所规定的标高。达到要求标高后进行后续的收平工作。

5.2.5 检测检验

（1）混凝土浇筑质量检测：在浇筑过程中，应检查出气孔是否全部出浆，根据浇筑计划计算每根柱的混凝土浇筑量。在浇筑结束后，由专人对浇筑质量进行全面检查（每节柱每层均需检查），一般采用敲击法进行初步判别。

（2）混凝土终凝后的检测：在混凝土终凝后，下一次浇筑混凝土之前，应采用本文所述的矩形钢管自密实混凝土无损检测技术对柱子密实度进行检测。对于存在较大缺陷的部位进行范围标注，采取相应补强措施。

（3）缺陷补强：对柱子上检测出的不密实部位，应采取侧向钻孔压力灌浆法进行补强，然后将钻孔补强补焊封固。

6 质量控制标准

（1）混凝土搅拌机和运输车在工作前应清洗干净，防止混凝土离析；混凝土运输车进入现场时应审查随车技术资料，并抽测扩展度，符合要求方可使用。

（2）钢管内的混凝土浇灌工作，宜连续进行，必须间歇时，间歇时间不应超过混凝土的初凝时间。

（3）选择无雨雪天气浇筑混凝土，不宜露天浇筑。

7 应用实例

由山西二建集团有限公司承建的晋建迎曦园扁钢管混凝土柱和潇河国际会议中心项目室外连桥钢柱均采用钢管自密实混凝土。

晋建迎曦园项目结构为装配式隐框＋支撑钢结构住宅体系。地下部分采用型钢外包混凝土柱（焊接箱形钢管），地上部分采用钢框架-中心支撑结构，包括钢管混凝土柱。地下部分柱外包混凝土C40，柱内混凝土为C50无收缩自密实混凝土，地上部分柱内无收缩自密实混凝土：1～10层为C50，11～19层为C45，其余为C40。

潇河国际会议中心项目连接会议中心与1号酒店的景观人行平台的室外连桥下部结构采用钢管混凝土柱，柱顶设置盆式支座，柱内混凝土为C50无收缩自密实混凝土。

以上两个工程，在浇筑过程中，通过对部分工艺与技术的改进，有效避免了浇筑过程中裹入空气导致的空洞、裂缝问题。

8 应用照片

工程应用照片见图1～图4。

图1　混凝土浇筑模拟

图2　含排气孔钢管内隔板图

图3　钢管柱浇筑口

图4　浇筑漏斗

装配式混凝土结构钢筋套筒连接冬季施工工法

山西二建集团有限公司

张　志　郑宏飞　武长青　张　昊　张　帆

1　前言

由于装配式结构的特殊性，其钢筋套筒连接质量直接关系到建筑整体的安全性。在山西省，冬季气温普遍在0℃上下波动，其波动区间可达15～20℃。这无异在缩短山西省全年可施工时间的同时，增加了冬季灌浆施工的难度。因此，我们总结了围绕装配式混凝土结构冬期灌浆施工的各项施工工艺，并对其技术进行了完善与创新，编制了本工法。

我公司承建的山西省第一个装配式建筑——泰瑞城项目，总建筑面积12.88万m^2，建筑高度89.27m。4层及4层以下竖向为现浇剪力墙结构，5层以上为装配式剪力墙结构。工程中使用剪力墙、楼板、阳台、空调板、楼梯等7种预制构件，项目装配率达到67.4%。我单位组织技术人员进行攻坚克难，并通过实践应用，解决了混凝土快速浇筑、支撑影响等一系列问题，并总结出《装配式混凝土结构钢筋套筒连接冬季施工工法》。

2　工法特点

本工法有效延长了装配式混凝土结构钢筋套筒连接在我国北方地区的全年可施工时长问题，实现了冬期施工灌浆套筒的保温加热自动启动与关闭，完善了冬季灌浆体温度控制方法，保证了保温加热均匀程度。

本工法解决了装配式结构的构件尺寸大、表面积大，保温难、灌浆套筒对中难、安装难等问题，提高了转换层钢筋埋设的位置、垂直度等关键工艺质量，降低了灌浆套筒空洞形成的可能性，从而提高了装配式混凝土建筑的安全性。

3　适用范围

本工法适用于装配整体式混凝土结构中当室外气温不低于－5℃时，且直径在12～22mm之间的HRB400、HRB500钢筋的套筒连接。

4　工艺原理

装配式混凝土结构钢筋套筒连接冬季施工的原理，是通过装配式结构钢筋预埋控制器保障转换层钢筋位置、长度、垂直度。同时，在施工现场搭设保温大棚，对灌浆料、各预制构件在预加工时进行预加热。在将预制构件吊装至预定位置之后，使用对应的装配式结构封堵装置，对各拼接缝进行封堵。在灌浆时，需要确保灌浆料温度达到规范要求，并使用入浆口自动封堵塞和带有检测通道的出浆口封堵塞对灌浆套筒分别对入浆口和出浆口进行封堵。在灌浆工序完成后，需确保各处封堵密实，而后开始对各灌浆套筒进行持续且均匀地加热，从而保证其内部灌浆料的温度持续性地介于5～15℃之间，其内部温差不大于20℃。通过自动控温系统，控制对于灌浆套筒的加热开关，结合棉被、电热毯、塑料薄膜、泡沫塑料封堵塞等外部设备进行协同工作，以确保灌浆料的内部温度稳定在规范要求范围之内。再通过使用装配式结构预埋钢筋控制器、定位槽钢、在斜支撑上设置监测传感器、入浆口自动封堵塞以及带有检测通道的出浆口封堵塞的协同作用，从而实现延长全年可施工时间的目的，进一步保障了装配式混凝土结构的施工质量。

5 施工工艺流程及操作要点

5.1 施工工艺流程

施工工艺流程见图1。

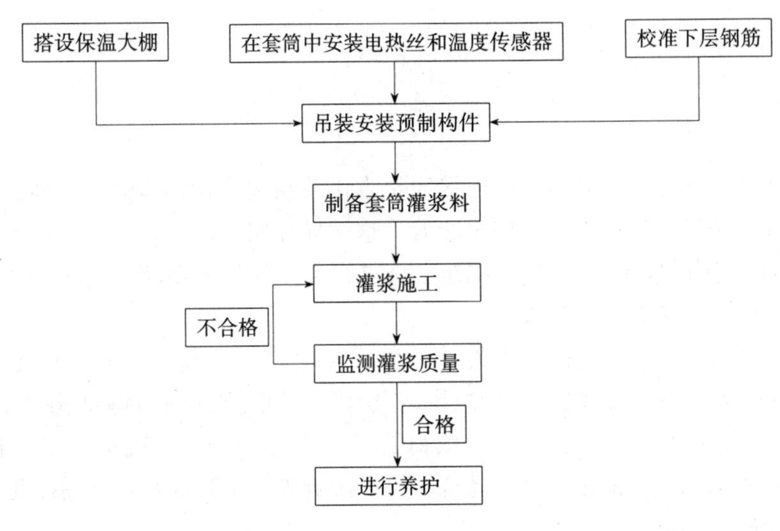

图1 施工工艺流程

5.2 施工方法

5.2.1 保温大棚的搭设

在装配式结构冬季施工现场，应搭设有保温大棚，并应注意以下保温措施：(1) 搅拌机及灌浆罐保温：应使用毛毯或其他保温材料包裹机身以及灌浆罐；(2) 注浆管路保温：用使用毛毯或其他保温材料包裹管路；(3) 搅拌浆料的用水温度：用于混合搅拌灌浆料的用水温度应控制在10～20℃之间；(4) 材料需要提前预热：需要将所有灌浆施工相关构件及材料放置在5℃以上的环境，并放置48h以上。

5.2.2 预埋钢筋的校准

使用装配式结构预埋钢筋控制器，对转换层的下层钢筋位置、长度、垂直度进行控制、校准与调整；使用定位槽钢，对装配层的下层钢筋位置进行校准与调整，以保证上层构件能够顺利安装。

5.2.3 电热丝与温度传感器的安装

在预制构件抵达施工现场后，需要对预制构件内的灌浆套筒内、连通腔内部署相应的电热丝、温度传感器以及自动控温系统。

5.2.4 预制构件的吊装与安装

在吊装作业开始前，应确保所有灌浆施工相关构件及材料放置在5℃以上的环境48h以上。在接缝砂浆设好后，吊起预制构件并移动至预定位置，使得套筒孔口与下层钢筋一一对齐，之后缓慢放下立柱，需确保钢筋插入长度与位置达到国家规范要求吊装安装完成后，使用斜支撑对构件进行加固，必要时在斜支撑上设置监测传感器，确保墙体垂直度与施工现场安全。而后，使用对应的装配式结构封堵装置，对各处拼接缝进行封堵，并确保封堵的密实程度(图2)。

5.2.5 灌浆料的制备

在制备灌浆料之前，应对灌浆料通过暖风机进行加热，并保证其温度超过5℃。用于混合搅拌灌浆

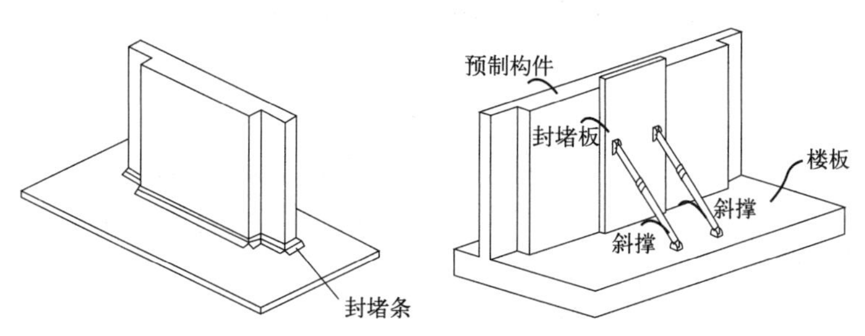

图 2　装配式结构封堵装置示意图

料的用水温度应控制在 10～20℃ ，搅拌时应使用高速搅拌机进行搅拌。拌合用水应符合混凝土用水标准，而加水量则需严格按照预定水灰比进行。在搅拌时，应先低速搅拌 1min，而后使用高速搅拌 3min。同时，在现场实际施工过中，由于搅拌机型号不同会导致其转速、功率不同。因此，应对不同搅拌机进行匹配测试。灌浆料搅拌完成后，应先行静置 2～3min，以消除高速搅拌时带入的气泡。

5.2.6　灌浆施工和质量检查

分别在入浆口及出浆口上安装入浆口自动封堵塞以及带有检测通道的出浆口封堵塞(图 3、图 4)，并确保其能够正常工作。在灌浆过程中，应密切关注并控制施加给灌浆体的压力，若出现出浆孔的橡胶塞脱落则立即塞堵并调节压力。当灌浆工序完成后，应对灌浆体进行持续不少于 30s 的保压，保压过程中也应保持出浆孔的橡胶塞不会脱落。而后，可使用内窥镜，通过带有检测通道的出浆口封堵塞对套筒的饱和程度进行逐一检查。如出现饱和程度不达标的情况，应及时再次进行灌浆作业，并重新进行饱和程度检查。

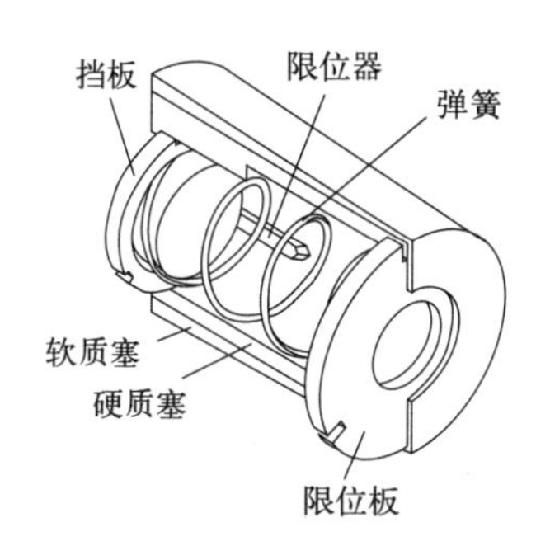

图 3　入浆口自动封堵塞

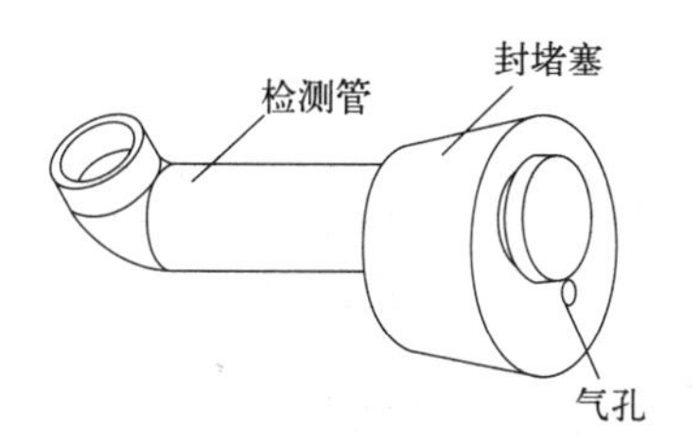

图 4　带有检测通道的出浆口封堵塞

5.2.7　养护措施

在施工期间室外气温可能低于 5℃时，应设置电热丝与温度传感器，并将其设置在套筒不同位置，在保证灌浆体温度高于 5℃的前提下，确保对套筒内部温度进行均匀保温与准确监测。当室外气温高于 5℃，或灌浆体温度高于 15℃时，电热丝自动断电，停止保温。电热丝温度不宜过高，时间不宜过长，应根据温度传感器监测数值进行调整。

在施工期间室外气温可能低于 5℃时，应搭设保温大棚，用于灌浆料制备以及构件加热，保温大棚内平均温度应保持在 15℃左右，最低时不得低于 5℃。在制备灌浆料前，应将灌浆料用水加热至不高于 80℃，并对套筒进行蒸汽加热使结合面温度高于 5℃。灌浆机应采用防寒毡包裹保温，灌浆料出仓的温度控制在 8～10℃，灌浆料进入套筒时的温度控制在 5℃左右。

当室外最低气温可能低于 5℃时，灌浆完成后应铺设塑料薄膜，并在必要时加棉被覆盖。当室外最低气温在 0℃以下时，灌浆完成后，应先铺设塑料薄膜，再加盖棉被与电热毯进行保温，并使用泡沫塑料将出浆口、入浆口塞紧保温。当气温低于零下 15℃时，应停止灌浆施工。

灌浆施工完成后，对灌浆施工区域和灌浆连通腔进行实时测温监测，记录温度数据并整理归档。节点冬季成品应在外部包裹保温隔热材料，用以保证灌浆体温度在规定范围内，并确保灌浆体内外温差在

20℃范围内。同条件养护试件抗压强度大于 35MPa 可停止养护。

6 质量控制

（1）施工记录：装配式混凝土结构钢筋套筒连接冬季施工应安排专人负责记录灌浆时的室外气温、保温棚内气温、灌浆过程以及全程录像，记录者负责签名并由专人负责校核，同时应持续记录养护时的室外气温及温度传感器参数。

（2）质量控制：装配式混凝土结构钢筋套筒连接冬季施工过程中应在吊装开始前，派专人对下层钢筋的垂直度、位置进行检查与调整校正，在吊装完成后，应第一时间检查坐浆层的完成性，在灌浆完成后应检查灌浆套筒的饱满度，并密切监控各灌浆体温度，对有问题的灌浆施工节点应及时进行补救。

7 应用实例

由山西二建集团有限公司承建的山西省第一个装配式建筑——泰瑞城项目，在冬季期间的钢筋灌浆套筒施工中，公司有针对性地开发并使用了冬季灌浆施工的各项工艺。通过使用装配式结构预埋钢筋控制器以确保转换层的下层钢筋位置、长度、垂直度，并进行控制、校准与调整。在冬季施工时，通过在施工现场搭设保温大棚，对灌浆料、各预制构件在预加工时进行预加热。并使用入浆口自动封堵塞、装配式结构封堵装置以及带有检测通道的出浆口封堵塞对灌浆套筒分别对入浆口、拼接缝以及出浆口进行封堵。通过对各灌浆套筒进行持续且均匀地加热从而保障灌浆体的施工质量，结合自动控温系统，控制对于灌浆套筒的加热开关确保灌浆料的内部温度稳定在规范要求范围之内。通过采用该施工方法，从施工进度和安全保证方面都取得明显效果，得到了甲方和监理方的好评。

8 应用照片

工程应用相关照片见图 5、图 6。

图 5 冬季灌浆试件力学性能测试

图 6 冬季现场剪力墙载荷试验

装配式建筑外墙拼缝密封防水施工工法

山西二建集团有限公司

李秀芳　郝志强　郭成丽　李　楠　张新明

1　前言

在装配整体式混凝土剪力墙结构施工过程中，预制外墙采用工厂加工生产、现场分块拼装连接，相邻外墙之间的拼缝密封防水处理是装配式建筑质量控制的最重要环节之一。为贯彻执行国家大力发展装配式建筑的要求，我公司通过泰瑞城项目总结出了《装配式建筑外墙拼缝密封防水施工工法》，圆满解决装配式预制外墙防水施工难题，取得了较好的经济效益和社会效益。

2　工法特点

（1）混凝土专用密封胶用于预制混凝土外墙拼缝防水施工。

（2）在装配整体式混凝土剪力墙结构施工过程中，预制外墙采用工厂加工生产、现场分块拼装连接，采用混凝土专用密封胶对预制外墙拼缝进行密封防水处理，保证预制外墙整体封闭防水效果。

（3）预制外墙接缝密封胶必须与混凝土具有良好的相容性、较好的位移能力及防水、耐候、低温柔性等功能，方便现场施工，保证装配式建筑外墙防水效果。

3　适用范围

本工法适用于装配式剪力墙结构预制外墙拼缝防水施工。

4　工艺原理

装配式建筑外墙拼缝密封防水为采用混凝土专用密封胶填塞进预留的构件接缝间、将拼缝填实，使外墙形成整体密封的构造。施工工艺原理如下：预制外墙深化设计时相邻构件间预留一定缝隙（如20mm），一方面作为安装时的偏差容错，另一方面作为后期防水密封的构造缝；构件安装完成后，将拼缝内基层清理干净、采用专用密封胶将接缝填实；同时，结合构件预留企口、密封胶施工时设置泄水孔等措施，实现外墙整体防水防渗效果。

5　施工工艺流程及操作要点

5.1　施工工艺流程

接缝确认、修整→接缝基层清理→背衬嵌填（泡沫棒）→美纹纸粘贴→底涂液涂刷→密封胶施胶（泄水管安装）→美纹纸清除。

5.2　操作要点

5.2.1　接缝确认、修整

检查拼缝误差和缝边破损情况，对于超出规范允许偏差、破损或流坠水泥浆污染的拼缝，进行切割、铲（刷）、修补并做好验收。

5.2.2 接缝基层清理

接缝处一般积存有浮尘，影响密封胶与基层的粘接，接缝修整完成后用毛刷或鼓风机清除干净。对于粘接牢固的顽固水泥浆点，可用铲刀辅助铲除后清扫。

5.2.3 背衬嵌填（泡沫棒）

背衬泡沫棒主要作用为控制密封胶的施胶厚度，通常使用柔软闭孔的圆形的聚乙烯棒，直径大于接缝宽度25%。泡沫棒的嵌填直接决定了后续施胶的厚度，应根据施胶厚度要求严格控制嵌填深度（位置）。密封胶越厚防水密封效果越好、使用寿命越长，但密封胶厚度超过宽度时，不利于胶体弹性变形。

5.2.4 美纹纸粘贴

在打胶施工前为了防止污染周边和方便修饰，在接缝两侧粘贴美纹纸；接缝两侧粘贴美纹纸应在相应位置涂刷底涂液前进行，美纹纸的粘贴仅限于当天施工范围内的作业中使用。

5.2.5 涂刷底涂液

为增加密封胶与被粘接物之间的粘接性能，各厂商生产的混凝土建筑用密封胶一般配套有专用底涂液。打胶前应对施胶基层涂刷底涂液，底涂液涂刷好后，待涂层干燥后方可进行密封胶施工，且应在底涂液涂刷后8h内完成。

5.2.6 密封胶施胶

待底涂液干燥后，将密封胶安装于专用胶枪内，顺着处理好的拼缝挤出密封胶，密封胶的挤注动作应连续进行，使胶均匀连续地以圆柱状从注胶枪嘴挤出，注胶完成使用密封胶专用刮刀沿打胶方向反方向和顺方向各刮压一次，将密封胶刮平。

5.2.7 泄水管安装

为预防拼缝空腔内出现水蒸气凝结或使局部渗水顺利排出，宜在外墙拼缝中设置泄水管，每道竖缝可三层设置一个，设置位置宜选择在拼缝十字交叉上300～500mm的位置。具体做法为：选择合适尺寸的泡沫棒、斜置粘贴在外墙保温层上，倾斜角度控制在20°以上以保证水可以自然顺畅地从缝内排出；（涂刷底涂液）从斜置泡沫棒上端开始均匀地施胶至斜置泡沫棒下端；安装泄水管，安装时应保证泄水管突出外墙面5mm；使用密封胶专用刮刀将密封胶刮平。

5.2.8 清除美纹纸

打胶完成、修正完毕后，应立刻去除美纹纸；同时，施工时所粘附的胶样要趁其在固化之前清除。

6 质量控制

（1）材料的选择：材料选择时除确保与基层（混凝土）的相容性、适应的位移能力及防水、耐候、低温柔性等功能外，尚应保证下道刷涂料工序时的可涂饰性。

（2）接缝修整、基层处理：施工中不可避免会出现拼缝误差，对于超出规范允许偏差的拼缝，必须切缝或修补，避免“窄缝”达不到位移要求或“宽缝”影响密封效果；由于处于露天环境，接缝处极易积存浮尘，直接影响密封胶的粘接和防水性能，施胶前必须严格验收基层清理效果。

（3）（泡沫棒）背衬嵌填：背衬嵌填质量直接决定了密封胶的施胶质量，一方面，应选用直径大于接缝宽度25%的泡沫棒，确保嵌填的泡沫棒有足够的支撑；另一方面，泡沫棒的嵌填深度直接决定了后续施胶的厚度，密封胶过厚过薄都不利于相应功能的发挥（密封胶越厚防水密封效果越好、使用寿命越长，但密封胶厚度超过宽度时，不利于胶体弹性变形）。理想的胶缝厚度宜控制在缝宽的1∶1～2∶1，且厚度不宜小于10mm、不宜大于20mm。

（4）底涂液涂刷：涂刷底涂液可增加密封胶与被粘接物之间的粘接性能，打胶前应根据产品性能对施胶基层涂刷底涂液，底涂液应涂刷均匀、不漏涂，待涂层干燥后方可进行密封胶施工，且应在底涂液涂刷后8h内完成。打胶前如发现涂刷的底涂液基层被污染，或打胶施工需要顺延超过8h，应重新清理或检查基层后重新涂刷底涂液。

（5）密封胶施胶：密封胶施胶应采用专用胶枪，密封胶的挤注应连续进行；注胶完成使用密封胶专用刮刀沿打胶方向反方向和顺方向至少各刮压一次，确保密封胶刮平。

7　应用实例

泰瑞城项目预制外墙拼缝防水密封采用了本施工工艺，施工前选定区域制作了样板进行了工艺验证，施工过程严格按工艺和方案要求进行，施工完成通过淋水试验检验，防水效果良好。

8　应用照片

工程应用照片见图 1～图 4。

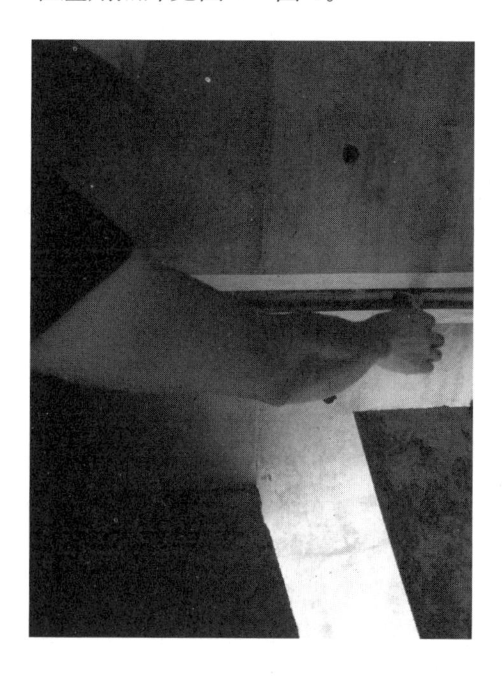

图 1　基层清理

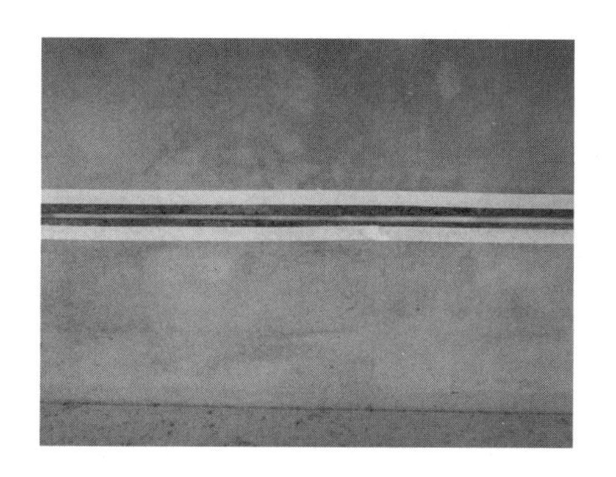

图 2　背衬嵌填（泡沫棒）

图 3　施工间断留置在拼缝十字交叉 300mm 位置处

图 4　打胶完毕及泄水管安装

钢结构装配式高层住宅工业化装修施工工法

山西二建集团有限公司

王　磊　王　陶　程俊鑫　王明清　裴　敏

1　前言

晋建·迎曦园项目1号楼为山西省首例装配式钢结构高层住宅，地下2层，地上34层，建筑高度99.80m，总建筑面积11224.02m^2，采用隐式框架钢结构住宅体系。

内隔墙采用ALC条板，墙体免抹灰；外围护墙体采用ALC板材，内嵌形式布置，内支撑部位采用蒸压加气混凝土砌块；外墙板外侧挂贴保温装饰一体板，保温材料为竖丝岩棉并通过微孔渗入式自粘接发泡工艺，饰面为仿石薄板；内装为干法楼地面，管线分离，集成厨房，集成卫生间，按国家标准评分计算，本项目装配式建筑综合评价分值为92分，整体装配率为92%，装配式建筑评价为AAA级。

2　工法特点

钢结构装配式住宅为新型工业化建筑产品，产品经过深化设计、工业化制造、装配化施工、信息化管理，产品质量可靠有保证、生产效率提高、节约现场人工、改善劳动环境、节约资源、可回收利用、绿色环保。

本项目内装采用的是装配式内装，内装系统与主体结构分离的装修方式，装饰工程有：地面施工、墙面施工、顶面及管线施工、门窗施工、卫生间施工、厨房施工等。干法楼地面模块化生产，在现场进行灵活组装，施工快捷，无湿作业；管线分离可根据建筑构件形式组成不同的管线接口模块，避免了传统预埋电气配管的施工做法，基本实现了电气配管与主体结构的分离；方便使用维护，具有较高的灵活性和适用性。集成厨卫具有独立的框架结构及配套功能性，一套成型的产品即是一个独立的功能单元，可以根据使用需要装配，施工省事省时。

3　适用范围

本工法适用于各种复杂钢结构装配式装饰装修工程。

4　工艺原理

在建筑工业化的框架内实现住宅精装产业化，包含快装集成供暖地面系统、快装轻质隔墙系统、快装墙面挂板系统、快装龙骨吊顶系统、快装集成给水系统、薄法同层排水系统、集成卫浴系统、集成厨房系统等。

装配式装修体系与钢结构主体、ALC墙板有机结合在一起，一体化设计，整体装配式施工，有效提高装配率，可大大缩短工期，减少环境污染。采用装配式装修体系，才能真正意义上实现装配式建筑，在管线分离、全装修、干施工法楼地面、集成厨房、集成卫生间的得分上基本都能得到满分。

5　施工工艺流程及操作要点

整体施工工艺：施工基层处理及测量、放线→墙面装饰装修→集成地面系统→集成厨卫生间系统→

集成顶面系统。

5.1 施工基层处理及测量、放线

5.1.1 基层处理

(1) 地面垫层上的杂物清净，用钢丝刷刷掉粘接在垫层上的砂浆并清扫干净。

(2) 吊顶施工基层处理：吊顶施工前将管道洞口封堵处以及顶上的杂物清理干净。

(3) 墙面基层处理：先将墙面灰尘、浆粒清理干净，用水石膏将墙面磕碰处及坑洼缝隙等找平，干燥后用砂纸将凸出处磨掉，将浮尘扫净。对于石膏板顶面，要先将石膏板接缝处进行嵌缝处理；对已进行粗装修的墙面清理基层，凹凸不平应剔凿或修补、湿润，修补要刮平、拍实、搓粗。

5.1.2 测量放线工程

(1) 施工人员于施工前，由施工技术人员现场进行技术交底，依据设计图纸用墨线划出装修物的位置，经技术人员勘查无误后，方可进行施工，一切尺寸准确性以图纸设计为准。

(2) 施工中各专业交叉作业较多，能够保证装修工程收口处理完美，必须在施工中保证测量放线工作的准确性，并保证各专业交接时，尽量采用统一测量值，减少误差。

5.1.3 测量具体措施

(1) 进场后，进行综合、统一的测量放线，并组织与土建单位、业主交接检查，尽量减少室内外测量上的人为误差。

(2) 以交接检查后确定的测量值为基准，对室内各分项分部工程进行定位放线。

(3) 对厨房、卫生间放完成品挂板完成面线，以便让土墙面挂板、木门加工生产。

(4) 定期或不定期相互校对相关的轴线和水平基准线，以达到精确的装修效果。

(5) 在地坪放样确定后，应于施工范围内设置标准水平线，同时完成地坪高程差校对、天花板高程弹线作业，以提供施工人员作为地坪及立面施工的微调依据。

(6) 配合监理工程师指示，于局部放样点钉以钢钉作为放样确认点（此确认点包含地面放样线及楼层水平线）。

(7) 放样醒目，包括：楼层建筑标高、墙面材料分割线、龙骨定位线、门窗位置线、地面材料分割线。

5.2 墙面装饰装修

流程为：ALC墙板表面放线→安装支撑件→安装快装管线→安装横向龙骨→龙骨调平→安装墙板并安装竖向龙骨。

操作要点：

(1) 弹线、分档：在隔墙与上、下及两边基体的相接处，应按龙骨的宽度弹线。按设计要求，结合罩面板的长、宽分档，以确定竖向龙骨、横撑及附加龙骨的位置。

(2) 固定龙骨：沿弹线位置固定轻钢龙骨，用膨胀螺栓固定，龙骨对接应保持平直。

(3) 固定边框龙骨：沿弹线位置固定边框龙骨，龙骨的边线应与弹线重合。龙骨的端部应固定，固定应牢固。

(4) 竖向龙骨安装于天地龙骨槽内，安装应垂直，龙骨间距不大于400mm。竖向龙骨两侧安装横向龙骨，每侧横向龙骨不应少于5排。

(5) 门、窗口应采用双排竖向龙骨加固，壁挂空调、电视等安装位置采取加固措施。

(6) 水电管路敷设，要求与龙骨的安装同步进行，并采取局部加强措施，固定牢固。在墙中铺设管线时，应避免切断横、竖向龙骨。

5.3 集成地面系统

流程为：电管线敷设→安装地面模块→地面调平（组装地脚螺栓）→安装地板模块并调平→安装模块与模块之间的固定件→地暖模块安装→地暖盘管→安装平衡层→封布基胶带→面层铺贴。施工要点如下：

（1）按照设计方案，沿墙弹出标高控制线。

（2）按弹线位置固定木龙骨边框，用膨胀螺栓固定，固定点间距不大于500mm。

（3）在木龙骨框架与地脚组件上架设地暖模块层，使得地暖模块层与结构基础层之间形成架空层，用于排管布线、隔声保温。

（4）房间两端架设第二地暖模块，以便于埋设地暖管时转弯。

（5）地脚组件中的螺栓一端的表面设有用于旋拧的开槽，另一端连接有抵接于结构基础层的橡胶垫，螺栓上套设有与其螺纹连接的用于承托地暖模块的支撑块。在实际装配过程中，通过旋拧螺栓，改变螺栓和支撑块的相对位置以带动地暖模块上下位移实现调节地暖模块层的高度。地暖模块调平后，用自攻螺栓与支撑块进行连接。

（6）将地暖加热管埋设于条形暖管槽和弧形暖管槽中，然后用铝箔胶带进行封粘。

（7）地暖管埋设完毕后，在地暖模块上涂敷结构胶，将多个硅酸钙板以拼接的方式粘接在地暖模块上，并且相邻的两个硅酸钙板的边缘之间留出缝隙，压紧硅酸钙板直到其与地暖模块粘接牢固。

5.4 集成厨卫生间系统

安装工序（顶面）：管线敷设→PE防水膜安装→安装顶面分水器→安装连接卡扣→五金件安装→安装集成顶面。

安装工序（地面）：敷设排水管、电管线等→安装地面模块→安装防水底盘→安装地面砖→安装同层排水地漏。

安装工序（墙面）：ALC墙板或轻钢龙骨隔墙表面放线→安装支撑件→安装快装管线→安装PE防水膜→安装横向龙骨→龙骨调平固定快装接口（如花洒出水口、马桶出水口等）→锁扣连接墙砖。操作要点如下：

（1）卫生间地面在安装模块化快装供暖地面前应涂刷丙烯酸酯防水涂料，在大面积施工前，应先在阴阳角、管根、地漏、排水口及设备根部做附加层，并应夹铺胎体增强材料，附加层的宽度和厚度应符合设计要求。防水涂料涂刷前应对基层进行清理，基层坚实平整、无浮浆、无起砂、裂缝现象。

（2）防水涂料沿墙面四周刷至250mm高，在门口处应水平延展，且向外延展长度不小于500mm，向两侧延展宽度不应小于200mm。蓄水试验合格后方可进行下一道工序。

（3）卫生间内地暖模块安装完成后应做防水层，防水层应从排水管根延伸至管口处，且卷入管口不少于10mm。

（4）墙面PE防水防潮隔膜与防水坝表面防水层搭接不小于100mm，并采用聚氨酯弹性胶粘接严密，形成整体防水防潮层。

5.5 集成顶面系统

施工工艺流程：沿涂装板上沿安装边龙骨→隐检→铺设起始吊顶板→安装横龙骨→铺设后续吊顶板及龙骨→灯具等设备收口→涂装板调整→收边清理。施工要点如下：

（1）墙面涂装板施工完成后方可进行边龙骨的安装，沿墙面涂装板上沿挂装“几”字形铝合金边龙骨，边龙骨与涂装板应固定牢固。

（2）边龙骨阴阳角处应切割45°拼接，接缝应严密。

（3）两块吊顶板之间采用“上”字形铝合金横龙骨固定，横龙骨与边龙骨应接缝整齐，吊顶板安装应牢固，平稳。

（4）根据涂装板的平面及标高位置，在结构基层上明确绘出灯具、风口等平面及标高位置，确保设备安装过程中甩口到位。

（5）带有设备的板在安装前，必须用专用机具固定板体，用开孔器或曲线锯按设备尺寸（灯具、风口等）开孔。

（6）涂装板安装要一次成活，一次成优，忌反复拆改。

6 质量控制标准

（1）统一放线、检验制度。

（2）材料检验制度。

（3）工序流程交接制度：根据装饰工程和设备安装工程各工序的逻辑关系编制统一的工序流程，各工序的施工人员按流程先后进行工作面。前后两道工序的交接一律办理书面移交手续。上道工序的施工人员撤出工作面后，下道工序对成品保护负责。

（4）工艺标准制度：对各装饰分项，分别编制工艺标准，下达到作业队，作为技术交底和施工过程控制的依据。

（5）样板间制度：用选定的材料和工艺做出样板间，并经建设单位（业主）和设计单位确认后方可按样板间标准进行大面积施工。

（6）施工操作中，坚持“三检”制度，即自检、互检、交接检；所有工序坚持样板制；牢固树立“上道工序为下道工序服务”和“下道工序就是用户”的思想，坚持做到不合格的工序不交工。

（7）按已明确的质量责任制检查落实操作者的落实情况，各工序实行操作者挂牌制，促进操作者提高自我控制施工质量的意识。

（8）整个施工过程中，做到施工操作程序化、标准化、规范化，贯穿工前有交底、工中有检查、工后有验收的“一条龙”操作管理方法，确保施工质量。

7 应用实例

晋建·迎曦园1号楼以工业化代替传统手工湿作业，既能确保部品部件质量，提高施工精度，减少建筑质量通病，又能减少事故隐患，降低劳动者施工强度，提高施工安全性。有利于提高劳动生产率，缩短综合施工周期25%～30%，现场施工与工厂生产相比，生产效率明显提高。晋建·迎曦园装配式住宅在减少能源消耗的同时，也大幅降低了对环境的影响。在能源消耗方面，工业化住宅建造过程能够节约15%的能源，使用过程中节约能源25%～35%，降低抹灰砂浆用量约55%，节约模板板材约60%，降低施工能耗约20%。

8 应用照片

工程应用照片见图1～图4。

图1 地面模块

图2 管线分离

图3 客厅

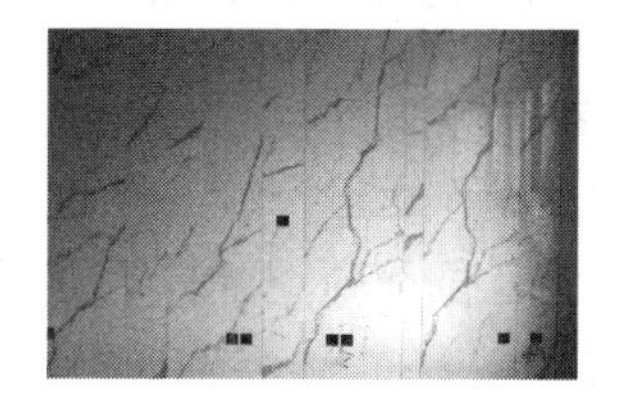

图4 墙面装饰一体板

大跨度曲面异形空间网架结构施工工法

山西二建集团有限公司

王舒桐　王　琳　王　凡　王振伟　吕慧霞

1　前言

随着国民经济的快速发展以及人民生活水平的日益提高，人们对建筑物的要求不再局限于经济适用，更多是对其更大空间、更全面、更人性化、更贴近生活的使用功能的要求和对其具有独特设计理念、能反映民族特征、地域特征、时代气息的独特外观造型要求。

2　工法特点

本工法实施于潇河国际会议中心，其屋面钢结构为四角锥焊接空心球节点网架，采用下弦支承，通过球形铰支座与主体混凝土柱连接。其中大跨度曲面异形空间网架的材料和加工机具的选用、对原材料的切割焊接、各杆件的加工制作、拼装及全寿命监测都是施工的重点和难点。山西二建集团有限公司为解决上述问题，对大跨度曲面异形空间网架的制作和施工工艺进行研究和创新，编制“大跨度曲面异形空间网架结构施工工法”，确保达到设计要求的直度、角度、弧度、尺寸偏差符合设计要求以及对杆件切割焊接等加工的施工质量。

3　适用范围

本工法适用于大跨度曲面异形空间网架施工，为企业积累了宝贵的施工经验，也为国家编写大跨度球形网架施工规范和验评提供依据。

4　工艺原理

大跨度曲面异形空间网架为正放四角锥焊接空心球节点网架，采用下弦支承。根据本项目的结构特点及现场实际条件情况，屋面网架安装方法采用“地面拼装、分块吊装、高空对接”的方法，即网架杆件及焊接球运输到现场，在现场根据所选用履带起重机的吊装性能，分块进行拼装，局部位置设置临时支撑架，500t 履带起重机在主体外侧站位，分块安装屋面网架。网架吊装完成后，进行支撑架的逐级卸载，拆除支撑架，完成屋盖网架的安装。

5　施工工艺流程及操作要点

5.1　工艺流程

深化设计→制作运输→施工准备→放线定位→搭设临时支架→地面网架拼装焊接→无损检测→安装吊点→分块吊装就位→高空补杆→网架卸载→涂漆→最终验收。

5.2　操作要点

5.2.1　深化及加工制作

屋面网架投影面积约 35880m^2，长 231.3m，宽 155.1m；国际会议厅上空最大跨度是 74.1m。屋面四角为大悬挑网架，最大高度 54m，最大悬挑长度 34m。单块钢网架最重达 62t，最远起吊半径 65m，屋面钢网架由 3m×3m 网格组成，高度 3m。球节点为焊接空心球，焊接空心球加工制作精度要求高。杆件规格种类繁多，共计 39 种。

5.2.2　网架拼装

本工程屋盖网架采用四角锥焊接空心球节点网架。拼装内容包括钢网架、吊挂、主次龙骨、主檩条等。网架采用在地面进行原位拼装，拼装完成后进行分块吊装的方案进行安装。

1. 智慧建造 BIM 自动放样机器人技术

通过电脑选取 BIM 模型中所需放样点，配合 360°定位棱镜，实现自动追踪、自动锁定目标功能，指挥机器人发射红外激光自动照准现实点位，达到“所见点即所得”的施工效果，从而将 BIM 模型精确映射到施工现场，实现了施工现场 100%无纸作业。同时，该技术具有单人操作、放样灵活、测量便捷的特点。

BIM 自动放样机器人施放量可由传统作业 40 点/d 提升至 200 点/d 以上，由小组施测简化为单人作业，提高了效率和准确率，实时反馈定位复核情况，精准提升定位放线质量。

智慧建造 BIM 自动放样机器人技术解决了传统网架定位作业难以应对造型复杂工程的问题，潇河国际会议中心项目应用该技术，一举解决了异形曲面网架精确定位的难题。同时全面提高了 BIM 模型在施工过程中的应用效率，提升了项目信息化管理水平。

2. 异形曲面网架拼装精度控制

钢网架采用在地面进行原位拼装，拼装完成后进行分块吊装的方案进行安装。网架拼装采用人工拼装，拼装高度为地面以上 0.5～4.5m。按照先下弦球节点和下弦杆，然后上弦球节点，最后上弦杆和腹杆的思路拼装。

屋面钢网架悬挑跨度大，悬挑最高点为 54.630m，垂直悬挑高度为 12.5m，水平悬挑长度达 34m，采用常规拼装技术难以满足现场实际施工需求。

（1）拼装坐标与全局坐标系的转换：异形双曲空间焊接球网架的三维可视化设计，需要在三维空间的图纸坐标系下工作，但是网架在地面拼装阶段，需要在拼装坐标系下完成构件拼装，如东南角设计高差 12.5m，需要改变角度转换坐标进行拼装。因此各分块构件拼装坐标与图纸坐标系之间存在错综复杂的相互转换和计算。

（2）网架节点预起拱控制：具体起拱点位及起拱值，会同设计院根据网架施工分块情况，经过计算得出，汇总入网架模型，修正杆件下料单。

5.2.3　网架焊接

屋面网架安装方法采用“地面拼装，分块吊装、高空对接”的方法，减少高空操作，降低高空低温焊接操作量，结合当地气候、温度等条件，选用半自动 CO_2 气体保护焊和手工电弧焊相结合的方式进行焊接，焊丝在满足强度要求的前提下，选用屈服强度低、冲击韧性较好的低氢型焊丝，重要的结构采用高韧性超低氢型焊丝。焊接过程中严格执行“焊前预热，过程测温，焊后保温”，确保焊接质量一次成优。

5.2.4　支撑架设置

屋面网架采用分块吊装的施工方法，虽然大部分分块有支座作支撑，但部分大跨度网架区域需要设置临时支撑架。根据主结构分段情况设置支撑点，模拟计算各支撑点承载力。采用格构式承重支撑架体，根据各支撑点反力，验算各格构式承重支撑架体稳定性。

5.2.5　网架吊装

1. 超重超远距非常规起重

屋面网架为采用超重超远距非常规起重方法，网架结构为正放四角锥焊接空心球节点网架，采用下弦支承。根据本项目的结构特点及现场实际条件情况，屋面网架安装方法采用“现场拼装，分块吊装，高空拼接”的方法，即网架杆件及焊接球运输到现场，在现场根据所选用的起重机械的吊装性能，分块进行拼装，局部位置设置临时支撑架，起重机械在主体外侧站位，分块安装屋面网架。网架吊装完成后，进行支撑架的逐级卸载，拆除支撑架，完成屋盖网架的安装。屋面网架的安装顺序是从中间向四周进行安装，四个角悬挑部分最后安装。

根据现场施工条件及XGC500A型500t履带起重机的起重性能，按照近重远轻的原则，屋面网架分为51个吊装块（图1）。

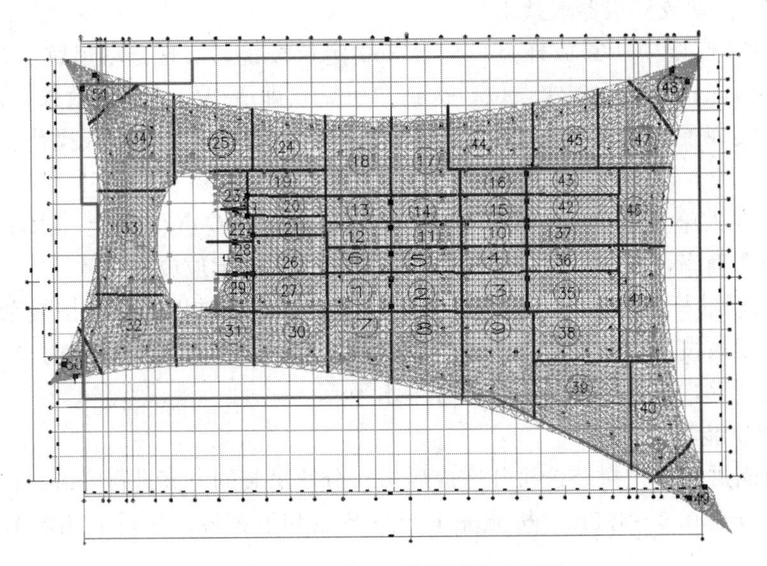

图1　网架分块及安装顺序示意图

2. 钢网架全过程关键工序、应力应变安全计算

网架安装全过程中，应对引起应力应变较大变化的关键工序进行安全计算，主要包括：网架支撑架安全验算，支撑架下支撑结构的承载力验算；网架分块吊装验算，网架安装全过程模拟验算。

5.2.6　网架应力、应变监测

在网架安装过程中要经过负载行走、空中转体及匀速提升等多种工况的荷载变化。因此需要实时监测钢网架的受力状况，当应力、应变值接近预警值时，及时采取有效措施解决，以保证施工安全，此外针对钢网架最大跨度跨中位置进行全寿命周期监测，确保结构施工及运行阶段安全可靠。

（1）钢网架应力、应变监测技术：该技术在准备阶段，使用有限元分析软件模拟分析，确定出在角部悬挑位置处，提升、卸载时应力较大的杆件，通过设置应力片，全程计算机软件跟踪监控，确保施工安全，确保变形符合设计要求。在卸载过程中，全程使用高精度全站仪实时监测构件变化量。

（2）钢结构Safety On-line全寿命周期监测系统：在钢网架跨中上下弦杆及腹杆中间部位安装振弦式应变计和坐标测量传感器，通过5G无线传输技术，将钢网架的应力变形与坐标数据实时传输至电脑终端进行自动记录，分析钢网架在吊装、卸载、施加屋面构造层荷载及运营阶段雪荷载、风荷载等全寿命周期过程荷载变化，确保钢网架结构安全运行，同时为该地域后续建设项目选址模拟分析、设计方案分析、结构计算分析、施工变形分析及运维监控提供科学的、有效的、真实的对比数据。

6　质量控制标准

6.1　钢结构安装质量控制措施

（1）轴线误差保证措施：在吊装构件时，钢结构本体会产生水平晃动，此时应尽量停止放线，为防止阳光对钢结构照射产生偏差，放线工作要安排在早晨与傍晚进行，钢尺要统一，使用时要进行温度、拉力校正。

（2）标高误差控制措施：标高调整采用垫片或地脚螺栓。由于土建和制作的累计误差都集中在吊装工作上，为控制结构标高，在钢结构加工时，定位支座高度可做负偏差，标高可用插片进行调整。

在构件加工厂的监督加工中，监督员认真复核构件外形尺寸，特别对螺孔进行严格复查，确保构件按图加工。

（3）焊接的保证措施：为减少焊缝中扩散氢含量，防止冷裂和热影响区延迟裂纹的产生，在坡口的尖部均采用超低氢型焊条打底，然后用低氢型焊条或气体保护焊丝做填充。

每条焊缝在施焊时要连续一次完成，大于4h的焊接量的焊缝，其焊缝必须完成2/3以上才能停止施焊，在二次施焊时，应先预热再施焊，间歇后的焊缝开始工作后中途不得停止。

6.2 钢结构安装质量检验和测试

（1）对工程轴线、标高用先进的仪器进行复测，如有问题与有关方面商讨解决，使问题解决在施工之前。

（2）钢构件进入现场，由专业技术人员进行构件外形复测。

（3）钢构件在吊装校正后经质量员检验。

7 应用实例

大跨度曲面异形空间网架结构施工工法实施于潇河国际会议中心，屋面网架内凹外挑，四角上扬，造型独特，其空间利用率高，抗震性能优越，跨度大，悬挑高度高。

8 应用照片

工程应用相关图片见图2～图5。

图2 网架首吊

图3 高空补杆焊接

图4 高空补杆完成

图5 网架完成航拍图

钢结构厂房大面积无缝混凝土地面施工工法

中国建筑土木建设有限公司

陶志文　龙陆彬　石　伟　李　乐　李二帅

1　前言

随着近年来国民经济的稳步增长和建筑业的迅猛发展，大面积无缝混凝土地面的施工逐步推广，运用到工业和民用建筑的各个领域。而施工质量好施工速度快、工程成本低无疑是建筑产品追求的目标，地面平整度、无施工缝等这些使用需求慢慢地浮现出来，所以就需要我们不断改进施工方法，提高施工质量，精准把控平整度，取消施工缝。本工法简单阐述了钢结构厂房大面积无缝混凝土地面施工技术工程中的研究现状以及应用。

中国建筑土木建设有限公司采用钢结构厂房大面积无缝混凝土地面施工技术，投入人力减少，降低施工强度，施工期间大大降低了环境污染，真正实现了该工法的经济、高效、安全、环保等特点。

以本工程为例，新能源商用车电控及驱动系统研发及产业化建设项目在 2 号楼钢结构楼承板施工完成后，进行混凝土地面施工时采用了本工法，通过调整混凝土配合比、施工采用跳仓施工、分仓边界标高控制等方法，从根本上解决了混凝土裂缝问题、地面平整度得到有效控制，为以后类似工程提供可靠、有效的施工方法。

2　工法特点

（1）混凝土的配合比设计应使混凝土在满足强度要求、减小水化热温差、减小混凝土收缩的前提下具有良好的施工性能；进行混凝土配合比优化，主要从坍落度、和易性、水灰比、砂率、含气量、坍落度损失和强度等方面反复试验调整，经现场检验后确定混凝土的最终配合比，同时确定混凝土的生产工艺参数及性能指标。

（2）提前做出工序策划，绘制跳仓图，混凝土浇筑前根据跳仓图支设模板。

（3）采用固定标高控制，通过调整膨胀栓，用水准仪找平模板上沿控制标高，模板采用角钢支模（根据混凝土地面的厚度可选用不同型号的角钢或槽钢），用 $\phi10$ 膨胀螺栓把角钢固定于基层上。

（4）在地面与柱之间分别设置了分隔缝，支模位置设在分隔缝的位置上。

（5）采用此工法施工的地面，能够保证地面平整光滑，一次成活，面层和基层不分开同时操作，解决了起鼓裂缝现象。

（6）通过将大型整体地面分隔成若干个小的块体，避免了使用过程中地面的收缩而形成的裂缝，保证了使用功能，提高了观感质量。

（7）在混凝土达到强度以后采用混凝土切缝机，沿着跳仓分隔线进行切缝，控制后期使用过程中混凝土产生裂缝的因素。

3　适用范围

（1）本工法适用于对混凝土地面平整度要求较高、面积过大、耐磨、使用要求高的地面工程。

（2）本工法适用于各种厚度或配筋普通混凝土地面或附加金属耐磨面层、环氧树脂面层地面施工。

（3）本工法适用于有缝和无缝地面施工。

4 工艺原理

（1）采用优选模板、设备、工艺方法和减少水准测量误差等综合控制措施实现混凝土地面平整度高精度要求。对模板进行设计，通过严格控制角钢模板平整度来控制分仓混凝土地面平整度；通过角钢模板底部的设置微调标高调节控制螺杆，以达到对模板平整度的精确控制；通过控制测量误差来控制整个地面标高精度，为此，专门制作了一个放水准尺的装置；通过利用两侧的分仓混凝土的平整度来控制填仓混凝土的平整度；通过控制面层工艺控制平整度。

（2）根据混凝土出现收缩裂缝主要原因是温度的影响、原料的性能、水灰比和自身的干收缩，我们从原材料选择、优化配合比设计、严格控制混凝土浇灌质量、精心养护、及时切割锯缝等环节着手严格控制大面积混凝土地面裂缝的出现。

（3）浇筑混凝土采用跳仓浇筑，提前绘制跳仓图，先浇筑的混凝土进行混凝土收缩，应力释放，角钢拆除后对边角处的混凝土进行切割，7d 后混凝土收缩完成后施工相邻仓混凝土，以此类推进行先后浇筑混凝土，预防混凝土大面积浇筑出现开裂现象。

5 施工工艺流程及操作要点

5.1 施工工艺流程

施工工艺流程见图 1。

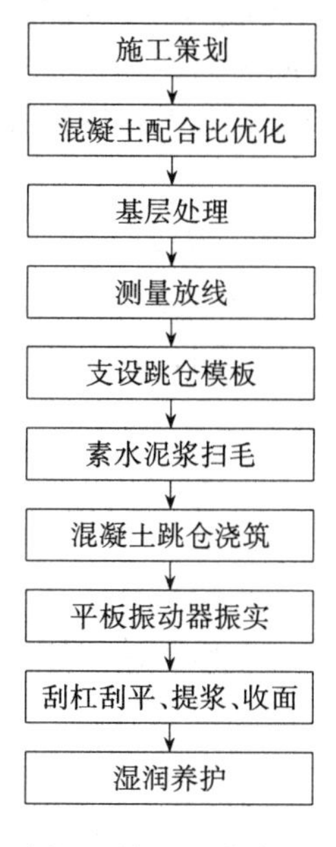

图 1 施工工艺流程

5.2 操作要点

5.2.1 施工策划

（1）在施工前对混凝土地面进行绘制跳仓图，确定出跳仓顺序。分仓时的主要依据是按柱网轴线进行分仓，对柱网过大的网格进行加密，例如该工程的轴网为 9m×12m，在分仓时将整个地面分成 9m×12m 的网格，但 12m 长的单块地面太大，不易控制，所以对轴线进行加密分割，即 6m。因此将整个地面工程分割成 9m×6m 的网格。

（2）网格确定好之后，即进行工序策划，确定出混凝土浇筑顺序，按混凝土的浇筑顺序确定出混凝土输送泵管的布管位置。

5.2.2 混凝土配合比优化

(1) 混凝土的配合比设计应使混凝土在满足强度要求、减小水化热温差、减小混凝土收缩的前提下具有良好的施工性能；进行混凝土配合比优化，主要从坍落度、和易性、水灰比、砂率、含气量、坍落度损失和强度等方面反复试验调整，经现场检验后确定混凝土的最终配合比，同时确定混凝土的生产工艺参数及性能指标。

(2) 混凝土坍落度严格控制在100±20mm范围内。

(3) 配制的混凝土除满足抗压强度、抗渗等级等常规设计指标外，还应考虑满足抗裂性指标要求。跟搅拌站沟通，使用温度应力试验机进行抗裂混凝土配合比的优选。

5.2.3 基层处理

需要将混凝土楼承板上灰尘、保护膜清扫干净，然后将粘在基层上的浆皮铲掉，用碱水将油污刷掉，采用手扶式地面凿毛机将进行铣刨，铣刨厚度5～10mm，保证基层与面层混凝土完美贴合，避免空鼓，最后用清水将基层冲洗干净。

5.2.4 测量放线

从原始水准点引出1个固定基准水准点，并要求与激光红外线相互能良好通视。水准点标高要进行多次复核，防止测设错误，水准点精度+1mm；按照柱中弹分割线，再弹跳仓分隔线时，偏移柱中20mm，待后期角钢拆除后，将这20mm进行切除，防止角钢拆除过程中混凝土出现崩边掉角现象。

5.2.5 支设跳仓模板

(1) 地面基层平整度要求较高，地面平整度的控制关键是靠分仓四周边模板的平整度控制。

(2) 分仓施工流向按地面的长边方向由一端向另一端推进。按弹出的分仓分隔线进行角钢模板安装，模板安装过程中，先用水准仪测出模板面的标高，每间隔6m一个，之后拉通线，按此标高装角钢模板，再使用精密水准仪随时检测模板面的标高，调整槽钢底部的标高调整装置，使得模板的上表面标高及误差符合1/2000的要求为止。

(3) 角钢模板长度以6m为宜，安装好后，与接触面涂抹隔离剂，以利于拆模，在反复装拆使用中，要清理干净表面粘接的砂浆和混凝土，重新涂抹隔离剂，派专人重新校正平整度和垂直度，角钢模板的各项指标都严格检查合格后才能重复投入使用，以保证地面混凝土的施工质量。

5.2.6 素水泥浆扫毛

采用1∶4素水泥浆，对已经铣刨完成的地面进行扫浆处理，确保基层与面层混凝土的有效粘接，避免出现空鼓现象，混凝土一定要在泥浆凝结前进行施工。

5.2.7 混凝土浇筑

(1) 混凝土浇筑前，清理模板内的杂物，并检查保护层垫块是否放好，完成对管线预留预埋等隐蔽工程验收。

(2) 合理安排调度，按照跳仓图进行混凝土浇筑；保证混凝土连续浇筑，避免出现施工冷缝。混凝土运输时间控制在规定时间内（根据天气及路程计算），以免坍落度损失过大而影响混凝土的均匀性。加强混凝土进场检验，目测混凝土外观质量，有无泌水离析，保证混凝土拌合物质量。

5.2.8 混凝土振实

(1) 混凝土振捣应从中间向边缘振动，振点按“梅花形”布点，对施工缝和预留空洞等薄弱环节应充分振动，以确保混凝土密实。

(2) 掌握好混凝土振捣时间，一般以混凝土表面呈水平并出现均匀的水泥浆、不再有显著下沉和大量气泡上冒时即可停止混凝土振捣，时间一般控制在每个点15～20s。

(3) 为提高混凝土的密实性，减少内部微裂缝，对施工缝处等薄弱环节采用二次振捣工艺，即当混凝土浇筑后即将初凝时在适当的时间内再振捣，掌握好二次振捣的时间间隔（2h为宜）。

（4）在混凝土振捣中，不得碰撞各种构件，不得振捣模板、线管等；粘在钢筋上的砂浆和混凝土应轻轻掸落。

5.2.9　混凝土平整、收面

（1）在混凝浇筑基本到位时，使用较重的钢制刮杠（钢应宽于模板 0.5m 以上）于钢模上多次反复滚压，以保证混凝土面水平。滚压作业时，混凝土工应事先去除钢模上的异物，以免影响地面的平整度。在无法使用钢制刮杠作业的部位，应采用长靠尺做出混凝土完成面。混凝土的水平标高则应由水准仪随时检测确认。混凝土平整度应控制在 5mm 范围内。混凝土面水平完成后，应使用橡胶管去除多余泌水。

（2）待混凝土浇筑至设计标高并赶平后，利用加装圆盘的机械镘进行至少两次的提浆作业，提浆过程中及时进行泌水处理。操作应纵横交错进行，以退磨方式为主，避免产生脚印。

5.2.10　混凝土平整、收面

（1）成品养护时间不得少于 14d，并及时覆盖棉毡，使混凝土保持湿润状态。

（2）混凝土强度未达 1.2MPa 前应安排专人看护，严禁人员在混凝土面上行走和施工作业。后期施工作业时应在混凝土操作面上覆盖木质胶合模板，做好成品保护，防止对混凝土面造成污染和破坏。

6　质量控制标准

6.1　质量标准

（1）混凝土所用的水泥、砂、石子等原材料应按照相应的规定取样，合格后方可用于工程。

（2）混凝土浇筑前，由试验室做配合比并出具配合比通知单。混凝土强度等级应符合设计要求。

（3）按照现行《混凝土结构工程施工质量验收规范》GB 50204 的要求留置标准养护试块，作为混凝土强度评定的依据。

（4）混凝土浇筑前应将模板内的杂物清理干净，并冲洗干净，除去积水。

6.2　成品保护

（1）提高成品质量保护意识，明确各工种对上道工序质量的保护责任及该工序工程的防护，上道工序与下道工序应进行必要的交接手续，以明确各方的责任。

（2）相邻板块施工注意成品保护，其施工间隔应视前期施工板块满足一定强度，一般为 7d。

（3）抹面施工时，操作人员要脚穿平底鞋。在养护期间，当面层混凝土强度达到 1.2MPa 前，严禁上人。

（4）急需进行后续施工时，需在整个楼地面满铺纤维板防护，防止楼地面受损。

（5）禁止在已完工的楼地面上拖运钢筋、拌合砂浆、揉制油灰、调制油漆等，防止地面污染受损。

7　应用实例

7.1　郑济高铁濮阳东站片区开发枢纽工程项目

郑济高铁濮阳东站片区开发枢纽工程项目位于濮阳市濮阳东站片区枢纽核心区，总占地面积 17.03 万 m^2，总建筑面积 11.286 万 m^2。施工中应用了“钢结构厂房大面积无缝混凝土地面施工工法”。该施工技术施工效果好、进度快、用料省，工艺合理。

对钢结构厂房大面积无缝混凝土地面施工工法的地面进行试验观察，本施工技术的质量可靠，本工法技术先进，施工工艺成熟可靠，在实际应用中取得了显著的技术、经济、社会效益，减少了工程成本投入，得到了业主和监理的认可，满足地面施工的各项安全标准。

7.2　新能源商用车电控及驱动系统研发及产业化建设项目

新能源商用车电控及驱动系统研发及产业化建设项目 2 号楼地面工程施工中应用了“钢结构厂房大面积无缝混凝土地面施工工法”。该施工技术施工效果好、进度快、用料省、工艺合理。

8 应用照片

工程应用照片见图 2～图 5。

图 2 铣刨完成细部

图 3 角钢安装

图 4 混凝土浇筑

图 5 完工照片

钢结构旋转楼梯安装施工工法

山西二建集团有限公司

邢　武　杨丽军　刘少鹏　张　涛　康慧先

1　前言

太忻双碳产业科技园位于大盂产业新城起步区，规划用地面积为48390.28m^2，其中规划展示中心建筑面积26000m^2，地上建筑面积为18570.61m^2，地下建筑面积为7785.92m^2，建筑高度27.6m。

由我集团公司承建的太忻双碳产业科技园规划展示中心项目东楼中厅一层至二层设计有一部钢结构旋转楼梯。为确保旋转钢楼梯安装质量，项目部利用犀牛建模软件建模，进行放样、下料等工作，旋转钢楼梯弯弧采用高精度弯弧机床进行加工制作。通过实践应用，圆满解决了旋转楼梯双曲梁线形控制及安装精度等一系列问题，并总结出《钢结构旋转楼梯施工工法》(图1、图2)。

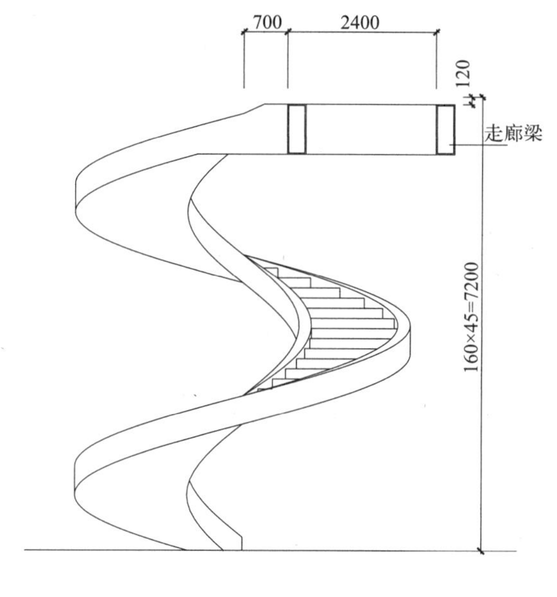

图1　旋转楼梯立面图

图2　旋转楼梯效果图

2　工法特点

(1) 三维可视化：钢结构旋转楼梯空间几何造型特征复杂，利用传统平面设计方法已无法满足现场施工的需求，所以利用犀牛可视化建模软件建模，放样、下料更加精密、精确。

(2) 放样准确：利用犀牛建模软件进行建模，可以准确确定旋转楼梯每一处高程，为后期施工定位提供便利。

(3) 造型美观：厂家根据犀牛建模对旋转钢楼梯梯梁进行双曲加工，成型后的旋转钢楼梯双曲梁钢板的外观效果美轮美奂，流线整体顺滑，符合美学要求。

3 适用范围

本工法使用技术适用于：无中柱式钢结构旋转楼梯安装，保证其施工工期及安装质量。

4 工艺原理

太忻双碳产业科技园规划展示中心项目设计旋转钢楼梯是没有中柱的螺旋式楼梯。旋转楼梯最大的特色即是：它是旋转式的，螺旋形的流线比常规的楼梯造型美观典雅，并且这种螺旋式上升的楼梯能够节省不少占地空间，受欢迎程度高。这种螺旋式楼梯主要靠踏步两侧的双螺旋梁来支持荷载。

因为旋转钢楼梯施工图只是对该旋转楼梯的开始标高、衔接标高、衔接节点等做出标示，没有对旋转钢楼梯进行细部的连接设计，这样就增加了旋转钢楼梯下料、制造的难度，为保证制造出精准尺度的楼梯，就要依据施工图将旋转钢楼梯进行细化，细化成可以满足制造要求的加工图，以确保旋转钢楼梯下料精确和提高施工精度。

5 施工工艺流程及操作要点

5.1 施工工艺流程

施工准备→测量放样→架体搭设→安装内外螺旋梁→安装加劲肋板→安装底板钢板→安装踏步板→检查验收→油漆喷涂。

5.2 操作要点

5.2.1 前期策划

项目部在前期准备工作时，不断探索优化施工方案，利用犀牛建模软件进行建模，结合 CAD 制图软件等多种软件配合进行放样、下料等工作，并对各个构件按照顺序标号(图 3、图 4)。

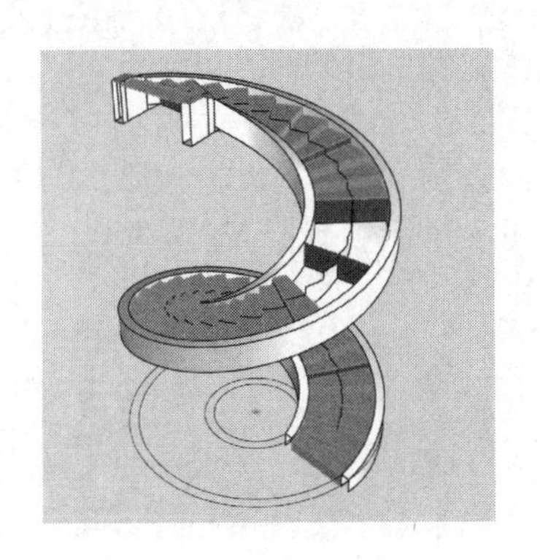

图 3 旋转楼梯模型

图 4 构件编号

5.2.2 测量放线

根据施工图和楼梯结构图，在地面上利用墨线弹出平行轴网的楼梯“十字”控制线，十字交叉点通过旋转楼梯中心点位置，然后利用中心点及半径划出楼梯内、外箱梁边线，并利用 3D 模型找出控制线位置楼梯箱梁标高，此时“十字”控制线将旋转楼梯分为四部分，最后将每部分内踏步线弹出。

5.2.3 架体搭设

根据已弹出的墨线位置及计算出的控制线位置的标高搭设安装脚手架。先搭设控制线位置，然后根据楼梯斜度逐步完成架体搭设。架体搭设完成必须经过验收，合格后方可使用。架体必须满足能够承受施工人员及施工荷载的基本要求。

5.2.4 安装内外螺旋梁

由于主体工程已完成，所有构件均进行散件拼装。将地上墨线投射到架体上并做好标记，利用小型起重机将钢箱梁腹板从上到下沿架体上做好的标记安装，经检查无误后将每片箱梁腹板焊接牢固，同时安装箱梁底板和盖板。

5.2.5 安装加劲肋板

根据图纸及地上踏步板墨线，确定好加劲板位置，然后将墨线投射到箱梁腹板内侧并做好标记，最后根据编号焊接加劲板。

5.2.6 安装底板钢板、踏步板

此时旋转楼梯已基本成型，只需按照深化设计图纸及构件编号顺序，将底板及踏步板一一安装即可。在安装底板前，需将加劲板之间的踏步间距分隔并与地面上墨线进行校核。

5.2.7 焊缝检测

在踏步板封口前及全部焊接完成后分别对所焊接焊缝进行100%探伤试验。合格后才能进行下一道工序。

5.2.8 油漆喷涂

经监理（建设单位）见证，探伤试验合格后，进行防腐防锈涂料的喷涂。喷涂均匀，厚度满足要求。

6 质量控制标准

（1）测量放线完成，必须严格自检，合格后报项目部复检。

（2）架体必须满足强度、刚度及稳定性要求，并经计算合格。

（3）在安装内外螺旋梁腹板时，必须保持内外螺旋梁腹板间距符合图纸要求及允许误差范围内。

（4）在安装踏步板前，必须先将需隐蔽的焊缝完成探伤试验。

7 应用实例

钢结构旋转楼梯安装施工技术确保了太忻双碳产业科技园规划展示中心项目东楼旋转楼梯施工质量及观感，通过深化研究施工工艺，解决了异形结构双曲面钢梁安装的问题。通过利用犀牛软件建模，结合CAD制图软件等配合进行放样、下料，确定构件的三维坐标，用于控制、指导构件加工尺寸及定位准确度。在保证质量、安全、工期的前提下，成型后的楼梯外观整体优雅、和谐，线条流畅，同时满足一定的功能性、安全性。经过项目部实测得出数据、分析数据、总结数据，偏差均在允许范围内，得到了业主、监理单位的一致好评，给予了高度的赞赏和认可。采用此工艺方法，节约了工期、人工费，此方法操作简便、成型效果好，给项目带来了良好的经济效益和明显的社会效益的同时，满足安全、质量、经济、设计理念等要求。

8 应用照片

工程应用照片见图5～图8。

图5 螺旋梁安装

图6 加劲板安装

图 7　底板安装

图 8　焊接成型

快速组装式轻量型模架体系施工工法

广西莲城建设集团有限公司

陈梦华　姜红华　黄志刚　岑　毅　陈　霖

1　前言

模架体系是建筑工程施工中量大面广的重要施工工具，在混凝土结构施工成本中占有较大比例，在其安装和拆除是混凝土结构施工的关键环节并与工程质量与进度密切相关。为解决传统模架体系操作复杂、工时长、大量消耗木材、循环利用率低、造价高、安全系数低等缺点，本着便捷高效、节能环保、安全可靠的理念，采用新型模架体系迫在眉睫。公司结合所承接的工程项目，在吸收转化的基础上提出组合工具式模板体系，其关键技术及创新点是“面向早拆需求的可靠连接节点及依次搭接的组合结构体系”。该组合工具式模架体系及成套施工技术克服了传统木模板和水平结构模板支撑体系存在的缺陷和不足，体现了工具式、标准化、安全系数高、绿色环保等特点。

2　工法特点

（1）采用组合式结构体系，通过工具式铝框模板作为墙柱梁模板，承载力更强，边框不易破坏，混凝土成型质量可达到免抹灰效果。

（2）顶板采用钢托架与木模板，强度刚度满足施工需要，铺设与拆除方便；铝边框之间采用销钉销片连接，模架阴角处采用铁钉连接可实现一体化和可拆卸，安装与拆除方便，可节省一道工序。

（3）通过配合支撑架体的早拆设计，使楼面模板按照混凝土施工规范实现早拆，通过铝框模板与非标补齐模板的可靠连接，根据工程实际情况选用可兼顾成本与质量。

3　适用范围

本施工工法适用于混凝土结构，尤其是标准层较多、线条较简单的混凝土结构。

4　工艺原理

通过墙柱梁的铝框木模板和楼板的普通木模板，围合成竖向封闭顶部开放的体系，用于混凝土浇筑成型。墙柱模板底端采用角铁调节高度，同时便于拆模操作。墙体大面积采用周转性能较好的标准板布置，其余地方采用非标板衔接补齐。铝框模板采用铝合金型材制作边框，并根据需要设置加强筋，然后嵌入塑面木模板作为面板。铝边框之间采用销钉销片连接，施工操作方便快捷，连接质量牢固可靠。阳角采用角铝，阴角采用C槽实现模板转角处理。楼板施工用的水平模板采用无边框普通模板，配合水平钢托架支撑，边缘与竖向墙柱梁铝框木模板连接固定，完成角部封闭。在竖向模板与水平模板转角处，采用专用的转角连接件实现连接，从而将墙柱梁铝框木模板与楼板普通木模板连接成为完整的封闭体系。

5 施工工艺流程及操作要点

5.1 工艺流程

施工前准备→墙柱模板拼装→梁底模板拼装→梁侧模板与拼高板拼装→支撑架体搭设→水平托架及主次楞的安装→水平模板铺设→平整度、垂直度调节与模板加固→底部缝隙填塞及浇筑混凝土→模板拆除→维修与养护。

5.2 技术操作要点

5.2.1 准备前准备

(1) 预拼装时需项目组织操作人员到工厂亲自参与，熟悉拼装要点与特点。

(2) 模板进场前应先布置好堆场并保证堆场利于产品保护，现场拼装前，技术人员应对方案进行详细交底。

(3) 施工过程中应合理安排劳务作业，加强过程控制，保证计划工期。

5.2.2 墙柱模板拼装

(1) 在内墙板底部，应采用5号角钢与楼板面接触，便于调节标高。

(2) 考虑角铁翼缘与楼板是线接触，可以避免在拆除墙板时由于铝边框直接与楼板因面接触而出现顶死的问题。

(3) 外墙模板下部无楼板，无须设置角钢，但需要留置K板，用于定位后一层模板。

(4) 位于阴角C槽处的销钉在安装时需要从C槽内侧穿入，从铝框模板侧穿出以便插入销片，反之，则会出现C槽空间不够将影响销钉的拆除。

(5) 在水平边框的连接处，销钉应从上侧穿入和从下侧穿出，以免在施工过程中因振动导致销钉脱落。

5.2.3 梁底模板拼装

(1) 梁底模板拼装过程中需注意操作安全。

(2) 拼装遇到阻力过大时应注意合理调整，不可强力推砸撬打。

5.2.4 梁侧模板与拼高板拼装

(1) 高度较大的拼高板与梁侧板均应装好对拉螺栓。

(2) 拼装工程中应避免模板连接处弯折影响墙体平整度与垂直度。

(3) 支撑架搭设应根据设计方案从起始立杆的放线位置逐步扩散开来，顶托与立杆套丝处应保证牢固可靠。

5.2.5 水平托架及主次楞的安装

(1) 水平托架安装应严格按照设计图纸进行。

(2) 梁板有早拆要求的，早拆节点的安装必须满足设计要求。

5.2.6 水平模板铺设

(1) 托架次梁与水平模板采用铁钉固定，需要保证水平模板与次梁轴线平行的边（一般是短边）应搁置在次梁上，并用铁钉固定，避免端部悬挑和翘曲。

(2) 水平板下侧有次梁的地方均应钉牢以免起拱或者松动。

(3) 水平木模板与竖向铝框模板连接的阴角部位，应拼缝严密，连接牢固以保证阴角浇筑后的成型质量。

5.2.7 平整度、垂直度调节与模板加固

(1) 在竖向模板安装完成后须对模板体系进行调垂与调平。

(2) 调整过程中一边调整一边加固，整体加固完成后应达到验收标准。

5.2.8　底部缝隙填塞及浇筑混凝土

（1）在完成加固之后应采用砂浆对由于楼板凹陷造成的模板底部与楼板之间的较大缝隙进行填塞以保证底部不漏浆。

（2）混凝土浇筑过程应严格按照相应规范逐步进行以免局部压力过大造成模板变形过大或者引发胀模与爆模。

5.2.9　模板拆除

（1）模板拆除过程中应保证混凝土强度达到拆模要求，避免混凝土产品边角损坏。

（2）高处的模板及龙骨应做好保护措施，避免高处掉落损坏模板，防止模板及其构配件砸伤操作人员。

（3）在有早拆要求的项目，托架主梁上应设置板带。早拆时板带与主梁及其下支撑留作养护支撑，其余模板与支架均拆除周转。

（4）拆除的模板应及时清理维护，避免因混凝土进一步固化之后难以剔除。

6　质量控制标准

（1）所选用的铝框模板及其支架设计按有关规定设计须具有足够的强度、刚度和稳定性。

（2）严格按设计方案、企业标准加工制作和装配，制定严格的测量控制方案。

（3）建筑物的阴阳角及特殊轴线，每层拆模后均弹线。

（4）模板与混凝土墙面间粘贴泡沫塑料条防止漏浆。

（5）每层脱模后仔细清理并涂刷专用隔离剂，及时观测水平度和垂直度发现偏移及时纠正。

（6）在铝框模板安装、使用中，有针对性地实行各级、各阶段的检查、验收制度。

（7）模板组装过程中，各班组应认真地自检、复检，最后经施工总包方联合验收认可之后才能使用。

（8）模板隔离剂应满刷模板，梁底顶端必须在梁的强度达到规范要求后方可拆除。

7　应用实例

7.1　应用实例一

郁江湾项目二期建筑面积 115949.5m^2，包含地下室工程。在模架体系施工施工过程中采用《快速组装式轻量型模架体系施工工法》，其应用结果表明楼板施工用的水平模板采用无边框普通模板，配合水平钢托架支撑，边缘与竖向墙柱梁铝框木模板连接固定，完成角部封闭。顶板采用钢托架与木模板，强度刚度满足施工需要，实现早拆周转，提高了模板体系的利用效率，节约大量的重复劳动和节省了社会资源，提高了实施过程中的技术水平，同时环境保护效益显著，符合国家倡导的绿色施工理念，可广泛推广和应用。

7.2　应用实例二

贵港市钓鱼台、和府二期工程，建筑面积 86797m^2，该工程对于建设工期和文明工地创建要求较高。在模板及脚手架施工过程中采用《快速组装式轻量型模架体系施工工法》，墙柱模板底端采用角铁调节高度，同时便于拆模操作。墙体大面积采用周转性能较好的标准板布置，实现模板转角处理，安装与拆除过程不需借助其他垂直运输机械，减少了对塔式起重机的占用时间，有利于控制施工速度，安装与拆除速度快，周转方便，周转率高，周转次数多，可广泛推广和应用。

7.3　应用实例三

贵港市龙凤江城工程在脚手架和模板的施工过程中采用新型模架体系并已经成功采用《快速组装式轻量型模架体系施工工法》，其应用结果表明：采用组合式结构体系，通过工具式铝框模板作为墙柱梁模板，承载力更强，边框不易破坏，混凝土成型质量可达到免抹灰效果，此外，通过配合支撑架体的早拆设计，使楼面模板按照混凝土施工规范实现早拆，通过铝框模板与非标补齐模板的可靠连接，取得良好的工程效益，具有广阔的应用前景。

8 应用照片

工程应用相关照片见图 1～图 8。

图 1 快速组装式轻量型模架体系节点构造

图 2 快速组装式轻量型模架体系连接节点精细化处理

图 3 快速组装式轻量型模架体系组立及盘插式连接(一)

图 4 快速组装式轻量型模架体系组立及盘插式连接(二)

图 5 快速组装式轻量型模架体系所用主次棱设置调整

图 6 快速组装式轻量型模架体系模板的支设与固定

图 7 安装模架体系中的可调顶托装置

图 8 快速组装式轻量型模架体系所用模板安装

装配式钢结构高层住宅蒸压加气混凝土条板施工工法

山西二建集团有限公司

王　磊　王　陶　程俊鑫　王明清　裴　敏

1　前言

晋建·迎曦园项目1号楼工程为山西省首例装配式钢结构高层住宅，地下二层，地上三十四层，建筑高度99.80m。按现行《装配式建筑评价标准》GB/T 51129评分计算，本项目整体装配率为92%，装配式建筑评价为AAA级。为山西省的装配式钢结构高层住宅探索形成了集成化设计、工程化生产、装配化施工、一体化装修和信息化技术应用的实践经验，并积累了地域特色的基础数据、填补标准和定额方面空白。

山西建投（霍州）产业园区、太钢均可生产蒸压加气混凝土条板（以下简称“ALC板”），外墙做法常规为角钢钩头螺栓外挂式安装，本工程为内嵌式布置，采用常规安装造价高昂，且不符合抗震要求，本工程拟采用机械连接，充分降低安装成本，并进一步优化施工工艺，减少现场工作量，降低施工能耗，推进ALC板在装配式钢结构中的应用。

2　工法特点

由于钢结构有较好的变形性能，这就要求墙体材料应该有与钢结构变形的随动性，即ALC板与钢结构梁、柱采用柔性连接，安装时必须注意接缝设计及安装调节措施。利用ALC板的预埋件与钢结构主体焊接连接，以前成品ALC板安装前要现场试拼，现在我们利用BIM技术进行预拼，与以往的工艺相对比，按照创新工艺，保证了墙体安装一次性就位，避免二次加工，且有效地抵抗水平外力，避免发生位移。

3　适用范围

本工法适用于各种工业和民用建筑及钢结构住宅工程。

4　工艺原理

对ALC板的生产工艺进行补充，在ALC板内钢筋网片上焊接预埋板，运输至施工现场后，将ALC板内预埋件进行凿开，在与钢结构主体连接时，底部与现浇混凝土板或坎台用膨胀螺栓连接，顶部与钢梁翼缘焊接。所有板材均提前排板，充分优化ALC板尺寸，充分减少现场工作量，减少湿作业，施工简单便于处理，最大限度减少材料损耗。

5　施工工艺流程及操作要点

5.1　外墙ALC板安装施工工艺

清理基层、放线→焊接连接件→底板铺设粘接砂浆→ALC板立板就位→垂直度、平整度调整→顶部与钢梁焊接→底部与混凝土连接→板缝处理→上下缝隙粘贴网格布，抗裂砂浆抹面。

（1）清理基层、放线：ALC板固定端为板顶和板底，清理基层后，将ALC板预埋件凿开，并利用激光扫平仪将顶板和底板均弹上线。

（2）焊接连接件：将ALC板预埋件凿出，上部预埋钢板与角码焊接，下部预埋钢板与角码焊接。

（3）底板铺设粘接砂浆：在地板混凝土坎台上铺设专用粘接砂浆，砂浆应均匀铺设，铺设厚度控制到10mm左右为宜。

（4）ALC板立板就位、拼缝粘接剂涂抹：立板前根据现场情况对板材排板进行优化，板材安装前其两端均需留出10～15mm空隙，以便进行板材调整挪动。立板时应对板材顶部和侧面涂抹拼缝粘接剂，拼缝密实饱满，不得出现空洞。洞口边与墙的阳角处应安装未经切割的完好整齐的板材，有洞口处的隔墙应从洞口处向两边安装；无洞口隔墙应从墙的一端向另一端顺序安装。施工中切割过的板材即拼板宜安装在墙体阴角部位或靠近阴角的整块板材间。拼板宽度一般不宜小于200mm。

（5）垂直度、平整度调整：用2m靠尺检查墙体平整度，用线坠和2m靠尺吊垂直度，用橡皮锤敲打上下端木楔调整板材直至合格为止，校正好后固定配件。

（6）顶部与钢梁焊接：ALC板顶部角码与钢筋进行焊接，焊接时焊缝要求平滑，不得有气孔夹渣等焊接缺陷，发现缺陷及时修补。同时应注意焊接电流不宜过大，避免灼穿角码，造成质量缺陷。

（7）底部与混凝土连接：ALC板顶部采用膨胀螺栓与混凝土坎台进行连接，选择一个与膨胀螺栓胀紧圈（管）相同直径的合金钻头进行打孔，孔的深度最好与螺栓的长度相同，然后把膨胀螺栓套件一起下到孔内，切记不要把螺母拧掉，防止孔钻得比较深时螺栓掉进孔内而不好往外取。

（8）板缝处理：隔墙板拼缝粘接剂及端部填充部分达到强度要求后拆除木楔，并修补木楔处漏洞。板材下端与楼面处缝隙用1∶3水泥砂浆嵌填密实，板材上端与钢梁底缝隙用聚合物砂浆嵌填密实，上下端塞缝定位木楔应在砂浆结硬后取出，且填补同质砂浆。板材与柱墙连接处用聚合物砂浆填充；板材之间凸起两侧挂满粘接砂浆，将板推挤凹槽挤浆至饱满度90%以上。表面用专用修补砂浆补平；板材与板材之间拼缝用专用修补砂浆补平。

（9）上下缝隙粘贴网格布，抗裂砂浆抹面：板缝粘接后，板与板之间有抗裂槽，抗裂槽位置安装网格布一道，使用抗裂砂浆进行抹面。

5.2 内墙ALC板施工工艺

基层清理、放线→ALC立板、木楔调整固定→拼缝粘接剂涂抹→顶部U形卡与钢梁焊接→底部射钉安装U形卡→上下缝隙粘贴网格布，抗裂砂浆抹面→板缝处理。

（1）基层清理、放线：清理基层时，顶板和底板均需清理，并利用激光扫平仪将顶板和底板均弹上线。

（2）ALC立板、木楔调整固定：立板前根据现场情况对板材排板进行优化，板材安装前其两端均需留出10～15mm空隙，木楔调整固定，以便进行板材调整挪动。

（3）拼缝粘接剂涂抹：板材安装前将三处侧面挂满粘接砂浆，对齐位置线，板底用木楔顶实加固，隔墙板位置调整到位后，射钉固定连接片，底部塞灌1∶3水泥砂浆。

（4）顶部U形卡与钢梁焊接：U形卡按墙厚确定，将U形卡插入ALC板顶端，U形卡的中心方位放在板与板的拼缝处，卡住板材的高度≥20mm，U形卡与钢梁进行焊接连接，最后拼缝处补灰。

（5）底部射钉安装U形卡：U形卡按墙厚确定，将U形卡插入ALC板顶端，U形卡的中心方位放在板与板的拼缝处，卡住板材的高度≥20mm，使用射钉枪对U形卡与混凝土地面进行固定，射钉不少于两个。

（6）上下缝隙粘贴网格布，抗裂砂浆抹面：板缝粘接后，板与板之间有抗裂槽，安装网格布一道，使用抗裂砂浆进行抹面。

（7）板缝处理：外墙板与内墙板板缝，室内使用专用粘接剂进行填充后，使用专用嵌缝剂进行嵌缝，室外拼缝处加设PE棒后使用专用密封胶底涂，专用密封胶封堵。

6　质量控制标准

（1）施工前，要确定施工工艺，严格按照图集规范要求进行施工。

（2）施工中，严格把控施工作业人员施工素质，不野蛮施工，控制灰缝的饱满度，做到板与板之间粘接度达到90%以上。

（3）不同材质交界部位做好弹性连接处理，待弹性连接完全干燥后，表面再进行粘贴网格布，修补砂浆进行找平。

7　应用实例

晋建·迎曦园项目1号楼住宅楼项目采用材料革新，将连接件预埋入ALC板内，进行工厂化生产，通过与钢结构主体预埋件焊接，减少现场湿作业，有效地提高施工效率，使生产制作和安装方面有高度的工业生产化，有着综合的经济效益和发展前景。按照创新工艺，保证了墙体安装一次性就位，避免二次加工，且有效地抵抗水平外力，避免发生位移。

8　应用照片

工程相关图片见图1～图4。

图1　连接节点

图2　连接节点细部施工

图3　外围护洞口加强角钢

图4　装修时与角钢连接

螺栓球网壳结构+钢筋混凝土短柱结构中预埋件精准定位安装工程施工工法

山西二建集团有限公司

王　琳　吕慧霞　吴　森　韩应涛　刘雅婷

1　前言

钢结构预埋件施工是钢结构安装施工的基础和关键，但传统钢结构预埋件安装存在安装速度慢、精确度低、返工率高、一次成功率低的缺点，制约钢结构的发展。

预埋件精准定位安装支撑件是对应固定预埋钢板的专用定制型支撑件，预埋钢板安装稳定，便于定位筋的焊接，从而确保预埋钢板精准安装，同时可以有效降低吊车使用时间、人工的安装时间，实现成本的降低，并且预埋件精准定位安装支撑件安装完之后可以重复使用，易于搬运和储存。

2　工法特点

（1）采用该工法通过制作支撑件，固定、调节预埋钢板，操作简单，施工方便，施工速度快。

（2）采用该工法安装预埋钢板，确保了预埋钢板安装的精度，保证了安装质量。

（3）减少了吊车使用时间以及人工工作时间，并能准确安装预埋钢板，避免返工。

3　适用范围

本工法适用于钢结构工程固定预埋钢板的安装，精准定位安装预埋钢板，施工简单，缩短工期、降低施工成本。

4　工艺原理

预埋件精准定位安装支撑件施工原理是通过控制五个伸缩杆来控制预埋钢板的水平位置和标高，通过上下调节、水平调节，精准定位预埋钢板，施工简便，降低成本。

预埋件精准定位安装支撑件优势：（1）安装简单、易学。（2）预埋件固定稳定。（3）可调式预埋件精准定位安装支撑件，可以满足多种规格的钢板预埋件安装。（4）解决了预埋件精准定位的难题。（5）节省了安装预埋件时间，缩短了工期，节约施工成本。

5　施工工艺流程及操作要点

5.1　施工工艺流程

定位放线→预埋件精准定位安装支撑件安装、固定→安装钢板预埋件→校正平面位置、标高→焊接定位钢筋。

5.2　施工工艺

（1）定位放线：在预埋件精准定位安装支撑件安装前，根据施工图纸及坐标点采用全站仪、经纬仪、水准仪定位。

（2）预埋件精准定位安装支撑件安装、固定：将预埋件精准定位安装支撑件固定在支撑杆件上，通过 5 个可调节伸缩杆件，调节平面位置、标高，精准定位预埋件。

（3）安装钢板预埋件：人工配合吊车进行预埋件安装。

（4）校正平面位置、标高 ：预埋件平面位置、标高通过微调伸缩杆件校正。

（5）焊接定位钢筋：在预埋件精准定位安装支撑件安装、固定后，进行预埋件定位钢筋焊接。工程相关图片见图 1、图 2。

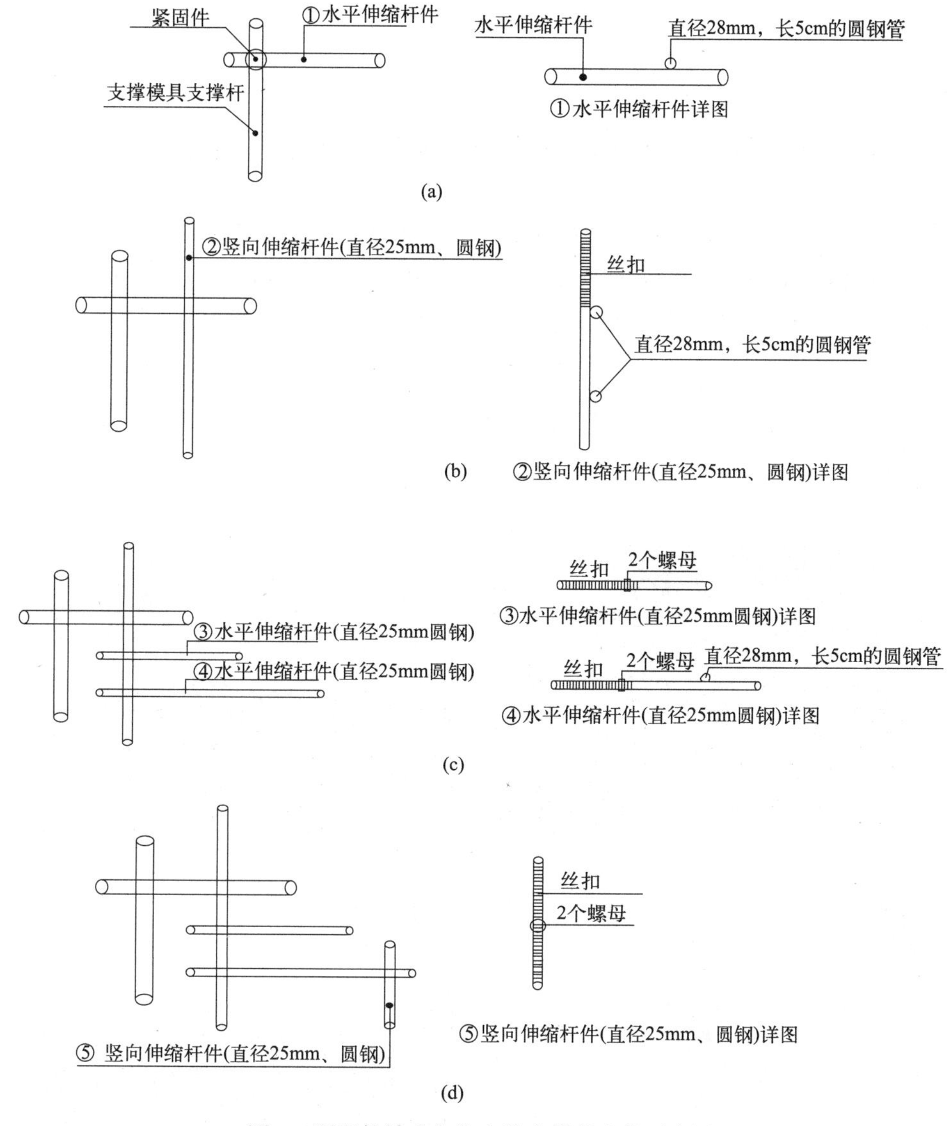

图 1　预埋件精准定位安装支撑件安装示意图

6　质量控制

（1）圆钢、钢管裁割制作的尺寸允许偏差为±2mm。

（2）支撑件成型后允许偏差为±5mm。

（3）焊接部位焊缝饱满。

（4）支撑件制作好后，在支撑件上要涂刷防锈漆，防锈漆涂刷应均匀、不流坠、不透底。

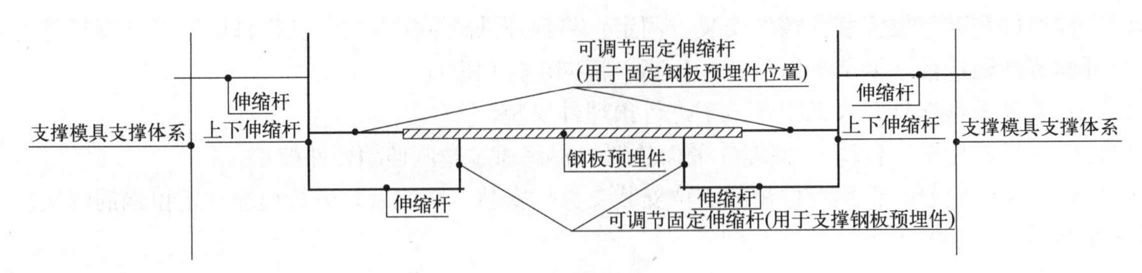

图 2　安装完毕后整体效果示意图

7　应用实例

本公司在钢结构预埋钢板施工中使用定型支架模具施工方面积累了丰富的经验，培养了大批优秀的创新型技术管理人才。

公司比较重视新技术、新材料的研究与应用，在工艺改进方面能得到有效的推广。相对于传统的安装做法，使用预埋件精准定位安装支撑件安装架钢结构预埋钢板可以精准定位，施工中降低了大型机械使用费用，大幅度提高施工效率，降低施工安全风险，所使用材料为钢筋加工过程中剩余的废料，施工装置一次制作可多次循环利用，提高材料的利用率，达到精益化管理、降本增效的目的。

8　应用照片

工程相关图片见图 3。

图 3　现场图片

钢结构厂房内外隔墙 NALC 板材施工工法

中国建筑土木建设有限公司

段啊鹏　翟晓强　杨丽军　冯学飞　高川川

1　前言

近年来，随着国民经济的稳步增长和制造业的迅猛发展，工业厂房的建造也在如火如荼地进行中。钢结构工业厂房内外隔墙 NALC（蒸压轻质加气混凝土）板材施工工法逐步推广、运用到各类公用及民用建筑中，有利于相关建筑业快速而稳步发展。如何高质量施工、工期短、造价低、安全系数高是决定其发展最为重要的几项因素，所以就需要我们不断改进及革新施工方法，在安全、进度、质量、成本等方向反复研究、试验，总结出最先进的施工经验然后面向社会进行推广。本工法简单阐述了钢结构厂房内外隔墙 NALC 板材施工中的方法改进及应用。

新能源商用车电控及驱动系统研发及产业化建设项目在 2 号楼钢结构楼主体吊装完成后，内外隔墙施工时采用了本工法，通过调整板材调运顺序、角钢焊接加强钢筋等方法，使得交叉施工作业、内外隔墙质量通病等都得到有效控制。

2　工法特点

（1）NALC 板材在满足强度要求、减少装饰面空鼓、防火及隔声方面有良好性能。进行施工工序及节点优化，再经过施工现场反复优化验证后，最终确定利于现场施工的 NALC 板材内外隔墙的所有节点参数及施工流程。

（2）提前做出工序策划，与其他分项工程避开垂直交叉施工。绘制出 NALC 板材排板深化图，减少现场二次切割量，且产生废料最少。加强施工现场绿色施工，且节约了大量垃圾外运产生的费用。

（3）内墙安装前要在地面上弹出两侧控制线，安装时配合红外线水平仪和靠尺，避免后期安装完成后整堵墙倾斜或板材直接产生错台。

（4）外墙安装时，首层板材下方用膨胀螺栓直接固定于混凝土梁，无须托板支撑。托板与角钢三面满焊，焊脚高度不小于 4mm。遇到非整板安装需要切割板材时，上方安装人员应先精确量出所缺尺寸后下方切割人员再进行弹线切割，避免上墙后尺寸不符造成二次切割。钩头螺栓眼钻孔时，每块板都需上方安装人员测量与拉结角钢的相对位置，避免由于托板不平整或角钢不顺直等原因造成钩头螺栓与角钢的搭接长度过短。钩头螺栓只作抗倾覆构件，故无须满焊，仅需点焊固定。螺栓头与角钢搭接不够 25mm 的搭接焊圆钢做加强或在板材三分之一处增加一道钩头螺栓做加强。

（5）钩头螺栓垫片及栓头位置，内部角钢位置提前在钻眼和安装时预留，保证安装后不影响内外装饰面的整体观感质量。

（6）板材内部设有加强钢筋。板分布筋直径 6mm，用于内墙钢筋间距 800～1000mm，用于外墙钢筋间距 500～600mm，钢筋保护层为 2cm。二次加工后露筋位置涂刷防腐防锈漆。

3　适用范围

（1）本工法适用于单层或多层工业厂房。

(2) 本工法适用于布局临时调整的室内隔墙。

(3) 本工法适用于对隔声、隔热有一定要求的特殊功能性房，如强弱电间、空压机房、配电室等。

4 工艺原理

(1) 板材采用标准宽度尺寸 600mm，经过深化排板逐个标号后根据施工先后顺序码放于施工现场，有效减少二次搬运对板材造成的不必要损伤（分层设置 200mm 宽同等材料替代垫木，堆放高度不超过 2m)。

(2) 内墙板安装时提起弹两条板材外边线，保证整面墙体不倾斜。有门洞的地方要先安装两侧板材后再依次向两侧延伸，保证门洞两侧为整块板材，提高了门洞处节点整体强度。利用专用撬棍将板材移动到位后向上抬起，下方塞入木楔后塞入高强度砂浆，待 3d 后取出换填高标号砂浆。这保证了板材上下两侧均与结构贴紧，增加了整体稳定性。

(3) 安装外隔墙时，根据提前策划的施工顺序，有序进行吊装作业。吊装时摒弃钢丝绳和麻绳，采用宽度不小于 50mm 的地龙带起吊。每安装一块板都观测其垂直度和平整度。上墙后检查各板完整性，安装造成的部分缺棱掉角立即用 NALC 板专用修补剂进行修补，修补后颜色，强度均与原板材接近。

(4) 常见的抹灰形式为抹板材公槽。此形式有缺点，外墙安装竖板一块耗时 10～15min。厂房结构四面通风，下一块安装完成前，粘接剂会经常性风干 20～30min，大大减少粘接效果。且本块板材安装完成后下一块板位置有调整即需要清除上一块板已抹粘接剂。要求更换粘接剂位置至母槽后，随用随抹粘接剂，上墙后减少大量风干时间，也无须考虑下一块板材安装时间及安装位置。改变粘接剂位置后大大提高了现场粘接质量。

5 施工工艺流程及操作要点

5.1 施工工艺流程

施工工艺流程见图 1。

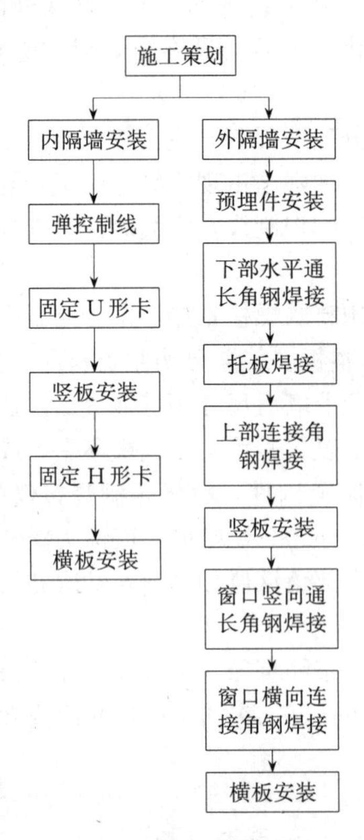

图 1 施工工艺流程

5.2 操作要点

5.2.1 施工策划

（1）在施工前首先对内外隔墙图纸进行深化，以少二次切割为前提绘制排板图，并编号。避开其他工序进行流水施工，规避垂直施工中的危险因素，进行跳层或跳跨施工。

（2）规划 NALC 板材专用堆放场地，以靠近施工现场为主，分类码放，减少倒运次数，避免多次倒运造成的不必要损伤。

（3）现场洞口尺寸大于等于 600mm 的洞口均为预留，所有板材工厂制作完毕并标有板号与排板图一致，板材按楼层运输到施工现场直接拼装。现场洞口尺寸小于 600mm 的洞口进行现场开洞。

（4）当内墙板较多或纵横交错时应避免十字墙或丁字墙两个方向同时安装，应先安装其中一个方向的墙板，待粘接剂达到设计强度后再安装另一方向的墙板。

（5）使用靠尺及塞尺校正墙面的平整度，使用托线板测量条板的垂直度，检查条板是否对准控制线，并做出相应调整。校正无误后，在条板底部嵌塞楔子（如用木材应经防腐处理）使其紧固。

5.2.2 原材料选择

（1）不允许有平行于板宽的裂缝（横向裂缝）。

（2）平行于板长的裂缝（纵向裂缝）宽度小于 0.2mm，数量不大于 3 条。

（3）大面凹陷面积不大于 $150cm^2$，深度不大于 10mm，数量不得多于 2 处。

（4）侧面损伤或缺棱：小于等于 3m 的板不多于 2 处，大于 3m 的板不多于 3 处；每处长度≤300mm，宽度≤50mm。

5.2.3 基层处理

清理隔墙与结构墙、柱、板面的结合部，将浮灰、沙、土、酥皮等物清理干净，凡凸出墙面的砂浆、混凝土块等必须剔除并扫净。

5.2.4 测量放线

从原始水准点引出 1 个固定基准水准点，并要求与激光红外线相互能良好通视。按照墙两侧弹控制线，门窗洞口处要进行多次复核，防止测设错误。

5.2.5 安装固定构件

（1）内隔墙安装时，首先根据排板平面图在填充墙顶部梁板时安装 U 形钢卡。U 形钢卡应安装在双面控制线内。梁板顶的 U 形钢卡应安装在相邻两块条板顶端的拼缝之间。安装 U 形钢卡时必须采用两枚射钉固定 U 形钢卡。

（2）外隔墙竖向板材安装需要上下两个固定点保证受力及抗风压等需求。上部板材断至与钢梁上翼缘齐平，当现场浇筑楼板的时候，根据图纸中外墙内皮的位置，提前向室内预留出 10cm 及以上的空隙，用来预埋上部安装节点所需要的连接角钢，预埋角钢工作完成后，采用钩头螺栓与连接角钢进行焊接，在每一层的层间位置采用托板进行承托，充分抵消板材自身的重量，避免底层受载过大，产生安全隐患，托板与角钢进行连接。下部节点将连接角钢与钢梁下翼缘进行焊接固定，后采用钩头螺栓进行固定。外隔墙窗口上下部位的横向板材需用四个固定点固定。先安装窗口两侧竖向角钢，精确调整后安装横向角钢。利用四个角部的钩头螺栓将其固定在四周角钢上。所有材料均经过镀锌处理。

5.2.6 条板安装及固定

（1）条板安装从门洞处向两端依次进行，无门洞口的墙体从一端向另一端顺序安装。安装条板前，应在结构墙柱结合处、已就位的条板侧面及当前安装的条板顶端涂抹粘接剂。粘接剂应均匀抹至呈泥鳅背状。涂抹完毕后将条板顶入上方（及侧方）的 U 形钢卡内，并撬起条板底端，使条板上下错动，至相邻两板充分挤紧，粘接剂饱满外冒为止。板缝宽度不得大于 5mm，采用 NALC 条板专业粘接剂，饱满度应大于 85%。墙板侧边与钢结构梁、柱等主体连接处应留 10～20mm 缝隙，缝宽满足结构设计要求。接着在板上端与主体结构连接的板缝，有防火要求时，应采用防火材料填缝，填缝完成后，采用专用砂浆抹平。

(2) 使用靠尺及塞尺校正墙面的平整度，使用托线板测量条板的垂直度，检查条板是否对准控制线，并做出相应调整。校正无误后，在条板底部嵌塞楔子（如用木材应经防腐处理）使其紧固。最后清理板材底部，洒水充分湿润基层后采用C20细石混凝土或1∶3水泥砂浆填塞条板底缝。

6 质量控制标准

6.1 质量标准

(1) 经过修补后颜色、质感宜与NALC板产品一致，性能匹配。

(2) 所有焊接部位清渣刷涂钢结构专用防腐防锈漆。

(3) 拼缝时挤出多余粘接剂应及时处理，保证板面清洁。

(4) 角钢、托板需三面满焊，且焊接高度不小于3mm。

(5) 固定窗口处连接角钢焊接标准为隔200mm焊50mm。

6.2 成品保护

(1) 水电管线开槽需要借助开槽机将槽开顺直。

(2) 在内隔墙门洞口两侧利用废旧多层木板条做好角部包封，防止撞伤NALC板材阳角。

(3) 开槽、开洞须待板材安装48h后粘接剂强度完全发挥作用后再作业。

7 应用实例

7.1 郑济高铁濮阳东站片区开发枢纽工程项目

郑济高铁濮阳东站片区开发枢纽工程项目施工中应用了“钢结构厂房大面积无缝混凝土地面施工工法”。该施工技术施工效果好、进度快、用料省，工艺合理。

7.2 新能源商用车电控及驱动系统研发及产业化建设项目

新能源商用车电控及驱动系统研发及产业化建设项目2号楼内外隔墙工程施工中应用了“钢结构厂房内外隔墙NALC板材施工工法”。该施工技术施工效果好、进度快、用料省，安全系数高，工艺合理。

8 应用照片

工程应用照片见图2～图7。

图2 外隔墙预埋件安装

图3 外隔墙竖板吊装

图 4　外隔墙窗洞口角钢焊接

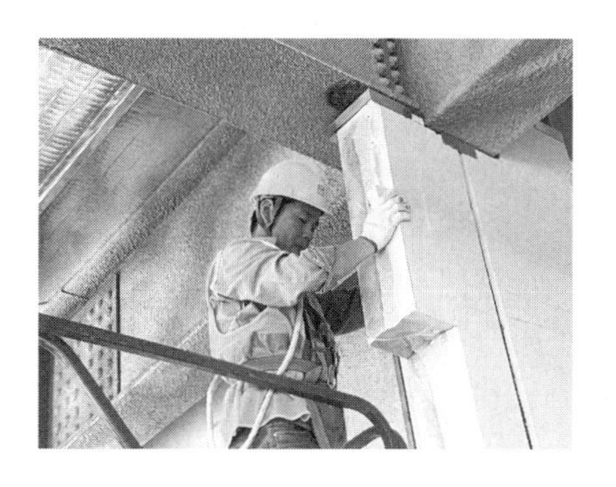

图 5　内隔墙固定 U 形卡

图 6　内隔墙门洞横板安装

图 7　完工照片

钢结构快速支模

邯郸市泓泰钢结构有限公司

孟令红

1 前言

鉴于金属压型楼承板、钢筋桁架楼承板以及现浇楼板的优缺点，我公司考虑一种全新的产品，它既能拥有次梁间距大、钢筋布置整体性强，又能快速施工、多工种交叉作业并不受地面条件限制。经过多年研发、实践，泓泰新工艺支模体系诞生了。相比金属压型楼承板和钢筋桁架楼承板，它减少了一根到两根次梁，节省了主体钢结构用量，采用双层双向布筋，减少了楼板钢筋用量。相比钢管脚手架支模，它采用高强度铝合金材料和工厂化生产的模块，减轻了劳动强度，大大提高了施工速度。采用合理的受力体系，避免了落地支撑，实现了交叉作业，缩短了施工周期。

2 工法特点

（1）技术水平高，采用了工厂化制作、装配式安装。工件标准、精度高、强度高、重量轻。

（2）安装难度小，采用统一的螺栓连接，所用工具电动化、简单化、单一化，施工操作便捷。

（3）工件强度高，采用高强度铝合金支撑，力学性能优异。

（4）工件重量轻，由于采用高强度铝合金材料，工件的重量大大减轻，工人的劳动强度降低，施工速度提高。

3 适用范围

本工法适用于钢结构住宅项目、钢结构多高层商业项目、钢结构多层工业项目。

4 工艺原理

我们利用 H 型钢截面的空间特点，将承重部件置于 H 型钢的下翼缘板上，实现了在保证承重的基础上，支撑不落地的优势(图 1)。

图 1　钢结构快速支模施工工法示意图

5 施工工艺流程及操作要点

（1）将两个调整支座分别固定于主杆两端(图 2)。

图 2 调整支座固定于两端

（2）将组装好的主杆置于左右钢梁上下翼缘板之间，用扳手固定调整支座螺栓，使调整支座顶紧钢梁的上下翼缘板。主杆间距 1500mm、1200mm、1000mm。

（3）根据钢梁间距调整主杆的长度及形式。并根据混凝土楼板的厚度，用顶杆螺旋起拱相应的高度。例如：采用 B 型支架时，当混凝土板厚度 120mm 时，主杆起拱 8mm。

（4）在主杆间均匀布置次杆（间距 300mm），次杆采用搭扣方式，安装简单不易脱落(图 3)。次杆长度 1500mm、1200mm、1000mm。

图 3 均匀布置次杆

（5）次杆上铺设竹胶板、钢模板或者塑料模板(图 4)。

图 4 次杆上铺设模板

（6）完成模板作业。

6 应用照片（图 5）

图 5 现场施工图